CAXCAD
现代光学系统设计

赵伟星 徐 挺 陆延青 著

南京大学出版社

图书在版编目(CIP)数据

CAXCAD现代光学系统设计 / 赵伟星，徐挺，陆延青
著. —南京：南京大学出版社，2022.10
ISBN 978 - 7 - 305 - 26188 - 6

Ⅰ. ①C… Ⅱ. ①赵… ②徐… ③陆… Ⅲ. ①光学系
统—系统设计 Ⅳ. ①O43

中国版本图书馆 CIP 数据核字(2022)第 178998 号

出版发行　南京大学出版社
社　　址　南京市汉口路22号　　　　邮　编　210093
出 版 人　金鑫荣

书　　名　CAXCAD 现代光学系统设计
著　者　赵伟星　徐　挺　陆延青
责任编辑　王南雁　　　　　　　编辑热线　025 - 83595840

照　排　南京开卷文化传媒有限公司
印　刷　江苏扬中印刷有限公司
开　本　787 mm×1092 mm　1/16 开　印张 22.5　字数 534 千
版　次　2022 年 10 月第 1 版　2022 年 10 月第 1 次印刷
ISBN 978 - 7 - 305 - 26188 - 6
定　价　98.00 元

网　　址：http://www.njupco.com
官方微博：http://weibo.com/njupco
微信服务号：njuyuexue
销售咨询热线：(025)83594756

作者简介

赵伟星 南京大学现代工程与应用科学学院博士生,CAXCAD®光学设计软件的作者。本科毕业于南京理工大学光信息科学与技术专业,2004 年进入华硕 ASUS 研发中心担任 CD/DVD 光学工程师。在上海的医疗外资企业担任眼科医疗设备研发主管后,进入知名光学 CAD 软件公司担任执行经理,从 2009 年开始担任南京光科、泽尼克等公司的技术总监,在成像、激光光学、照明和光通信系统设计领域,拥有近 20 年的项目开发经验。从 2006 年至今,担任多个光学设计培训课程的主讲人,培训学员已遍布光学各大领域。

徐 挺 国家高层次人才入选者,南京大学现代工程与应用科学学院教授,博士生导师。研究方向包括新型光学器件与系统设计,纳米光子学与先进微纳加工技术,主持多项国家与省部级重点项目,发表包括 Nature 等期刊在内的 SCI 学术论文 80 余篇。

陆延青 南京大学副校长,长江学者、国家杰青、万人计划科技创新领军人才、中国光学学会会士/理事、中国光学工程学会会士/常务理事、中国物理学会理事及液晶分会主任、美国光学学会会士、*Chinese Optics Letters* 执行主编、《液晶与显示》副主编,从事微纳光学、液晶光学、光纤器件等研究,其研究成果曾入选国家自然科学奖一等奖、江苏省科技一等奖、高校十大科技进展、基础科学十大新闻等。

序 一

CAXCAD 是近年来比较有代表性的光学设计软件,其核心和框架参考和学习了国外主流软件的特色,弥补了早期国产光学软件的不足。软件核心的光学系统参数,尤其是优化控制的操作数,可以兼容国外同类软件,并且在成像镜头领域已经达到了极高的覆盖率。我们高兴地看到,CAXCAD 除了被国内几家大型光学公司引入之外,随着其不断升级发展,亦获得来自美国,南非,德国,日本等客户的肯定。

《CAXCAD 现代光学系统设计》是国内第一本以自主开发的光学设计软件为工具的应用光学书籍。本书的三位作者,将光学系统控制优化技巧与应用实例相结合的方法贯穿全书。从基础的一阶光学、像差理论,到核心的光学系统优化;从光学系统设计中的坐标断点和多重结构,到公差分析和宏指令,由浅入深,让读者领略到了现代光学系统设计的知识和艺术。书中的目视光学系统、照相光学系统和激光光学系统采用了经典的光学设计案例,辅以更加详尽的操作步骤和方法,让读者能够直观地快速掌握对应知识。

随着光学科技的发展,国内高校的光学教育科研和前沿光学企业对光学软件的需求也越来越高,自主掌握核心代码才是掌握核心技术,才能在特定领域提前开发出优于国外光学 CAD 的独有功能,才能青出于蓝而胜于蓝。书中的全局优化快速引擎、Multi—Start 快速初始结构、SSN2 敏感度公差评价以及 ASXY 成像像散控制的案例,都是目前国外同类软件未有的特色功能,相信本书一定可以在高校的光学人才培养和科研企业的应用方面发挥重要作用。

中国工程院院士　庄松林

序 二

为什么开发 CAXCAD 光学设计软件？

最早萌生出由自己写一款光学设计软件的想法始于 2012 年,那个时候的我做光学设计将近 10 年,做了大量的光学系统设计项目,涵盖多个领域。可是使用国外的光学设计软件久了,我会在内心问自己,为什么国内就没有这样的软件?

就在那年,我先是给欧洲的一位朋友 Tina 写了封邮件,但是因为年代久远,她的公司已经被其他公司收购,所以无法给我提供任何可供参考的资料。后来我给另外一个美国朋友 James 写信,他有着 30 多年的光学软件编程经验,可是他用 Fortran 写代码,而且提供的文档枯燥难懂,加上那时候设计项目很多,工作很繁忙,而且要定期去不同的城市授课,所以项目搁浅。

转眼到了 2019 年,这期间有很多人向我感慨:难道我们国内就没有人能写出实用的光学设计软件吗? 这句话让我印象深刻,因为我非常清楚其中缘由:编写光学软件,既要深入了解光学,还要具有很好的编程技术,能够做好其中一项就已经很不错了,二者兼得将是一个艰辛的过程,谁愿意去做呢,就算产品做出来,国内盗版这么严重,最后没有商业价值,吃的苦都白费。

8 月 6 日,相隔十年我再次给 James 写信,告诉他我还是想写一款光线追迹程序。我知道他当时已经 74 岁,因为很久没有联系,邮件发出后我真的不确定能否收到他的回信。第二天我出差去了云南,飞机落地后手机开机就收到了他连续的两封回复邮件,除了描述他最近的状态,他还语重心长地奉劝我,写一款光学设计软件,将会让自己失去很多东西,包括陪伴家人,养个宠物,享受人生。James 就因此失去了退休前的 20 年,因为他经常写程序到凌晨 2 点多,走路、开车、吃饭,甚至做梦都在想着代码,那真的是一个艰辛的过程。他最后表示,如果有需要,他愿意帮助我,但是建议我完全不要用他的资料(break the glass),而是重新按照自己的想法和思路去做,这也是我后来的选择。那天我告诉他,我想给未来的软件取一个名字,CAXCAD 就是其中一个选项,而且当时的它已经是我们的注册商标。

想明白一件事也许要很多年,也许就是一瞬间……2019 年 8 月底的一天晚上我睡得不是太深,早上醒来的时候,CAXCAD 的原理和架构框架已经豁然开朗。我使用国外的光学设计软件将近 20 年了,大量的项目经验让我能够得心应手地使用它们,但是参透本质却让我等了这么久!

James 告诉我,光学软件编程是个人英雄主义的战场,而软件产品却不一定会带来可观的商业价值。可是历史的责任落到了我的肩膀上，如果我不去做，还有谁愿意去做呢？在做了两个月的准备之后，2019 年 10 月 21 日，编写代码的工作正式开始了……

　　在本书编写过程中，非常有幸邀请到南京大学陆延青副校长和徐挺教授共同完成本书的创作，正是有了他们的参与，这项工作才得以顺利完成，在此深表感谢！

CAXCAD 软件作者 赵伟星

2019 年 12 月 28 日

前　言

本书的三位作者二十多年来一直在光学领域辛勤耕耘，并期待能够分享所积累的光学系统设计经验。随着 CAXCAD 的软件开发获得实际应用，本书的出版也水到渠成。书中的很多典型实例和方法，融合了作者在光学系统设计培训课程中自创的教学方法和心得。

第一、二章，主要以一阶近轴光学和三阶像差理论为主，可以作为光学设计的基础知识。书中的一阶光学是应用光学的基础，重点讲解了近轴光学下定义的各种光学参数和概念，并且提供了在软件中的查看方式。三阶像差给出了对应的分析窗口和控制方法。

第三、四章，介绍 CAXCAD 软件的重点定义和单透镜、双胶合两个简单的入门案例。案例给出了简单的分析和优化的使用。

第五章讲解了光学系统的优化，包括优化的工具、DLS 算法、优化的组成要素、默认评价函数、详细的评价函数操作数、玻璃材料的优化以及局部和全局优化的实例。

第六章包含了坐标断点面的应用：镜片的偏心、倾斜，反射镜的建立方法。针对折返式光学系统提供了典型的案例，如反射式扩束镜、牛顿望远镜、离轴三反系统和光栅光谱仪。

第七章针对多重结构的模块，讲解了多重结构的原理，以及多重结构的操作数、参数求解和跟随，提供了变焦镜头、衍射光栅、扫描透镜和温度分析的实例。

第八章详细描述了目视光学系统的建立，包括人眼模型、放大镜和视觉、目镜、显微镜和望远镜的原理。除了对应的实例外，还提供了枪瞄光学系统的详细设计过程。

第九章根据照相镜头设计的发展历史，从 Petzval 透镜开始逐步深入，针对摄远镜头、库克镜头、双高斯镜头、广角镜头和红外镜头的设计和特点，提供了经典的案例和改进设计方法。

第十章针对激光光学系统设计，提供了多个常用的准直镜设计方法，典型案例包括激光扩束镜、F－theta 扫描透镜和利用 IMNA 专有真实 NA 控制操作数进行非球面物镜优化的 NA 控制。

第十一章讲解的公差分析是镜头制造的预仿真和模拟，除了提供传统的公差分析功能外，SSN2 可以进行公差的快速模拟和带公差的优化。针对苹果手机镜头，利用 SSN2 可以快速评估敏感度分布。本章最后介绍了公差指令。

第十二章介绍的宏指令是软件的快速命令，本章给出了软件中主要指令的详细说明。

书籍配套提供了案例文件及快速操作视频，可以通过关注以下公众号免费获得。

南京晶萃光学科技有限公司的冯婧给予本书不可缺少的帮助,同时本书获得了南京大学出版社金鑫荣社长、吴汀主任、王南雁编辑的大力支持,南京光科激光有限公司的原春春在本书的写作和出版过程中也做了重要工作,在此一并致谢!

　　本书不妥之处在所难免,欢迎读者提出宝贵意见。

作者

2022 年 9 月于南京

目　录

第1章　一阶近轴光学 ……………………………………………………………… 1
　　1.1　近轴光学算法 …………………………………………………………… 1
　　　　1.1.1　一阶近似 …………………………………………………………… 1
　　　　1.1.2　YNU 近轴光线追迹 ……………………………………………… 1
　　　　1.1.3　YUI 近轴光线追迹 ……………………………………………… 2
　　1.2　近轴光学定义 …………………………………………………………… 4
　　　　1.2.1　基础光线 Basic Ray ……………………………………………… 7
　　　　1.2.2　有效焦距 EFFL …………………………………………………… 7
　　　　1.2.3　入瞳直径 EPDI …………………………………………………… 9
　　　　1.2.4　入瞳位置 ENPP …………………………………………………… 9
　　　　1.2.5　出瞳直径 EXPD …………………………………………………… 12
　　　　1.2.6　出瞳位置 EXPP …………………………………………………… 12
　　　　1.2.7　近轴放大率 PMAG ……………………………………………… 13
　　　　1.2.8　角放大率 AMAG ………………………………………………… 13
　　　　1.2.9　像空间 F/♯ ISFN ……………………………………………… 16
　　　　1.2.10　近轴工作 F/♯ PWFN ………………………………………… 17
　　　　1.2.11　工作 F/♯ WFNO ……………………………………………… 17
　　　　1.2.12　数值孔径 NA …………………………………………………… 17
　　1.3　理想光学成像 …………………………………………………………… 18
　　　　1.3.1　理想光学成像定律 ……………………………………………… 18
　　　　1.3.2　理想光学成像实例 ……………………………………………… 19

第2章　三阶光学及像差理论 …………………………………………………… 22
　　2.1　光线追迹 Ray Tracing …………………………………………………… 22
　　2.2　点列图和光线扇形图 …………………………………………………… 22
　　2.3　三阶近似和赛德尔像差 ………………………………………………… 23
　　　　2.3.1　球差 SPHA ………………………………………………………… 25
　　　　2.3.2　彗差 COMA ……………………………………………………… 27
　　　　2.3.3　像散 ASTI ………………………………………………………… 29
　　　　2.3.4　场曲 FCUR ……………………………………………………… 30
　　　　2.3.5　畸变 DIST ………………………………………………………… 32
　　　　2.3.6　色差 ……………………………………………………………… 34

第 3 章　CAXCAD 光学设计软件 ·································· 35
　3.1　重点功能和定义 ··· 35
　　3.1.1　归一化视场和光瞳 ······························ 35
　　3.1.2　渐晕 ·· 36
　　3.1.3　光线瞄准 Ray Aiming ···························· 38
　　3.1.4　系统孔径 System Aperture ······················ 40
　　3.1.5　波长 Wavelength ································· 41
　　3.1.6　视场 Field ······································ 41
　　3.1.7　求解 Solve ······································ 42
　　3.1.8　表面类型 Surface Type ·························· 43
　　3.1.9　光线追迹 Ray Trace ····························· 46
　3.2　玻璃库 GLASS ·· 46
　　3.2.1　玻璃库文件格式 ·································· 47
　　3.2.2　导入 ZEMAX 玻璃文件 ···························· 47
　3.3　数据编辑器 Editors ····································· 48
　　3.3.1　透镜数据编辑器 Lens Data Editor (LDE) ··········· 48
　　3.3.2　波长编辑器 Wavelength Data Editor (WDE) ········· 49
　　3.3.3　视场编辑器 Field Data Editor (FDE) ·············· 49
　　3.3.4　评价函数编辑器 Merit Function Editor (MFE) ······· 50
　　3.3.5　多重结构编辑器 Multi-Configuration Editor (MCE) ··· 51
　3.4　界面窗口 ·· 51
　　3.4.1　偏好设置 Preference ····························· 51
　　3.4.2　图形窗口 ·· 52
　　3.4.3　文本窗口 ·· 53
　　3.4.4　对话框 ·· 54

第 4 章　经典基础习作实例 ·································· 55
　4.1　单透镜设计 ·· 55
　　4.1.1　近轴焦点 ·· 60
　　4.1.2　像差系数 ·· 60
　4.2　双胶合透镜 ·· 61

第 5 章　光学系统的优化 ···································· 65
　5.1　快速优化工具 ·· 65
　　5.1.1　快速聚焦 Quick Focus ····························· 65
　　5.1.2　快速调整 Quick Adjust ··························· 66
　　5.1.3　滚动条 SLIDER BAR ······························ 67
　5.2　优化的组成 ·· 68
　　5.2.1　评价函数 Merit Function ························· 68

　　　5.2.2　变量 Variables 及导数增量 Derivative Increments ·········· 69

　　　5.2.3　边界控制 ··· 71

　5.3　阻尼最小二乘法 ··· 72

　5.4　默认评价函数 ··· 73

　　　5.4.1　优化类型 Type ··· 74

　　　5.4.2　目标函数 Function ··· 74

　　　5.4.3　默认评价函数相关的操作数 ·································· 74

　　　5.4.4　参考标准 Reference ·· 76

　　　5.4.5　是否旋转对称 Assume Axial Symmetry ····················· 76

　　　5.4.6　忽略垂轴色差 Ignore Lateral Color ························· 76

　　　5.4.7　提升制造良率 SSN2 ··· 76

　　　5.4.8　光瞳采样 Pupil Integration ··································· 82

　　　5.4.9　边界厚度控制 ··· 82

　5.5　横向色差评价函数 ·· 83

　　　5.5.1　三阶像差 Third Order Aberration ··························· 85

　　　5.5.2　近轴光线追迹 Paraxial Ray Trace ·························· 86

　　　5.5.3　真实光线追迹 Real Ray Trace ····························· 87

　5.6　用户特定操作数 ··· 88

　　　5.6.1　表面数据 Surface Data ·· 90

　　　5.6.2　表面参数 Surface Parameter ·································· 91

　　　5.6.3　厚度 Thickness ·· 92

　　　5.6.4　玻璃 Glass ··· 93

　　　5.6.5　数学运算 Math ·· 94

　　　5.6.6　操作数控制 Operand Control ································· 95

　　　5.6.7　全局坐标 Global Coordinate ································· 96

　　　5.6.8　多重结构 Multi-Configuration ······························ 97

　5.7　FFT 衍射计算操作数 ··· 97

　5.8　局部优化 Local Optimization ·· 99

　5.9　全局优化 Global Optimization ····································· 101

　　　5.9.1　混合方法 Hybrid Approach ··································· 102

　　　5.9.2　快速引擎 Fast Engine ·· 102

　　　5.9.3　实例一：全局优化库克镜头 ································· 103

　　　5.9.4　实例二：全局优化双高斯镜头 ······························ 109

　5.10　玻璃材质的优化 Glass Optimization ······························ 114

　　　5.10.1　玻璃模型求解 Glass Model Solve ························· 114

　　　5.10.2　玻璃的快速替换 ·· 114

　　　5.10.3　全局玻璃替代优化 Global Glass Substitute ·············· 117

　　　5.10.4　玻璃边界控制 ·· 118

　5.11　ASXY 优化系统像散 ·· 119

ASXY 优化实例 ··· 119

第 6 章 坐标断点和离轴系统 ··· 122

6.1 坐标断点面使用方法 Coordinate Break ················· 122

6.1.1 镜片偏心 ··· 123

6.1.2 镜片倾斜 ··· 123

6.1.3 45°倾斜平板 ··· 125

6.1.4 反射定律 ··· 128

6.1.5 45°反射镜 ··· 128

6.2 坐标断点实例 ··· 131

6.2.1 离轴反射式扩束镜 ······································· 131

6.2.2 牛顿望远镜 ··· 136

6.2.3 离轴三反系统 ··· 141

6.2.4 光栅光谱仪 ··· 148

第 7 章 多重结构 ··· 152

7.1 多重结构的基础 ··· 152

7.1.1 多重结构编辑器 MCE ··································· 152

7.1.2 多重结构的图形显示 ····································· 152

7.1.3 多重结构操作数 ··· 155

7.2 多重结构的求解和优化 ······································· 157

7.2.1 参数跟随求解 Pick up ··································· 158

7.2.2 温度跟随求解 Thermal pickup ························· 158

7.2.3 CONF 操作数 ··· 158

7.3 多重结构实例 ··· 159

7.3.1 变焦镜头 Zoom Lens ···································· 159

7.3.2 衍射光栅 Diffraction Grating ························· 163

7.3.3 扫描透镜 Scan Lens ····································· 168

7.3.4 温度分析及无热化 ······································· 173

第 8 章 目视光学系统设计 ··· 177

8.1 人眼模型 ··· 177

8.2 放大镜与视觉 ··· 183

8.2.1 放大镜的放大倍率 ······································· 183

8.2.2 目镜的放大倍率 ··· 186

8.2.3 显微镜的放大倍率 ······································· 186

8.2.4 望远镜放大倍率 ··· 193

8.3 放大镜设计实例 ··· 197

8.4 目镜设计实例 ··· 202

8.4.1 拉姆斯登目镜 Ramsden Eyepiece ················· 202

8.4.2 凯涅尔目镜 Kellner eyepiece ··················· 207

8.4.3 对称式目镜 Ploessl eyepiece ··················· 213

8.4.4 埃弗利目镜 Erfle eyepiece ···················· 219

8.5 显微物镜设计实例 ······························ 221

8.6 望远物镜设计实例 ······························ 226

8.7 枪瞄光学系统的设计 ···························· 229

8.7.1 枪瞄中继镜 ······························· 229

8.7.2 枪瞄物镜 ································· 231

8.7.3 枪瞄目镜 ································· 239

第9章 照相镜头设计 ································· 241

9.1 Petzval 镜头设计 ····························· 241

9.1.1 Petzval 镜头实例 ·························· 242

9.1.2 改进场曲的方法一 ························· 247

9.1.3 改进场曲的方法二 ························· 250

9.2 摄远镜头设计 ······························· 253

9.2.1 摄远镜头实例 1 ·························· 253

9.2.2 摄远镜头实例 2 ·························· 257

9.2.3 摄远镜头专利优化 ························· 258

9.3 库克二片式镜头设计 ··························· 263

9.3.1 库克镜头实例 ··························· 263

9.3.2 玻璃的选择 ····························· 268

9.3.3 渐晕的影响 ····························· 272

9.4 双高斯镜头设计 ····························· 275

9.4.1 Planar 镜头 ··························· 276

9.4.2 Mandler 双高斯镜 ······················· 277

9.4.3 Mandler 改进优化 ······················· 277

9.5 广角镜头设计 ······························· 281

9.5.1 Biogon 广角镜头 ························· 281

9.5.2 施耐德超广角镜头 ························· 285

9.5.3 单反广角镜头 SLR Lens ···················· 288

9.6 红外热成像镜头设计 ··························· 291

9.6.1 双片式红外镜头 ·························· 291

9.6.2 三片式红外镜头 ·························· 295

第10章 激光光学系统设计 ···························· 297

10.1 准直镜设计方法 ····························· 297

10.1.1 理想透镜方法 ·························· 298

10.1.2　默认评价函数方法 ┈┈┈┈┈┈┈┈┈┈┈┈┈┈┈┈┈ 301

10.1.3　光线方向余弦 ┈┈┈┈┈┈┈┈┈┈┈┈┈┈┈┈┈┈┈┈ 303

10.1.4　真实光线角度的方法 ┈┈┈┈┈┈┈┈┈┈┈┈┈┈┈┈ 305

10.2　扩束镜 ┈┈┈┈┈┈┈┈┈┈┈┈┈┈┈┈┈┈┈┈┈┈┈┈┈┈┈ 305

10.3　F-Theta 扫描透镜 ┈┈┈┈┈┈┈┈┈┈┈┈┈┈┈┈┈┈┈┈ 307

10.4　非球面聚焦物镜设计 ┈┈┈┈┈┈┈┈┈┈┈┈┈┈┈┈┈┈ 311

第 11 章　公差分析 ┈┈┈┈┈┈┈┈┈┈┈┈┈┈┈┈┈┈┈┈┈┈ 316

11.1　公差数据 ┈┈┈┈┈┈┈┈┈┈┈┈┈┈┈┈┈┈┈┈┈┈┈┈┈ 316

11.1.1　默认公差设置 ┈┈┈┈┈┈┈┈┈┈┈┈┈┈┈┈┈┈┈┈ 316

11.1.2　公差控制操作数 ┈┈┈┈┈┈┈┈┈┈┈┈┈┈┈┈┈┈ 317

11.2　敏感度分析 ┈┈┈┈┈┈┈┈┈┈┈┈┈┈┈┈┈┈┈┈┈┈┈┈ 320

11.2.1　敏感度公差实例 ┈┈┈┈┈┈┈┈┈┈┈┈┈┈┈┈┈┈ 321

11.2.2　苹果手机专利镜头 SSN2 敏感度分析 ┈┈┈┈┈┈ 324

11.2.3　MTF 公差预测 ┈┈┈┈┈┈┈┈┈┈┈┈┈┈┈┈┈┈┈ 333

11.3　公差指令 User Script ┈┈┈┈┈┈┈┈┈┈┈┈┈┈┈┈┈┈ 335

11.3.1　公差指令集 ┈┈┈┈┈┈┈┈┈┈┈┈┈┈┈┈┈┈┈┈┈ 335

11.3.2　公差指令实例 ┈┈┈┈┈┈┈┈┈┈┈┈┈┈┈┈┈┈┈ 337

第 12 章　宏指令 Macro ┈┈┈┈┈┈┈┈┈┈┈┈┈┈┈┈┈┈┈ 340

12.1　宏指令窗口 ┈┈┈┈┈┈┈┈┈┈┈┈┈┈┈┈┈┈┈┈┈┈┈┈ 340

12.2　常用宏指令 ┈┈┈┈┈┈┈┈┈┈┈┈┈┈┈┈┈┈┈┈┈┈┈┈ 341

12.3　CAXCAD 的文件格式 ┈┈┈┈┈┈┈┈┈┈┈┈┈┈┈┈┈┈ 345

## 第 1 章

一阶近轴光学

光学设计是一门综合性的技能,不但要求工程师具有光学专业的背景,还需要相当长的时间通过实际项目进行历练。掌握光学设计的基本概念和基本像差理论非常重要,虽然基本概念的数量有点多,但是每个概念都很容易理解,甚至只要拥有基本的数学知识就足够了,而这里所说的数学知识或许仅仅是加减乘除四则运算和三角函数而已,所以这一点还是比较容易做到的。

1.1 近轴光学算法

1.1.1 一阶近似

本章将结合实例和软件对重点的一阶光学概念进行说明和解释。在几何光学中,光线沿直线进行传播,遇到物体的表面时会发生折射或者反射,折射或反射后的光将遵循以下公式,这是在中学就学到的知识。

$$n \sin \theta = n' \sin \theta' \tag{1.1}$$

这个公式奠定了光线计算或者光线追迹的基础,而在实际的计算中遇到问题,想要准确的计算结果就必须先要准确计算光线入射角度的正弦值,而这个值通常是无穷小数。为了省去这个正弦值的计算,可以使用光线入射的角度来替代它的正弦值。

$$\sin \theta \approx \theta \tag{1.2}$$

想要准确计算正弦值的方法通常使用的是泰勒展开式,由此得知这个方法或近似就是泰勒展开式的一阶近似,以此为基础延伸出来的概念就称之为一阶光学,这种假设通常只针对近轴光线具有较好的精确度,因此也称这种方法为近轴光学。

$$\sin \theta = \theta - \frac{\theta^3}{3!} + \frac{\theta^5}{5!} - \frac{\theta^7}{7!} \cdots \tag{1.3}$$

这种近轴近似可以用来计算很多重要的基本光学系统概念和定义,计算量不是很大,尤其是在计算机软件当中,这种计算的速度非常快,同时这种方法也可以更加快速地去评估光学系统参数或者理论表现。

1.1.2 YNU 近轴光线追迹

使用最多的近轴光线追迹算法是 YNU,这里只需要确定光线的高度和角度,计算量很小,这种算法可以利用表格的方式手算进行。

YNU 的近轴光线折射计算方法如下:

$$n'u' = nu - y\phi \qquad (1.4)$$

近轴光线需要完成连续的传播计算,方法如下:

$$y = y_{-1} + \frac{t}{n}(nu) \qquad (1.5)$$

其中 nu 的数值,每次都和前面的计算相同,因此传输可以不断地进行下去。例如已知第一个面上光线高度 y,根据这个方程就可以计算出第二个面上的光线高度。YNU 的计算方法被广泛应用在重要的镜头参数计算中,通常这些参数都是通过近轴光线数据计算获得的。

在 CAXCAD 分析菜单的光线追迹中(图 1-1),可以指定计算任意一条近轴光线的数据:

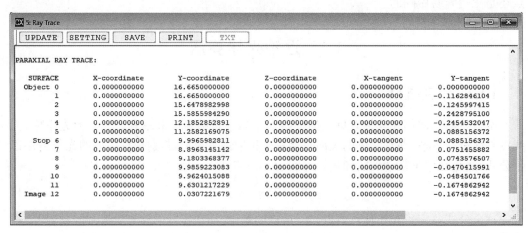

图 1-1

1.1.3 YUI 近轴光线追迹

YUI 是另一个重要的近轴光线追迹算法,这种算法是从 YNU 的计算方程变换而来:

$$y = y_{-1} + tu \qquad (1.6)$$

$$i = u + yc \qquad (1.7)$$

$$u' = u + \left(\frac{n}{n'} - 1\right)i \qquad (1.8)$$

这里使用了三个公式来进行近轴光线追迹,使用的参量 i 计算了每个面对于像差贡献的大小。事实上,如果需要计算光学系统的像差,那么 YUI 的计算方法将更加实用和有效。在 CAXCAD 软件中,采用了 YUI 的算法,这样就可以快速给出光学系统不同表面对于像差的贡献。

在近轴光线追迹中,正如窗口内容注释所提示 N * IMY 和 N * ICY 代表着每个面对于像差的贡献(图 1 - 2)。

1: Paraxial Ray Trace

UPDATE　SETTING　SAVE　PRINT　TXT

NOTE:

Lists paraxial data for marginal and chief rays
HMY, HCY: Height on surface (y)
UMY, UCY: Ray angle after surface (u)
N*IMY, N*ICY: Aberration contributions of the surface

WAVELENGTH　: 0.587600

PARAXIAL RAY TRACE:

LAGRANGE INVARIANT = 4.155051

SURFACE	HMY	UMY	N * IMY	HCY	UCY	N * ICY
Object 0	16.665000	0.000000		-14.695333	0.249328	
1	16.665000	-0.116285	0.307738	-14.695333	0.257655	-0.022038
2	15.647898	-0.124600	-0.022005	-12.441710	0.364604	0.283031
3	15.585598	-0.242880	0.308928	-12.259408	0.355569	0.023597
4	12.185285	-0.245453	-0.393564	-7.281438	0.359337	0.576167
5	11.258217	-0.088516	0.417019	-5.924234	0.415647	0.149627
Stop 6	9.996598	-0.088516	-0.088516	-8.881784E-016	0.415647	0.415647
7	8.896515	0.075146	-0.434885	5.165708	0.334912	0.214529
8	9.180337	0.074358	0.120490	6.430661	0.331401	0.537004
9	9.985922	-0.047042	-0.317076	10.021032	0.368884	0.097900
10	9.962402	-0.048450	0.003679	10.205474	0.207755	0.420842
11	9.630122	-0.167486	-0.310904	11.630297	0.229191	0.055986
Image 12	0.030722	-0.167486		24.766265	0.229191	

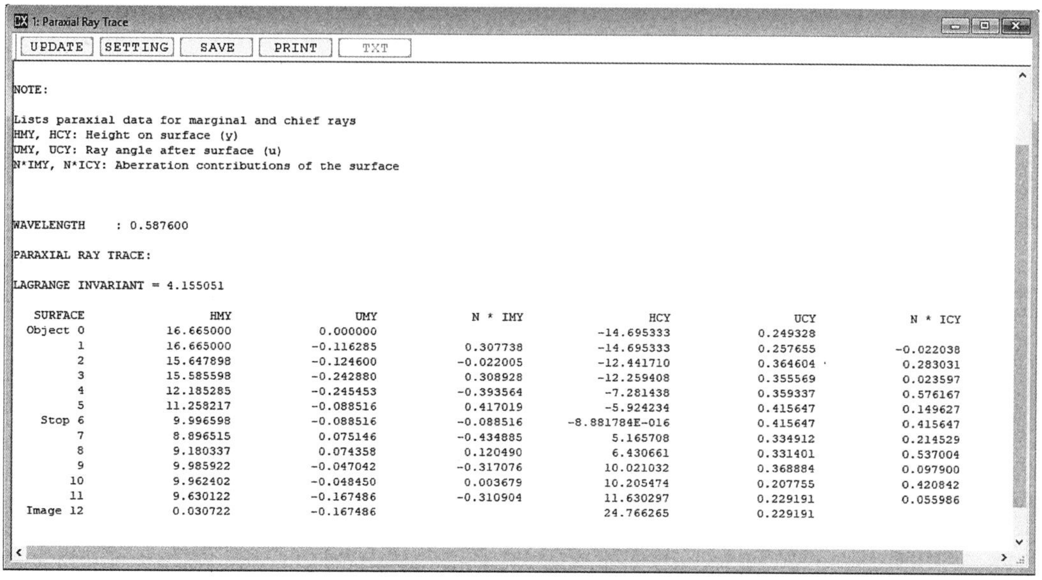

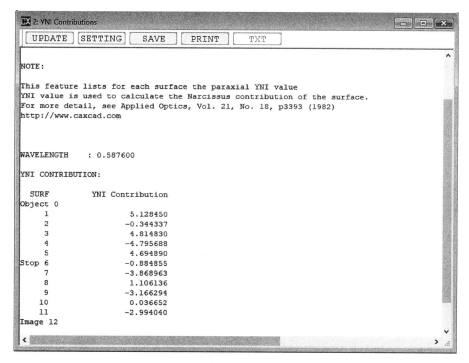

图 1 - 2

针对红外光学系统,尤其针对冷光阑的设计和优化,需要计算光学系统每个面的 YNI 贡献(图 1 - 3),本质上也是 YUI 的算法,具体的细节可以参考图 1 - 3 注释中的文献。

2: YNI Contributions

UPDATE　SETTING　SAVE　PRINT　TXT

NOTE:

This feature lists for each surface the paraxial YNI value
YNI value is used to calculate the Narcissus contribution of the surface.
For more detail, see Applied Optics, Vol. 21, No. 18, p3393 (1982)
http://www.caxcad.com

WAVELENGTH　: 0.587600

YNI CONTRIBUTION:

SURF	YNI Contribution
Object 0	
1	5.128450
2	-0.344337
3	4.814830
4	-4.795688
5	4.694890
Stop 6	-0.884855
7	-3.868963
8	1.106136
9	-3.166294
10	0.036652
11	-2.994040
Image 12	

图 1 - 3

1.2 近轴光学定义

有关近轴光学定义,接下来将结合实例和软件来进行讲解,在本书中,通常会使用常用的库克三片式镜头或双高斯镜头作为实例文件。

在 CAXCAD 软件的底部状态栏上可以看到常用的基本概念,如图 1-4 所示。

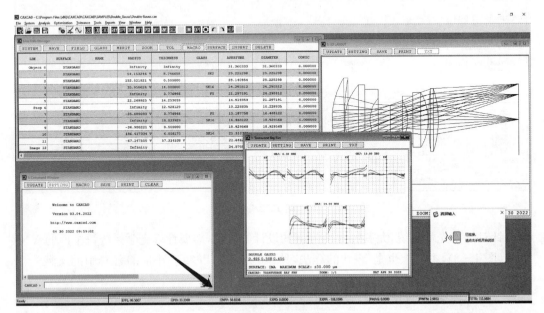

图 1-4

如果在命令窗口中,输入 FIR,窗口将会快速展示重要的一阶光学数据(图 1-5):

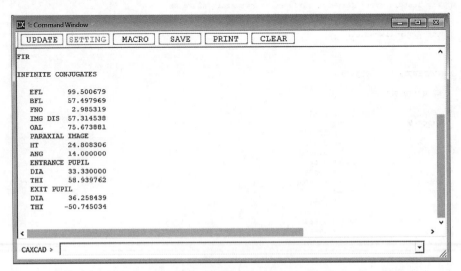

图 1-5

报告菜单的系统数据 System Data 也可以看到一阶光学数据(图 1-6):

```
2: System Data
UPDATE  SETTING  SAVE  PRINT  TXT

System Data

File : C:\Program Files (x86)\CAXCAD\CAXCAD\SAMPLES\Double_Gauss\Double Gauss.cax
Title: DOUBLE GAUSS
Date : 04 30 2022 10:00:59


GENERAL LENS DATA:

Surfaces            :              12
Stop                :               6
System Aperture     : Entrance Pupil Diameter = 33.33
Glass Catalogs      : SCHOTT
Ray aiming          :             Off
Apodization         :       0 33.3300
Temperature (C).    :       20.000000
Pressure (ATM).     :        1.000000
Adjust Index ENV.   :             Off
EFL. Focal Len.     :       99.500679 (In Image Space)
FFL. Focal Len.     :       99.500679
Back Focal Len.     :       57.497969
Total Track         :      132.988419
Image Space F/#     :        2.985319
Para. Wrkng F/#     :        2.985319
Working F/#         :        2.978283
Image Space N.A.    :        0.165185
Object Space N.A.   :   1.666500E-009
Stop Radius         :        9.996598
Parax. Ima. Hgt.    :       24.808306
Parax. Mag.         :        0.000000
Entr. Pup. Dia.     :       33.330000
Entr. Pup. Pos.     :       58.939762
Exit Pupil Dia.     :       36.258439
Exit Pupil Pos.     :     -108.059572
Field Type          : Angle in Degrees
Maximum Field       :       14.000000
Maximum Fie Angle   :       14.000000
Primary Wave        :      0.58760000 µm
Lens Units          :              MM
Angular Mag.        :        0.919234
```

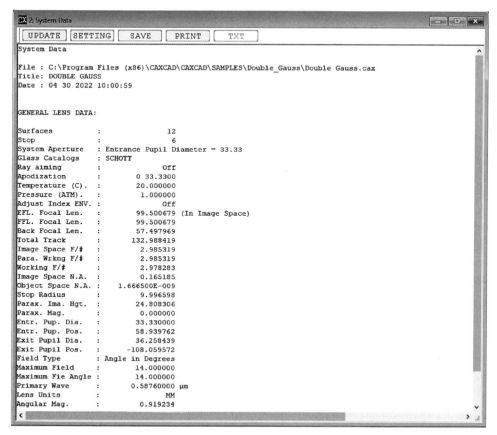

图 1－6

一阶光学数据在评价函数中，输入对应的操作数同样可以查看(图 1－7)：

Merit Function Manager

UPDATE　SETTING　SAVE　LOAD　RESET　INSERT　DELETE

MFE	Type									Target	Weight	Value	% Contrib
1 MF-EFFL	EFFL		2							0.000000	0.000000	99.500679	0.000000
2 MF-EPDI	EPDI									0.000000	0.000000	33.330000	0.000000
3 MF-ENPP	ENPP									0.000000	0.000000	58.939762	0.000000
4 MF-EXPD	EXPD									0.000000	0.000000	36.258439	0.000000
5 MF-EXPP	EXPP									0.000000	0.000000	-108.05...	0.000000
6 MF-BLNK	BLNK	BLNK											
7 MF-LINV	LINV		2							0.000000	0.000000	4.155051	0.000000
8 MF-BLNK	BLNK	BLNK											
9 MF-ISFN	ISFN									0.000000	0.000000	2.985319	0.000000
10 MF-AMAG	AMAG		2							0.000000	0.000000	0.919234	0.000000
11 MF-PMAG	PMAG		2							0.000000	0.000000	0.000000	0.000000
12 MF-POWF	POWF	1	1	0.000000	0.000000	0				0.000000	0.000000	0.011354	0.000000
13 MF-POWR	POWR	1	2							0.000000	0.000000	0.011216	0.000000

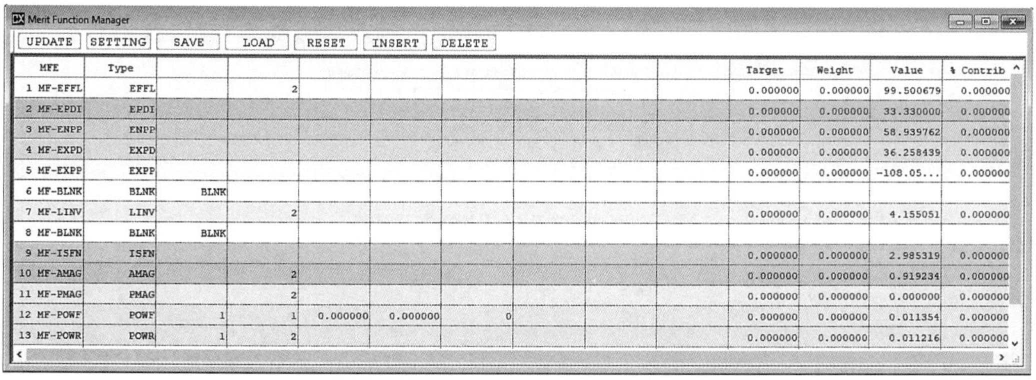

图 1－7

以上仅仅是查看这些数据的不同方法，在 CAXCAD 软件中，对这些概念进行了分类。如图 1－8 所示，打开自动优化工具，在横向色差列表里可以看到，重要的一阶光学定义都在这里。

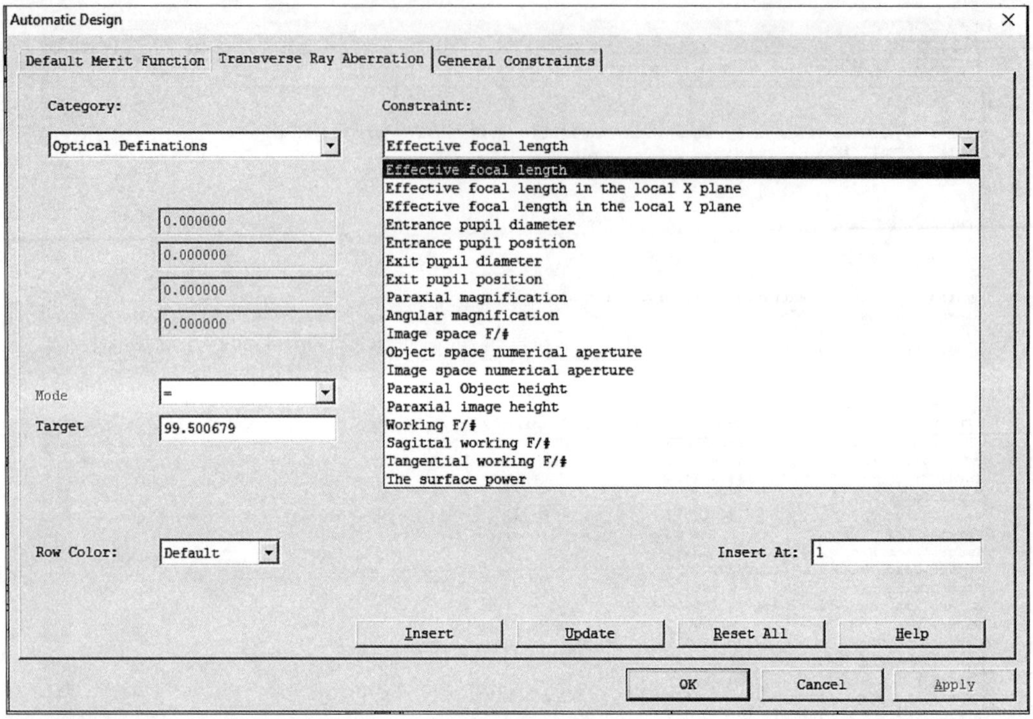

图 1 - 8

利用近轴近似进行光线追迹(图 1 - 9),可以获得近轴光线的角度和位置。

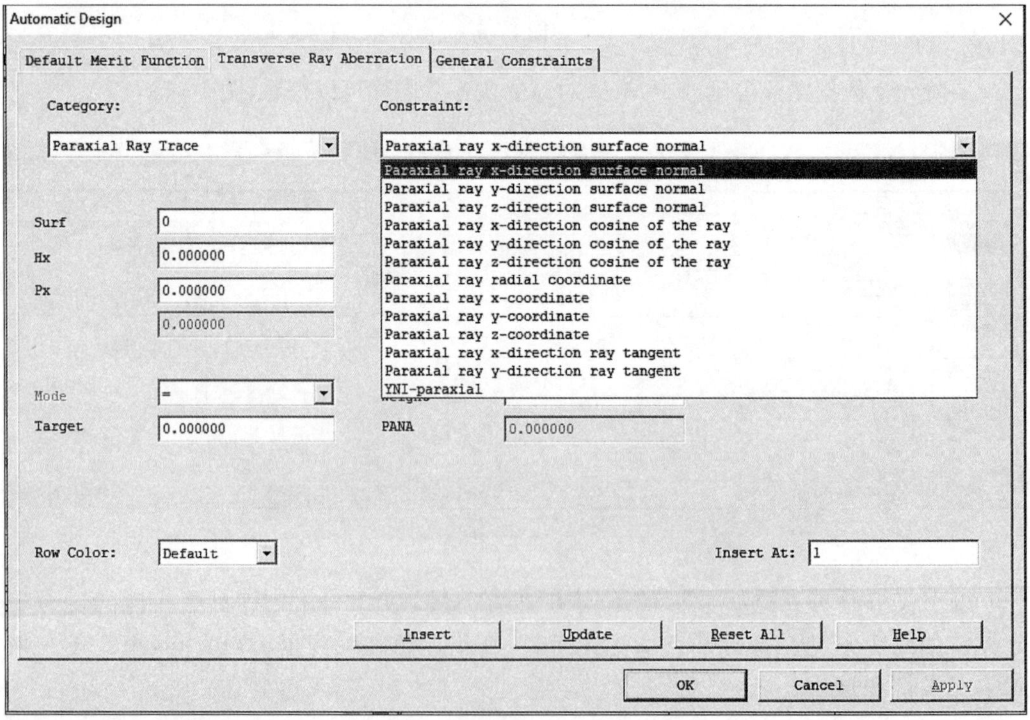

图 1 - 9

通过自动优化工具,列表中每个定义实际上都可以作为一个优化操作数快速插入到评价函数中,同时可以在图上看到这个定义简写的四个英文字母。关于操作数的使用,在优化章节中将会详细说明。

1.2.1　基础光线 Basic Ray

在光学 CAD 软件中,很多的定义并不会直接使用公式进行计算,而是依赖于光线追迹的结果。这里就需要提到"基础光线"的概念。所谓基础光线本质上是真实光线,只是角度很小,光束传播需要按照真实光线的折射定律进行,而不是采用一阶近似。对于近轴光学的很多定义,要利用基础光线数据而不是近轴光线进行计算。所以下面提到的定义或概念都是光线追迹后的结果。

放弃使用公式,而利用基础光线进行计算有很多好处,因为通常公式的计算只适用于共轴光路或者理想薄透镜。而实际的情况是需要精确地知道整个真实光学系统的参数。

1.2.2　有效焦距 EFFL

实例文件 01‐01:PARAXIAL.cax

有效焦距是最容易理解的一个概念,它表示如果一束平行光进入光学系统,近轴光线的后主面到达近轴焦点的距离,针对没有像差的理想薄透镜(图 1‐10)来说,就是透镜到达焦点的距离。

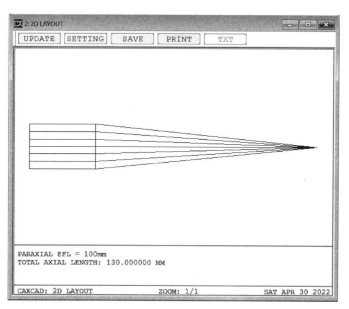

图 1‐10

在实际的光学系统中,就需要着重强调"近轴",因为此时计算焦点的位置是以近轴光线为基准的。建立一个焦距 100 mm,入瞳为 25 mm 的单透镜(图 1‐11~图 1‐12):

实例文件 01 - 02:SINGLET.cax

LDE	SURFACE	NAME	RADIUS	THICKNESS	GLASS	APERTURE	DIAMETER	CONIC
Object 0	STANDARD		Infinity	Infinity		12.500000	12.500000	0.000000
Stop 1	STANDARD		Infinity	30.000000		12.500000	12.500000	0.000000
2	STANDARD		100.000000	5.000000	BK7	12.500000	12.500000	0.000000
3	STANDARD		-100.000000	100.000000		12.351847	12.500000	0.000000
Image 4	STANDARD		Infinity	-		0.920261	0.920261	0.000000

图 1 - 11

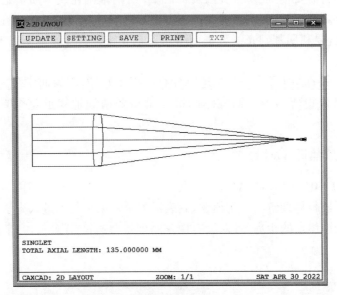

图 1 - 12

实际的透镜光线在焦点处通常存在球差,在光线聚焦附近来自不同孔径的光线具有多个焦点(图 1 - 13),而计算基准是近轴焦点。

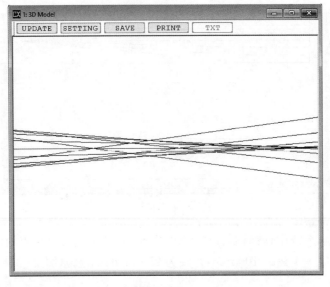

图 1 - 13

如何才能快速找到这个焦点的位置呢？这里可以利用第三个面厚度求解的方法（图
1-14）：

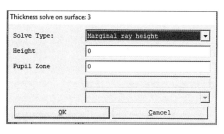

图 1-14

光线的 Pupil Zone 为 0 就表示是近轴光线，高度 Height 为 0 表示聚焦在轴上，由此
计算出来的厚度 95.597 596 就是近轴焦点的位置（图 1-15）。

LDE	SURFACE	NAME	RADIUS	THICKNESS	GLASS	APERTURE	DIAMETER	CONIC
Object 0	STANDARD		Infinity	Infinity		12.500000	12.500000	0.000000
Stop 1	STANDARD		Infinity	30.000000		12.500000	12.500000	0.000000
2	STANDARD		100.000000	5.000000	BK7	12.500000	12.500000	0.000000
3	STANDARD		-100.000000	95.597596 M		12.351847	12.500000	0.000000
Image 4	STANDARD		Infinity	-		0.340409	0.340409	0.000000

图 1-15

可以利用评价函数演示焦距的计算，这里使用基本光线，也就是近轴的真实光线。采
用 EFFL 可以直接读取有效焦距的数值 97.258 108，给定光线的高度为 0.000 012 5，作为
一个近轴的真实光线高度，因为入瞳的直径是 25 mm，半高度是 12.5 mm，

$$12.5 \times 0.000\ 001 = 0.000\ 012\ 5 \tag{1.9}$$

所以 P_y 作为归一化光瞳高度为 0.000 001（图 1-16）。利用 RAYB 可以获得光线在
镜片最后一个面上 Y 方向的方向余弦为 -0.000 000 128 523 989。然后根据三角函数的
关系，就可以计算出有效焦距：

$$-\frac{0.000\ 012\ 5}{-0.000\ 000\ 128\ 523\ 989} = 97.258\ 108 \tag{1.10}$$

MFE	Type	Surf	Wave	Hx	Hy	Px	Py	Target	Weight	Value	% Contrib
1 MF-EFFL	EFFL		1					0.000000	0.000000	97.258108	0.000000
2 MF-BLNK	BLNK	BLNK									
3 MF-CONS	CONS							1.250000E-005	0.000000	1.250000...	0.000000
4 MF-RAYB	RAYB	3	1	0.000000	0.000000	0.000000	1.000000E-006	0.000000	0.000000	-1.28524...	0.000000
5 MF-DIVI	DIVI	3	4					0.000000	0.000000	-97.258108	0.000000

图 1-16

1.2.3　入瞳直径 EPDI

光阑（STOP）在物空间成的近轴像就是入瞳，它的直径就是入瞳直径。

1.2.4　入瞳位置 ENPP

近轴入瞳相对于第一个面的距离，所谓第一个面指的是编号为 1 的面。

实例文件 01 - 03:Double Gauss-EPD.cax

在实际光学系统中,无论光阑是在物方还是在像方,所成的像都是一个虚像。实际上在光路中是找不到这个器件的,但是仍然有方法在光学软件当中展示它们,这里可以用经典的双高斯镜头作为实例。

打开双高斯镜头如图 1 - 17 所示:

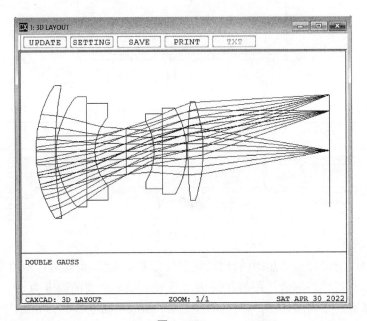

图 1 - 17

可以利用前面提到的任意一种方法来查看一阶光学数据中的入瞳位置,这里选择的 FIR 命令窗口,并确认数值是 58.939 762(图 1 - 18)。接下来要在光学系统中看到它,就需要用到一种方法,这种方法被称之为虚拟传播,所谓虚拟传播言外之意就是可有可无,并且对光学系统最终的成像没有影响。

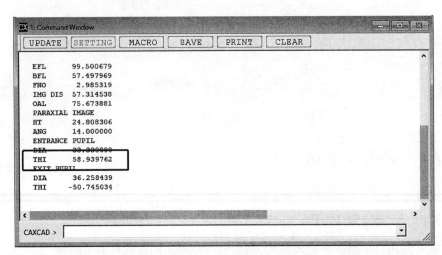

图 1 - 18

修改透镜数据编辑器，只需要在镜头前方插入两个空的面并定义厚度，如图 1 – 19 所示：

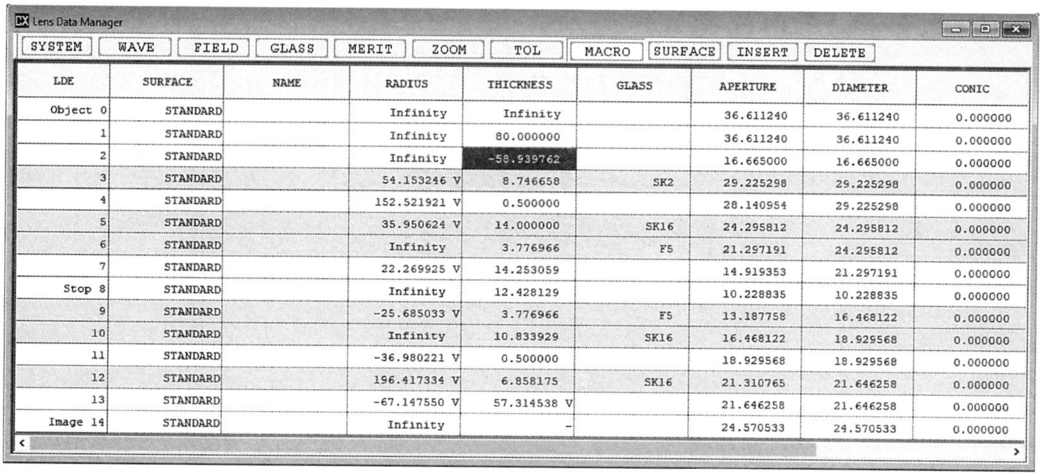

LDE	SURFACE	NAME	RADIUS	THICKNESS	GLASS	APERTURE	DIAMETER	CONIC
Object 0	STANDARD		Infinity	Infinity		36.611240	36.611240	0.000000
1	STANDARD		Infinity	80.000000		36.611240	36.611240	0.000000
2	STANDARD		Infinity	-58.939762		16.665000	16.665000	0.000000
3	STANDARD		54.153246 V	8.746658	SK2	29.225298	29.225298	0.000000
4	STANDARD		152.521921 V	0.500000		28.140954	29.225298	0.000000
5	STANDARD		35.950624 V	14.000000	SK16	24.295812	24.295812	0.000000
6	STANDARD		Infinity	3.776966	F5	21.297191	24.295812	0.000000
7	STANDARD		22.269925 V	14.253059		14.919353	21.297191	0.000000
Stop 8	STANDARD		Infinity	12.428129		10.228835	10.228835	0.000000
9	STANDARD		-25.685033 V	3.776966	F5	13.187758	16.468122	0.000000
10	STANDARD		Infinity	10.833929	SK16	16.468122	18.929568	0.000000
11	STANDARD		-36.980221 V	0.500000		18.929568	18.929568	0.000000
12	STANDARD		196.417334 V	6.858175	SK16	21.310765	21.646258	0.000000
13	STANDARD		-67.147550 V	57.314538 V		21.646258	21.646258	0.000000
Image 14	STANDARD		Infinity	-		24.570533	24.570533	0.000000

图 1 – 19

上图中 80 mm 的厚度是为了展示镜头前光线的入射，−58.939 762 则是展示出了相对镜头第一个面（此时编号为 3）的位置，也就是入瞳位置。

因为光阑面的编号是 8，所以在 3D Layout 外观图形中，将显示范围调整为 1 – 8（图 1 – 20）。

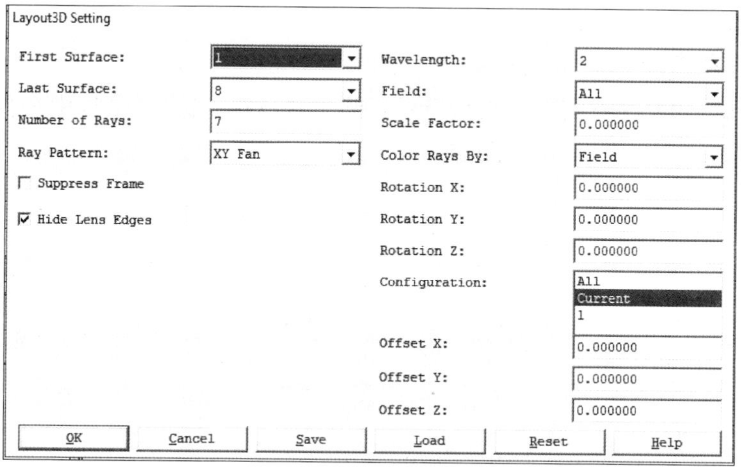

图 1 – 20

于是通过入瞳位置（图 1 – 21），就可以清晰看到不同视场的光线在这个位置交汇，这就是光阑（STOP）面所成的虚像。

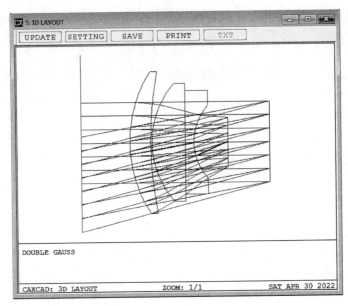

图 1-21

1.2.5 出瞳直径 EXPD

光阑(STOP)在像空间成的近轴像就是出瞳,它的直径就是出瞳直径。

1.2.6 出瞳位置 EXPP

近轴出瞳相对于像面的距离就是出瞳位置。

实例文件 01-04:Double Gauss-EXP.cax

接下来利用同样的双高斯镜头来展示出瞳位置,在一阶光学数据中查找并确定出瞳的数值为 108.059 572,这是相对于最后一个面的。在像面前插入一个面,并将厚度设置为出瞳位置,如图 1-22 所示:

LDE	SURFACE	NAME	RADIUS	THICKNESS	GLASS	APERTURE	DIAMETER	CONIC
Object 0	STANDARD		Infinity	Infinity		31.360333	31.360333	0.000000
1	STANDARD		54.153246 V	8.746658	SK2	29.225298	29.225298	0.000000
2	STANDARD		152.521921 V	0.500000		28.140954	29.225298	0.000000
3	STANDARD		35.950624 V	14.000000	SK16	24.295812	24.295812	0.000000
4	STANDARD		Infinity	3.776966	F5	21.297191	24.295812	0.000000
5	STANDARD		22.269925 V	14.253059		14.919353	21.297191	0.000000
Stop 6	STANDARD		Infinity	12.428129		10.228835	10.228835	0.000000
7	STANDARD		-25.685033 V	3.776966	F5	13.187758	16.468122	0.000000
8	STANDARD		Infinity	10.833929	SK16	16.468122	18.929568	0.000000
9	STANDARD		-36.980221 V	0.500000		18.929568	18.929568	0.000000
10	STANDARD		196.417334 V	6.858175	SK16	21.310765	21.646258	0.000000
11	STANDARD		-67.147550 V	57.314538 V		21.646258	21.646258	0.000000
12	STANDARD		Infinity	-108.059572	-	24.570533	24.570533	0.000000
Image 13	STANDARD		Infinity			19.386822	19.386822	0.000000

图 1-22

此时的光阑面的编号是 6,将 3D Layout 外观图形中的显示范围调整为 6~13,光瞳位置就可以看到了(图 1-23)。

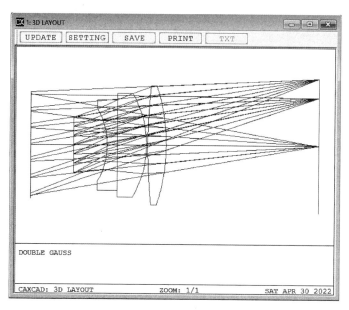

图 1 - 23

在出瞳的展示中(图 1 - 23),会发现一个很明显的问题,代表不同颜色不同视场的光线没有交汇在一起。这是因为出瞳位置是以近轴计算的,在光瞳的中心位置,代表绿色的第 2 视场要比红色的第 3 视场的光线更加接近中心。

另外还有一个更快捷的方法——厚度求解,如图 1 - 24 所示。将像距的厚度 57.314 538 进行求解计算,求解算法基于光瞳位置。

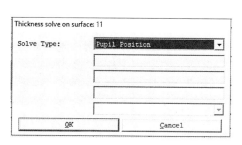

图 1 - 24

这里的光瞳位置指的就是出瞳位置,系统会自动将像面设置在出瞳位置上。当然这种求解也可以直接在新插入的面上进行,获得的结果是一样的。

1.2.7　近轴放大率 PMAG

在物像有限共轭系统中,近轴放大率为近轴像高和近轴物高的比值。

1.2.8　角放大率 AMAG

角放大率为近轴像空间主光线角度和近轴物空间主光线角度之比。

实例文件 01 - 05:Double Gauss-PMAG.cax

这里需要讨论一下关于放大率的知识,近轴放大率属于线性放大率,通常用于快速控制镜头物像高度的比，例如控制显微镜或图像采集镜头的倍率等。在近轴放大率无法计算的情况下，AMAG 就可以派上用场，控制无焦光学系统的角放大率，例如伽利略转鼓、枪瞄镜头和望远镜等。可是仍然需要注意的是，这里的计算都是近轴计算，随着视场角度增大，这个计算结果的误差也会加大。

下面把双高斯镜头做一个变换，将物面厚度设置为 200(图 1－25～图 1－26)：

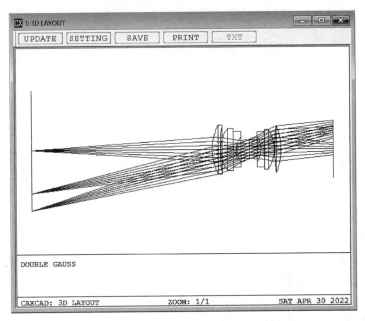

图 1－25

Lens Data Manager

SYSTEM | WAVE | FIELD | GLASS | MERIT | ZOOM | TOL | MACRO | SURFACE | INSERT | DELETE

LDE	SURFACE	NAME	RADIUS	THICKNESS	GLASS	APERTURE	DIAMETER	CONIC
Object 0	STANDARD		Infinity	200.000000		64.560934	64.560934	0.000000
1	STANDARD		54.153246 V	8.746658	SK2	26.305837	26.305837	0.000000
2	STANDARD		152.521921 V	0.500000		25.037539	26.305837	0.000000
3	STANDARD		35.950624 V	14.000000	SK16	22.422883	22.422883	0.000000
4	STANDARD		Infinity	3.776966	F5	19.044041	22.422883	0.000000
5	STANDARD		22.269925 V	14.253059		14.121337	19.044041	0.000000
Stop 6	STANDARD		Infinity	12.428129		10.443237	10.443237	0.000000
7	STANDARD		-25.685033 V	3.776966	F5	14.325845	18.810344	0.000000
8	STANDARD		Infinity	10.833929	SK16	18.810344	21.108883	0.000000
9	STANDARD		-36.980221 V	0.500000		21.108883	21.108883	0.000000
10	STANDARD		196.417334 V	6.858175	SK16	25.115846	25.186634	0.000000
11	STANDARD		-67.147550 V	116.146510 V		25.186634	25.186634	0.000000
Image 12	STANDARD		Infinity	-		38.352011	38.352011	0.000000

图 1－26

优化菜单(Optimization)上找到快速聚焦工具(Quick Focus)并执行，像面的距离会自动被优化到默认的最小光斑。

快速聚焦后获得了一个物像共轭的系统(图 1－27),这时就可以使用近轴放大率 PMAG 了。在评价函数中输入 PMAG,可以看到近轴放大率是－0.594 121(图 1－28),负值表示成的是倒像。

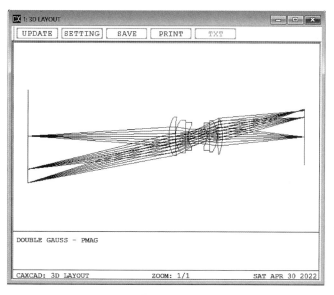

图 1－27

MFE	Type		Wave		Target	Weight	Value	% Contrib
1 MF-PMAG	PMAG		2		0.000000	0.000000	-0.594121	0.000000

图 1－28

刚刚讲过,这个数值是近轴计算,所以针对实际的光学系统一定存在误差,真实的放大率是多少呢? 下面利用真实光线追迹进行对比和计算(图 1－29)。

```
1: Ray Trace
UPDATE  SETTING  SAVE  PRINT  TXT

NORMALIZED FIELD AND PUPIL:

FIELD X (Hx)    : 0.0000
FIELD Y (Hy)    : 1.0000
PUPIL X (Px)    : 0.0000
PUPIL Y (Py)    : 0.0000


REAL RAY TRACE:

  SURFACE     X-coordinate    Y-coordinate    Z-coordinate    X-tangent    Y-tangent
 Object 0        0.000000      -64.560934        0.000000     -0.000000     0.249328
        1        0.000000      -64.560934        0.000000     -0.000000     0.249328
        2        0.000000      -14.221427        1.900733     -0.000000     0.257929
        3        0.000000      -12.326969        0.498955      0.000000     0.375053
        4        0.000000      -11.604782        1.924511      0.000000     0.361947
        5        0.000000       -7.234089        0.000000      0.000000     0.366294
        6        0.000000       -5.589492        0.712858      0.000000     0.434977
   Stop 7        0.000000        0.300187        0.000000      0.000000     0.434977
        8        0.000000        5.451588       -0.585210      0.000000     0.349119
        9        0.000000        6.974505        0.000000      0.000000     0.345020
       10        0.000000       10.215910       -1.439091      0.000000     0.381853
       11        0.000000       11.075694        0.312520      0.000000     0.201300
       12        0.000000       12.169495       -1.111977      0.000000     0.211914
 Image 13        0.000000       37.018155        0.000000      0.000000     0.211914
```

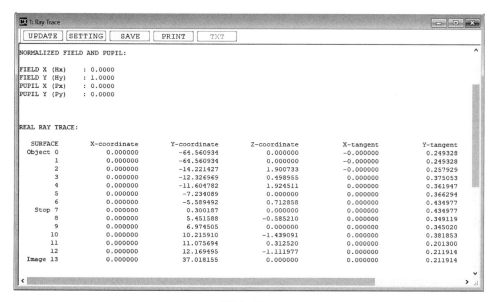

图 1－29

$$\text{真实放大率}=\frac{37.018\,155}{-64.560\,934}=-0.573\,383 \tag{1.11}$$

由此可知,近轴放大率可以快速近似获得系统放大率,但是和真实放大率相比,还是具有一定的差别。如图 1 - 30 所示,在评价函数中,利用 Y 方向的真实光线高度操作数 RAYY(或 REAY)分别获取像高和物高,再用 DIVI 计算它们的商,可以直接获得真实放大率,并且可以对这个比值进行控制和优化。

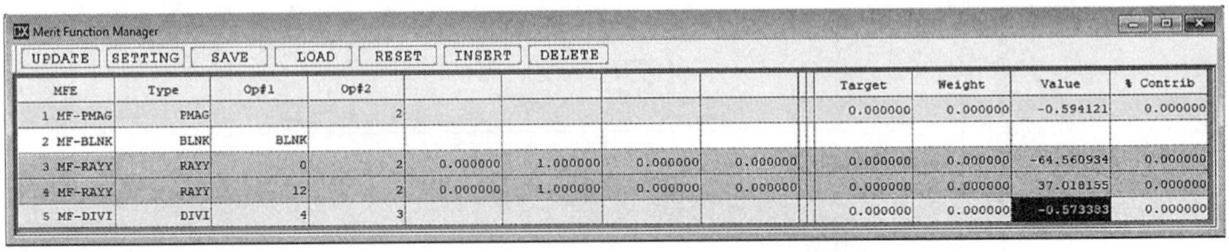
Merit Function Manager
UPDATE
SETTING
SAVE
LOAD
RESET
INSERT
DELETE
MFE | Type | Op#1 | Op#2 | | | | | Target | Weight | Value | % Contrib
1 MF-PMAG | PMAG | | 2 | | | | | 0.000000 | 0.000000 | -0.594121 | 0.000000
2 MF-BLNK | BLNK | BLNK
3 MF-RAYY | RAYY | 0 | 2 | 0.000000 | 1.000000 | 0.000000 | 0.000000 | 0.000000 | 0.000000 | -64.560934 | 0.000000
4 MF-RAYY | RAYY | 12 | 2 | 0.000000 | 1.000000 | 0.000000 | 0.000000 | 0.000000 | 0.000000 | 37.018155 | 0.000000
5 MF-DIVI | DIVI | 4 | 3 | | | | | 0.000000 | 0.000000 | -0.573383 | 0.000000

图 1 - 30

同样的道理,对于真实的角放大倍率,可以采用物方和像方的操作数 RANG 的比值来计算和控制。

1.2.9 像空间 F/♯ ISFN

像空间 F/♯是有效焦距和入瞳直径的比。这里有一个假设,无论这个镜头工作在什么样的场景,都是以平行光入射为基准进行计算,这是因为作为前提的有效焦距就是这样定义的。

$$\text{像空间 F/♯}=\frac{\text{EFFL}}{\text{EPDI}} \tag{1.12}$$

这个参数是镜头设计中通常要求的指标,根据像空间 F/♯,设计者可以快速判断镜头设计的难易程度。这个数值越大,镜头获得的光照就越小,几何像差就越容易被矫正,受到衍射极限的影响和限制也会越大。这个数值越小,镜头就可以获得越多的光能量入射,但是几何像差就会越大并越难控制。

在系统参数设置中,孔径类型可以直接指定像空间 F/♯如图 1 - 31 所示:

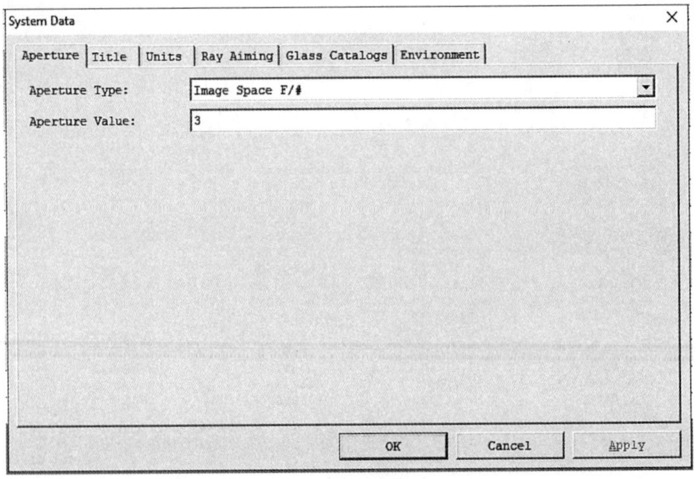
System Data
Aperture
Title
Units
Ray Aiming
Glass Catalogs
Environment
Aperture Type:
Image Space F/#
Aperture Value:
3
OK
Cancel
Apply

图 1 - 31

其中,使用最多的还是利用最后镜头面上的曲率求解(图 1-32),这种方法非常方便,而且配合入瞳直径的设置,控制了镜头的有效焦距。这样的好处是评价函数中少了一个操作数,从而可以将优化的更多权重分配给成像质量操作数。

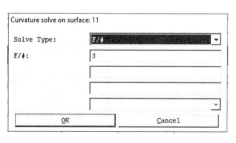

图 1-32

1.2.10　近轴工作 F/♯ PWFN

近轴工作 F/♯的定义如下:

$$W = \frac{1}{2n\tan\theta} \tag{1.13}$$

其中 θ 是像空间近轴边缘光线的角度,n 是像空间的折射率,对于非轴对称系统,θ 是中心光线和不同方向边缘光线的角度平均值。

1.2.11　工作 F/♯ WFNO

工作 F/♯的定义如下:

$$W = \frac{1}{2n\sin\theta} \tag{1.14}$$

其中 θ 是像空间真实边缘光线的角度,很显然如果角度很小,工作 F/♯值将是一个很大的数,此时默认会给出 10 000 的数值,在光学系统计算点扩散函数 PSF 和调制传递函数 MTF 时也是如此。n 是像空间的折射率,对于非轴对称系统,θ 是中心光线和不同方向边缘光线的角度平均值。

工作 F/♯不是近轴计算,而是基于真实光线,所以工作 F/♯可以体现出光学系统的真实像方工作情况,这个定义放在这里,可以让读者对不同 F/♯的定义加以区别。

1.2.12　数值孔径 NA

实例文件 01-06:IMNA.cax

这里有两个数值孔径,分别是物方数值孔径 OBNA 和像方数值孔径 ISNA。它们分别使用近轴边缘光线角度的正弦值乘以对应物空间或像空间的折射率。

$$\mathrm{NA} = n\sin\theta \tag{1.15}$$

物方数值孔径 OBNA 可以用来控制物方物点的张角。CAXCAD 系统孔径的设置中有这个选项(图 1-33):

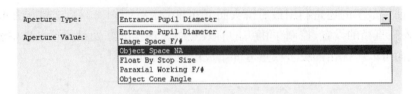

图 1 - 33

已知镜头的像方 NA,例如显微物镜,就可以知道放大倍率。但在实际设计中,以上两个数值孔径是无法满足要求的,因此就需要真实的 NA 值。如图 1 - 34 所示,可以采用 RAYC(或 REAC)获取真实边缘光线的方向余弦,再用 ACOS 计算角度,用 SINE 计算正弦值,这样就可以获得真实的像空间 NA 了。

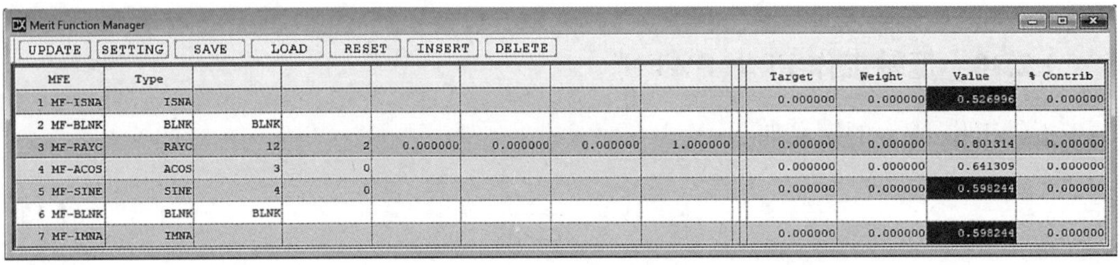

MFE	Type							Target	Weight	Value	% Contrib
1 MF-ISNA	ISNA							0.000000	0.000000	0.526996	0.000000
2 MF-BLNK	BLNK	BLNK									
3 MF-RAYC	RAYC	12	2	0.000000	0.000000	0.000000	1.000000	0.000000	0.000000	0.801314	0.000000
4 MF-ACOS	ACOS	3	0					0.000000	0.000000	0.641309	0.000000
5 MF-SINE	SINE	4	0					0.000000	0.000000	0.598244	0.000000
6 MF-BLNK	BLNK	BLNK									
7 MF-IMNA	IMNA							0.000000	0.000000	0.598244	0.000000

图 1 - 34

从上面的数值可以看到 ISNA 像空间 NA 是 0.526 996,但真实的 NA 是 0.598 244。CAXCAD 提供了一个控制真实数值孔径的操作数 IMNA,可以直接控制像方 NA。

1.3 理想光学成像

1.3.1 理想光学成像定律

单个球面折射光路计算公式:

$$\frac{n'}{l'} - \frac{n}{l} = \frac{(n'-n)}{r}$$

单个球面反射光路计算公式:

$$\frac{1}{l'} + \frac{1}{l} = \frac{2}{r}$$

其中 l 和 l' 表示物距和像距,n 和 n' 表示物像空间折射率,r 为球面曲率半径。

垂轴放大率:

$$\beta = \frac{nl'}{n'l}$$

理想光学系统的物像位置公式:

$$\frac{1}{l'} - \frac{1}{l} = \frac{1}{f'}$$

其中 f' 为光学系统的焦距。

理想光学系统的组合光焦度：

$$\Phi = \Phi_1 + \Phi_2 - d\Phi_1\Phi_2$$

其中 Φ_1 和 Φ_2 表示两个镜片的光角度, d 为两个镜片的距离

薄透镜光焦度：

$$\Phi = (n-1)(cv_1 - cv_2)$$

cv_1 和 cv_2 表示两个面的曲率。

薄透镜焦距计算：

$$f = \frac{1}{(n-1)\left(\dfrac{1}{r_1} - \dfrac{1}{r_2}\right)}$$

r_1 和 r_2 表示两个面的曲率半径。

两个薄透镜焦距组合公式：

$$\frac{1}{f} = \frac{1}{f_1} + \frac{1}{f_2}$$

1.3.2　理想光学成像实例

利用 CAXCAD 软件中的理想透镜, 可以验证和求解经典的理想光学系统, 下面利用实例进行操作。

实例 01: 一个薄透镜对某一物成实像, 放大率为 $-1\times$, 今以另一个薄透镜紧贴在第一透镜上, 则见像向透镜方向移动 20 mm, 放大率为原先的 3/4 倍, 求两块透镜的焦距为多少?

利用高斯公式和组合焦距公式, 设两个透镜焦距分别为 f'_1、f'_2, l_1、l'_1 是第一个透镜成像时的物像距, l、l' 是两个透镜组合系统成像时的物像距。根据已知条件可列出如下方程组：

$$\begin{cases} \beta_1 = \dfrac{l'_1}{l_1} = -1 \\ l'_1 = l' + 20 \\ \beta = \dfrac{l'}{l} = -\dfrac{3}{4} \\ l_1 = l \end{cases} \qquad 解得 \begin{cases} l_1 = -80 \\ l'_1 = 80 \\ l = -80 \\ l' = 60 \end{cases}$$

分别将 $\begin{cases} l_1 = -80 \\ l'_1 = 80 \end{cases}$ 和 $\begin{cases} l = -80 \\ l' = 60 \end{cases}$ 代入公式 $\dfrac{1}{l'_i} - \dfrac{1}{l_i} = \dfrac{1}{f'_i} = \Phi_i$, 可得 $\Phi_1 = 1/40$, $\Phi = 7/240$, 对于薄透镜有 $\Phi = \Phi_1 + \Phi_2$ 成立, 故可得知 $\Phi_2 = \Phi - \Phi_1 = 1/240$, 即 $f'_1 = 40$ mm, $f'_2 = 240$ mm

利用两个理想透镜建立系统：

实例文件 01 - 07：Sample_02.cax

LDE	SURFACE	NAME	RADIUS	THICKNESS	GLASS	APERTURE	DIAMETER	CONIC
Object 0	STANDARD		Infinity	80.000		0.000	0.000	0.000
Stop 1	PARAXIAL		Infinity	0.000		12.500	12.500	0.000
2	PARAXIAL		Infinity	0.000		12.500	12.500	0.000
3	STANDARD		Infinity	60.000		12.500	12.500	0.000
4	STANDARD		Infinity	20.000 M		3.125	3.125	0.000
Image 5	STANDARD		Infinity	–		8.882E-016	8.882E-016	0.000

图 1 - 35

理想表面面型的数据和扩展数据如图 1 - 35 和图 1 - 36 所示，主要用来展示理想透镜的焦距（Focal Length）。

LDE	TCE x 1E-6	COATING	PAR 0	Focal Length	OPD Mode	PAR 3	PAR 4	PAR 5
Object 0	0.000		–					
Stop 1	0.000		–	40.000	1.000			
2	0.000		–	0.000	1.000			
3	0.000		–					
4	0.000		–					
Image 5	0.000		–					

图 1 - 36

图 1 - 37 中左右两端分别是物像点，第一个平面表示焦距为 40 mm 的理想透镜，第二个表示焦距为 0 或无穷大的理想透镜，对应图 1 - 36 的表面数据。

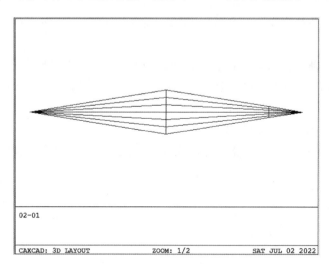

图 1 - 37

将第二理想透镜焦距设定为 240（图 1 - 38）：

LDE	TCE x 1E-6	COATING	PAR 0	Focal Length	OPD Mode	PAR 3	PAR 4	PAR 5
Object 0	0.000		–					
Stop 1	0.000		–	40.000	1.000			
2	0.000		–	240.000	1.000			
3	0.000		–					
4	0.000		–					
Image 5	0.000		–					

图 1 - 38

像面移动 20 mm(图 1 - 39)：

LDE	SURFACE	NAME	RADIUS	THICKNESS	GLASS	APERTURE	DIAMETER	CONIC
Object 0	STANDARD		Infinity	80.000		0.000	0.000	0.000
Stop 1	PARAXIAL		Infinity	0.000		12.500	12.500	0.000
2	PARAXIAL		Infinity	0.000		12.500	12.500	0.000
3	STANDARD		Infinity	60.000		12.500	12.500	0.000
4	STANDARD		Infinity	0.000 M		1.776E-015	1.776E-015	0.000
Image 5	STANDARD		Infinity	–		1.776E-015	1.776E-015	0.000

图 1 - 39

光学系统外观(图 1 - 40)：

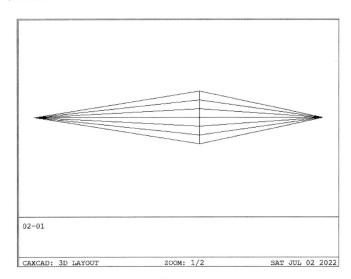

02-01

CAXCAD: 3D LAYOUT　　　　ZOOM: 1/2　　　　SAT JUL 02 2022

图 1 - 40

## 第 2 章

三阶光学及像差理论

光学系统完成光线追迹之后就可以用来计算像质的表现。对于几何像差来说,需要重点考虑的是像面上垂直于光轴方向的偏差,因此把它称之为横向像差。另外一个就是表示光传输路程的偏差——光程差。

2.1　光线追迹 Ray Tracing

光线追迹是光学设计的核心技术,各种光学分析功能都是基于准确的面型定义以支持真实光线追迹而进行的。为了实现不同的光线追迹,需要同时可以实现近轴光线和真实光线的计算,这两点都被整合到了表面面型中,另外将提供不同的表面类型供选择使用,包括球面、二次圆锥非球面、高次非球面以及自由曲面等多种面型。最新的技术还提供了动态链接库的扩展接口 DLL,可以实现自定义的面型。

对于球面类型,根据曲面的定义可以直接使用公式求得光线新的位置,公式如下:

$$x = \frac{-b \pm \sqrt{b^2 - 4ac}}{2a} \tag{2.1}$$

但是对于包含标准面型的高次非球面型等多项式面型,则采用迭代的方法:

$$z = \frac{cr^2}{[1 + \sqrt{1 - (1+k)c^2 r^2}]} + a_4 r^4 + a_6 r^6 + a_8 r^8 + \cdots \tag{2.2}$$

除了这两个基本的面型之外,还包括理想透镜、变形非球面、代表自由曲面的扩展多项式面型等。多数的面型,尤其是高次非球面,都是通过迭代的方式进行计算的。

最终的迭代结果可以满足光线分析的精度,这样每根光线在不同面型的位置和角度都可以准确的获得。

2.2　点列图和光线扇形图

针对像差较大的系统,通常都需要基于真实光线追迹,并且采用不同的真实光线追迹形式来计算分析数据。最常用的就是光线的点列图和光线扇形图。

下图展示的是基于真实光线点列图和光线扇形图的一款经典双高斯镜头的典型几何分析,如图 2-1 和图 2-2 所示:

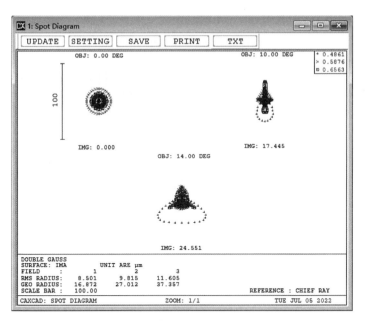

图 2-1

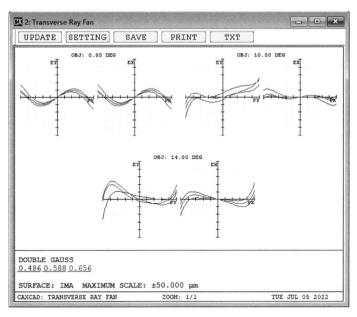

图 2-2

2.3 三阶近似和赛德尔像差

由折射定律可知,光路传输需要准确计算光线入射角度的正弦值。一阶近似只适用于近轴光学,本质上是理想光学,因此是没有像差的。如果采用三阶近似,就可以推导出光学系统的像差,对应的这种像差,也被称为初级像差或三阶像差:

$$\sin\theta \approx \theta - \frac{\theta^3}{3!} \tag{2.3}$$

因为最早的这些计算公式是由赛德尔(Seidel)推导出来的,所以这些三阶像差也被称为赛德尔像差。赛德尔像差包含 5 个三阶像差和 2 个一阶(轴向和垂轴)色差。这些理论有助于进一步理解如何降低或消除几何像差,对于理解光学设计非常重要。赛德尔像差系数按照如下方式进行计算:

$$\text{球差} \quad S_1 = -A^2 h\delta\left(\frac{u}{n}\right) \tag{2.4}$$

$$\text{彗差} \quad S_2 = -A\overline{A}h\delta\left(\frac{u}{n}\right) \tag{2.5}$$

$$\text{像散} \quad S_3 = -\overline{A}^2 h\delta\left(\frac{u}{n}\right) \tag{2.6}$$

$$\text{场曲} \quad S_4 = -H^2 c\delta\left(\frac{1}{n}\right) \tag{2.7}$$

$$\text{畸变} \quad S_5 = \frac{\overline{A}}{A}(S_3 + S_4) \tag{2.8}$$

$$\text{轴向色差} \quad C_1 = Ah\delta\left(\frac{\delta n}{n}\right) \tag{2.9}$$

$$\text{垂轴色差} \quad C_2 = \overline{A}h\delta\left(\frac{\delta n}{n}\right) \tag{2.10}$$

通过光线追迹的实现,几何光学可以用不同的形式来进行计算,传统的几何像差最初是以初级像差为主,包括五个单色像差和两个色差,通常以赛德尔像差系数(图2-3)来进行评价。轴外部分则需要以真实光线追迹为基础,以不同形式展现。本质上,赛德尔像差的计算通过追迹近轴光线的主光线和边缘光线,从而获得光线角度和高度就可以完成计算。

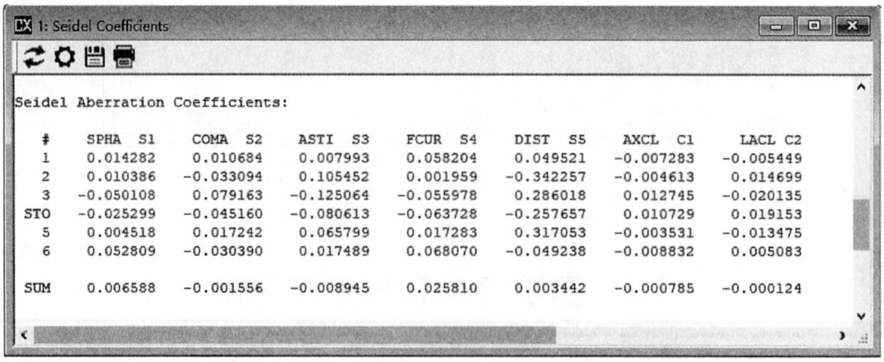
1: Seidel Coefficients

Seidel Aberration Coefficients:

#	SPHA S1	COMA S2	ASTI S3	FCUR S4	DIST S5	AXCL C1	LACL C2
1	0.014282	0.010684	0.007993	0.058204	0.049521	-0.007283	-0.005449
2	0.010386	-0.033094	0.105452	0.001959	-0.342257	-0.004613	0.014699
3	-0.050108	0.079163	-0.125064	-0.055978	0.286018	0.012745	-0.020135
STO	-0.025299	-0.045160	-0.080613	-0.063728	-0.257657	0.010729	0.019153
5	0.004518	0.017242	0.065799	0.017283	0.317053	-0.003531	-0.013475
6	0.052809	-0.030390	0.017489	0.068070	-0.049238	-0.008832	0.005083
SUM	0.006588	-0.001556	-0.008945	0.025810	0.003442	-0.000785	-0.000124

图 2-3

以上是光学设计中最常用的像差分析方法,基于近轴光线,所以也是最基本的,这些像差通常适用在分析近轴光学的系统上。

接下来讨论一下 5 个三阶的赛德尔像差：

将光学系统的波前用赛德尔多项式表示：

$$W = {_0}W40r^4 + {_1}W31hr^3\cos\varphi + {_2}W22h^2r^2\cos^2\varphi + {_2}W20h^2r^2 + {_3}W11h^3r\cos\varphi$$

$$(2.11)$$

其中 r 和 φ 表示光瞳面上的极坐标位置，h 表示像高。

2.3.1　球差 SPHA

$$_0W40r^4 = {_0}W40\,(x^2 + y^2)^2 \tag{2.12}$$

由以上公式可知三阶球差和光瞳高度的四次方r^4成正比，在单色光的情况下，近轴视场就可以产生。

用一个单透镜作为实例(图 2-4)，这个透镜只有三阶球差，球差玻前和光线扇形图如图 2-5，图 2-6 所示。

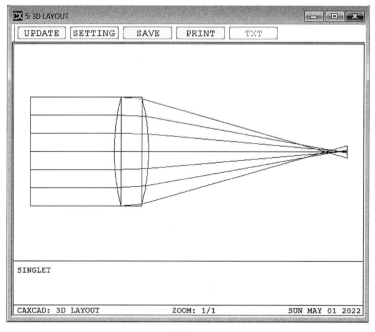

图 2-4

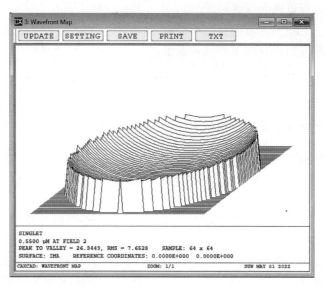

图 2-5

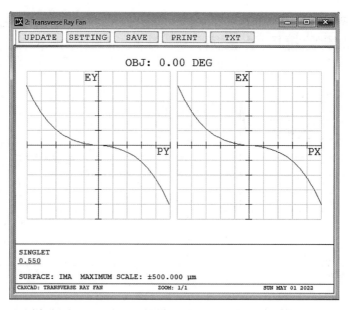

图 2-6

　　这是对球差最容易理解的形式,从左侧来自不同孔径高度的光线在轴上的焦点不同
(图 2-7),因此在像面上就无法获得完美汇聚的光斑(图 2-8)。而且我们也可以看到,
这样的镜头,最佳光斑的位置并不会是近轴焦点位置。

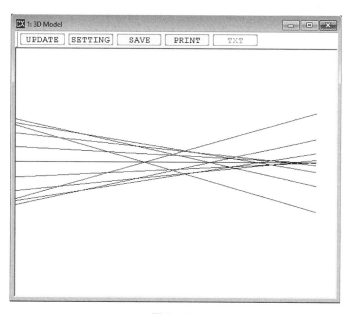

图 2-7

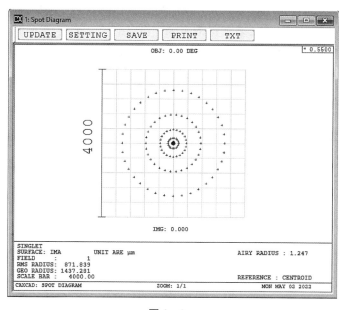

图 2-8

2.3.2　彗差 COMA

$$_1W31hr^3\cos\varphi =_1W31hr^2y \tag{2.13}$$

相对于中心视场典型的球差,光斑是旋转对称的,而彗差则不同。从上面的公式能够看出有一个 y 项,所以对于 $y=0$ 的时候,或者说特定情况下对于子午或弧矢方向(子午和弧矢分别代表垂直和水平方向)彗差会是 0。

实例文件 02 - 01:COMA.cax

利用泽尼克多项式面型和理想透镜,可以快速构建一个典型的,具有彗差的系统,如图 2 - 9 所示。

LDE	SURFACE	NAME	RADIUS	THICKNESS	GLASS	APERTURE	DIAMETER
Object 0	STANDARD		Infinity	Infinity		10.00000	10.00000
1	STANDARD		Infinity	30.00000		10.00000	10.00000
Stop 2	FZSAGIRR		Infinity	1.00000	BK7	10.00000	10.00024
3	PARAXIAL		Infinity	100.00000		10.00024	10.00024
Image 4	STANDARD		Infinity	-		0.03630	0.03630

Lens Data Manager

SYSTEM WAVE FIELD GLASS MERIT ZOOM TOL MACRO SURFACE INSERT DELETE

LDE	Tilt Y	Defocus	Asti. X	Asti. Y	Coma X	Coma Y	Spherical	Decenter X	Decenter Y
Object 0									
1									
Stop 2	0.0000	0.0000	0.0000	0.0000	0.0000	-1.0000E-007	0.0000	0.0000	0.0000
3									
Image 4									

图 2 - 9

彗差的本质是当一束光以倾斜的角度进入光学系统后,来自不同环形区域的光线,放大率不同。同时在倾斜的方向,不同放大率的光线中心都发生了偏移,这样就使光斑形成了一种典型的彗星形状,这是彗差名称的由来。图 2 - 10 展示了典型的彗差点列图。从中可以看到,彗差光斑是由很多直径不同的环形光线偏移组合在一起的。

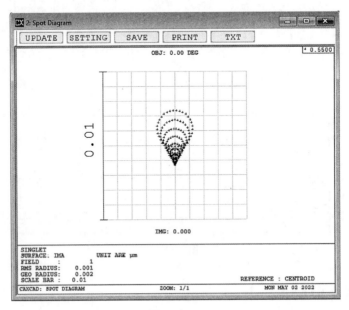

图 2 - 10

图 2 - 11 是彗差的光线扇形图:可以看到,子午方向左右对称,弧矢方向数值为 0。

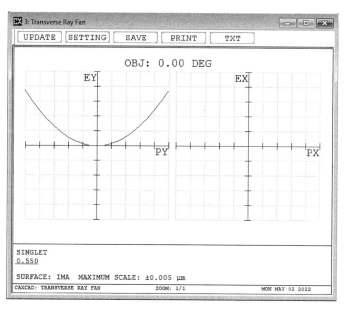

图 2-11

2.3.3　像散 ASTI

$${}_2W22h^2r^2\cos^2\varphi={}_2W22h^2y^2 \tag{2.14}$$

像散的本质是镜头水平方向和垂直方向的焦距或焦点不同,因此主要是光斑在子午方向和弧矢方向的差异。接下来尝试利用一个柱面镜来构建轴上光线的像散作为实例。提到柱面镜和像散就会想到人眼的散光,它表示人眼水平方向和垂直方向的焦距不一致,所以利用柱面镜来消除散光也是矫正像散的方法。

实例文件 02-02:CYLINDER.cax

如图 2-12 所示为利用 CYLINDER 柱面镜构建像散的初始表面数据。

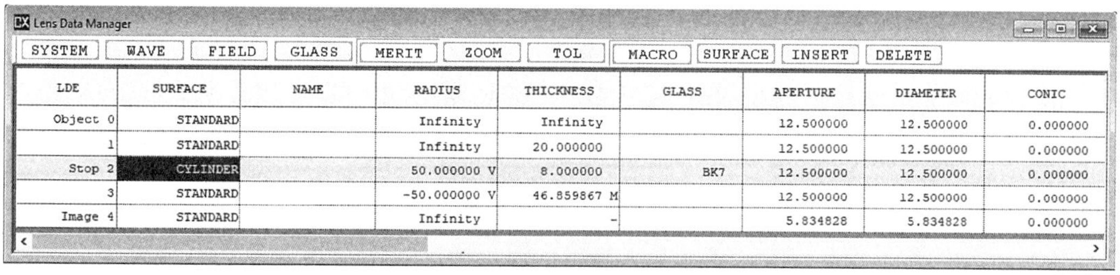

LDE	SURFACE	NAME	RADIUS	THICKNESS	GLASS	APERTURE	DIAMETER	CONIC
Object 0	STANDARD		Infinity	Infinity		12.500000	12.500000	0.000000
1	STANDARD		Infinity	20.000000		12.500000	12.500000	0.000000
Stop 2	CYLINDER		50.000000 V	8.000000	BK7	12.500000	12.500000	0.000000
3	STANDARD		-50.000000 V	46.859867 M		12.500000	12.500000	0.000000
Image 4	STANDARD		Infinity	-		5.834828	5.834828	0.000000

图 2-12

如图 2-13 所示,中心光斑在水平和垂直两个方向存在明显的差别,这是因为这个系统在这两个方向焦距也不一样。

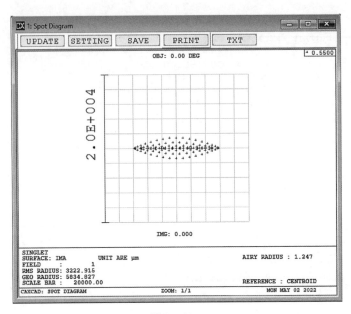

图 2 - 13

如图 2 - 14 所示,利用优化操作数 EFLX、EFLY 来查看和控制 x 和 y 方向的焦距。同时这两个操作数还有另外一个功能,就是它们提供了面型的范围设置,可以用来控制指定面形范围或者镜头组的焦距:

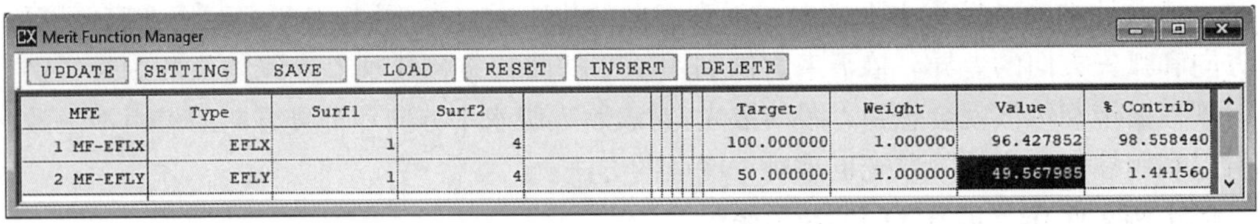

MFE	Type	Surf1	Surf2				Target	Weight	Value	% Contrib
1 MF-EFLX	EFLX	1	4				100.000000	1.000000	96.427852	98.558440
2 MF-EFLY	EFLY	1	4				50.000000	1.000000	49.567985	1.441560

图 2 - 14

对于柱面的扩展:可以利用 TOROIDAL 环形或者轮胎面型,除了在 y 方向可以指定曲率半径,在 x 方向也可以定义高次的非球面,因此这个面型就相当于柱面的扩展。

优化控制光斑的像散有很多种,可以使用 ASTI,同时也可以使用真实光线追迹,例如针对某一个视场利用 REAY、REAX 分别抓取光斑的上下和左右光瞳边缘的两根光线,让它们的差值朝着相同的目标进行优化,就可以控制 x 和 y 两个方向消除像散。在新版的 CAXCAD 中直接可以使用 ASXY 进行像散控制。

2.3.4 场曲 FCUR

$$_2W20h^2r^2 =_2W20h^2(x^2 + y^2) \tag{2.15}$$

场曲,顾名思义就是视场发生了弯曲,指的是像面的最佳焦点不在一个平面上(平场),而是在一个曲面上。视场越大,场曲的数值也越大,通常倾斜角度的光线到达像面需要传播更长的距离,所以光线就会提前聚焦,如图 2 - 15~图 2 - 16 所示:

实例文件 02－03：FCUR.cax

LDE	SURFACE	NAME	RADIUS	THICKNESS	GLASS	APERTURE	DIAMETER	CONIC
Object 0	STANDARD		Infinity	Infinity		5.000000	5.000000	0.000000
Stop 1	STANDARD		Infinity	20.000000		5.000000	5.000000	0.000000
2	STANDARD		50.000000	5.000000	BK7	12.895034	13.203069	0.000000
3	STANDARD		-100.000000	62.594810 V		13.203069	13.203069	0.000000
Image 4	STANDARD		-30.807992 V	-		20.528296	20.528296	0.000000

图 2－15

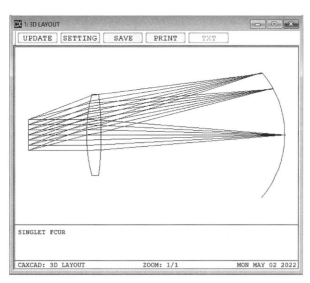

图 2－16

控制场曲的方法有两种：

（1）在系统中引入场镜，让其对大视场的光线贡献更多的负焦距，这个场镜通常是一个平凹透镜，如图 2－17 的镜头是 1840 年匈牙利数学家、物理学家约瑟夫·佩茨瓦尔（Joseph Petzval）发明的两组双胶合 Petzval 透镜，其中最后一片凹面镜就是可以很好地矫正场曲的场镜。

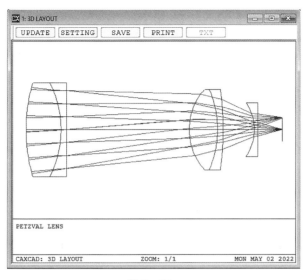

图 2－17

提到场曲这种像差,就需要提及天文望远镜。因为很多典型的反射式天文望远镜都是采用场镜来矫正场曲的。例如马可苏托夫望远镜(图 2-18):

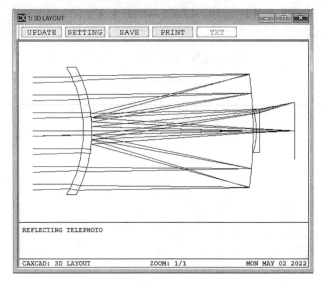

图 2-18

折反射望远镜有一个非常大的好处就是可以做到没有色差。利用非球面的面型可以将球差校正的很小,小视场的系统,彗差和像散也不大。但是场曲如果引入一个玻璃材料的场镜,就会存在两个问题,第一个是玻璃材料会引入色差,第二个是紫外或者红外波段的透过率会受到影响。基于这些因素,哈勃望远镜直接用了一个曲面的探测器作为像面(图 2-19)。

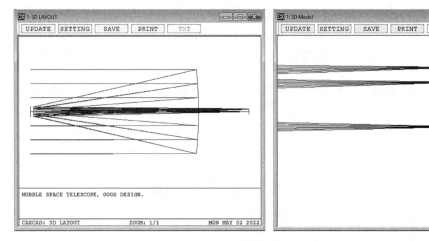

图 2-19

2.3.5 畸变 DIST

对于没有像差的理想光学系统来说,所有的光线都满足 F-Theta 条件,即像高是焦距和入射角度的乘积:

$$I = F * \theta \tag{2.16}$$

实际光学系统的像高总是和理想成像存在偏差,这种偏差的百分比,就被定义为畸变
(Distortion)。

$$\text{Distortion} = \frac{Y_{\text{real}} - Y_{\text{reference}}}{Y_{\text{reference}}} * 100 \tag{2.17}$$

畸变有两种(图 2 - 20):

(1) 一种是实际像高大于理想像高,结果为正畸变,网格畸变的形状类似枕头,被称
之为枕形畸变。

(2) 另外一种是实际像高小于理想像高,结果为负畸变,网格畸变的形状类似水桶,
被称为桶形畸变。

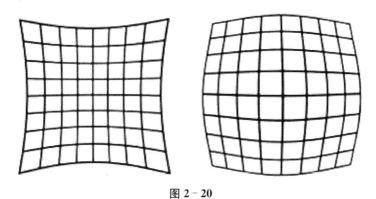

图 2 - 20

在实际的光学镜头中,桶形畸变的情况要更加普遍。对于控制和优化畸变,
CAXCAD 提供了几种不同的操作数,见表 2 - 1。

表 2 - 1

DIST	三阶几何畸变,计算以波长为单位每个面的贡献量
DIMX	基于真实光线追迹的最大几何畸变
DISC	控制校准畸变

在激光扫描系统中有一种特殊的透镜,叫做 F-Theta 透镜,它可以满足像高和入射角
成正比:

$$I = F' * \theta \tag{2.18}$$

这里的 F' 不是系统的焦距,而是对焦距的一种校准或缩放,通过这种校准,就可以满
足上面的条件。F-Theta 透镜的特点是通过控制光束的角度来线性控制激光雕刻的位
置。要控制这种镜头的设计,就需要用到 DISC 操作数。

在手机镜头设计中,也经常会提到 TV 畸变,实际上是不用考虑整体几何畸变,而是
控制校准的畸变,因此也需要用到 DISC。

2.3.6 色差

色差在折射光学系统中,工作波长在多波段情况下都会产生,因为同一种材料对于不同波长的折射率存在差异。在实际光学系统设计中,需要考虑这种像差,因为不同波长代表不同的颜色,所以这种像差被称为色差。

在多波长的光学系统中,都会有一个波长作为主波长。系统的重要参数很多都是以主波长进行计算的,例如有效焦距 EFFL 等。这样的参数如果采用不同的波长,结果是不同的。

如图 2-21 所示,在双高斯镜头的评价函数中,输入三个 EFFL 操作数,并且定义每个操作数的波长分别为三种不同的波长编号,给出不同的结果。这就说明系统不同颜色的光线焦点位置是不同的,这就是轴向色差。

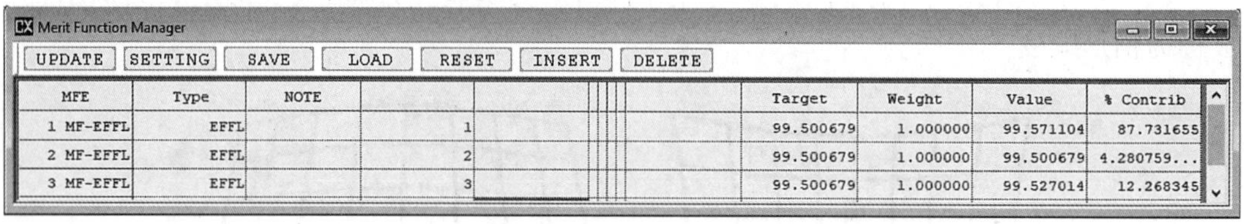

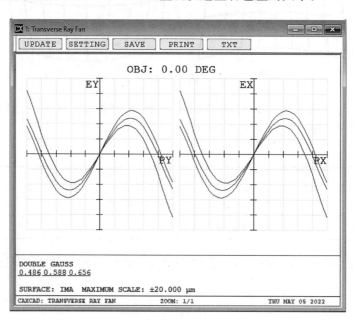

图 2-21

通常使用光线扇形图(图 2-22)可以直观快速查看色差的大小。

图 2-22

在三阶像差中的色差,这里有两个重要的定义:

轴向色差 AXCL:不同波长的近轴边缘光线在光轴上的焦距差;

垂轴色差 LACL:不同波长的近轴主光线放大率不同。

色差中,除了这两种之外,还包括高级色差,例如随着不同颜色球差改变的像差——色球差等,初级像差在设计初级阶段都是重点考虑的对象。

第 3 章

CAXCAD 光学设计软件

CAXCAD 光学设计软件功能强大,几乎可以满足所有成像和激光镜头等光学系统设计的需求。从光线追迹、面型、几何和衍射分析,到 DLS 优化,CAXCAD 涵盖了从产品开发到制造的全程,为光学工程师提供了专业的解决方案。

3.1　重点功能和定义

3.1.1　归一化视场和光瞳

在这里通常需要用到四个参数,其中 H_x, H_y 代表 x, y 方向的视场坐标,P_x, P_y 代表 x, y 方向的光瞳坐标,这种坐标采用的是归一化的方式。所谓归一化表示每个数值的最小值是 -1,最大值 1。

例如,物方视场最大高度是 20 mm,$H_y = 0.5$,表示物方高度为 10 mm。同理 $P_y = 0$ 表示光瞳中心。对于视场也是一样:

实例文件 03 - 01：Normalized.cax(图 3 - 1)

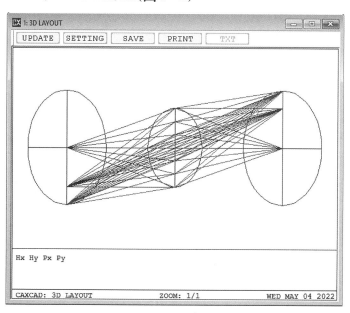

图 3 - 1

图 3-1 中左侧为光束起始的物点,其 X,Y 方向用 H_x,H_y 表示,中间为系统的光瞳,其 X,Y 方向用 P_x,P_y 表示。

在 CAXCAD 软件中,有很多地方都需要用到归一化视场和孔径,例如光线追迹,应用最多的情况还是在优化过程中对评价函数的控制,很多评价函数(图 3-2)需要指定特定的光线,这时就需要输入归一化视场和光瞳数据 H_x,H_y,P_x,P_y。

图 3-2

3.1.2 渐晕

渐晕的产生是由于镜片的孔径限制或者边缘全反射等导致特定视场的光束被部分遮挡,对应视场的光照度发生变化,这一点会影响成像面中心和边缘的能量对比。光线被遮挡后,在光瞳上,光的分布减小并且中心会发生改变。这时就需要使用渐晕因子来对光线坐标的位置和角度进行调整,以确保准确的光束可以被计算。

FVDX,FVDY 分别表示 X,Y 方向的中心位置调整。

FVCX,FVCY 分别表示 X,Y 方向的光束大小缩放。

X,Y 最终的光瞳坐标分别是:

$$P'_x = FVDX + P_x(1 - FVCX) \tag{3.1}$$

$$P'_y = FVDY + P_y(1 - FVCY) \tag{3.2}$$

P_x 和 P_y 表示原有的光瞳坐标。

在双高斯镜头实例中,将第三个面的有效半口径固定为 20 mm(图 3-3):

实例文件 03-02:Vignetting.cax

LDE	SURFACE	NAME	RADIUS	THICKNESS	GLASS	APERTURE	DIAMETER	CONIC
Object 0	STANDARD		Infinity	Infinity		31.360333	31.360333	0.000000
1	STANDARD		54.153246 V	8.746658	SK2	29.225298	29.225298	0.000000
2	STANDARD		152.521921 V	0.500000		28.140954	29.225298	0.000000
*3	STANDARD		35.950624 V	14.000000	SK16	20.000000 U	21.297191	0.000000
4	STANDARD		Infinity	3.776966	F5	21.297191	21.297191	0.000000
5	STANDARD		22.269925 V	14.253059		14.919353	21.297191	0.000000
Stop 6	STANDARD		Infinity	12.428129		10.228835	10.228835	0.000000
7	STANDARD		-25.685033 V	3.776966	F5	13.187758	16.468122	0.000000
8	STANDARD		Infinity	10.833929	SK16	16.468122	18.929568	0.000000
9	STANDARD		-36.980221 V	0.500000		18.929568	18.929568	0.000000
10	STANDARD		196.417334 V	6.858175	SK16	21.310765	21.646258	0.000000
11	STANDARD		-67.147550 V	57.314538 V		21.646258	21.646258	0.000000
Image 12	STANDARD		Infinity			24.570533	24.570533	0.000000

图 3-3

因图形底部大视场的部分光线无法进入光瞳,导致光束无法充满整个光瞳(图

3-4)。此时被遮挡部分的光线是无法正常进入光学系统的,需要设置渐晕因子来调整对应的光束:

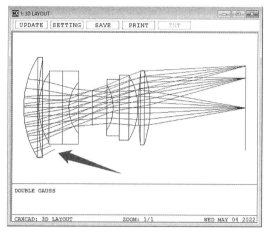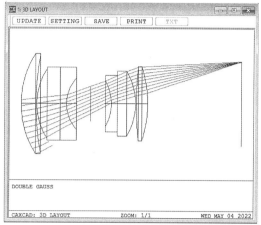

图 3-4

在视场设置的顶部,有一个可以设置渐晕的按钮 SETVIG,点击这个按钮,渐晕因子将会被自动设置,如图 3-5 所示。

FDE	X-Field	Y-Field	Weight	FVDX	FVDY	FVCX	FVCY	FVAN	Color
1	0.000000	0.000000	1.000000	0.000000	0.000000	0.000000	0.000000	0.000000	
2	0.000000	10.000000	1.000000	0.000000	0.084046	0.003538	0.084046	0.000000	
3	0.000000	14.000000	1.000000	0.000000	0.181261	0.016565	0.181261	0.000000	

图 3-5

设置渐晕因子后,系统的光束传输正常,确保了光束分析结果的正确(图 3-6):

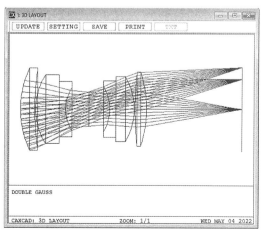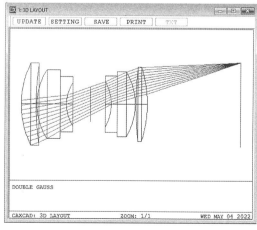

图 3-6

3.1.3 光线瞄准 Ray Aiming

对于视场角较小的光学系统来说,光学的入瞳决定了入射光束的位置和大小。此时,通常采用一阶光学或近轴光学的入瞳来决定就可以,默认情况下,CAXCAD 软件都是这样处理的。而对于有些大角度的光学系统来说,当大视场角度的光线按照近轴计算的入瞳坐标进入系统的时候,会和实际的入瞳位置相差很大,从而导致光束无法找到近轴光瞳(图 3-7)。

实例文件 03-03:Wide angle lens 100 degree field.cax

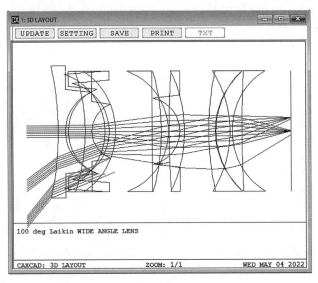

图 3-7

所以要让光线能够正确地打在指定的入瞳坐标上,就需要用到光线瞄准。

Fast Ray Aiming(图 3-8)和 Enhanced Ray Aiming 是以往常用到的光线瞄准方法,不需要设置渐晕,可是每根光线都需要进行迭代计算,虽然可以达到同样的瞄准效果,但是计算时间会相应增加。两者之间 Fast Ray Aiming 是推荐使用的方法,因为相较 Enhanced Ray Aiming,Fast Ray Aiming 迭代的次数会相对较少,速度也会有所提升。

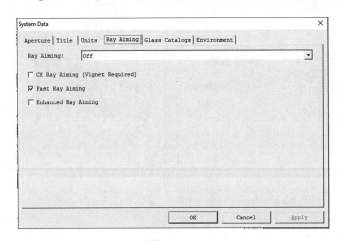

图 3-8

　　CX Ray Aiming(图 3 - 9)的方法,可以让光线快速地进行瞄准,配合设置渐晕就可以完成光线的瞄准任务,如图 3 - 10 所示。

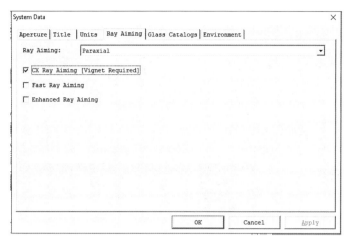

图 3 - 9

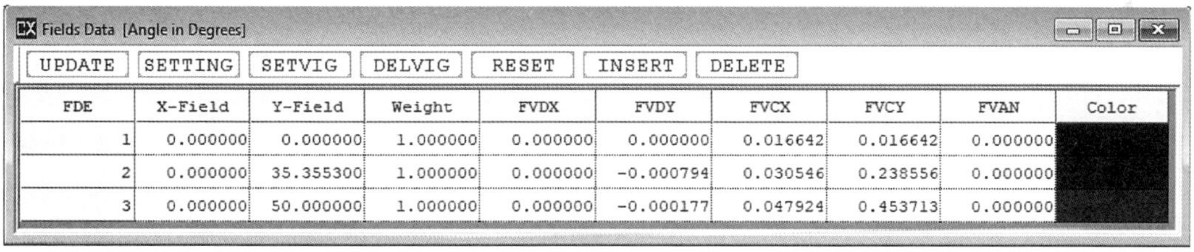

FDE	X-Field	Y-Field	Weight	FVDX	FVDY	FVCX	FVCY	FVAN	Color
1	0.000000	0.000000	1.000000	0.000000	0.000000	0.016642	0.016642	0.000000	
2	0.000000	35.355300	1.000000	0.000000	-0.000794	0.030546	0.238556	0.000000	
3	0.000000	50.000000	1.000000	0.000000	-0.000177	0.047924	0.453713	0.000000	

图 3 - 10

　　CX Ray Aiming 方法是 CAXCAD 独创的方法,这种方法的好处是光线不需要进行任何的迭代计算,对于光学系统来说,优化和分析的速度都获得了很大的提升,如图 3 - 11 所示。

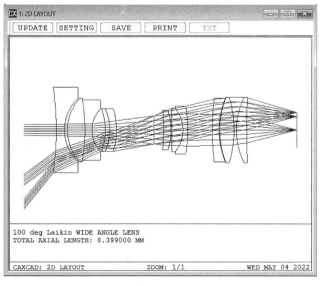

图 3 - 11

当使用光线瞄准后,光阑的尺寸可以指定为近轴光阑(Paraxial)或真实光阑(Real)。

3.1.4　系统孔径 System Aperture

在成像镜头中,有一个限制光束进入镜头大小的器件,这个经常会被使用到的圆孔就被称为光阑。它可以是一个实际独立的元件,也可以是镜头表面的边缘,在前面内容中已经提到过光阑(STOP)在物方所成的虚像——入瞳才是真正限制光束的孔。入瞳仅是系统孔径的一种,CAXCAD 一共提供了 6 种不同的孔径类型如图 3-12,表 3-1 所示。

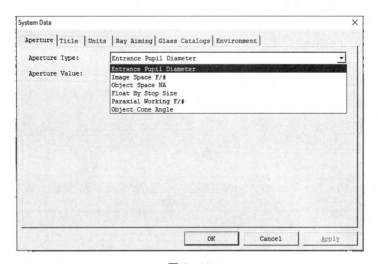

图 3-12

表 3-1

孔径类型	描述说明
入瞳直径	光阑在物方虚像的直径,人眼可以在物方观察到的光阑的孔径像
像空间 F/♯	镜头焦距和入瞳直径的比,通过计算焦距可以求解入瞳直径
物方数值孔径 NA	定义了近轴物方边缘光线的角度,利用三角函数可以求出入瞳直径
浮动光阑尺寸	固定光阑大小,利用反向近轴光线追迹,求出入瞳直径
近轴工作 F/♯	根据定义,求出近轴边缘光线的角度,进而求出入瞳直径
物方半锥角	设定了近轴边缘光线的角度和物方数值孔径 NA 近似

以上 6 种不同类型的系统孔径在本质上是相同的,设置孔径和数值还可以直接使用系统孔径的宏指令(表 3-2)。

表 3-2

指令	格式	描述
EPD	EPD (Data)	设置孔径类型　入瞳直径,并设定数值
FNO	FNO (Data)	设置孔径类型　像空间 F/♯,并设定数值
ONA	ONA (Data)	设置孔径类型　物空间 NA,并设定数值

指令	格式	描　　述
FLS	FLS（Data）	设置孔径类型　浮动孔径,并设定数值
PWF	PWF（Data）	设置孔径类型　近轴工作 F/♯,并设定数值
OCA	OCA（Data）	设置孔径类型　物方锥角,并设定数值

3.1.5　波长 Wavelength

使用快捷键 F2 打开波长设置,针对多波长的系统都有一个主波长,系统焦距等主要的参数都是以主波长进行计算的。在波长设置窗口中(图 3-13),主波长可以进行更改,400~760 nm 可见光内的波长范围,窗口的右侧会标记出对应光的颜色(图 3-14)。紫外和红外波段将显示黑色,表示光线无法可见。

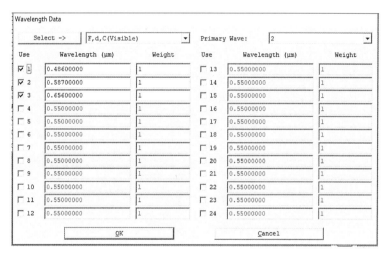

图 3-13

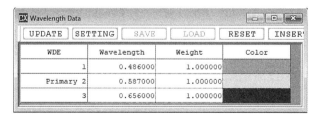

图 3-14

3.1.6　视场 Field

使用快捷键 F3,打开视场设置,点击窗口顶部的按钮可以设置和删除渐晕,并且 RESET 可以重置为默认视场。顶部标题处会显示当前视场的类型,如图 3-15 所示。

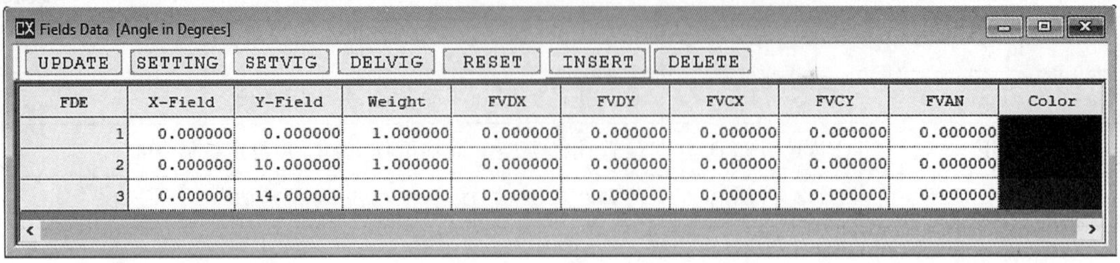

图 3 - 15

在视场的设置窗口(图 3 - 16)中,有 4 种视场类型可以选择,如表 3 - 3 所示。

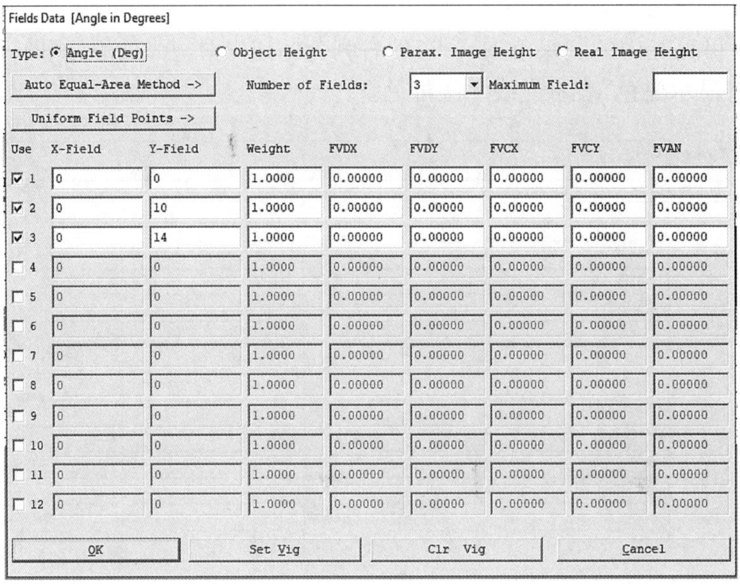

图 3 - 16

表 3 - 3

视场类型	描述说明
角度	以主光线角度定义光束
物高	以物体高度作为发光物点,物空间需要有限远
近轴像高	利用一阶近轴光学计算决定成像高度
真实像高	实际真实的像高,需要迭代计算,因此计算时间增加

设定视场数据有两种快速方式,一种是均匀面积法,另外一种是均匀视场采样法。

3.1.7 求解 Solve

求解是镜头参数的快速调整方法,支持曲率半径、中心厚度等表面参数的快速计算。不同的参数支持不同的求解类型。使用比较多的是曲率半径和厚度求解。同时对于大多数参数来说,都支持参数数值的跟随操作。

在镜头的像面距离厚度上进行边缘光线求解(图 3 - 17),可以快速找到的焦点位置。

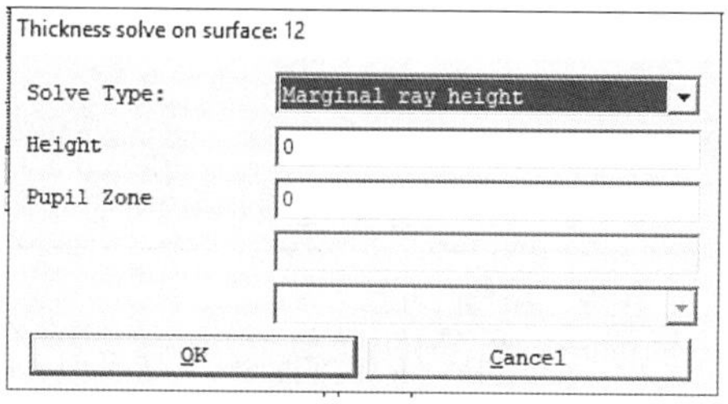

图 3 - 17

在镜头最后一个面的曲率半径上定义 F/♯ 的求解(图 3 - 18),可以改变这个曲率半径,从而固定镜头的 F/♯。

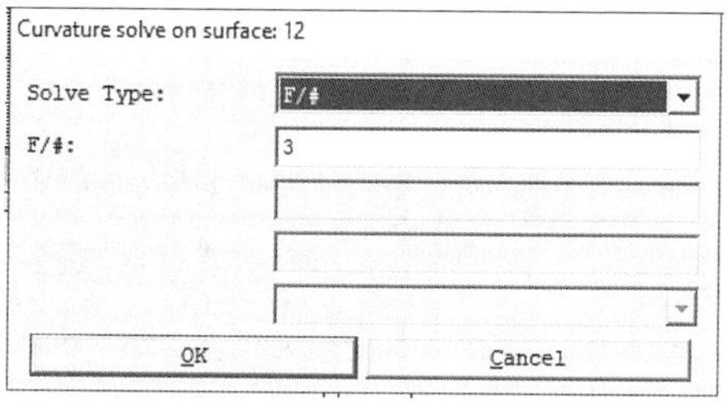

图 3 - 18

CAXCAD 除了提供以上的功能外,还针对系统优化、离轴坐标断点面和公差分析等提供支持,这些功能将在后续章节及实例中详细说明。

3.1.8　表面类型 Surface Type

表面类型是构建透镜结构参数中的一部分,会直接影响光束传输的折射或反射。光学设计的一个重要目标就是设计符合要求的表面形状,这个表面是以公式和参数进行定义的,如图 3 - 19 所示。

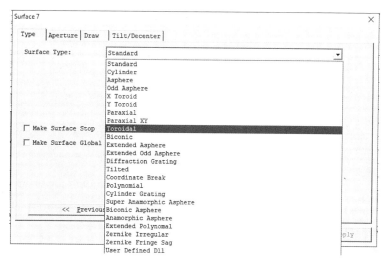

图 3 - 19

  CAXCAD 支持多种表面类型，包括球面、圆锥非球面、高次非球面、衍射光栅面等，同时用户可以编写自定义的 DLL 面型等。每个表面类型的参数设置，都可以通过透镜数据编辑器 LDE 进行。

  表面类型列表见表 3-4。

表 3-4

ID	表面类型	编码	描述
0	Standard	STD	标准面型，支持平面、球面、圆锥面
1	Asphere	ASP	偶次非球面，具有最高 20 阶偶次项系数
2	Odd Asphere	ODD	奇次非球面
3	Paraxial	PAL	近轴理想薄透镜面型，没有像差
4	Paraxial XY	PXY	近轴理想薄透镜面型，在 X 和 Y 方向有不同的焦距
5	Biconic	BCO	双向圆锥面
6	Extended Asphere	EAP	扩展偶次非球面，最多支持 241 项
7	Extended Odd Asphere	EOD	扩展奇次非球面，最多支持 241 项
8	Diffraction Grating	DGT	衍射光栅面，支持平面、球面、圆锥面
9	Tilted	TLT	倾斜面，可以在 X 和 Y 方向倾斜的平面
10	Coordinate Break	CBK	坐标断点面
11	Polynomial	POL	多项式面，在 X 和 Y 方向定义系数
12	Cylinder Grating	CGT	柱面光栅
13	Super Anamorphic Asphere	SAA	超级变形非球面，最多支持 120 项系数
14	Biconic Asphere	BCA	双向高次非球面
15	Anamorphic Asphere	AAS	双向变形非球面
16	Extended Polynomial	XYP	扩展多项式面，最多支持 230 项系数
17	Zernike Fringe Sag	ZFS	泽尼克多项式面：条纹矢高
18	Zernike Irregular	IRR	泽尼克不规则面型：三阶像差
19	User Defined Dll	UDF	DLL 用户自定义面型
24	Toroidal	TOR	环形面
25	X Toroid	XTO	X 环形面
26	Y Toroid	YTO	Y 环形面
27	Cylinder	CYL	柱面

  这里对两种最常用的表面类型进行说明：

（1）标准面类型图（图 3 - 20）：

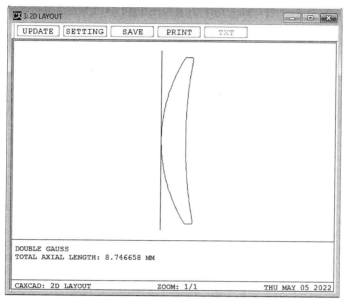

图 3 - 20

标准面类型的矢高公式：

$$z = \frac{cr^2}{1+\sqrt{1-(1+k)c^2r^2}} \tag{3.3}$$

这里的 c 表示曲率，它是曲率半径的倒数，r 表示孔径的高度，k 是二次曲面系数，也就是通常所说的偏心率。

例如：可以利用椭圆的横轴 a 和纵轴 b 来表示二次曲面系数：

$$k = -\left[\frac{a^2-b^2}{a^2}\right] \tag{3.4}$$

由 k 的数值可以判断二次表面的类型：

$\quad k > 0 \qquad$ 竖椭圆

$\quad k = 0 \qquad$ 圆

$\quad -1 < k < 0 \quad$ 横椭圆

$\quad k = -1 \qquad$ 抛物面

$\quad k < -1 \qquad$ 双曲面

（2）偶次非球面矢高公式

$$z = \frac{cr^2}{1+\sqrt{1-(1+k)c^2r^2}} + \alpha_1 r^2 + \alpha_2 r^4 + \alpha_3 r^6 + \alpha_4 r^8 + \alpha_5 r^{10} + \alpha_6 r^{12} + \alpha_7 r^{14} + \alpha_8 r^{16} + \alpha_9 r^{18} + \alpha_{10} r^{20} \tag{3.5}$$

偶次非球面是在标准面的基础上，增加偶次多项式，这样矢高就可以随着孔径的变化具有更高次或更多的变化。

3.1.9 光线追迹 Ray Trace

CAXCAD 软件提供了近轴和真实光线追迹的功能。在分析菜单 Analysis-Diagnostics-Ray Trace 里可以利用归一化的视场和孔径，计算任意光线的路径，如图 3－21 所示。

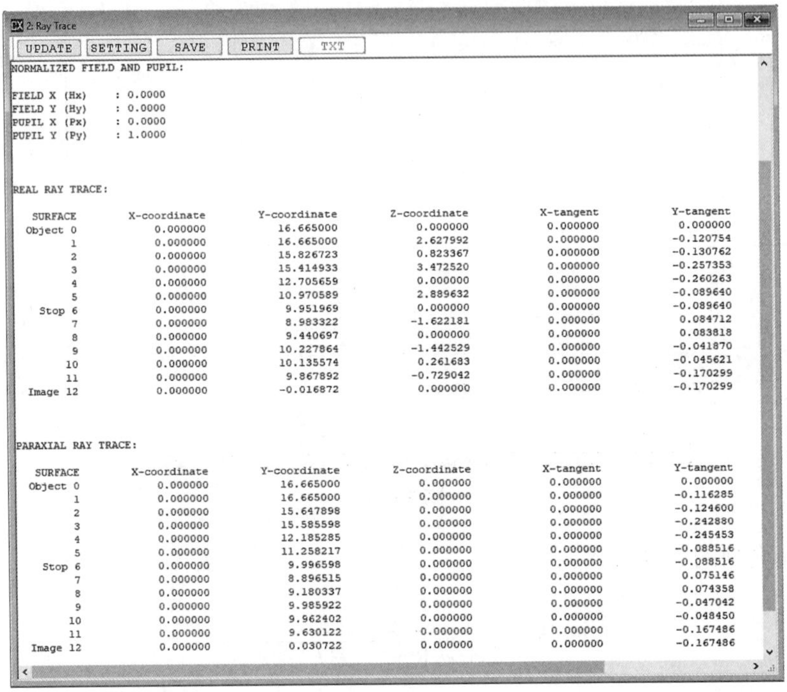
2: Ray Trace
UPDATE SETTING SAVE PRINT TXT

NORMALIZED FIELD AND PUPIL:

FIELD X (Hx) : 0.0000
FIELD Y (Hy) : 0.0000
PUPIL X (Px) : 0.0000
PUPIL Y (Py) : 1.0000

REAL RAY TRACE:

SURFACE	X-coordinate	Y-coordinate	Z-coordinate	X-tangent	Y-tangent
Object 0	0.000000	16.665000	0.000000	0.000000	0.000000
1	0.000000	16.665000	2.627992	0.000000	-0.120754
2	0.000000	15.826723	0.823367	0.000000	-0.130762
3	0.000000	15.414933	3.472520	0.000000	-0.257353
4	0.000000	12.705659	0.000000	0.000000	-0.260263
5	0.000000	10.970589	2.889632	0.000000	-0.089640
Stop 6	0.000000	9.951969	0.000000	0.000000	-0.089640
7	0.000000	8.983322	-1.622181	0.000000	0.084712
8	0.000000	9.440697	0.000000	0.000000	0.083818
9	0.000000	10.227864	-1.442529	0.000000	-0.041870
10	0.000000	10.135574	0.261683	0.000000	-0.045621
11	0.000000	9.867892	-0.729042	0.000000	-0.170299
Image 12	0.000000	-0.016872	0.000000	0.000000	-0.170299

PARAXIAL RAY TRACE:

SURFACE	X-coordinate	Y-coordinate	Z-coordinate	X-tangent	Y-tangent
Object 0	0.000000	16.665000	0.000000	0.000000	0.000000
1	0.000000	16.665000	0.000000	0.000000	-0.116285
2	0.000000	15.647898	0.000000	0.000000	-0.124600
3	0.000000	15.585598	0.000000	0.000000	-0.242880
4	0.000000	12.185285	0.000000	0.000000	-0.245453
5	0.000000	11.258217	0.000000	0.000000	-0.088516
Stop 6	0.000000	9.996598	0.000000	0.000000	-0.088516
7	0.000000	8.896515	0.000000	0.000000	0.075146
8	0.000000	9.180337	0.000000	0.000000	0.074358
9	0.000000	9.985922	0.000000	0.000000	-0.047042
10	0.000000	9.962402	0.000000	0.000000	-0.048450
11	0.000000	9.630122	0.000000	0.000000	-0.167486
Image 12	0.000000	0.030722	0.000000	0.000000	-0.167486

图 3－21

3.2 玻璃库 GLASS

快捷键 F4，可以查看 CAXCAD 中玻璃材料的参数（图 3－22），指定系统所使用的玻璃库的名字。在系统参数设置中切换到玻璃库选项，可以在列表中选择指定的玻璃库（图 3－23）。

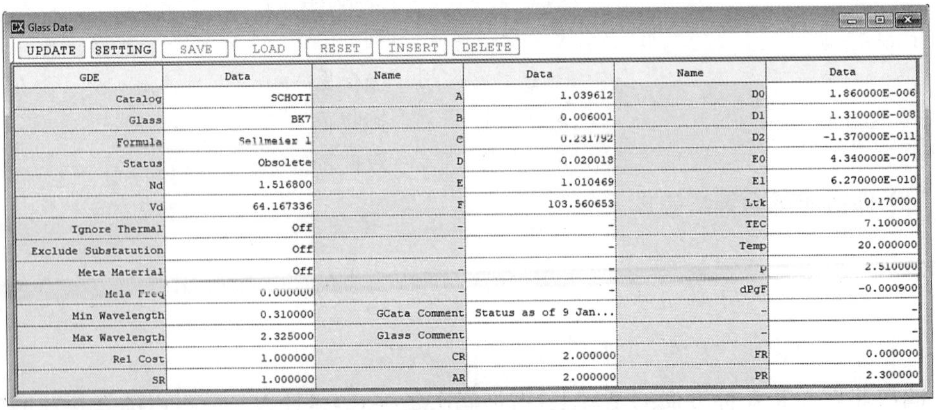
Glass Data
UPDATE SETTING SAVE LOAD RESET INSERT DELETE

GDE	Data	Name	Data	Name	Data
Catalog	SCHOTT	A	1.039612	D0	1.860000E-006
Glass	BK7	B	0.006001	D1	1.310000E-008
Formula	Sellmeier 1	C	0.231792	D2	-1.370000E-011
Status	Obsolete	D	0.020018	E0	4.340000E-007
Nd	1.516800	E	1.010469	E1	6.270000E-010
Vd	64.167336	F	103.560653	Ltk	0.170000
Ignore Thermal	Off	-	-	TEC	7.100000
Exclude Substatution	Off	-	-	Temp	20.000000
Meta Material	Off	-	-	p	2.510000
Meta Freq	0.000000	-	-	dPgF	-0.000900
Min Wavelength	0.310000	GCata Comment	Status as of 9 Jan...	-	-
Max Wavelength	2.325000	Glass Comment		-	-
Rel Cost	1.000000	CR	2.000000	FR	0.000000
SR	1.000000	AR	2.000000	PR	2.300000

图 3－22

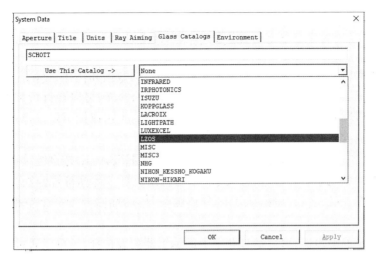

图 3 - 23

在透镜数据上利用鼠标点击玻璃的名字,在玻璃库窗口上就会实时更新玻璃数据。CAXCAD 软件拥有自己独立的玻璃库文件格式,包含很多厂家现有的玻璃库。

3.2.1　玻璃库文件格式

CAXCAD 的玻璃文件格式为 GLF,玻璃文件需要放置在软件的 GLASS 文件夹中,软件启动后或进行玻璃搜索的过程中会自动读取玻璃文件。

玻璃文件支持以手动模式进行修改,可以参考以下玻璃指令(表 3 - 5):

表 3 - 5

玻璃参数	描　　述
GLFC	玻璃库文件备注信息
GLNM	玻璃名称,包括 MIT, Nd, Vd, Ex, Status, Mfreq
GLFM	玻璃公式 Formula
GLGC	玻璃备注
GLED	扩展数据,包括密度、色散等
GLCD	折射率计算系数
GLTD	热膨胀计算系数
GLMD	生产制造数据,包含价格及物理化学特性:CR,FR,SR,AR,PR
GLWD	波长范围
GLWT	不同波段的透过率,最大支持 100 组数据

3.2.2　导入 ZEMAX 玻璃文件

CAXCAD 可以导入 ZEMAX 中 AGF 格式的玻璃库,自动转换为 GLF 文件,同时转换后的 GLF 文件会自动保存到 CAXCAD 的玻璃目录中。

3.3　数据编辑器 Editors

编辑器用来进行数据的输入，例如编辑透镜的结构数据和优化目标等。CAXCAD 的编辑器类似于 Excel 表格，每个表格的行列都有特定的含义，可以在首行和首列中找到对应的标题。焦点网格的背景会显示为深蓝色以示强调，点击鼠标可以选择焦点网格，也可以使用键盘上的方向按键移动选择。

如需要对已有的数据进行编辑，可以按回格（BACKSPACE）按键继续操作。

在编辑器的单元格中可以进行加减乘除的四则运算。运算符号分别为加法（＋）、乘法（＊）、除法（/），减法比较特殊，为了区分负数符号，后面需要加一个空格，所以减法为（－空格）。

要打开指定的编辑器，可以通过菜单上的编辑器列表选择，还可以通过键盘上的快捷方式，如表 3－6 所示，这里包含了除编辑器之外常用的快捷方式。

表 3－6

编辑器名称	快捷键
波长编辑器 Wavelength Data Editor（WDE）	F2
视场编辑器 Field Data Editor（FDE）	F3
玻璃数据编辑器 Glass Data Editor（GDE）	F4
透镜数据编辑器 Lens Data Editor（LDE）	F5
评价函数编辑器 Merit Function Editor（MFE）	F6
多重结构编辑器 Multi-Configuration Editor（MCE）	F7
公差分析编辑器 Tolerance Data Editor（TDE）	F8
宏指令窗口 Commands Windows	F9
局部优化 DLS Optimization	F10
全局优化 Global Optimization	F11

当编辑窗口被打开后，再次操作快捷键可以关闭对应窗口，这样使用一个快捷键可以快速激活对应的编辑窗口。编辑器窗口的顶部可能有按钮，可以对编辑器中的数据进行操作，例如在波长编辑器中，窗口上部的按钮可以进行更新（Update）、设置（Setting）、重置（Reset）、增加（Add）和删除（Delete）。

3.3.1　透镜数据编辑器 Lens Data Editor（LDE）

透镜数据编辑器是整个软件的核心界面，在顶部可以看到一排快捷按钮，通过这些按钮可以快速开启和关闭常用的窗口，同时可以看到窗口的开启状态。透镜结构的输入和输出主要通过这个编辑器来实现，F5 可以将它开启和关闭。

LDE	SURFACE	NAME	RADIUS	THICKNESS	GLASS	APERTURE	DIAMETER	CONIC
Object 0	STANDARD		Infinity	Infinity		31.360333	31.360333	0.000000
1	STANDARD		54.153246	8.746658	SK2	29.225298	29.225298	0.000000
2	STANDARD		152.521921	0.500000		28.140954	29.225298	0.000000
3	STANDARD		35.950624	14.000000	SK16	24.295812	24.295812	0.000000
4	STANDARD		Infinity	3.776966	F5	21.297191	24.295812	0.000000
5	STANDARD		22.269925	14.253059		14.919353	21.297191	0.000000
Stop 6	STANDARD		Infinity	12.428129		10.228835	10.228835	0.000000
7	STANDARD		-25.685033	3.776966	F5	13.187758	16.468122	0.000000
8	STANDARD		Infinity	10.833929	SK16	16.468122	18.929568	0.000000
9	STANDARD		-36.980221	0.500000		18.929568	18.929568	0.000000
10	STANDARD		196.417334	6.858175	SK16	21.310765	21.646258	0.000000
11	STANDARD		-67.147550	57.314538		21.646258	21.646258	0.000000
Image 12	STANDARD		Infinity	-		24.570533	24.570533	0.000000

图 3-24

如图 3-24 所示,这里的每一行表示一个表面,包含表面类型、曲率半径、厚度、玻璃材质、通光口径、机械口径、CONIC 系数,以及后续的 PAR 0~255 项扩展参数。其中厚度表示当前表面距离下一个表面的中心距离,厚度可以为负值,表示光线方向反向传输,曲率半径的正负表示弧度弯曲的方向。如果用鼠标点击表面上的材料,然后 F4 打开玻璃库窗口,就可以查看这个材料的参数特性。

3.3.2　波长编辑器 Wavelength Data Editor（WDE）

WDE	Wavelength	Weight	Color
1	0.486100	1.000000	
Primary 2	0.587600	1.000000	
3	0.656300	1.000000	

图 3-25

波长编辑器中分别展示了波长的编号、波长权重和颜色(图 3-25)。主波长会被标记为 Primary,所有波长的颜色都是根据单色光的颜色进行显示的。F2 的快捷键可以将它开启和关闭。

3.3.3　视场编辑器 Field Data Editor（FDE）

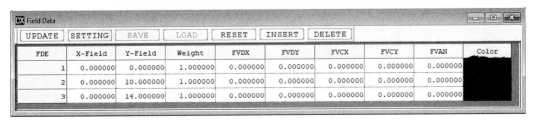

FDE	X-Field	Y-Field	Weight	FVDX	FVDY	FVCX	FVCY	FVAN	Color
1	0.000000	0.000000	1.000000	0.000000	0.000000	0.000000	0.000000	0.000000	
2	0.000000	10.000000	1.000000	0.000000	0.000000	0.000000	0.000000	0.000000	
3	0.000000	14.000000	1.000000	0.000000	0.000000	0.000000	0.000000	0.000000	

图 3-26

视场编辑器(图 3-26)中分别展示了视场的编号、X 视场、Y 视场、权重和渐晕因子(FVDX,FVDY,FVCX,FVCY)。

在视场设置对话框中,视场类型可以被设置为角度、物高、近轴像高和真实像高。其中前三个选项直接可以根据一阶光学概念计算,而真实像高则需要进行多次迭代计算。有一个等面积采样工具(Equal-Area Fields),只需要给出最大视场和数量,就可以方便快捷地合理设置多个视场。

3.3.4 评价函数编辑器 Merit Function Editor (MFE)

CAXCAD 支持三字母和四字母的优化操作数、多重结构操作数、公差数据操作数,使用的时候可以在设置对话框中进行更改。三字母的操作数是 CAXCAD 独有的,而四字母也被称为兼容操作数。

评价函数 MF 是用来设定优化目标或评价参数的,MF 的目标类型和参数等都在评价函数编辑器中使用。利用 F6 快捷键可以快速开启和关闭评价函数编辑器。在设置对话框中打开自动优化工具,则可以对评价函数进行自动生成,如图 3-27 所示。

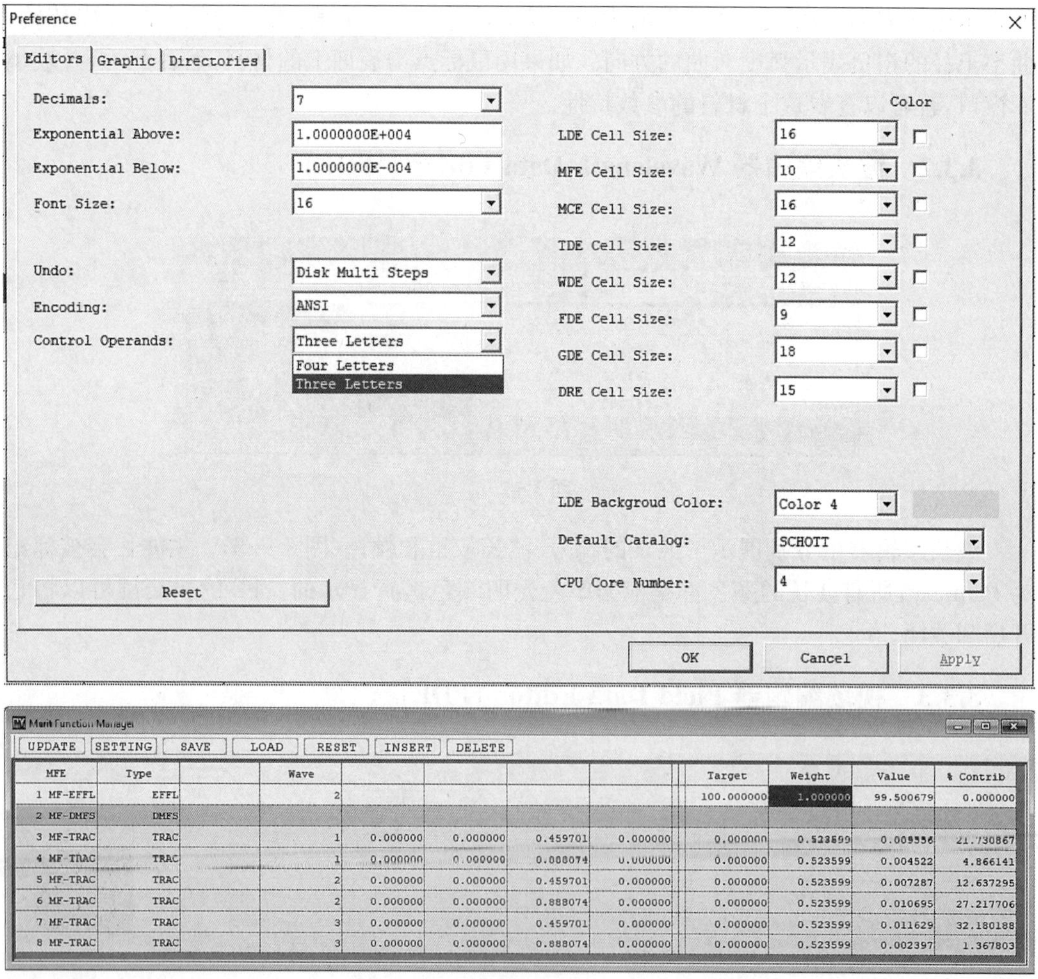

图 3-27

3.3.5　多重结构编辑器 Multi-Configuration Editor（MCE）

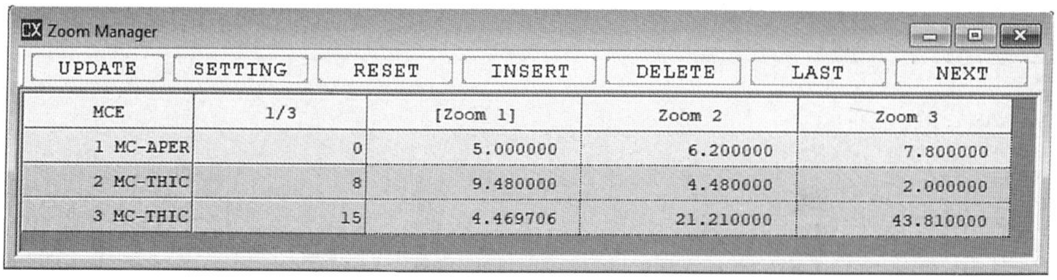

MCE	1/3	[Zoom 1]	Zoom 2	Zoom 3
1 MC-APER	0	5.000000	6.200000	7.800000
2 MC-THIC	8	9.480000	4.480000	2.000000
3 MC-THIC	15	4.469706	21.210000	43.810000

图 3 - 28

多重结构编辑器也被称之为变焦管理器（ZOOM Manager），顾名思义每组变焦镜头的数据都在这里输入，如图 3 - 28 所示。当然，除了变焦镜头之外的多重结构数据，在 CAXCAD 软件中同样被支持。

3.4　界面窗口

3.4.1　偏好设置 Preference

通过偏好设置可以设定软件数值的精度以及编辑器窗口的大小，调整软件默认的玻璃库文件名称，如图 3 - 29 所示。

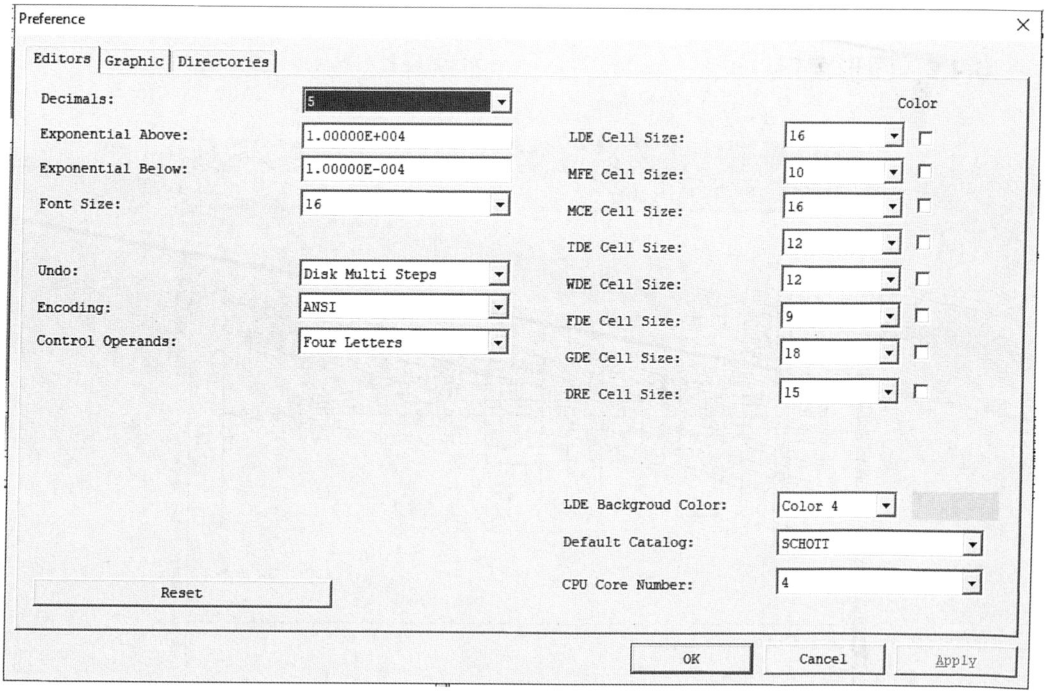

图 3 - 29

软件整体的颜色方案也可以在这里进行修改。尤其值得一提的是,这里设置了保护眼睛的背景方案"Eyes Care 背景模式"(图 3 - 30)。使用这个背景模式,图形窗口背景颜色将会被设置为浅黄色。这会有效避免长时间的工作中显示器的短波长光线对眼睛的伤害。

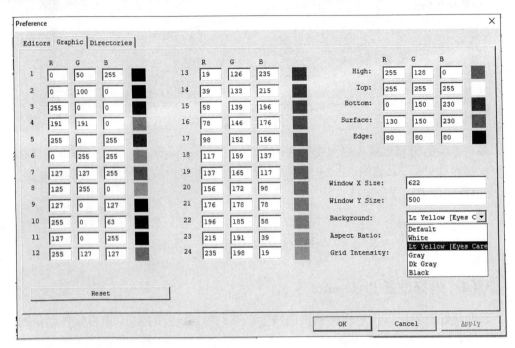

图 3 - 30

3.4.2 图形窗口

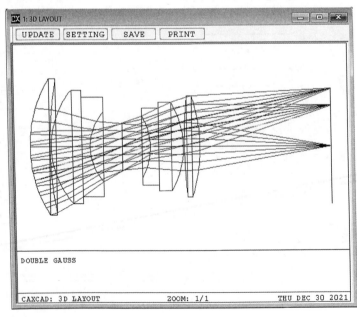

图 3 - 31

CAXCAD 的图形窗口(图 3 - 31)主要用于显示和分析数据的不同类型图形输出,(SAVE)按钮可以保存图片,有些图形窗口上带有文本显示切换键(TXT),此时的(SAVE)可以保存显示的文本,如图 3 - 32、图 3 - 33 所示。

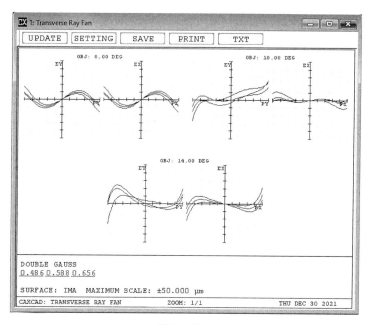

图 3 - 32

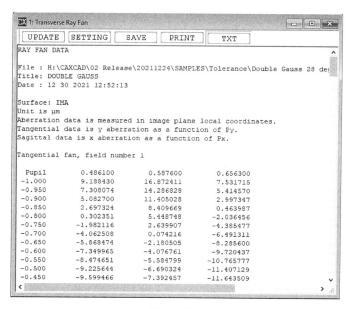

图 3 - 33

3.4.3　文本窗口

CAXCAD 中有纯文本窗口(图 3 - 34),例如一阶光学数据,(SAVE)按钮直接可以保存文本数据。

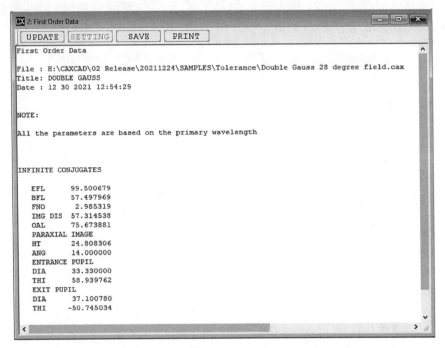

图 3 - 34

3.4.4 对话框

CAXCAD 每个功能的设置都需要打开对话框,例如下面是一个 3D 模型显示窗口(图 3 - 35),可以设置 3D 显示的参数。

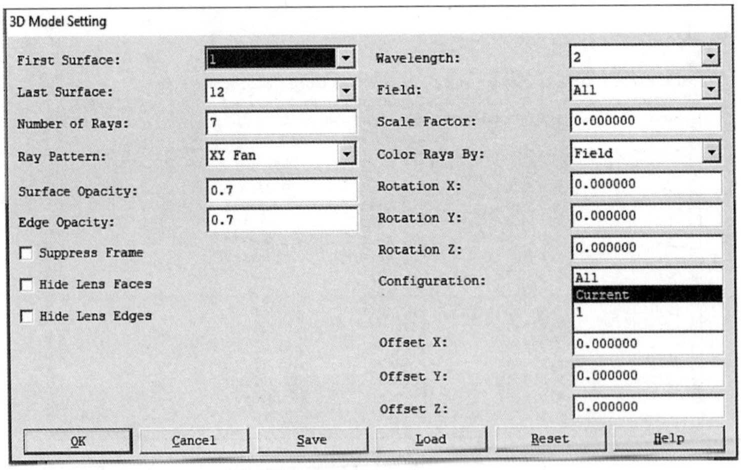

图 3 - 35

第4章

经典基础习作实例

基础的经典实例包括单透镜、双胶合透镜,这样的设计非常简单,接下来会提到很多基础知识和概念。对于初学者来说,这样的实例反复操作会很有帮助。在本章中,将按步骤演示这两种镜头的设计,相关基本知识和概念将会在实例中提及。

4.1 单透镜设计

设计目标:

有效焦距 EFFL:100 mm;

入瞳直径 EPDI:20 mm;

工作波长:0.55 μm;

视场角度:0°平行光;

像质目标 SPOT:获得最小的光斑。

目标分析:

设计目标参数中包含了几种基本概念,这些需要首先进行了解。有些特殊的基本概念,是需要用三个或四个英文字母简写的操作数表示,操作数显示的方式有两种方案,可以在偏好设置中进行修改。有时还需要记住这样的英文简写,因为这些英文简写的概念同样会应用在分析功能和优化目标控制中,在评价函数中用到的控制目标操作数叫做评价函数操作数(MFO)。并不是所有的操作数都需要背诵,因为所有的评价函数操作数都可以在优化一章中详细列出,例如有效焦距的评价函数操作数是 EFL 或 EFFL……

按 F5 可以打开或关闭透镜数据编辑器或透镜数据管理器(LDM)。在这个窗口顶部有常用的快捷按钮,前三个按钮针对的是镜头的系统参数,如图 4-1 所示。

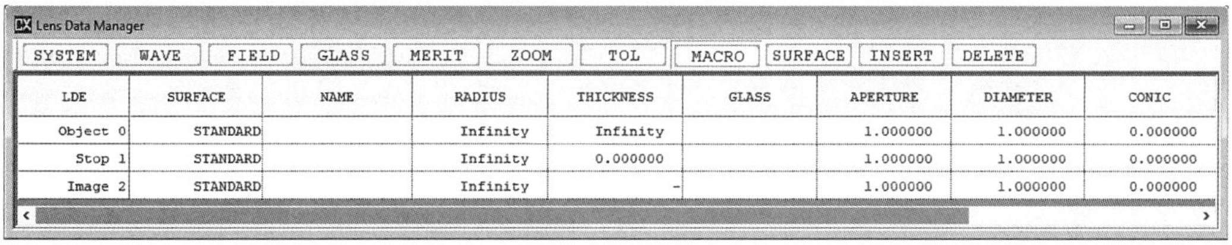

LDE	SURFACE	NAME	RADIUS	THICKNESS	GLASS	APERTURE	DIAMETER	CONIC
Object 0	STANDARD		Infinity	Infinity		1.000000	1.000000	0.000000
Stop 1	STANDARD		Infinity	0.000000		1.000000	1.000000	0.000000
Image 2	STANDARD		Infinity	-		1.000000	1.000000	0.000000

(SYSTEM WAVE FIELD GLASS MERIT ZOOM TOL MACRO SURFACE INSERT DELETE)

图 4-1

打开系统窗口输入入瞳直径 20 mm(图 4-2)。

System Data
Aperture
Title
Units
Ray Aiming
Glass Catalogs
Environment
Aperture Type:
Entrance Pupil Diameter
Aperture Value:
20

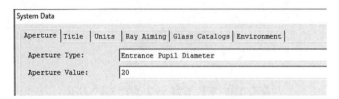

图 4－2

在软件底部的状态栏上可以看到 8 个基本的概念和参数。其中 EPDI 显示为 20，说明当前的入瞳直径是 20 mm。软件初始波长、视场和目标值是一样的。通过 F2 和 F3 快捷键，可以打开波长和视场窗口，如图 4－3，图 4－4 所示。

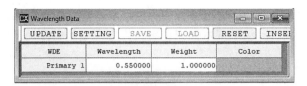

Wavelength Data
UPDATE
SETTING
SAVE
LOAD
RESET
WDE
Wavelength
Weight
Color
Primary 1
0.550000
1.000000

图 4－3

Fields Data [Angle in Degrees]
UPDATE
SETTING
SETVIG
DELVIG
RESET
INSERT
DELETE
FDE
X-Field
Y-Field
Weight
FVDX
FVDY
FVCX
FVCY
FVAN
Color
1
0.000000
0.000000
1.000000
0.000000
0.000000
0.000000
0.000000
0.000000

图 4－4

设置结构参数：

到这里系统参数设置完成，接下来要设置结构参数。

实例文件 04－01：Singlet_01.cax

第 2、3 面分别代表镜片的前表面和后表面。这里有一个技巧，第 1 面是在镜片的前面，并且厚度为 30，如图 4－5 所示，这个表面的作用是用来显示入射光线的，同时将这个表面的有效孔径设置为 0 表示隐藏，在三维图形（图 4－6）当中，这个面将不会被显示：

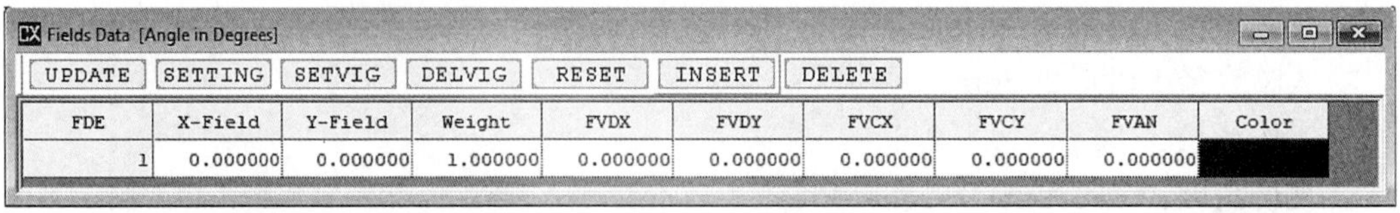

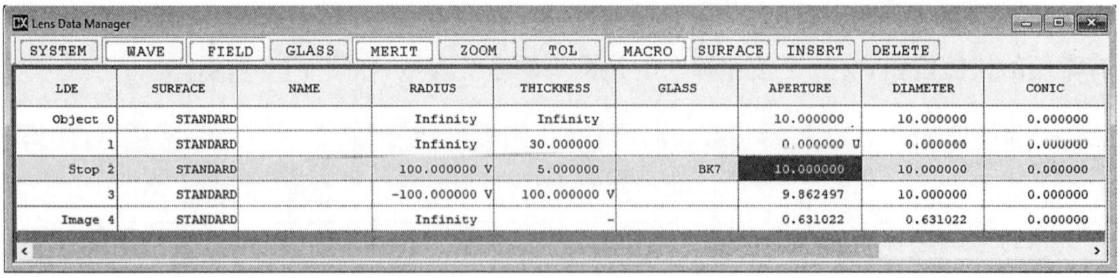

Lens Data Manager
SYSTEM
WAVE
FIELD
GLASS
MERIT
ZOOM
TOL
MACRO
SURFACE
INSERT
DELETE
LDE
SURFACE
NAME
RADIUS
THICKNESS
GLASS
APERTURE
DIAMETER
CONIC
Object 0 STANDARD Infinity Infinity 10.000000 10.000000 0.000000
1 STANDARD Infinity 30.000000 0.000000 U 0.000000 0.000000
Stop 2 STANDARD 100.000000 V 5.000000 BK7 10.000000 10.000000 0.000000
3 STANDARD -100.000000 V 100.000000 V 9.862497 10.000000 0.000000
Image 4 STANDARD Infinity - 0.631022 0.631022 0.000000

图 4－5

将镜片两个面的曲率半径以及像面的距离设置为变量，设置变量的快捷键是 Ctrl＋Z，参数后面字母 V 表示当前参数为变量。

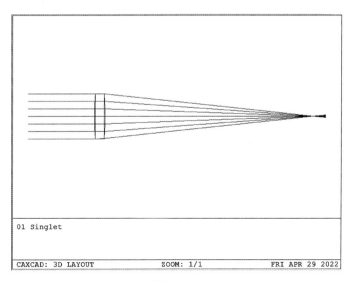

图 4-6

优化目标：

F6 快捷键打开评价函数，通过 SETTING 设置打开默认评价函数，进行优化目标的设置，如图 4-7 所示：

Merit Function

Optimization Function
Type:	RMS
Function:	Spot Radius
Reference:	Centroid

☑ Assume Axial Symmetry
☐ Ignore Lateral Color
☐ Improve the Manufacturability [SSN2]
Weight: 0.01

Pupil Integration:
⊙ Gaussian Quadrature
Rings:	3
Arms:	6

○ Rectangular Array
Grid:	4 x 4

Thickness Boundary Values
☐ Glass: Min: 1　Max: 12　Edge: 1
☐ Air: Min: 0.5　Max: 1000　Edge: 0.5

Wavelength:	All
Field:	All
Configuration:	All

Start At: 1
Overall Weight: 1

| OK | Cancel | Save | Load | Reset | Help |

图 4-7

系统会自动插入 SPOT 操作数来优化几何光斑，在自动优化工具中，选择有效焦距并设置目标值为 100，如图 4-8～图 4-9 所示。

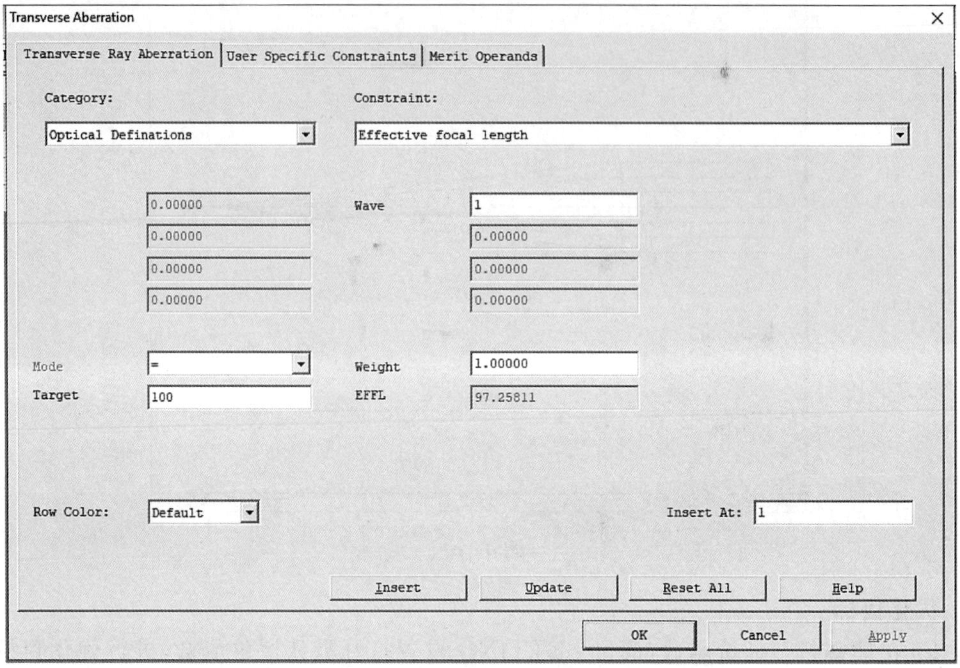

图 4-8

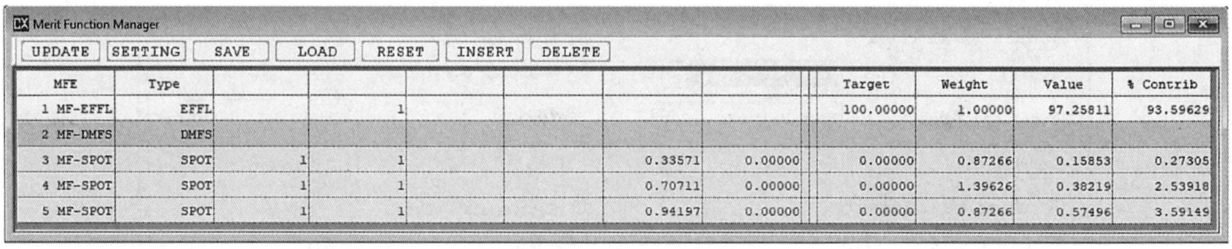
Merit Function Manager

UPDATE | SETTING | SAVE | LOAD | RESET | INSERT | DELETE

MFE	Type							Target	Weight	Value	% Contrib
1 MF-EFFL	EFFL		1					100.00000	1.00000	97.25811	93.59629
2 MF-DMFS	DMFS										
3 MF-SPOT	SPOT	1	1			0.33571	0.00000	0.00000	0.87266	0.15853	0.27305
4 MF-SPOT	SPOT	1	1			0.70711	0.00000	0.00000	1.39626	0.38219	2.53918
5 MF-SPOT	SPOT	1	1			0.94197	0.00000	0.00000	0.87266	0.57496	3.59149

图 4-9

F10 打开优化窗口，并使用 Automatic 进行自动优化，评价函数的数值由 1.39 下降到 0.014 8，如图 4-10 所示。优化前后光斑对比及外观如图 4-11 所示。

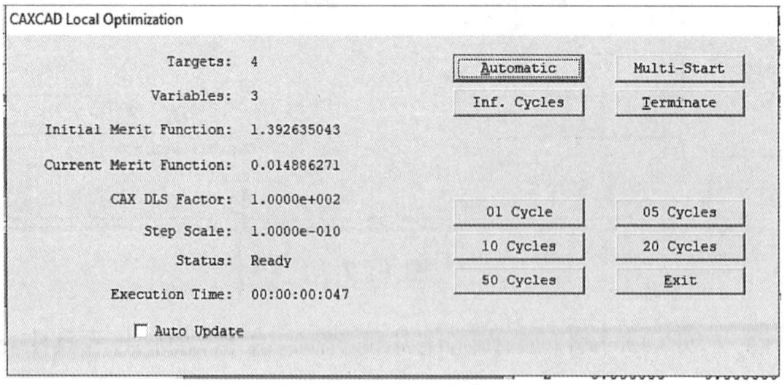

图 4-10

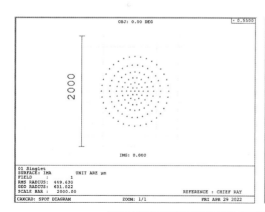
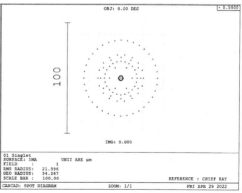

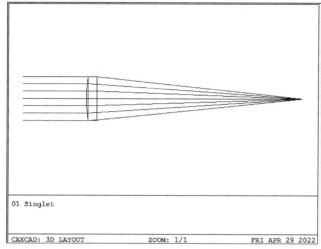

图 4-11

实例文件 04 - 02：Singlet_02.cax

快捷键 F9 可以打开或最小化命令窗口，在窗口中输入 FIR 命令并执行就可以获得镜头的一阶光学数据，一阶光学数据参照图 4-12：

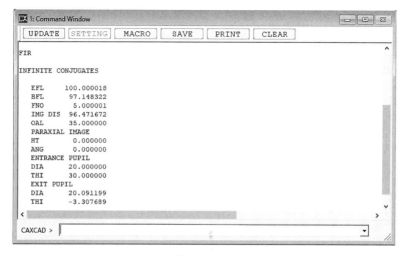

图 4-12

到这里单透镜的实例设计就结束了。以上实现了 100 mm 焦距的目标镜头，同时几何光斑获得显著优化。接下来要利用发散性的思维方式，对这个实例中设计的近轴焦点和像差系数的相关概念进行扩展和延伸。

4.1.1 近轴焦点

焦距的概念属近轴光学，所以计算焦距的焦点位置都是用近轴光线来进行的。因为镜头存在边缘光线和近轴光线在轴上的焦点位置不同，这也是最显著的球差体现。在实际设计过程中，如何找到边缘光线和近轴光线的焦点呢？这里就要使用像面厚度边缘光线的求解，如图 4－13 所示。

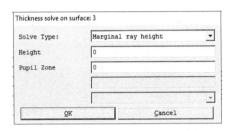

图 4－13

其中 Pupil Zone 为 0 就表示轴上光线，此时获得的像面位置就是近轴焦点位置，Pupil Zone 为 1 作为边缘光线的焦点位置。求解结果如图 4－14 所示：

LDE	SURFACE	NAME	RADIUS	THICKNESS	GLASS	APERTURE	DIAMETER	CONIC
Object 0	STANDARD		Infinity	Infinity		10.000000	10.000000	0.000000
1	STANDARD		Infinity	30.000000		0.000000 U	0.000000	0.000000
Stop 2	STANDARD		59.870545 V	5.000000	BK7	10.000000	10.000000	0.000000
3	STANDARD		-376.126459 V	97.148322 M		9.767504	10.000000	0.000000
Image 4	STANDARD		Infinity	-		0.103026	0.103026	0.000000

图 4－14

4.1.2 像差系数

在这个镜头中，因为球差的影响，光斑的大小无法再进行提高。这里还可以利用像差系数的工具来分析每个面上球差的贡献量。打开赛德尔像差系数(图 4－15)：

Seidel Aberration Coefficients:

#	SPHA S1	COMA S2	ASTI S3	FCUR S4	DIST S5	AXCL C1	LACL C2
1	-0.000000	-0.000000	-0.000000	-0.000000	0.000000	0.000000	0.000000
STO	0.010478	0.000000	0.000000	0.000000	0.000000	0.000000	0.000000
3	0.009604	-0.000000	0.000000	0.000000	-0.000000	-0.000000	0.000000
SUM	0.020082	0.000000	0.000000	0.000000	0.000000	0.000000	0.000000

Seidel Aberration Coefficients in Waves:

#	W040	W131	W222	W220	W311	W020	W111
1	-0.000000	-0.000000	-0.000000	-0.000000	0.000000	0.000000	0.000000
STO	2.381402	0.000000	0.000000	0.000000	0.000000	0.000000	0.000000
3	2.182792	-0.000000	0.000000	0.000000	-0.000000	-0.000000	0.000000
SUM	4.564194	0.000000	0.000000	0.000000	0.000000	0.000000	0.000000

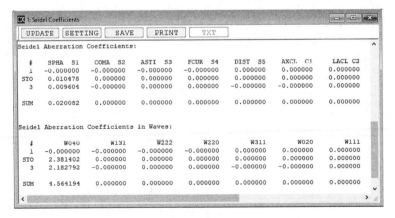

图 4－15

图 4-15 中可以看到对于球差 SPHA 的系数,两个表面的贡献都是正值,没有相互补偿。这就导致了最终整体球差的数值比较大。

4.2　双胶合透镜

在上一个例子中,存在三个问题:

(1) 几何 RMS 光斑半径优化到 21 微米,这样的指标是否可以再提高呢?

(2) 如果工作波长不是单波长,而是可见光波长,效果是什么样的呢?

(3) 球差 SPHA 是否可以进行消除或补偿?

那么现在带着这三个问题继续下面的设计。

将系统波长设置为可见光波长 FDC(图 4-16):

WDE	Wavelength	Weight	Color
1	0.486133	1.000000	
Primary 2	0.587562	1.000000	
3	0.656273	1.000000	

图 4-16

因为原来的评价函数只优化一个波长,现在需要更新评价函数进行三个波长一起优化。如图 4-17 所示,执行默认评价函数,工具会自动识别全部波长,此时的评价函数目标包含针对色差的校正。

MFE	Type								Target	Weight	Value	% Contrib
1 MF-EFFL	EFFL		1						100.000000	1.000000	100.000018	3.47667...
2 MF-DMFS	DMFS											
3 MF-SPOT	SPOT	1	1		0.335711	0.000000			0.000000	0.290888	0.000000	0.000000
4 MF-SPOT	SPOT	1	1		0.707107	0.000000			0.000000	0.465421	0.000000	2.07226...
5 MF-SPOT	SPOT	1	1		0.941965	0.000000			0.000000	0.290888	0.000000	1.22483...
6 MF-SPOT	SPOT	1	2		0.335711	0.000000			0.000000	0.290888	0.000000	8.09477...
7 MF-SPOT	SPOT	1	2		0.707107	0.000000			0.000000	0.465421	0.000000	9.61048...
8 MF-SPOT	SPOT	1	2		0.941965	0.000000			0.000000	0.290888	0.000000	0.000000
9 MF-SPOT	SPOT	1	3		0.335711	0.000000			0.000000	0.290888	0.000000	3.47667...
10 MF-SPOT	SPOT	1	3		0.707107	0.000000			0.000000	0.465421	0.000000	1.22439...
11 MF-SPOT	SPOT	1	3		0.941965	0.000000			0.000000	0.290888	0.000000	0.000000

图 4-17

优化后的镜头点列图展示的几何光斑很大(图 4-18),并且无法优化减小。

实例文件 04-03:Singlet_03.cax

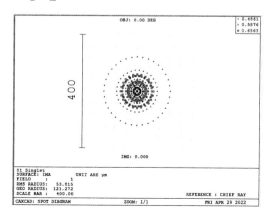

图 4-18

光线扇形图展示不同波长明显出现分离,如图 4-19 所示,这就是色差。

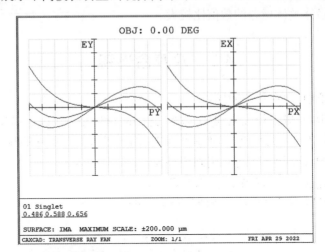

图 4-19

对于不同的波长,同一种光学材料折射率是不同的,这就是色差产生的原因。要校正这种色差就要使用多种混合材料。玻璃材料当中有两种:一种是日冕玻璃,用字母 K 表示;一种是火石玻璃,用字母 F 表示。这两种玻璃对于波长的色散方向是相反的,所以利用这两种材料进行胶合的镜片可以很好地校正色差。

如果插入一个新的面作为胶合镜片的第二片,并且设置中心厚度 3 mm,材料为 F2 (图 4-20)。

LDE	SURFACE	NAME	RADIUS	THICKNESS	GLASS	APERTURE	DIAMETER	CONIC
Object 0	STANDARD		Infinity	Infinity		10.000000	10.000000	0.000000
1	STANDARD		Infinity	30.000000		0.000000 U	0.000000	0.000000
Stop 2	STANDARD		59.944480 V	5.000000	BK7	10.000000	10.000000	0.000000
3	STANDARD		Infinity V	3.000000	F2	9.761711	10.000000	0.000000
4	STANDARD		-394.680058 V	97.328343 V		9.606895	9.761711	0.000000
Image 5	STANDARD		Infinity	–		0.527382	0.527382	0.000000

图 4-20

新增的这个火石玻璃 F2,可以和日冕玻璃 BK7 配合校正色差,同时变量增加了一个曲率半径,会产生负球差来降低整体最终的球差。

实例文件 04-04:Doublet_01.cax

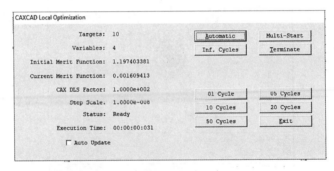

图 4-21

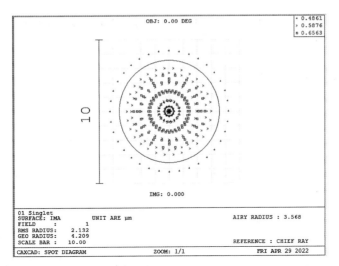

图 4 - 22

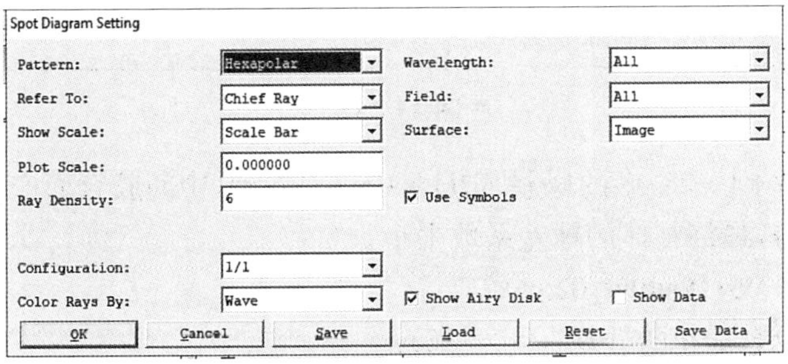

图 4 - 23

如图 4 - 21～图 4 - 23 所示,通过优化点列图可以看到光斑的 RMS 半径,降低到了两微米左右。图 4 - 22 中的圆圈代表衍射极限,这个可以通过选择 Show Airy Disk 显示出来。说明当前的光斑已经优化的非常好,接近衍射极限了。

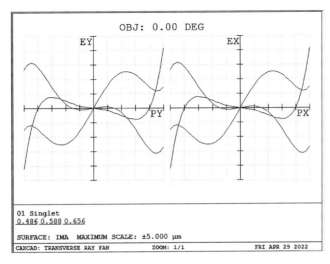

图 4 - 24

由光线扇形图(图 4-24)可以看到不同颜色的曲线彼此交错,出现了多波峰波谷的情况,此时球差和色差都已经得到很好的矫正。

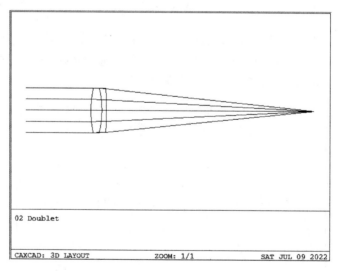

```
DX 2: Seidel Coefficients                                                    ─  ▢  X

  UPDATE   SETTING   SAVE    PRINT     TXT

Seidel Aberration Coefficients:

   #     SPHA  S1    COMA  S2    ASTI  S3    FCUR  S4    DIST  S5    AXCL  C1    LACL  C2
   1   -0.000000   -0.000000   -0.000000   -0.000000    0.000000    0.000000    0.000000
 STO    0.021315    0.000000    0.000000    0.000000    0.000000   -0.011241   -0.000000
   3   -0.028183    0.000000   -0.000000   -0.000000    0.000000    0.022473   -0.000000
   4    0.009441   -0.000000    0.000000    0.000000   -0.000000   -0.012158    0.000000

 SUM    0.002572    0.000000    0.000000    0.000000    0.000000   -0.000926    0.000000


Seidel Aberration Coefficients in Waves:

   #      W040        W131        W222        W220        W311        W020        W111
   1   -0.000000   -0.000000   -0.000000   -0.000000    0.000000    0.000000    0.000000
 STO    4.534562    0.000000    0.000000    0.000000    0.000000   -9.566087   -0.000000
   3   -5.995850    0.000000   -0.000000   -0.000000    0.000000   19.124311   -0.000000
   4    2.008502   -0.000000    0.000000    0.000000   -0.000000  -10.345993    0.000000

 SUM    0.547214    0.000000    0.000000    0.000000    0.000000   -0.787769    0.000000
```

图 4-25

从像差系数(图 4-25)中的球差 SPHA 中可以看到,中间胶合面产生了负的球差,球差的正负补偿获得,最终整体的球差系数很小。

实例文件 04-05:Doublet_02.cax

平行光束双胶合透镜的外观(图 4-26):

```
02 Doublet

CAXCAD: 3D LAYOUT              ZOOM: 1/1              SAT JUL 09 2022
```

图 4-26

第 5 章

光学系统的优化

在 20 世纪的前 40 年,光学设计是根据赛德尔像差理论以及少量光线追迹计算来完成的。各项工作对于工作经验依赖性很强,所有的计算都是通过手动表格来完成的。通常的方法是使用赛德尔像差理论来设计一个成像镜头,然后将这颗镜头制造出来,再实际测量它的像差。光学设计者会根据测量的像差结果再进行一个新的设计,那个年代对于光线追迹使用的很少。

1940 年,机械计算器开始用于光线追迹,但是仍然无法进行大量的光线计算。1949 年英国曼彻斯特大学的 C.G.Wynne 第一次将计算机用于光线追迹,直到 1957 年计算机光线追迹才变得更加实用。C.G.Wynne 在 1959 年将阻尼最小二乘法应用于光学系统的优化,直到现在,这种技术仍然是光学设计中普遍使用的方法。

在光学设计优化过程中,重点是能否给出最小的评价函数设计,通常这个过程需要平衡像差,而不是消除像差。最小二乘法给出了找到局部最小路径的数学原理。全局优化的方法,能够跳出局部最小,在更大的多维空间寻找最佳方案。

5.1　快速优化工具

5.1.1　快速聚焦 Quick Focus

快速聚焦是一个快速优化像面距离的工具,它可以快速地找到最佳焦点的位置。这个工具的实现过程是以 RMS Spot Size 为评价函数,以像面的厚度为变量进行快速优化。

快捷键 Ctrl＋Q　命令行直接输入 QF 或 QUICKFOCUS

快速优化,调整像距的厚度,使光学系统找到最佳的 RMS Spot Size 位置。

菜单位置:Optimization-Quick Focus

在单透镜实例中,如果将像距进行改变远离焦点(图 5－1):

LDE	SURFACE	NAME	RADIUS	THICKNESS	GLASS	APERTURE	DIAMETER	CONIC
Object 0	STANDARD		Infinity	Infinity		12.500000	12.500000	0.000000
*1	STANDARD		Infinity	20.000000		0.000000 U	0.000000	0.000000
Stop 2	STANDARD	front surface	59.907038 V	5.000000	BK7	12.500000	12.500000	0.000000
3	STANDARD	rear surface	-374.658969 V	50.000000 V		12.247673	12.500000	0.000000
Image 4	STANDARD		Infinity	-		5.826656	5.826656	0.000000

图 5－1

使用 Quick Focus(图 5-2):

LDE	SURFACE	NAME	RADIUS	THICKNESS	GLASS	APERTURE	DIAMETER	CONIC
Object 0	STANDARD		Infinity	Infinity		12.500000	12.500000	0.000000
*1	STANDARD		Infinity	20.000000		0.000000 U	0.000000	0.000000
Stop 2	STANDARD	front surface	59.907038 V	5.000000	BK7	12.500000	12.500000	0.000000
3	STANDARD	rear surface	-374.658969 V	96.086285 V		12.247673	12.500000	0.000000
Image 4	STANDARD		Infinity	-		0.068153	0.068153	0.000000

图 5-2

像面的距离会自动被优化到焦点位置(图 5-3):

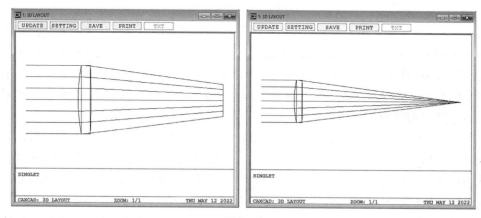

图 5-3

5.1.2 快速调整 Quick Adjust

Quick Adjust 是 Quick Focus 的升级版,支持任意表面和参数的快速调节,以使像面光斑快速优化。

如图 5-4 所示,快捷键 Ctrl+Shift+A 优化被选中的表面参数,使光学系统找到最佳的 RMS Spot Size 位置。

这个功能相当于 Quick Focus 的扩展,支持任意表面的曲率半径、厚度、Conic 系数以及 PAR0-PAR255。

图 5-4

在单透镜设计中,改变镜片的曲率半径,使其离焦,如图 5-5~图 5-6 所示:

LDE	SURFACE	NAME	RADIUS	THICKNESS	GLASS	APERTURE	DIAMETER	CONIC
Object 0	STANDARD		Infinity	Infinity		12.500000	12.500000	0.000000
*1	STANDARD		Infinity	20.000000		0.000000 U	0.000000	0.000000
Stop 2	STANDARD	front surface	59.907038	5.000000	BK7	12.500000	12.500000	0.000000
3	STANDARD	rear surface	50.000000 V	96.086285		12.124982	12.500000	0.000000
Image 4	STANDARD		Infinity	-		13.911336	13.911336	0.000000

图 5-5

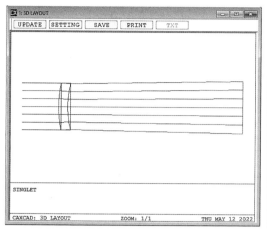 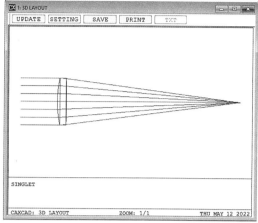

图 5 - 6

再对第 3 个面的曲率半径进行快速调整(图 5 - 7～图 5 - 8),这个曲率半径会自动优化保持镜头最佳的 RMS 焦点。

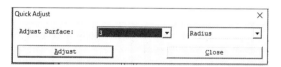

图 5 - 7

LDE	SURFACE	NAME	RADIUS	THICKNESS	GLASS	APERTURE	DIAMETER	CONIC
Object 0	STANDARD		Infinity	Infinity		12.500000	12.500000	0.000000
*1	STANDARD		Infinity	20.000000		0.000000 U	0.000000	0.000000
Stop 2	STANDARD	front surface	59.907038	5.000000	BK7	12.500000	12.500000	0.000000
3	STANDARD	rear surface	-374.743019 V	96.086285		12.247670	12.500000	0.000000
Image 4	STANDARD		Infinity	-		0.067770	0.067770	0.000000

图 5 - 8

5.1.3 滚动条 SLIDER BAR

如图 5 - 9 所示,鼠标选中表面参数后,打开这个工具可以动态调节并实时查看镜头的变化:

图 5 - 9

在单透镜中,调节第 2 个面的曲率半径,并且将调节范围增大到 30 到 100,如图 5 - 10 所示。

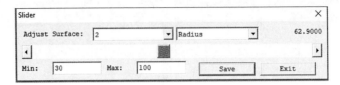

图 5 - 10

随着滚动条的改变,曲率也会发生相应变化(图 5 - 11):

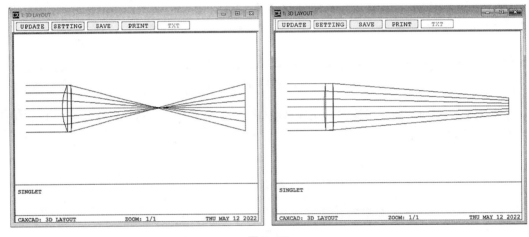

图 5 - 11

5.2 优化的组成

优化就是调整镜头的参数,使其满足对于像质或目标的要求。优化的过程,首先选择一个初始点和一组变量,再设定目标值。这组目标值可以生成一个评价函数,作为可以包含像差或镜头参数边界等评价标准。变量或镜头参数在优化过程中可以设定变化的范围,这也被称之为优化的边界条件。

5.2.1 评价函数 Merit Function

打开评价函数编辑器(图 5 - 12):

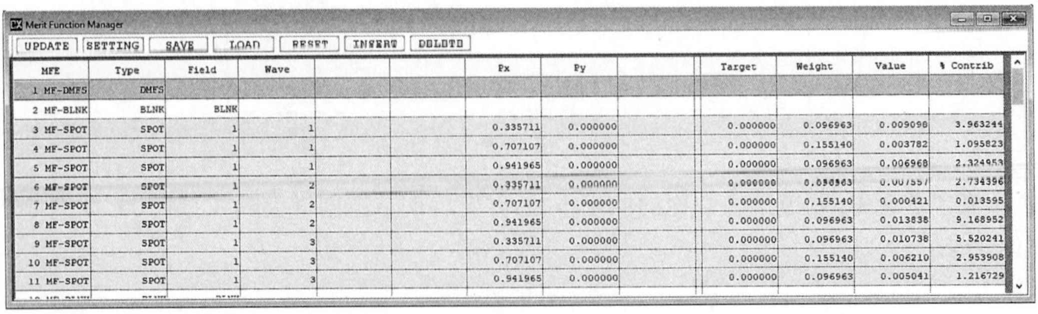

MFE	Type	Field	Wave	Px	Py	Target	Weight	Value	% Contrib
1 MF-DMFS	DMFS								
2 MF-BLNK	BLNK	BLNK							
3 MF-SPOT	SPOT	1	1	0.335711	0.000000	0.000000	0.096963	0.009098	3.963244
4 MF-SPOT	SPOT	1	1	0.707107	0.000000	0.000000	0.155140	0.003782	1.095823
5 MF-SPOT	SPOT	1	1	0.941965	0.000000	0.000000	0.096963	0.006968	2.324953
6 MF-SPOT	SPOT	1	2	0.335711	0.000000	0.000000	0.096963	0.007557	2.734396
7 MF-SPOT	SPOT	1	2	0.707107	0.000000	0.000000	0.155140	0.000421	0.013595
8 MF-SPOT	SPOT	1	2	0.941965	0.000000	0.000000	0.096963	0.013838	9.168952
9 MF-SPOT	SPOT	1	3	0.335711	0.000000	0.000000	0.096963	0.010738	5.520241
10 MF-SPOT	SPOT	1	3	0.707107	0.000000	0.000000	0.155140	0.006210	2.953908
11 MF-SPOT	SPOT	1	3	0.941965	0.000000	0.000000	0.096963	0.005041	1.216729

图 5 - 12

每一行的操作数都代表一个目标值,最后都有一个目标 T、权重 W 和实际数值 V。计算评价函数的过程,每个项目都会被平方加权。

$$\phi = W\,(V - T)^2 \tag{5.1}$$

最终的评价函数如下:

$$\mathrm{MF}^2 = \frac{\sum W_i\,(V_i - T_i)^2}{\sum W_i} \tag{5.2}$$

所获得的数值结果代表了整体的系统表现,每个权重大于 0 的操作数对系统都有贡献,还可以手动调节权重来增大或减小特定目标的重要性。在优化的过程中,如果评价函数的数值越小,表示现有评价数值和目标值越接近,系统的表现就越好。随着光学系统评价函数的减小,整体效果获得提升。如果评价函数的数值是零,代表完美符合设计目标。光学系统的优化设计过程就是一个不断减小评价函数的过程。

5.2.2　变量 Variables 及导数增量 Derivative Increments

光学透镜几乎所有的结构参数都可以被设置为变量,设置和取消变量可以用快捷键 Ctrl+Z 来完成。变量通常在透镜数据编辑器和多重结构编辑器中设置。

CAXCAD 提供了一个专有的变量导数增量数据(Derivative Increments),这个数据就是优化过程中每个变量改变的步进大小并且在循环过程中随着阻尼因子自动调节改变。如果其中某一个变量的导数增量为零或者很小,说明这个变量的改变对系统评价函数的提高作用很小。图 5-13 和图 5-14 展示了一个三片式的镜头在优化初期外观及各变量的增量,由此可见每个变量都可以对系统的提高有明显的改变,这说明系统可以进一步优化。

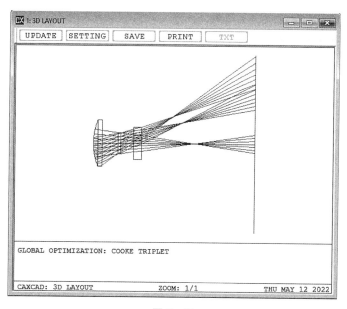

图 5-13

Derivative Increments

UPDATE SETTING ZOOM IN ZOOM OUT

DRE	ID	Step Data 1	Step Data 2
S1	CVVA	1.975630E-005	1.975630E-005
S2	CVVA	-2.078650E-005	-2.078650E-005
S3	CVVA	2.610551E-005	2.610551E-005
S4	CVVA	-2.677674E-005	-2.677674E-005
S5	CVVA	3.340549E-005	3.340549E-005
S6	CVVA	-3.684467E-005	-3.684467E-005
S6	THIC	0.233452	0.233452

图 5 - 14

通常在一个系统优化的最后阶段，也就是系统的评价函数达到局部最小，此时所有的变量导数增量数值都会很小。光学设计者可以由此判断是否终止优化设计或改变初始结构。图 5 - 15 所展示的是优化末期镜头的外观。

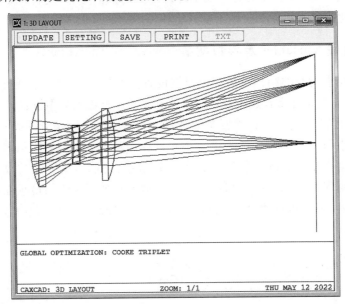

1: 3D LAYOUT
UPDATE
SETTING
SAVE
PRINT
TXT
GLOBAL OPTIMIZATION: COOKE TRIPLET
CAXCAD: 3D LAYOUT
ZOOM: 1/1
THU MAY 12 2022

图 5 - 15

此时由图 5 - 16 可以看出导数增量的数值都很小，系统在此条件下已经很难再有提高的空间。

Derivative Increments

UPDATE SETTING ZOOM IN ZOOM OUT

DRE	ID	Step Data 1	Step Data 2
S1	CVVA	1.975630E-011	1.975630E-005
S2	CVVA	-2.078650E-011	-2.078650E-005
S3	CVVA	2.610551E-011	2.610551E-005
S4	CVVA	-2.677674E-011	-2.677674E-005
S5	CVVA	3.340549E-011	3.340549E-005
S6	CVVA	-3.684467E-011	-3.684467E-005
S6	THIC	2.334522E-007	0.233452

图 5 - 16

在全局优化或快速初始结构 Multi-Start 工具使用的时候,Step Data 1 和 Step Data 2
显示的是每个变量变化的范围(图 5 - 17):

DRE	ID	Step Data 1	Step Data 2
S1	CVVA	−0.052632	0.052632
S2	CVVA	−0.052632	0.052632
S3	CVVA	−0.100000	0.100000
S4	CVVA	−0.100000	0.100000
S5	CVVA	−0.066667	0.066667
S6	CVVA	−0.066667	0.066667
S6	THIC	1.500000	60.000000

图 5 - 17

5.2.3　边界控制

变量给了光学系统提高的自由度,变量越多,系统的自由度就越高,从而就更容易获
得满足要求的最终设计,这个过程就像解方程组一样。在实际的设计过程中,每个变量都
要有一定的范围,这时就需要对变量进行边界控制。

CAXCAD 所采用的边界控制方法是将每个边界控制的目标和控制像差一样,以操作
数的形式来进行。最常用到的是玻璃和空气厚度间隔的控制,系统可以自动插入。

如果玻璃材料是变量,例如 Model Glass 的求解方式,软件会自动插入折射率和阿贝
数的边界控制。控制光学镜片的厚度边界和玻璃折射率及阿贝数的操作数如图 5 - 18
所示。

MFE	Type	Field	Wave			Px	Py		Target	Weight	Value	% Contrib
2 MF-DMFS	DMFS											
3 MF-MNCA	MNCA	1	6						0.500000	1.000000	0.000000	0.000000
4 MF-MXCA	MXCA	1	6						1000.000000	1.000000	0.000000	0.471873
5 MF-MNEA	MNEA	1	6	0.000000					0.500000	1.000000	0.000000	0.387957
6 MF-BLNK	BLNK	BLNK										
7 MF-MNCG	MNCG	1	6						1.000000	1.000000	0.000000	0.704057
8 MF-MXCG	MXCG	1	* 6						12.000000	1.000000	0.000000	0.701371
9 MF-MNEG	MNEG	1	6	0.000000					1.000000	1.000000	0.000000	0.011429

MFE	Type	Field	Wave			Px	Py		Target	Weight	Value	% Contrib
3 MF-BLNK	BLNK	Glass Nd										
4 MF-MNIN	MNIN	1	3						1.40000	1.00000	0.00000	22.78295
5 MF-MXIN	MXIN	1	3						1.90000	1.00000	0.00000	43.09804
6 MF-BLNK	BLNK	Glass Vd										
7 MF-MNAB	MNAB	1	3						15.00000	1.00000	0.00000	22.17152
8 MF-MXAB	MXAB	1	3						75.00000	1.00000	0.00000	25.63135

图 5 - 18

对于镜片参数上的很多数据,都可以采用指定的自定义方式进行控制,这种控制几乎
支持表面上的每一个数据。在优化菜单中提供了一个专门的用户特定边界控制选项
(User Specific Constraints),如图 5 - 19 所示:

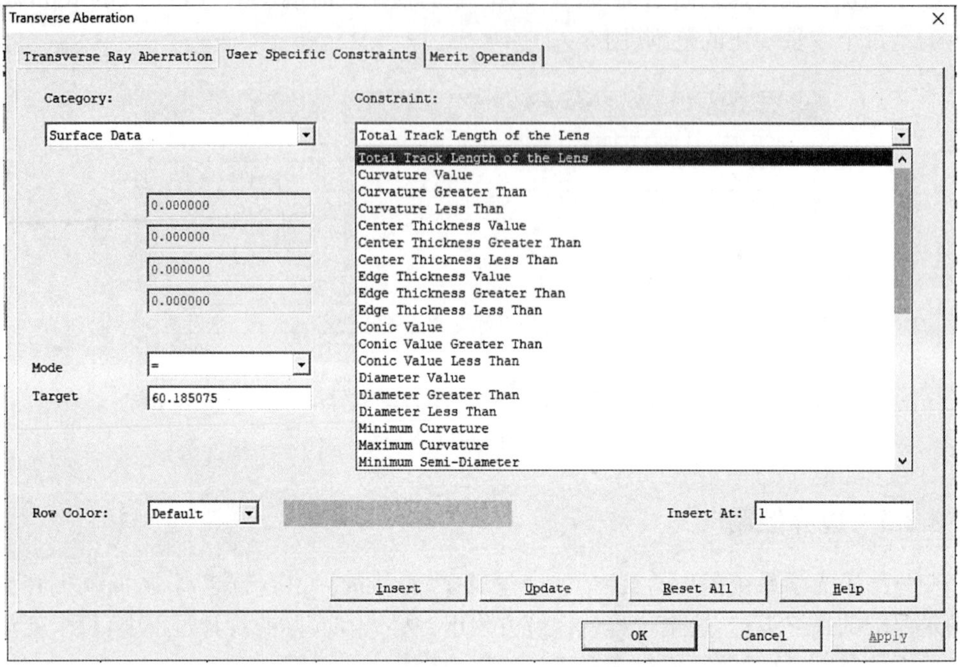

图 5 - 19

5.3　阻尼最小二乘法

CAXCAD 所采用的阻尼最小二乘法 DLS 是一种最成熟、使用最广泛的光学自动设计方法。

系统中的多个变量，用如下向量进行表示：

$$x = \langle x_1, x_2, x_3, \cdots, x_n \rangle \tag{5.3}$$

DLS 中的整体评价函数的表达如下所示，这和 CAXCAD 的评价函数是一样的。

$$\varphi(x) = \sum_{i=1}^{m} w_i f_i^2(x) \tag{5.4}$$

如果要获得最小的评价函数，那么所有的变量导数都是零，于是

$$\varphi(x) = f^T f \tag{5.5}$$

其中

$$f = \langle f_1, f_2, f_3, \cdots, f_m \rangle$$

假设每个变量的改变对于评价函数操作数值的影响都是线性的关系，那么：

$$f_i(x_j + \Delta x_j) = f_i(x_j) + \frac{\partial f_i}{\partial x_j} \Delta x_j \tag{5.6}$$

以这种线性为前提，此刻会有很多变量和操作数，可以采用矩阵的方式表示：

$$A \Delta x = -f \tag{5.7}$$

这里的 A 是指每个操作数对于变量的导数矩阵：

$$A = \begin{bmatrix} \dfrac{\partial f_1}{\partial x_1} & \cdots & \dfrac{\partial f_i}{\partial x_j} \\ \vdots & \vdots & \vdots \\ \dfrac{\partial f_m}{\partial x_1} & \cdots & \dfrac{\partial f_m}{\partial x_n} \end{bmatrix}$$

在最小二乘法中，每个变量给定一个初始值 x_0，然后进行不断的迭代，可以预测下一个更小的评价函数：

$$A_n^T A_n \, \Delta x_n = -A_n^T f_n \tag{5.8}$$

这里的 n 表示第 n 次的迭代。但实际的迭代如果要能够准确预测下一个数值，就需要保持线性的前提条件，此时需要控制变量增量的大小，于是就引入了阻尼因子：

$$(A_n^T A_n + p^2 I) \, \Delta x_n = -A_n^T f_n \tag{5.9}$$

再次迭代过程中，如果预测的值无法减小，说明变量的改变或增量已经超出了线性的范围，这时就通过阻尼因子来调节变量改变的大小，直到光学系统优化到局部最小。

如图 5-20 所示，在 CAXCAD 的局部优化窗口中，可以实时看到阻尼因子 CAX DLS Factor 的改变，这对理解系统品质提升将更加直观，阻尼因子越大，变量的步进将越小，软件会根据实时的优化不断调节和改变阻尼因子，而不需要使用者进行修改。变量步进大小的数据，可以在变量导数增量数据 Derivative Increments 中查看。

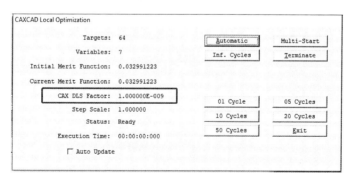

图 5-20

5.4　默认评价函数

点击评价函数窗口的设置 SETTING，默认的评价函数窗口会被打开。通过这个窗口，多个实用的评价函数能够快速地被建立并使用，如图 5-21 所示。

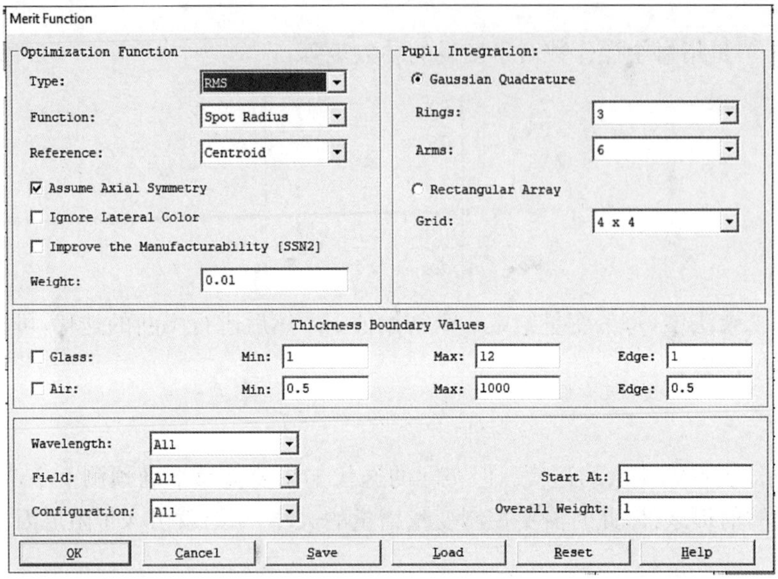

图 5-21

5.4.1　优化类型 Type

优化类型有两种,分别是 RMS 和 PV,其中 PV 主要是针对波前(Wavefront)来进行的,表示波峰和波谷的波前差。RMS 表示均方根,针对几何光斑和波前都可以应用。

5.4.2　目标函数 Function

目标函数指的是优化目标的类型,CAXCAD 提供了以下类型的优化目标(表 5-1):

表 5-1

类型	说　明
Wavefront	波前差
Spot Radius	光斑半径
Spot X	光斑半径 X 方向
Spot Y	光斑半径 Y 方向
Spot X and Y	光斑半径 X 和 Y 方向
Angular Radius	角度半径
Angular X	角度半径 X 方向
Angular Y	角度半径 Y 方向

5.4.3　默认评价函数相关的操作数

几何光斑操作数(表 5-2):

表 5 - 2

操作数	兼容操作数	描述说明	项　目
SPT	SPOT	光斑中心像差	Transverse aberration radial direction respect to the centroid
STX	SPTX	光斑中心像差 X	Transverse aberration radial X direction respect to the centroid
STY	SPTY	光斑中心像差 Y	Transverse aberration radial Y direction respect to the centroid
SAR	SPAR	光斑主光线像差	Transverse aberration radial direction respect to the chief ray
SAX	SPAX	光斑主光线像差 X	Transverse aberration radial X direction respect to the chief ray
SAY	SPAY	光斑主光线像差 Y	Transverse aberration radial Y direction respect to the chief ray

角度像差操作数(表 5 - 3)：

表 5 - 3

操作数	兼容操作数	描述说明	项　目
AAR	ANAR	角度像差 R	Angular aberration radius measured in image space
AAX	ANAX	角度像差 X	Angular aberration x direction measured in image space
AAY	ANAY	角度像差 Y	Angular aberration y direction measured in image space
AAC	ANAC	角度像差 C	Angular aberration radial in image space respect to the centroid
ACX	ANCX	角度像差 CX	Angular aberration x in image space respect to the centroid.
ACY	ANCY	角度像差 CY	Angular aberration y in image space respect to the centroid.

波前差操作数(表 5 - 4)：

表 5 - 4

操作数	兼容操作数	描述说明	项　目
OPC	OPDC	光程差主 C	OPD with respect to chief ray with Primary Wavelength
OPX	OPDX	光程差中 X	OPD with respect to the mean OPD over the pupil with tilt removed
OPM	OPDM	光程差均 M	OPD with respect to the mean OPD over the pupil

5.4.4 参考标准 Reference

选择设定参考的目标是以主光线或者整体的中心为参考标准,要根据参考点不同进行判定,因为主光线在像面上不一定在光斑中心,两者的数值并不相同,因此参考点不同。

5.4.5 是否旋转对称 Assume Axial Symmetry

CAXCAD 每次系统更新会自动检查表面的类型,并且综合判断是否属于旋转对称系统。这时,主要针对 0 视场的光束,采样点的数量会不同,如果是旋转对称系统,则不需要采集整个光瞳。

5.4.6 忽略垂轴色差 Ignore Lateral Color

默认情况下,系统的评价函数都是针对不同波长设定相同的目标,由此色差就自然获得了控制。但是针对有些系统,需要的是将不同颜色的光分离,例如光栅光谱仪等。这时就需要选中此项,从而忽略优化垂轴色差。

5.4.7 提升制造良率 SSN2

如图 5-22 所示,自动插入 SSN2 操作数,可以给出不同表面对于制造的敏感度,从而在优化过程中,控制和提升镜头的生产良率。这个操作数的数值位于 0~1 之间,数值越小,说明良率越高。

MFE	Type	Field	Wave		Px	Py		Target	Weight	Value	% Contrib
1 MF-DMFS	DMFS										
2 MF-SSN2	SSN2	1	3					0.000000	0.010000	0.000000	0.000000
3 MF-SSN2	SSN2	2	3					0.000000	0.010000	0.291252	16.840523
4 MF-SSN2	SSN2	3	3					0.000000	0.010000	0.034042	0.230062
5 MF-SSN2	SSN2	4	3					0.000000	0.010000	0.456720	41.411191
6 MF-SSN2	SSN2	5	3					0.000000	0.010000	0.000000	0.000000
7 MF-SSN2	SSN2	6	3					0.000000	0.010000	0.199471	7.899101
8 MF-SSN2	SSN2	7	3					0.000000	0.010000	0.000000	0.000000
9 MF-SSN2	SSN2	8	3					0.000000	0.010000	0.263622	13.796890
10 MF-SSN2	SSN2	9	3					0.000000	0.010000	0.000000	0.000000
11 MF-SSN2	SSN2	10	3					0.000000	0.010000	0.262025	13.630210
12 MF-SSN2	SSN2	11	3					0.000000	0.010000	0.011772	0.027510
13 MF-SSN2	SSN2	12	3					0.000000	0.010000	0.103921	2.144018

图 5-22

除了 SSN2 外,CAXCAD 也支持 HYLD 作为高良率值进行计算,但是相比 HYLD,SSN2 的效率会更高,如表 5-5 所示。

表 5-5

操作数	兼容操作数	描述说明	项 目
HYD	HYLD	高良率值	High-Yield contribution of a real ray at a surface
SN2	SSN2	高良率值	High-Yield contribution of surface sensitivity

在 CAXCAD 的文件夹中,有一个已经设计好的非球面透镜(图 5-23~图 5-24):

实例文件 05‑01：High Yield SSN2.cax

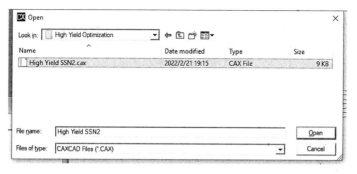

图 5‑23

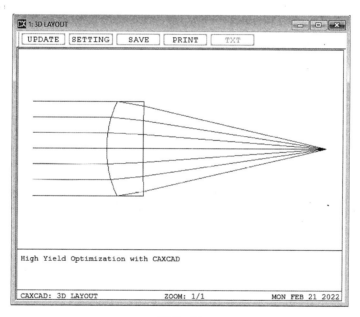

图 5‑24

这个镜头的光斑已经优化到很好的效果,几何光斑小于衍射极限。优化后镜头的表面面型数据如图 5‑25 所示。

LDE	SURFACE	NAME	RADIUS	THICKNESS	GLASS	APERTURE	DIAMETER	CONIC
Object 0	STANDARD		Infinity	Infinity		12.500000	12.500000	0.000000
1	STANDARD		Infinity	20.000000		0.000000 U	0.000000	0.000000
Stop 2	STANDARD	front surface	29.951368 V	10.000000	BK7	12.500000	12.500000	0.000000
3	EVENASPH	rear surface	-1126.740516 V	50.000000		11.383694	12.500000	-6352.075904 V
Image 4	STANDARD		Infinity	-		3.865358E-007	3.865358E-007	0.000000

图 5‑25

针对非球面的情况,使用了 10 条光线进行优化,如图 5‑26 所示。

MFE	Type					Target	Weight	Value	% Contrib
1 MF-EFFL	EFFL		1			50.000000	0.000000	56.433807	2.729097...
2 MF-DMFS	DMFS								
3 MF-BLNK	BLNK	BLNK							
4 MF-SPOT	SPOT	1	1	0.114222	0.000000	0.000000	0.104727	0.000000	2.729097...
5 MF-SPOT	SPOT	1	1	0.259747	0.000000	0.000000	0.234758	0.000000	2.729097...
6 MF-SPOT	SPOT	1	1	0.400369	0.000000	0.000000	0.344140	0.000000	0.000000
7 MF-SPOT	SPOT	1	1	0.532261	0.000000	0.000000	0.422963	0.000000	1.587827
8 MF-SPOT	SPOT	1	1	0.652352	0.000000	0.000000	0.464208	0.000000	14.970923
9 MF-SPOT	SPOT	1	1	0.757916	0.000000	0.000000	0.464208	0.000000	7.697442
10 MF-SPOT	SPOT	1	1	0.846580	0.000000	0.000000	0.422963	0.000000	1.501653...
11 MF-SPOT	SPOT	1	1	0.916354	0.000000	0.000000	0.344140	0.000000	0.001465
12 MF-SPOT	SPOT	1	1	0.965677	0.000000	0.000000	0.234758	0.000000	0.011461
13 MF-SPOT	SPOT	1	1	0.993455	0.000000	0.000000	0.104727	0.000000	0.005504

图 5-26

采用高良率的方法加入评价函数(图 5-27):

图 5-27

其中透镜第一个表面的 SSN2 的数值 0.149 9 比较大(图 5-28~图 5-29),而第二个面的 SSN2 很小,这说明透镜第一个面承担着光学系统的主要作用,敏感度也相应的高。

注意:SSN2 的数值范围介于 0 到 1,数值越小,表示敏感度越低。

MFE	Type	Surf	Samp			Target	Weight	Value	% Contrib
1 MF-EFFL	EFFL		1			50.0000	0.0000	56.4524	0.000
2 MF-DMFS	DMFS								
3 MF-SSN2	SSN2	1	9			0.0000	1.0000	0.0000	0.000
4 MF-SSN2	SSN2	2	9			0.0000	1.0000	0.1499	99.996
5 MF-SSN2	SSN2	3	9			0.0000	1.0000	0.0009	0.003
6 MF-BLNK	BLNK	BLNK							
7 MF-SPOT	SPOT	1	1	0.1142	0.0000	0.0000	0.1047	5.0162E-008	1.1734E-01
8 MF-SPOT	SPOT	1	1	0.2597	0.0000	0.0000	0.2348	1.0488E-008	1.1499E-01
9 MF-SPOT	SPOT	1	1	0.4004	0.0000	0.0000	0.3441	3.1617E-008	1.6310E-01
10 MF-SPOT	SPOT	1	1	0.5323	0.0000	0.0000	0.4230	1.6715E-008	5.2617E-01
11 MF-SPOT	SPOT	1	1	0.6524	0.0000	0.0000	0.4642	1.2651E-008	3.3081E-01
12 MF-SPOT	SPOT	1	1	0.7579	0.0000	0.0000	0.4642	2.7592E-008	1.5737E-01

图 5-28

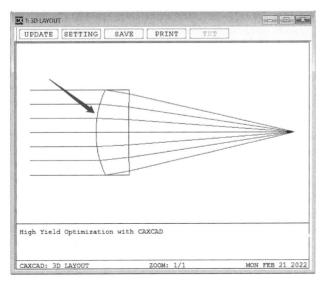

图 5 - 29

在引入 SSN2 后,优化透镜(图 5 - 30):

图 5 - 30

可以看到透镜的两个面都贡献了光学目标的任务(图 5 - 31)。

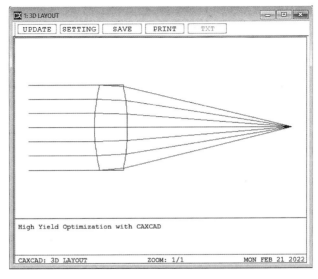

图 5 - 31

如图 5－32 所示，此时两个面的 SSN2 数值接近，而且都不大。当然，对于这样的优化结果，可能光斑质量会相应降低。

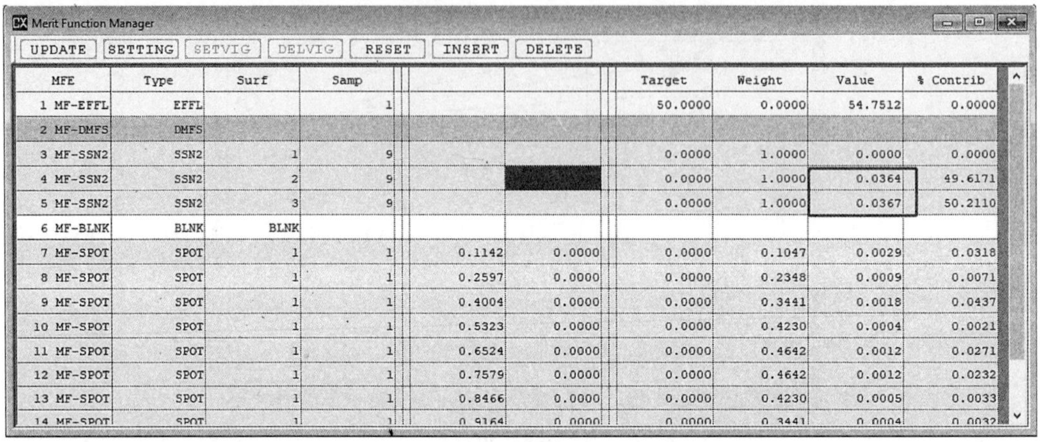

MFE	Type	Surf	Samp				Target	Weight	Value	% Contrib
1 MF-EFFL	EFFL		1				50.0000	0.0000	54.7512	0.0000
2 MF-DMFS	DMFS									
3 MF-SSN2	SSN2	1	9				0.0000	1.0000	0.0000	0.0000
4 MF-SSN2	SSN2	2	9				0.0000	1.0000	0.0364	49.6171
5 MF-SSN2	SSN2	3	9				0.0000	1.0000	0.0367	50.2110
6 MF-BLNK	BLNK	BLNK								
7 MF-SPOT	SPOT	1	1	0.1142	0.0000	0.0000	0.1047	0.0029	0.0318
8 MF-SPOT	SPOT	1	1	0.2597	0.0000	0.0000	0.2348	0.0009	0.0071
9 MF-SPOT	SPOT	1	1	0.4004	0.0000	0.0000	0.3441	0.0018	0.0437
10 MF-SPOT	SPOT	1	1	0.5323	0.0000	0.0000	0.4230	0.0004	0.0021
11 MF-SPOT	SPOT	1	1	0.6524	0.0000	0.0000	0.4642	0.0012	0.0271
12 MF-SPOT	SPOT	1	1	0.7579	0.0000	0.0000	0.4642	0.0012	0.0232
13 MF-SPOT	SPOT	1	1	0.8466	0.0000	0.0000	0.4230	0.0005	0.0033
14 MF-SPOT	SPOT	1	1	0.9164	0.0000	0.0000	0.3441	0.0004	0.0032

图 5－32

此时可以调节 SSN2 的权重，例如 0.01，再次优化后敏感度也会降低，效果也会更好，如图 5－33 所示。

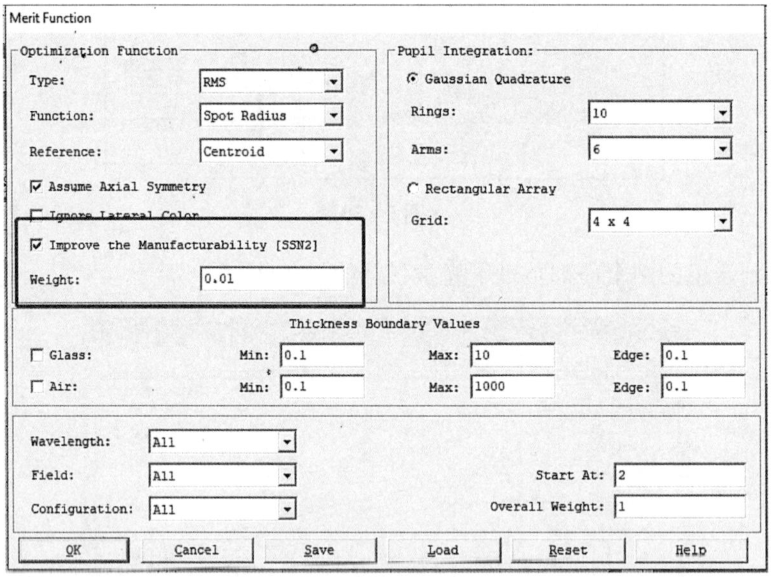

图 5－33

SSN2 的功能可以配合全局优化进行（图 5－34）：

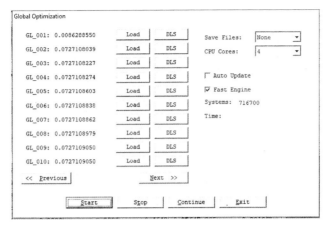

图 5 - 34

SSN2 的权重可以根据不同的设计阶段进行变化(图 5 - 35)：

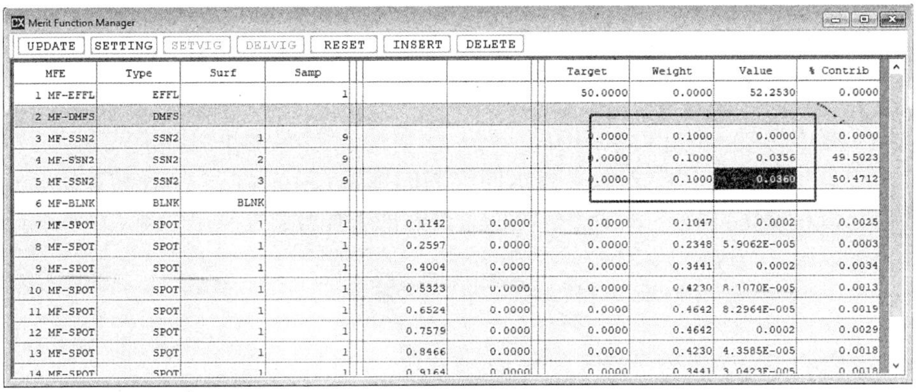

MFE	Type	Surf	Samp		Target	Weight	Value	% Contrib
1 MF-EFFL	EFFL		1		50.0000	0.0000	52.2530	0.0000
2 MF-DMFS	DMFS							
3 MF-SSN2	SSN2	1	9		0.0000	0.1000	0.0000	0.0000
4 MF-SSN2	SSN2	2	9		0.0000	0.1000	0.0356	49.5023
5 MF-SSN2	SSN2	3	9		0.0000	0.1000	0.0360	50.4712
6 MF-BLNK	BLNK	BLNK						
7 MF-SPOT	SPOT	1	1	0.1142	0.0000	0.0000	0.1047	0.0002	0.0025
8 MF-SPOT	SPOT	1	1	0.2597	0.0000	0.0000	0.2348	5.9062E-005	0.0003
9 MF-SPOT	SPOT	1	1	0.4004	0.0000	0.0000	0.3441	0.0002	0.0034
10 MF-SPOT	SPOT	1	1	0.5323	0.0000	0.0000	0.4230	8.1070E-005	0.0013
11 MF-SPOT	SPOT	1	1	0.6524	0.0000	0.0000	0.4642	8.2964E-005	0.0019
12 MF-SPOT	SPOT	1	1	0.7579	0.0000	0.0000	0.4642	0.0029
13 MF-SPOT	SPOT	1	1	0.8466	0.0000	0.0000	0.4230	4.3585E-005	0.0018
14 MF-SPOT	SPOT	1	1	0.9164	0.0000	0.0000	0.3441	3.0423E-005	0.0018

图 5 - 35

此时可以得到敏感度和设计结果的平衡，如图 5 - 36～图 5 - 37 所示。

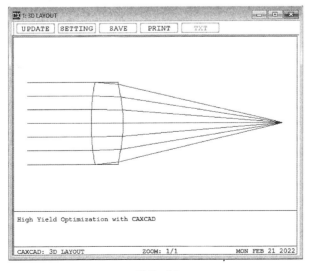

图 5 - 36

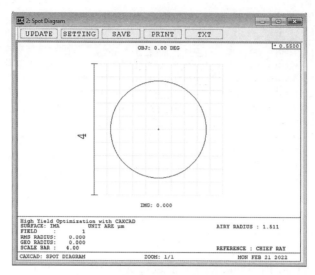

图 5‑37

5.4.8　光瞳采样 Pupil Integration

光瞳采样有两种采样方法,其中矩形的采样很容易理解,即矩形网格的方式。另一种高斯积分方式中的两个参数:Rings 表示同心圆的数量,Arms 表示半径的数量。在这些同心圆和半径的交汇处进行采样(图 5‑38),最终的采样数量是两者的乘积。

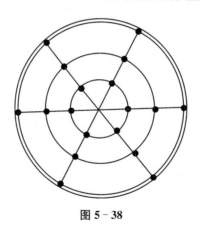

图 5‑38

5.4.9　边界厚度控制

镜头的玻璃材料和空气间隔在优化中如果需要控制在一定的范围内,可以激活这里的选项并设定对应的数值(图 5‑39):

Thickness Boundary Values						
☑ Glass:	Min:	2	Max:	15	Edge:	1
☑ Air:	Min:	0.5	Max:	1000	Edge:	0.5

图 5‑39

控制边界的操作数会自动插入评价函数(图 5 - 40)：

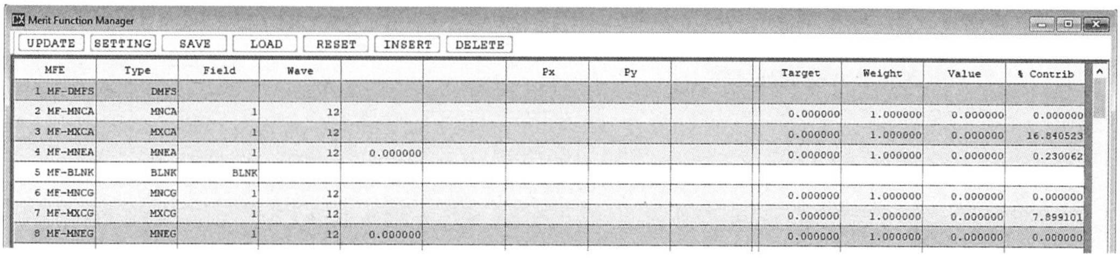
Merit Function Manager
UPDATE
SETTING
SAVE
LOAD
RESET
INSERT
DELETE
MFE
Type
Field
Wave
Px
Py
Target
Weight
Value
% Contrib
1 MF-DMFS DMFS
2 MF-MNCA MNCA 1 12 0.000000 1.000000 0.000000 0.000000
3 MF-MXCA MXCA 1 12 0.000000 1.000000 0.000000 16.840523
4 MF-MNEA MNEA 1 12 0.000000 0.000000 1.000000 0.000000 0.230062
5 MF-BLNK BLNK BLNK
6 MF-MNCG MNCG 1 12 0.000000 1.000000 0.000000 0.000000
7 MF-MXCG MXCG 1 12 0.000000 1.000000 0.000000 7.899101
8 MF-MNEG MNEG 1 12 0.000000 0.000000 1.000000 0.000000 0.000000

图 5 - 40

在设定默认评价函数时，还可以指定特定的视场、波长以及多重结构。默认评价函数以 DMF 或 DMFS 操作数为起始点，并且通过 Start At 设置起始的位置，如图 5 - 41 所示。

Wavelength: All
Field: All
Configuration: All
Start At: 1
Overall Weight: 1

图 5 - 41

5.5　横向色差评价函数

为了更好地控制目标，尤其针对特定的光学目标，例如一阶光学及像差等，CAXCAD 提供了自动优化的工具，并提供了像差目标的选择窗口。这里对光学像差和光线追迹的类型进行了分类(表 5 - 6)。选择每一个项目后都可以点击 Insert 将对应的控制操作数插入到评价函数中，如图 5 - 42 所示。

表 5 - 6

项目	描述说明
光学定义 Optical Definations	包含一阶光学定义，例如有效焦距等工作 F/#
三阶像差 Third Order Aberration	包含三阶像差的控制目标
近轴光线追迹 Paraxial Ray Trace	近轴光线的角度、坐标和法线等 YNI 目标
真实光线追迹 Real Ray Trace	真实光线的角度、坐标和法线等，光程长度等

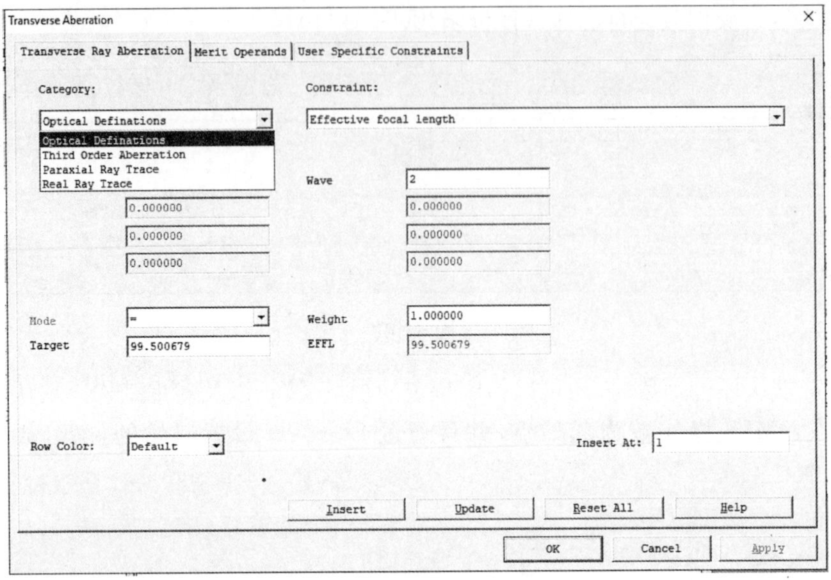

图 5-42

光学定义 CAXCAD 操作，如图 5-43 和表 5-7 所示：

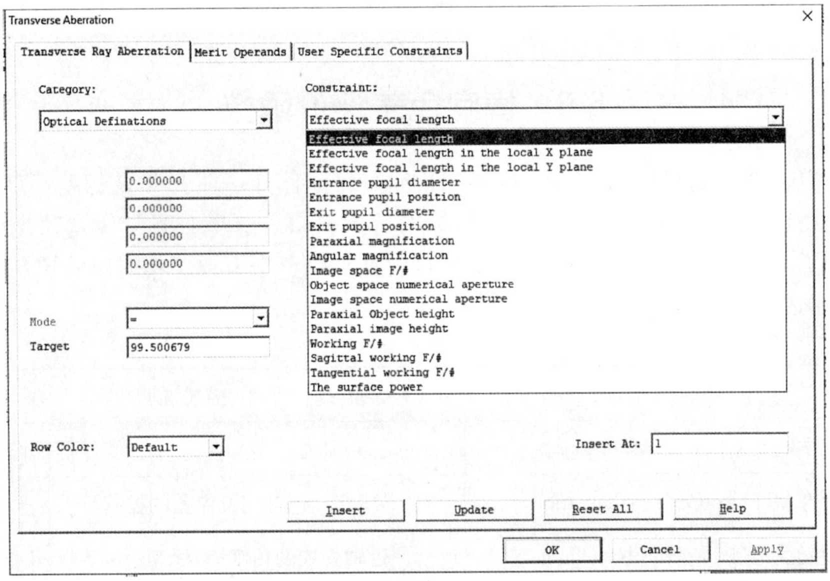

图 5-43

表 5-7

操作数	兼容操作数	描述说明	项　目
OFF	BLNK	—	BLANK
EFL	EFFL	有效焦距	Effective focal length
FLX	EFLX	水平焦距	Effective focal length in the local X plane

操作数	兼容操作数	描述说明	项 目
FLY	EFLY	垂直焦距	Effective focal length in the local Y plane
EPD	EPDI	入瞳直径	Entrance pupil diameter
ENP	ENPP	入瞳位置	Entrance pupil position
EXD	EXPD	出瞳直径	Exit pupil diameter
EXP	EXPP	出瞳位置	Exit pupil position
PMA	PMAG	线放大率	Paraxial magnification
AMA	AMAG	角放大率	Angular magnification
FNO	ISFN	像方 F 数	Image space F/♯
ONA	OBNA	物方 NA	Object space numerical aperture
INA	ISNA	像方 NA	Image space numerical aperture
POH	POBH	近轴物高	Paraxial object height
PIH	PIMH	近轴像高	Paraxial image height
WFN	WFNO	工作 F 数	Working F/♯
SFN	SFNO	弧矢 F 数	Sagittal working F/♯
TFN	TFNO	子午 F 数	Tangential working F/♯
PWR	POWR	面光焦度	The surface power

5.5.1　三阶像差 Third Order Aberration(图 5 - 44,表 5 - 8)

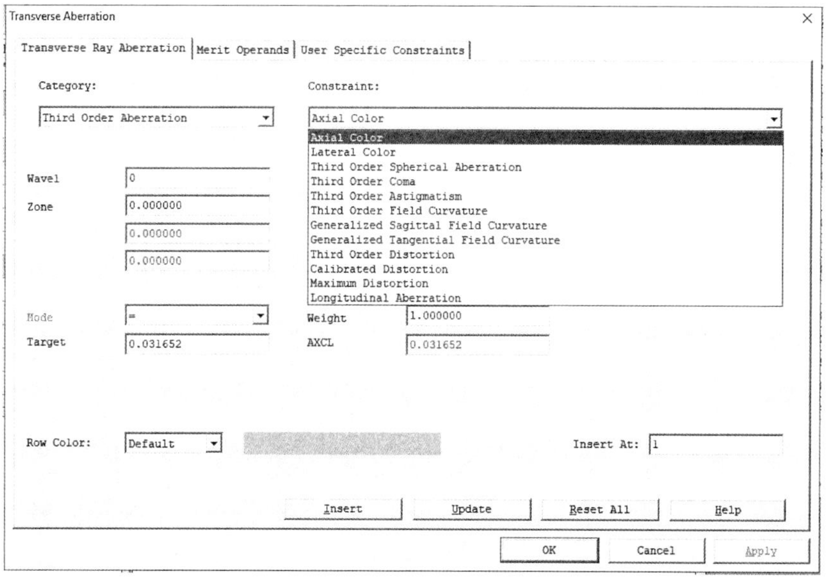

图 5 - 44

表 5－8

操作数	兼容操作数	描述说明	项　　目
AXC	AXCL	轴向色差	Axial Color
LAC	LACL	垂轴色差	Lateral Color
SPA	SPHA	三阶球差	Third Order Spherical Aberration
CMA	COMA	三阶彗差	Third Order Coma
AST	ASTI	三阶像散	Third Order Astigmatism
FCV	FCUR	三阶场曲	Third Order Field Curvature
FCS	FCGS	场曲弧矢	Generalized Sagittal Field Curvature
FCT	FCGT	场曲子午	Generalized Tangential Field Curvature
DST	DIST	三阶畸变	Third Order Distortion
DSC	DISC	校正畸变	Calibrated Distortion
DMX	DIMX	最大畸变	Maximum Distortion
LOA	LONA	轴向像差	Longitudinal Aberration

5.5.2　近轴光线追迹 Paraxial Ray Trace(图 5－45,表 5－9)

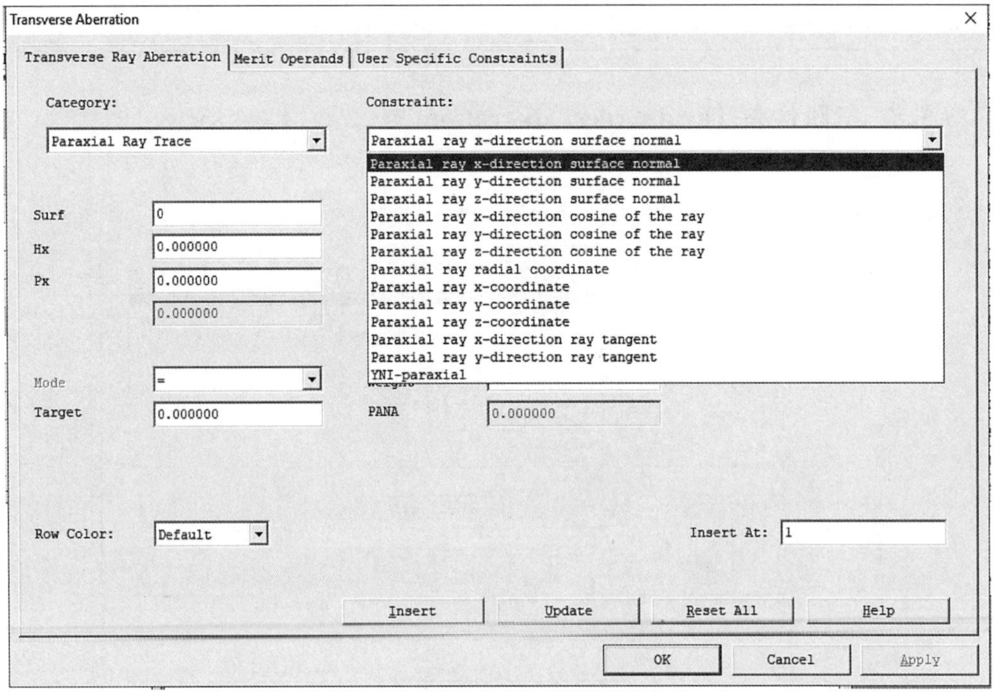

图 5－45

表 5 - 9

操作数	兼容操作数	描述说明	项　目
PNA	PANA	近轴法向 X	Paraxial ray x-direction surface normal
PNB	PANB	近轴法向 Y	Paraxial ray y-direction surface normal
PNC	PANC	近轴法向 Z	Paraxial ray z-direction surface normal
PRA	PARA	近轴方向 X	Paraxial ray x-direction cosine of the ray after refraction
PRB	PARB	近轴方向 Y	Paraxial ray y-direction cosine of the ray after refraction
PRC	PARC	近轴方向 Z	Paraxial ray z-direction cosine of the ray after refraction
PRR	PARR	近轴位置 R	Paraxial ray radial coordinate in lens units at the surface
PRX	PARX	近轴位置 X	Paraxial ray x-coordinate in lens units at the surface
PRY	PARY	近轴位置 Y	Paraxial ray y-coordinate in lens units at the surface
PRZ	PARZ	近轴位置 Z	Paraxial ray z-coordinate in lens units at the surface
PTX	PATX	近轴正切 X	Paraxial ray x-direction ray tangent
PTY	PATY	近轴正切 Y	Paraxial ray y-direction ray tangent
YNI	YNIP	近轴 YNI	YNI-paraxial：Applied Optics，Vol. 21，No. 18，p3393

5.5.3　真实光线追迹 Real Ray Trace(图 5 - 46,表 5 - 10)

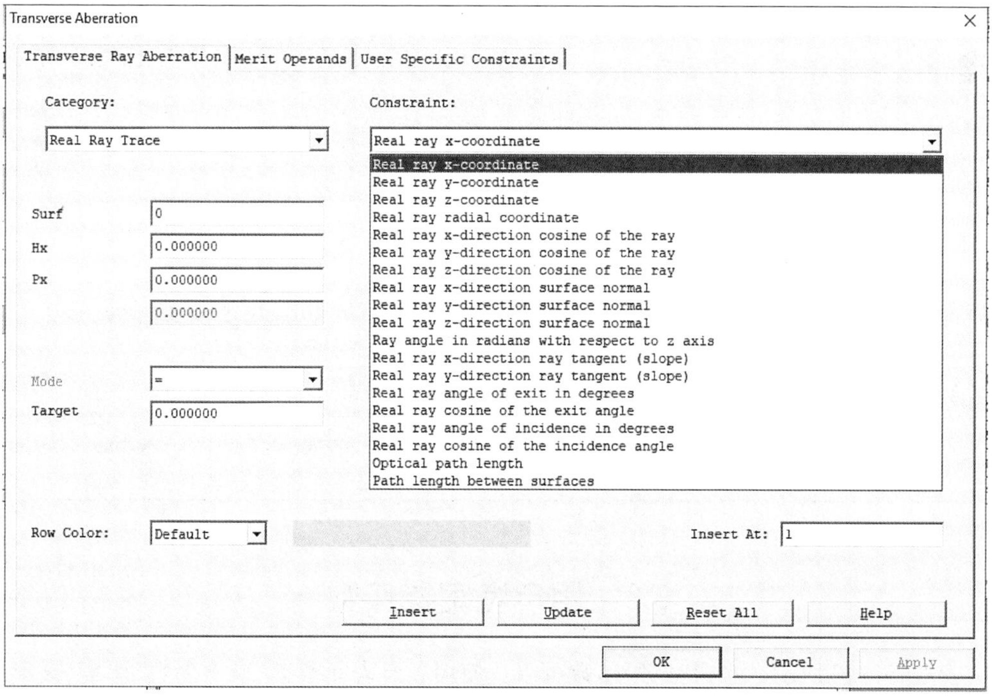

图 5 - 46

表 5 – 10

操作数	兼容操作数	描述说明	项　目
RAX	RAYX	真实位置 X	Real ray x-coordinate in lens units at the surface
RAY	RAYY	真实位置 Y	Real ray y-coordinate in lens units at the surface
RAZ	RAYZ	真实位置 Z	Real ray z-coordinate in lens units at the surface
RAR	RAYR	真实位置 R	Real ray radial coordinate in lens units at the surface
RAA	RAYA	真实方向 X	Real ray x-direction cosine of the ray after refraction
RAB	RAYB	真实方向 Y	Real ray y-direction cosine of the ray after refraction
RAC	RAYC	真实方向 Z	Real ray z-direction cosine of the ray after refraction
RNA	RANA	真实法线 X	Real ray x-direction surface normal at the ray-surface
RNB	RANB	真实法线 Y	Real ray y-direction surface normal at the ray-surface
RNC	RANC	真实法线 Z	Real ray z-direction surface normal at the ray-surface
RNZ	RANZ	真实角度 R	Ray angle in radians with respect to z axis
RTX	RATX	真实正切 X	Real ray x-direction ray tangent (slope) at the surface
RTY	RATY	真实正切 Y	Real ray y-direction ray tangent (slope) at the surface
RED	RAED	出射角度	Angle of exit in degrees: the surface normal and the ray after refraction
REN	RAEN	出射方向	The cosine of the exit angle: the surface normal and the ray after refraction
RID	RAID	入射角度	Angle of incidence in degrees: the surface normal and the ray after refraction
RIN	RAIN	入射方向	The cosine of the incidence angle: the surface normal and the ray after refraction
PTH	PATH	光程长度	The optical path accounts for the index of refraction of the media
PLT	PLEN	光程总长	The total optical path length (including index of refraction and phase surfaces)
HYD	HYLD	高良率值	High-Yield contribution of a real ray at a surface
SN2	SSN2	面敏感度	High-Yield contribution of surface normal (Surface Sensitivity)

5.6　用户特定操作数

　　如图 5 - 47 所示,用户特定操作数可以让使用者对表面数据、表面参数、厚度、玻璃进行目标或边界设定。同时这里也包含数学运算、操作数控制、全局坐标和多重结构等,如

表 5 - 11 所示。

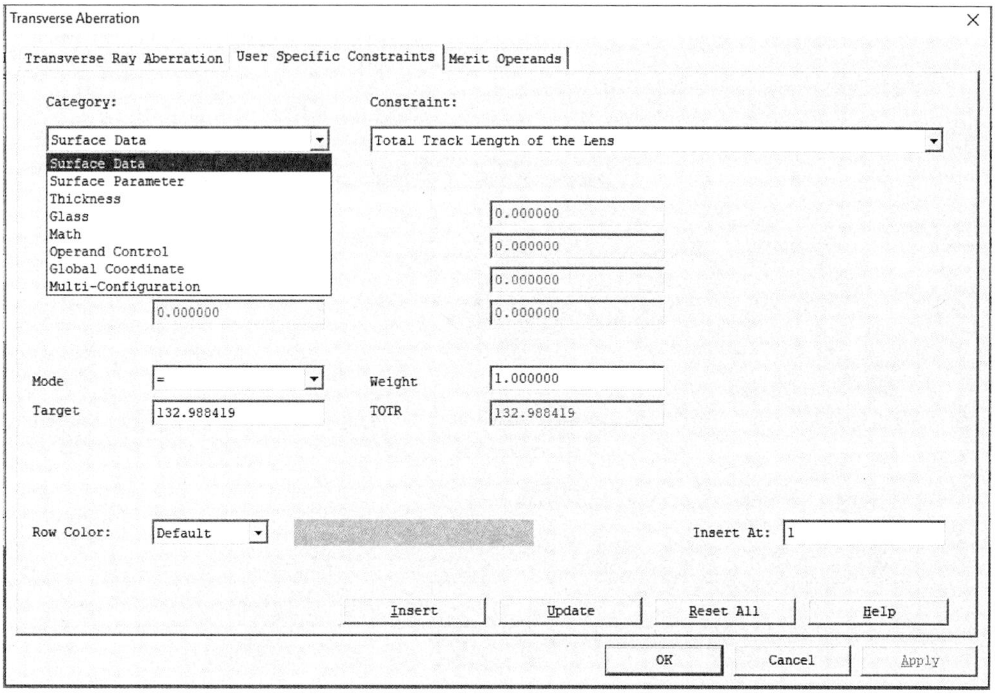

图 5 - 47

表 5 - 11

项目	描述说明
Surface Data	表面数据:表面的曲率、厚度和口径等
Surface Parameter	表面参数:表面扩展的参数,最多支持 0~255
Thickness	厚度:主要用于边界控制,包括玻璃和空气的中心和边缘厚度边界
Glass	玻璃:玻璃材料的参数,例如折射率和色散系数等
Math	数学运算:四则运算及三角函数等,可以实现操作数之间的运算
Operand Control	操作数控制:对指定操作数数值和边界控制
Global Coordinate	全局坐标:全局坐标系中指定面型的中心坐标和法线方向
Multi-Configuration	多重结构:对多重结构参数数值和范围的控制

5.6.1 表面数据 Surface Data(图 5 - 48,表 5 - 12)

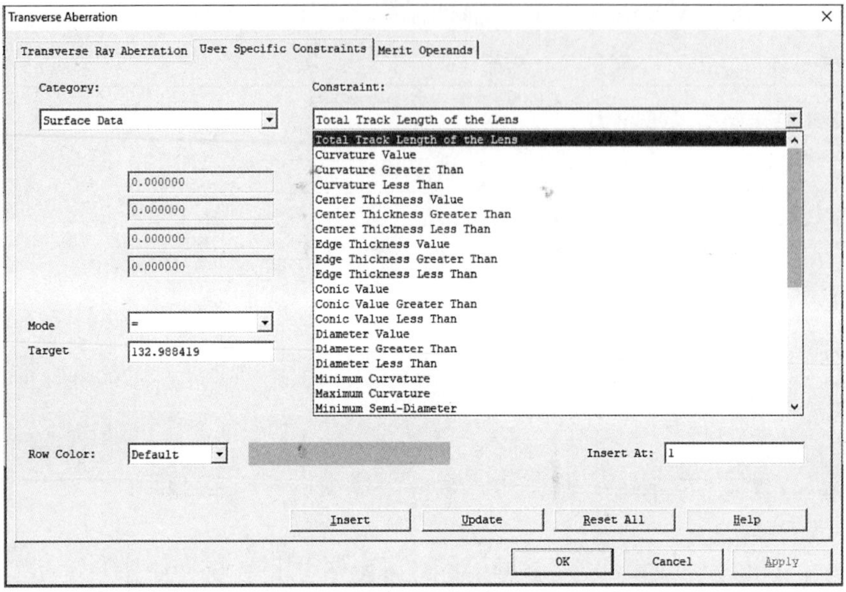

图 5 - 48

表 5 - 12

操作数	兼容操作数	描述说明	项　目
TLH	TOTR	系统总长	Total Track Length of the Lens
CVV	CVVA	曲率数值	Curvature Value
CVG	CVGT	曲率大于	Curvature Greater Than
CVL	CVLT	曲率小于	Curvature Less Than
CTV	CTVA	中心厚度	Center Thickness Value
CTG	CTGT	厚度大于	Center Thickness Greater Than
CTL	CTLT	厚度小于	Center Thickness Less Than
ETV	ETVA	边厚数值	Edge Thickness Value
ETG	ETGT	边厚大于	Edge Thickness Greater Than
ETL	ETLT	边厚小于	Edge Thickness Less Than
COV	COVA	K 数值	Conic Value
COG	COGT	K 大于	Conic Value Greater Than
COL	COLT	K 小于	Conic Value Less Than
DMV	DMVA	口径数值	Diameter Value
DMG	DMGT	口径大于	Diameter Greater Than

续表

操作数	兼容操作数	描述说明	项　　目
DML	DMLT	口径小于	Diameter Less Than
NCV	MNCV	最小曲率	Minimum Curvature
XCV	MXCV	最大曲率	Maximum Curvature
NSD	MNSD	最小通光半口径	Minimum Semi-Diameter
XSD	MXSD	最大通光半口径	Maximum Semi-Diameter
NMD	OMMI	最小机械半口径	Minimum Mechanical Semi-Diameter
XMD	OMMX	最大机械半口径	Maximum Mechanical Semi-Diameter
MSD	OMSD	机械半口径	Mechanical Semi-Diameter
TST	TTHI	厚度总和	Sum of Thicknesses of Surfaces
TTV	TTVA	总厚数值	Total Thickness Value
TTG	TTGT	总厚大于	Total Thickness Greater Than
TTL	TTLT	总厚小于	Total Thickness Less Than
TGT	TGTH	总厚玻璃	Sum of Glass Thicknesses
NDT	MNDT	最小比厚	Minimum Diameter To Thickness Ratio
XDT	MXDT	最大比厚	Maximum Diameter To Thickness Ratio
SGX	SAGX	矢高水平	The Sag at X Semi-Diameter, And $Y=0$.
SGY	SAGY	矢高垂直	The Sag at Y Semi-Diameter, And $X=0$.
SAG	SSAG	矢高坐标	The Sag at the Coordinate Defined by X and Y
STH	STHI	矢高厚度	The Thickness of The Surface Defined by X and Y
NRX	NORX	表面法向 X	Normal vector x component of surface
NRY	NORY	表面法向 Y	Normal vector y component of surface
NRZ	NORZ	表面法向 Z	Normal vector z component of surface

5.6.2　表面参数 Surface Parameter(表 5－13)

表 5－13

操作数	兼容操作数	描述说明	项　　目
PMV	PMVA	参数数值	Parameter Value
PMG	PMGT	参数大于	Parameter Greater Than
PML	PMLT	参数小于	Parameter Less Than

5.6.3 厚度 Thickness（图 5 - 49，表 5 - 14）

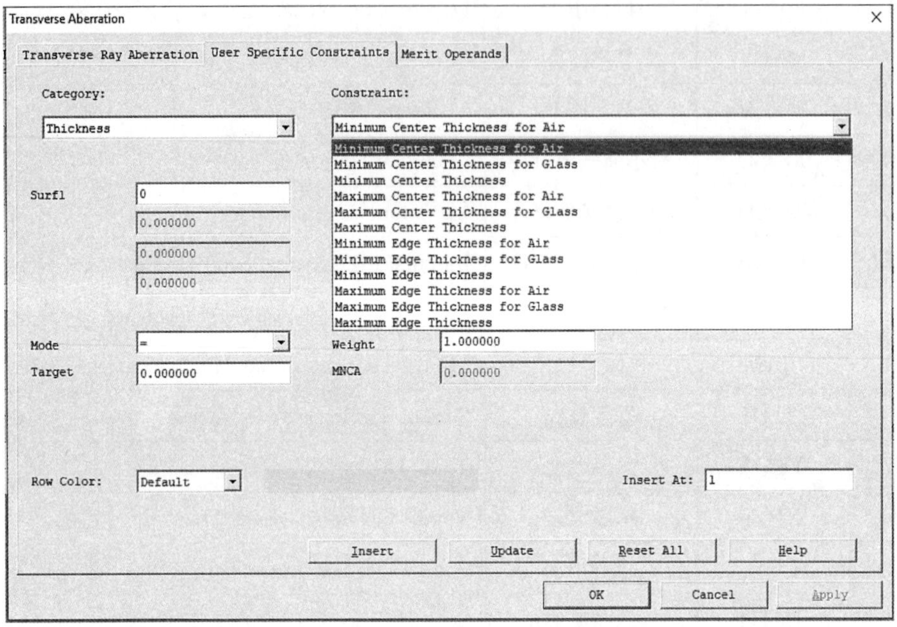

图 5 - 49

表 5 - 14

操作数	兼容操作数	描述说明	项　目
NCA	MNCA	最小中心空气	Minimum Center Thickness for Air
NCG	MNCG	最小中心玻璃	Minimum Center Thickness for Glass
NCT	MNCT	最小中心厚度	Minimum Center Thickness
XCA	MXCA	最大中心空气	Maximum Center Thickness for Air
XCG	MXCG	最大中心玻璃	Maximum Center Thickness for Glass
XCT	MXCT	最大中心厚度	Maximum Center Thickness
NEA	MNEA	最小边缘空气	Minimum Edge Thickness for Air
NEG	MNEG	最小边缘玻璃	Minimum Edge Thickness for Glass
NET	MNET	最小边缘厚度	Minimum Edge Thickness
XEA	MXEA	最大边缘空气	Maximum Edge Thickness for Air
XEG	MXEG	最大边缘玻璃	Maximum Edge Thickness for Glass
XET	MXET	最大边缘厚度	Maximum Edge Thickness

5.6.4 玻璃 Glass(图 5 – 50,表 5 – 15)

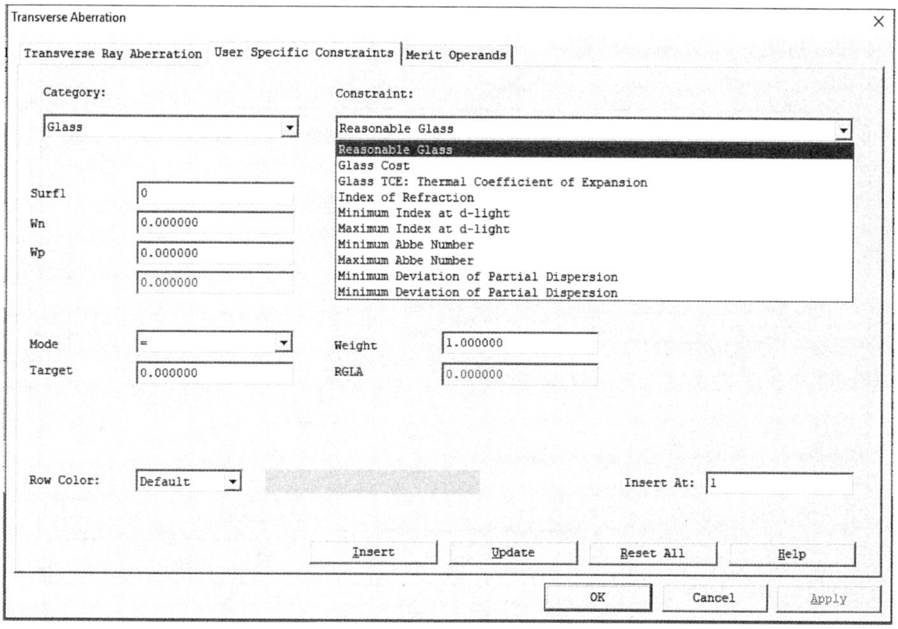

图 5 – 50

表 5 – 15

操作数	兼容操作数	描述说明	项　目
RGL	RGLA	可用玻璃	Reasonable Glass
GCO	GCOS	玻璃价格	Glass Cost
GTE	GTCE	温度系数	Glass TCE: Thermal Coefficient of Expansion
IND	INDX	折射率	Index of Refraction
NIN	MNIN	最小折射	Minimum Index at d-light
XIN	MXIN	最大折射	Maximum Index at d-light
NAB	MNAB	最小阿贝	Minimum Abbe Number
XAB	MXAB	最大阿贝	Maximum Abbe Number
NPD	MNPD	最小色散	Minimum Deviation of Partial Dispersion from the Glass Line
XPD	MXPD	最大色散	Maximum Deviation of Partial Dispersion from the Glass Line

5.6.5 数学运算 Math(图 5-51,表 5-16)

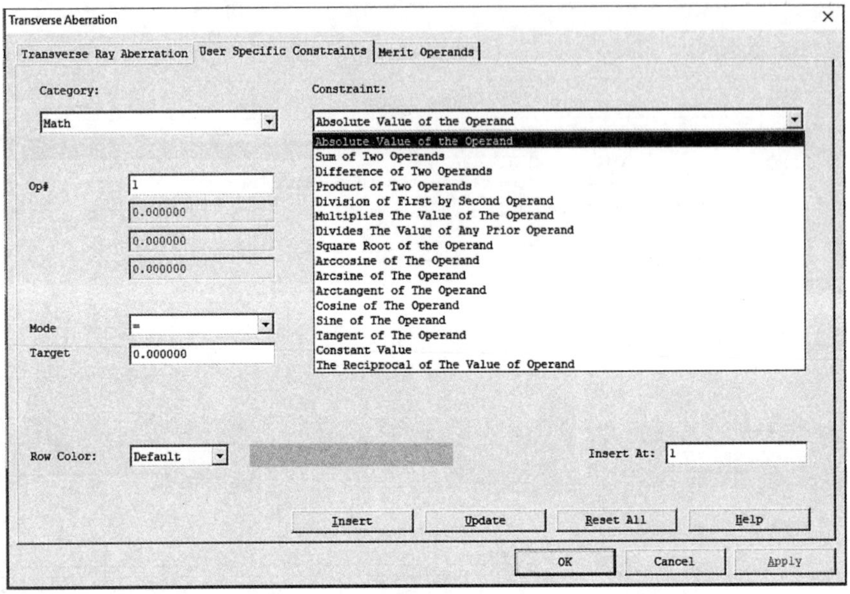

图 5-51

表 5-16

操作数	兼容操作数	描述说明	项　目
ABS	ABSO	绝对数值	Absolute Value of the Operand Defined by Op♯
SUM	SUMM	加法运算	Sum of Two Operands（Op♯1 ＋ Op♯2）
DIF	DIFF	减法运算	Difference of Two Operands（Op♯1 － Op♯2）
POD	PROD	乘法运算	Product of Two Operands（Op♯1 ＊ Op♯2）
DVI	DIVI	除法计算	Division of First by Second Operand（Op♯1/Op♯2）.
POB	PROB	乘法因子	Multiplies The Value of The Operand
DVB	DIVB	除法因子	Divides The Value of Any Prior Operand Defined by Op♯
SQT	SQRT	开平方根	Square Root of the Operand Defined by Op♯
ACO	ACOS	反余弦值	Arccosine of The Operand Op♯　　　Flag 0 For Radians 1 for Degree
ASI	ASIN	反正弦值	Arcsine of The Operand Op♯　　　Flag 0 For Radians 1 for Degree
ATA	ATAN	反正切值	Arctangent of The Operand Op♯　　　Flag 0 For Radians 1 for Degree
COS	COSI	余弦运算	Cosine of The Operand Op♯　　　Flag 0 For Radians 1 for Degree

续表

操作数	兼容操作数	描述说明	项　目
SIN	SINE	正弦运算	Sine of The Operand Op♯　　　Flag 0 For Radians 1 for Degree
TAN	TANG	正切运算	Tangent of The Operand Op♯　　Flag 0 For Radians 1 for Degree
CON	CONS	常量数值	Constant Value
REC	RECI	倒数运算	The Reciprocal of The Value of Operand Op♯

5.6.6　操作数控制 Operand Control(图 5-52,表 5-17)

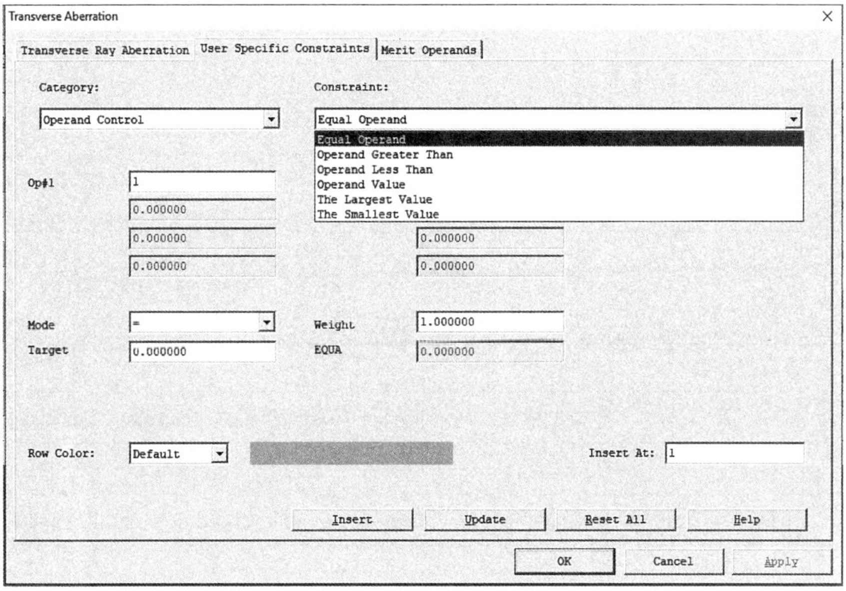

图 5-52

表 5-17

操作数	操作数	描述说明	项　目
EQA	EQUA	平均目标	Equal Operand from Op♯1 to Op♯2
OPG	OPGT	操作大于	Operand Greater Than
OPL	OPLT	操作小于	Operand Less Than
OPV	OPVA	操作数值	Operand Value
MAX	MAXX	取最大值	The Largest Value from Op♯1 to Op♯2
MIN	MINN	取最小值	The Smallest Value from Op♯1 to Op♯2

5.6.7　全局坐标 Global Coordinate(图 5-53,表 5-18)

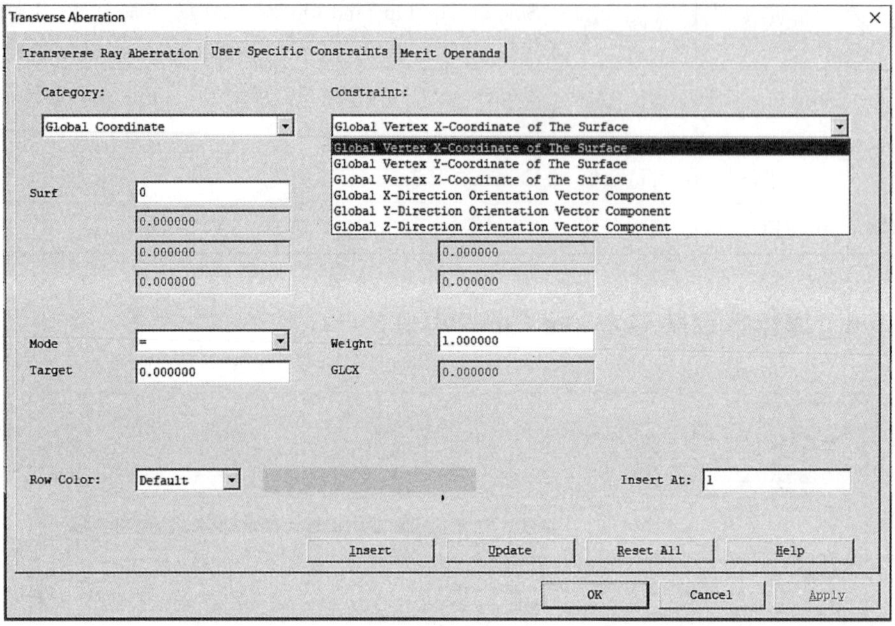

图 5-53

表 5-18

操作数	兼容操作数	描述说明	项　目
GLX	GLCX	全局坐标 X	Global Vertex X-Coordinate of The Surface
GLY	GLCY	全局坐标 Y	Global Vertex Y-Coordinate of The Surface
GLZ	GLCZ	全局坐标 Z	Global Vertex Z-Coordinate of The Surface
GLA	GLCA	全局法线 A	Global X-Direction Orientation Vector Component
GLB	GLCB	全局法线 B	Global Y-Direction Orientation Vector Component
GLC	GLCC	全局法线 C	Global Z-Direction Orientation Vector Component
GRX	RAGX	全局光线 X	Global ray X-coordinate
GRY	RAGY	全局光线 Y	Global ray Y-coordinate
GRZ	RAGZ	全局光线 Z	Global ray Z-coordinate
GRA	RAGA	全局光线 A	Global ray X-direction cosine
GRB	RAGB	全局光线 B	Global ray Y-direction cosine
GRC	RAGC	全局光线 C	Global ray Z-direction cosine

5.6.8　多重结构 Multi-Configuration(图 5 - 54,表 5 - 19)

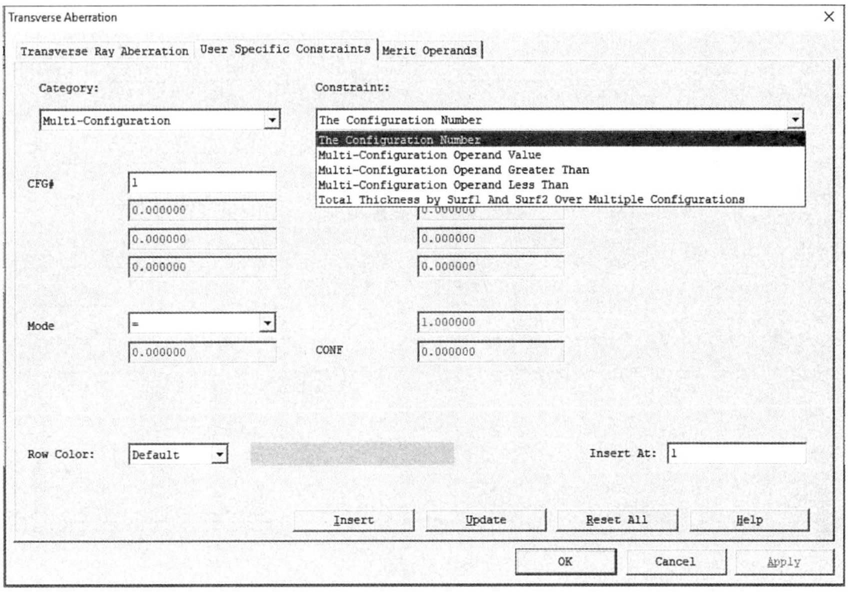

图 5 - 54

表 5 - 19

操作数	兼容操作数	描述说明	项　　目
CNF	CONF	多重结构	This Operand Is Used To Change The Configuration Number
MCV	MCOV	多重数值	Multi-Configuration Operand Value
MCG	MCOG	多重大于	Multi-Configuration Operand Greater Than
MCL	MCOL	多重小于	Multi-Configuration Operand Less Than
ZTH	ZTHI	多重厚度	Total Thickness by Surf1 And Surf2 Over Multiple Configurations

5.7　FFT 衍射计算操作数

CAXCAD 提供了基于信息光学傅里叶变换 FFT 的衍射计算,包括几何的 PSF、MTF 和衍射的 PSF、MTF,如图 5 - 55,表 5 - 20 所示。

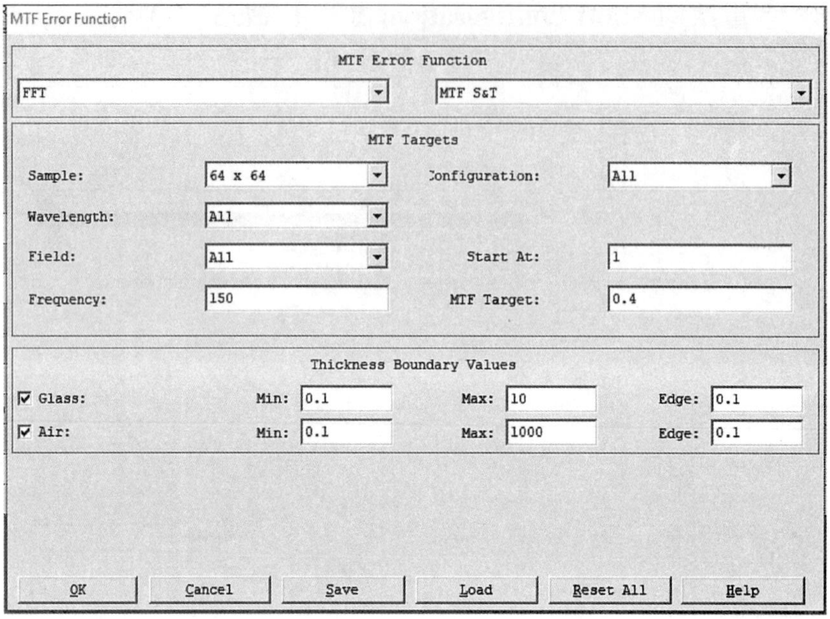

图 5 - 55

表 5 - 20

操作数	兼容操作数	描述说明	项　目
STR	STRH	斯特列尔比	This operand computes the Strehl Ratio using the computation
GMA	GMTA	几何 MTF 平均	Geometric MTF average of sagittal and tangential response.
GMS	GMTS	几何 MTF 弧矢	Geometric MTF sagittal response.
GMT	GMTT	几何 MTF 子午	Geometric MTF tangential response.
MTS	MTFS	MTF 弧矢	Diffraction modulation transfer function, sagittal.
MTT	MTFT	MTF 子午	Diffraction modulation transfer function, tangential.
MTA	MTFA	MTF 平均	Diffraction modulation transfer function, average of sagittal and tangential.
MSG	MSGT	MTF 弧矢大于	Diffraction Sagittal MTF Greater Than
MTG	MTGT	MTF 子午大于	Diffraction Tangential MTF Greater Than
MAG	MAGT	MTF 平均大于	Diffraction Average MTF Greater Than

5.8　局部优化 Local Optimization

在局部优化中,评价函数的操作数主要是用来帮助构建光学系统的目标和边界束缚的。使用阻尼最小二乘法 DLS 优化的优点是评价函数的收敛速度很快,但是需要给出合理的初始结构,也把这个初始结构称为最小二乘法的起始点。在评价函数确定的前提下,优化的起始点会直接影响优化给出的最终结果。最小二乘法缺点就是对初始结构的依赖。

使用快捷键 F10,打开局部优化窗口,如图 5-56 所示。

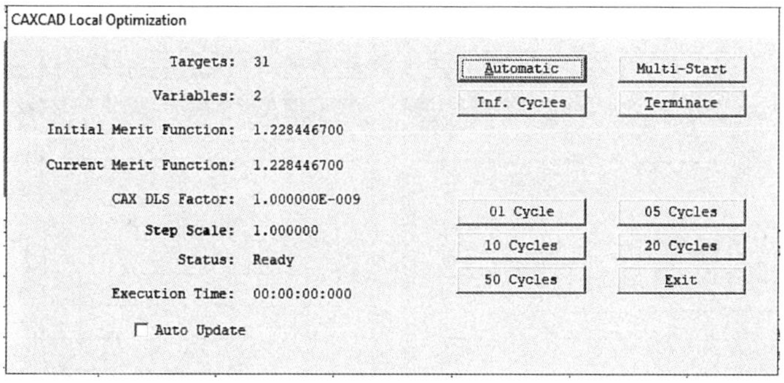

图 5-56

窗口的上方显示评价函数中的有效目标(Targets)和变量(Variables)的数量。初始的评价函数(Initial Merit Function)和当前的评价函数(Current Merit Function)可以进行优化前后评价函数数值的对比。阻尼因子(CAX DLS Factor)和步进因子(Step Scale)会随着优化的过程不断变化,给使用者提供参考。

自动优化(Automatic)是最常使用的方式,如果评价函数提高的幅度小于 e^{-10},优化将会自动终止。无限循环(Inf. Cycles),可以不停地执行循环,只有当终止(Terminate)被点击后才会停止。

快速初始结构(Multi-Start):

Multi-Start 是 CAXCAD 快速构建初始结构的工具,它是一个缩小版的全局优化搜索,可以非常快的速度评估 100 个初始结构,并选取一个最佳的结果展现给用户。虽然每次评估的结果都是最佳的,但是因为展现给用户的初始结构的起点是基于全局搜索,所以每次的结果会不一样,用户可以多次点击进行选择。

每次运行 Multi-Start 后,前面的结果可能会被替换,但前一个结果已经被自动缓存,可以采用撤销功能进行恢复。

使用这个功能,需要设置变量,尤其重要的是构建好合理的评价函数,评价函数就是 Multi-Start 的评估标准。Multi-Start 和 Automatic 两个按钮相互配合使用,可以在不依赖于初始变量的情况下,快速优化光学系统。

在单透镜的优化实例中,如果采用 Multi-Start,每次都可以获得不同形式的初始结构,如图 5-57 所示,这对于没有进行初始结构修改经验的工程师来说会非常有帮助。

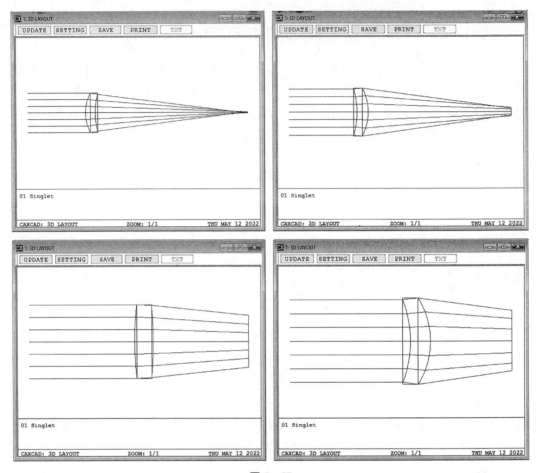

图 5-57

对于双胶合透镜,Multi-Start 可以给出更多形式的初始结构(图 5-58),而且这些初始结构中的优化结果或者评价函数的局部最小值可能是不一样的,如图 5-59 所示。

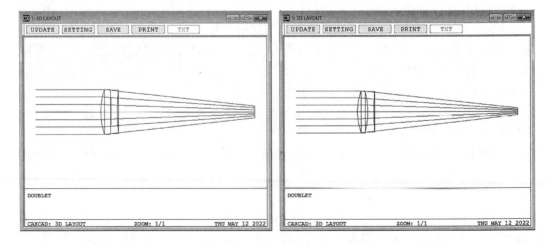

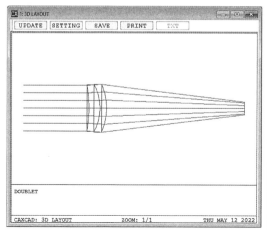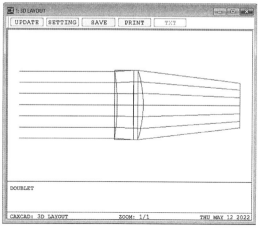

图 5 - 58

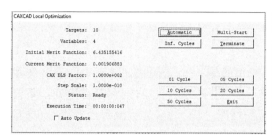

图 5 - 59

5.9　全局优化 Global Optimization

CAXCAD 的全局优化是用来帮助用户快速寻找好的初始结构,尤其对于参数过多或者没有经验的工程师来说非常重要。DLS 的优化结果,只能是局部最小,而在这个局部之外或许有一个更好的结果,这就是要使用全局优化的原因。

如果没有用户的指令或操作,全局优化不会随着时间的增加而停止,这是因为优化的时间越长,找到最优结果的可能性就越大。但是基于现实的计算机性能和用户的时间,CAXCAD 即使优化时间很短也会保存 100 个最好的初始结构,这些保留的结果按照评价函数的顺序排序,所有不符合要求的或不合理的结构都会被 CAXCAD 自动淘汰,用户可以在全局优化的对话框中实时评估和选择使用。

快捷键 F11 可以打开全局优化窗口(图 5 - 60)

从 GL_001 开始,点击 Next 可以进行翻页,每页上都可以展示 10 个设计,这里一共可以保留 100 个设计。利用 Load 按钮可以直接加载镜头到当前设计中进行查看或修改。点击 DLS 可以对指定设计进行最小二乘法的优化,以便对比最终的优化结果。

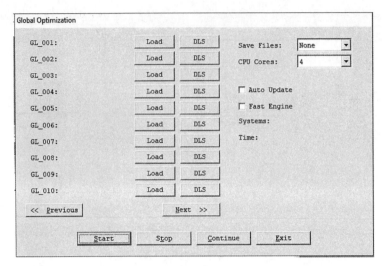

图 5 - 60

5.9.1 混合方法 Hybrid Approach

像任何随机驱动的搜索算法一样,如果简单地给定一个无限量,CAXCAD 最终会找到全局最优值。但是,如果该算法仅在无限时间内产生良好的收益,则它没有用处。重要的是许多出色的镜头是在计算机能力相当有限的情况下设计的(甚至没有计算机!),并且无需花费无限的时间。尽管解决方案空间巨大,但镜头设计往往由于以下原因,在没有全局优化的情况下非常成功:

全局优化中,不一定要找到真正的全局最优解,只需要找到一个"足够好"的解决方案。阻尼最小二乘法在寻找局部最小值时非常有效。需要在可见的山谷中找到一个最低点,那么最小二乘法就可以找到该区域的最终最小值。

由于这些原因,实施了混合方法:

① 全局优化用于快速操纵找到镜头的初始结构——镜头设计的起点形式。

② 阻尼最小二乘法用于以传统方式对全局优化的结果进行优化,找到最佳设计。

5.9.2 快速引擎 Fast Engine

快速引擎算法是 CAXCAD 全局优化的选项,在全局优化过程中,如果此项目被选中,将更加快速将父代优质的基因或特性传递给下一代,这个比例占到新生代的 50%,这可以更加快速地在有限时间内找到更好的初始结构。

这种算法优势在于短时间可以快速获取优质的初始结构。同时初始结构快速收敛时基因突变的概率为 5%,导致基因突变的优质概率会相应降低,不利于样本的多样性,所以如果针对时间有限的情况下,建议使用此项。

在优化开始时,可以点击 Start 进行一段时间的优化,然后再利用快速引擎让系统快速找到好的结构。下面展示两个全平板的全局优化的实例。

5.9.3　实例一:全局优化库克镜头

实例文件 05－02:GLOBAL_Cooke.cax

工作波长 FDC 如图 5－61 所示:

WDE	Wavelength	Weight	Color
1	0.486133	1.000000	
Primary 2	0.587562	1.000000	
3	0.656273	1.000000	

图 5－61

20°视场角度如图 5－62 所示:

FDE	X-Field	Y-Field	Weight	FVDX	FVDY	FVCX	FVCY	FVAN	Color
1	0.000000	0.000000	1.000000	0.000000	0.000000	0.000000	0.000000	0.000000	
2	0.000000	14.000000	1.000000	0.000000	0.000000	0.000000	0.000000	0.000000	
3	0.000000	20.000000	1.000000	0.000000	0.000000	0.000000	0.000000	0.000000	

图 5－62

　　图 5－63 中表面数据显示所有面形都是平面,这里的 6 个面的曲率半径和像面距离都是变量,对应镜头初始结构的外观图如图 5－64 所示。

LDE	SURFACE	NAME	RADIUS	THICKNESS	GLASS	APERTURE	DIAMETER	CONIC
Object 0	STANDARD		Infinity	Infinity		8.138491	8.138491	0.000000
1	STANDARD		Infinity V	3.250000	SK16	8.138491	8.138491	0.000000
2	STANDARD		Infinity V	6.000000		7.439927	8.138491	0.000000
3	STANDARD		Infinity V	1.000000	F2	5.256105	5.256105	0.000000
Stop 4	STANDARD		Infinity V	4.750000		5.041786	5.256105	0.000000
5	STANDARD		Infinity V	3.000000	SK16	6.694091	7.343211	0.000000
6	STANDARD		Infinity V	42.278359 V		7.343211	7.343211	0.000000
Image 7	STANDARD		Infinity	-		22.731275	22.731275	0.000000

图 5－63

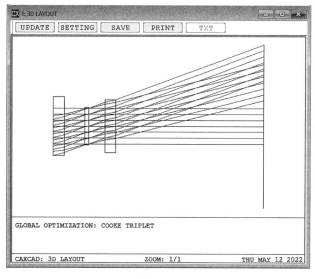

图 5－64

利用默认评价函数实现最小光斑的目标(图 5-65):

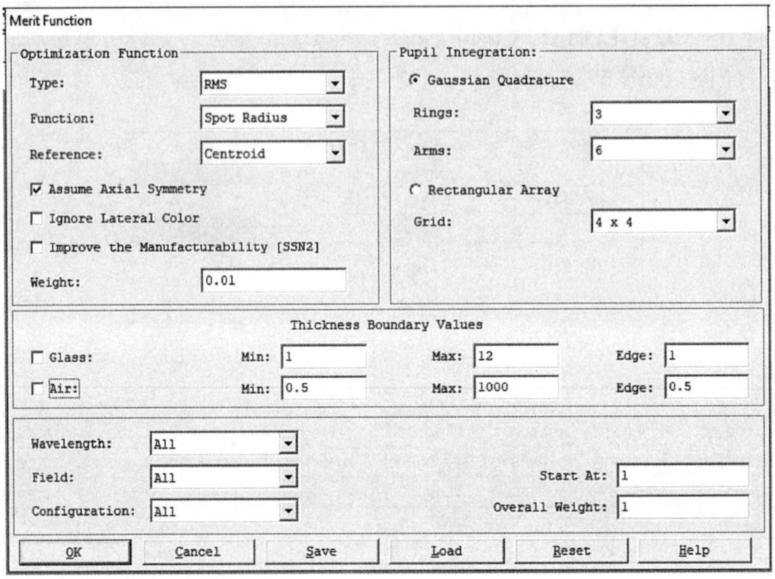

图 5-65

每个波长和视场都由 SPOT 操作数实现最小光斑(图 5-66):

MFE	Type							Target	Weight	Value	% Contrib
1 MF-DMFS	DMFS										
2 MF-BLNK	BLNK	BLNK									
3 MF-SPOT	SPOT	1	1		0.335711	0.000000		0.000000	0.096963	0.000000	0.000000
4 MF-SPOT	SPOT	1	1		0.707107	0.000000		0.000000	0.155140	0.000000	4.940656...
5 MF-SPOT	SPOT	1	1		0.941965	0.000000		0.000000	0.096963	0.000000	4.450156...
6 MF-SPOT	SPOT	1	2		0.335711	0.000000		0.000000	0.096963	0.000000	2.039708...
7 MF-SPOT	SPOT	1	2		0.707107	0.000000		0.000000	0.155140	0.000000	4.114223...
8 MF-SPOT	SPOT	1	2		0.941965	0.000000		0.000000	0.096963	0.000000	0.000000
9 MF-SPOT	SPOT	1	3		0.335711	0.000000		0.000000	0.096963	0.000000	0.000000
10 MF-SPOT	SPOT	1	3		0.707107	0.000000		0.000000	0.155140	0.000000	0.000000
11 MF-SPOT	SPOT	1	3		0.941965	0.000000		0.000000	0.096963	0.000000	0.000000
12 MF-BLNK	BLNK	BLNK									
13 MF-SPOT	SPOT	2	1		0.167855	0.290734		0.000000	0.032321	0.000000	0.000000
14 MF-SPOT	SPOT	2	1		0.353553	0.612372		0.000000	0.051713	0.000000	0.000000
15 MF-SPOT	SPOT	2	1		0.470983	0.815766		0.000000	0.032321	0.000000	0.000000
16 MF-SPOT	SPOT	2	1		0.335711	0.000000		0.000000	0.032321	0.000000	0.000000
17 MF-SPOT	SPOT	2	1		0.707107	0.000000		0.000000	0.051713	0.000000	0.000000
18 MF-SPOT	SPOT	2	1		0.941965	0.000000		0.000000	0.032321	0.000000	0.000000
19 MF-SPOT	SPOT	2	1		0.167855	-0.290734		0.000000	0.032321	0.000000	0.000000
20 MF-SPOT	SPOT	2	1		0.353553	-0.612372		0.000000	0.051713	0.000000	0.000000
21 MF-SPOT	SPOT	2	1		0.470983	-0.815766		0.000000	0.032321	0.000000	0.000000
22 MF-SPOT	SPOT	2	2		0.167855	0.290734		0.000000	0.032321	0.000000	0.000000
23 MF-SPOT	SPOT	2	2		0.353553	0.612372		0.000000	0.051713	0.000000	0.000000

图 5-66

插入有效焦距的操作数,并设定 50 mm 的目标(图 5-67):

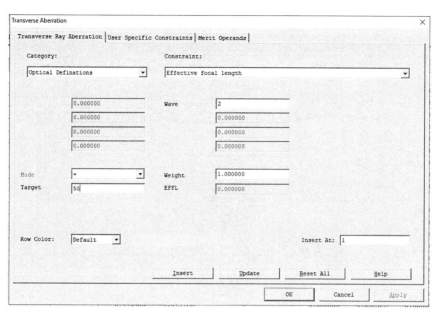

图 5‑67

MFE	Type		Wave					Target	Weight	Value	% Contrib
1 MF-EFFL	EFFL			2				50.000000	1.000000	0.000000	98.453495
2 MF-DMFS	DMFS										
3 MF-BLNK	BLNK	BLNK									
4 MF-SPOT	SPOT	1	1		0.335711	0.000000		0.000000	0.096963	1.678553	0.010759

图 5‑68

此时系统都是平面,因此焦距显示为 0 代表无穷大,如图 5‑68 所示。

很明显,全部平面的初始结构并不是一个好的起始点,这个设计采用全局优化来完成。

全局优化 1 分钟左右后,可以使用 Load 来加载找到的不同的结构,如图 5‑69～图 5‑70所示。

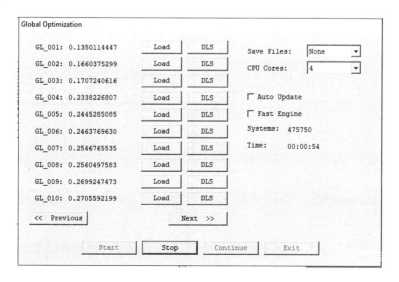

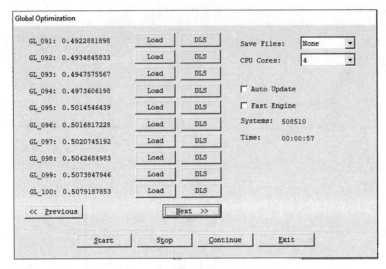

图 5 - 69

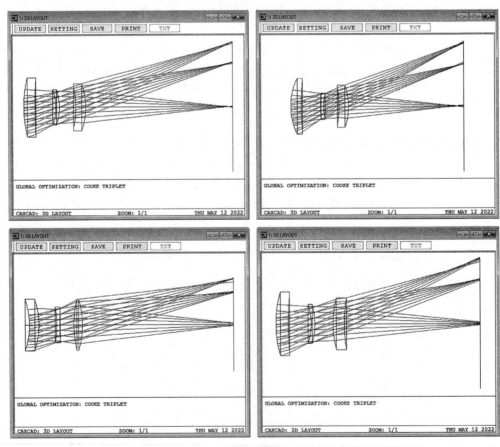

图 5 - 70

　　针对前 10 个结构进行 DLS 设计后,获得了几个不同的评价函数结果,每个结果对应一个设计,如图 5 - 71 所示。

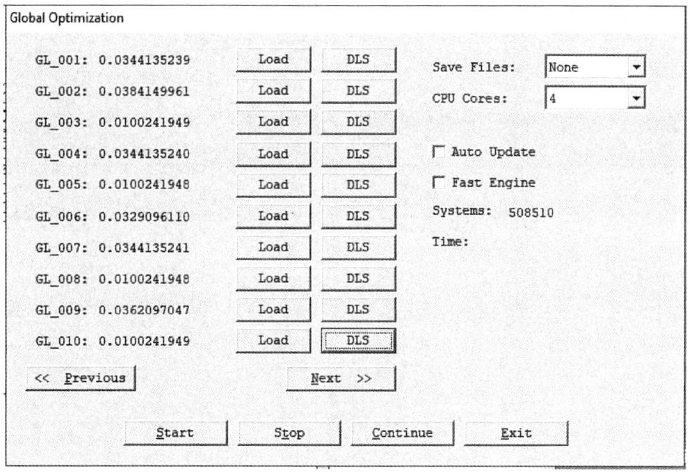

图 5 - 71

再次点击 Continue 可以将结果进行排序，这样就直接可以筛选，如图 5 - 72 所示。

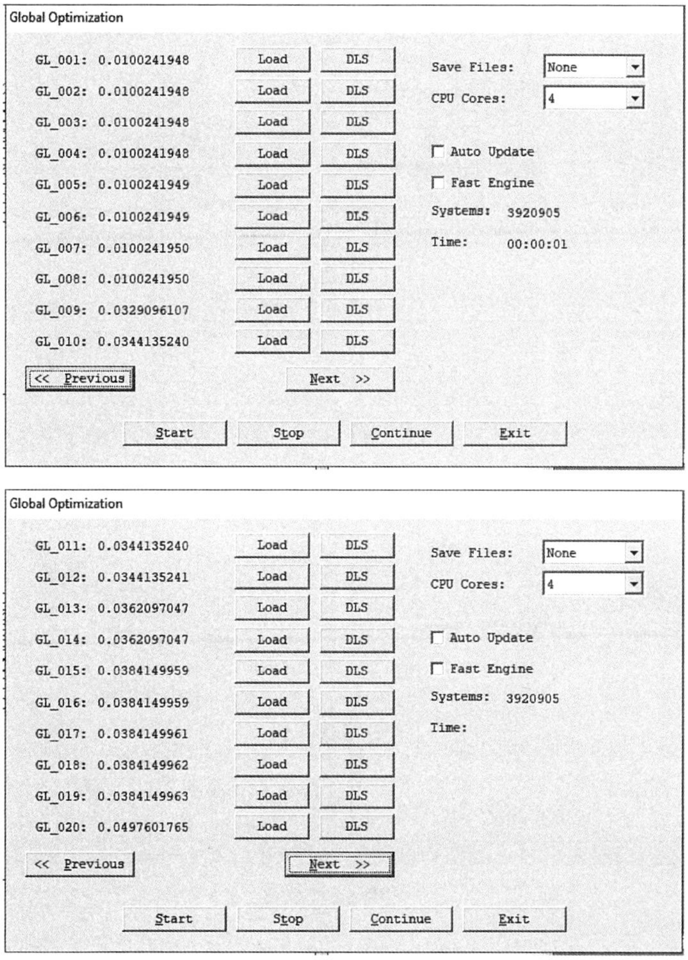

图 5 - 72

图 5-73 展示的是全局优化获得的各种不同结构的外观图,每个结构都可以再次作为局部优化的起始点。

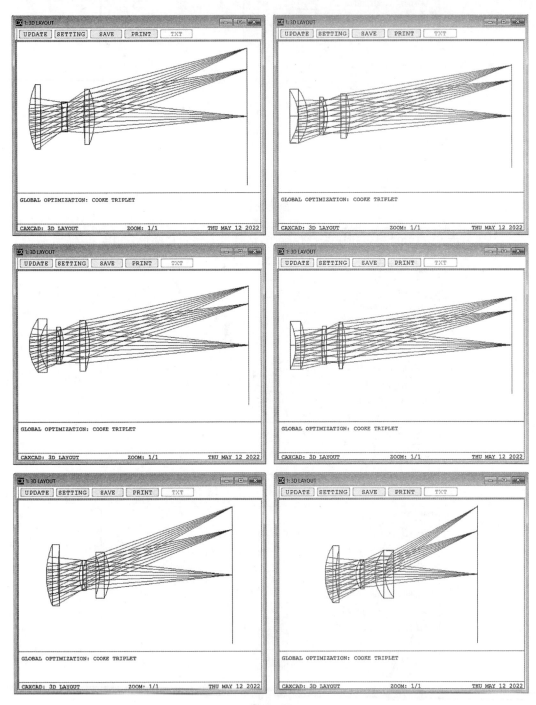

图 5-73

在上面的优化中最佳的评价函数为 0.010 024,这是标准的库克镜头形式,也是期待的设计结果。

5.9.4　实例二：全局优化双高斯镜头

实例文件 05‐03：GLOBAL_GAUSS.cax

表面数据中仍然采用全平面的方式，如图 5‐74 所示：

LDE	SURFACE	NAME	RADIUS	THICKNESS	GLASS	APERTURE	DIAMETER	CONIC
Object 0	STANDARD		Infinity	Infinity		29.431437	29.431437	0.000000
*1	STANDARD		Infinity	20.000000		0.000000 U	0.000000	0.000000
2	STANDARD		Infinity V	8.750000	N-SK2	24.444877	24.444877	0.000000
3	STANDARD		Infinity V	0.500000		23.119080	24.444877	0.000000
4	STANDARD		Infinity V	14.000000	N-SK16	22.994416	22.994416	0.000000
5	STANDARD		Infinity	3.800000	F5	20.890066	22.994416	0.000000
6	STANDARD		Infinity V	14.250000		20.314203	20.890066	0.000000
Stop 7	STANDARD		Infinity	12.430000		16.761279	16.761279	0.000000
8	STANDARD		Infinity V	3.800000	F5	19.696483	20.278197	0.000000
9	STANDARD		Infinity	10.800000	N-SK16	20.278197	21.912116	0.000000
10	STANDARD		Infinity V	0.500000		21.912116	21.912116	0.000000
11	STANDARD		Infinity V	6.800000	N-SK16	22.036780	23.065543	0.000000
12	STANDARD		Infinity V	60.000000 V		23.065543	23.065543	0.000000
Image 13	STANDARD		Infinity	-		38.025223	38.025223	0.000000

图 5‐74

曲率半径和像面距离作为变量。对应表面数据的镜头初始结构外观图如图 5‐75 所示：

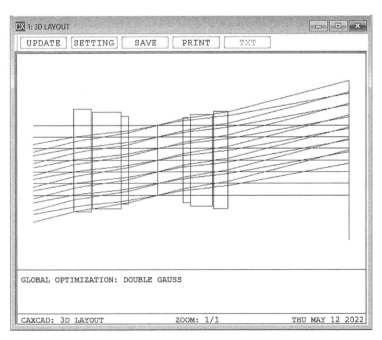

图 5‐75

如图 5‐76 所示，使用最小光斑的方法构建评价函数，在这个实例中定义了玻璃和空气的边界条件，评价函数中将会被自动插入 MNCA、MXCA、MNEA、MNCG、MXCG、MNEG。

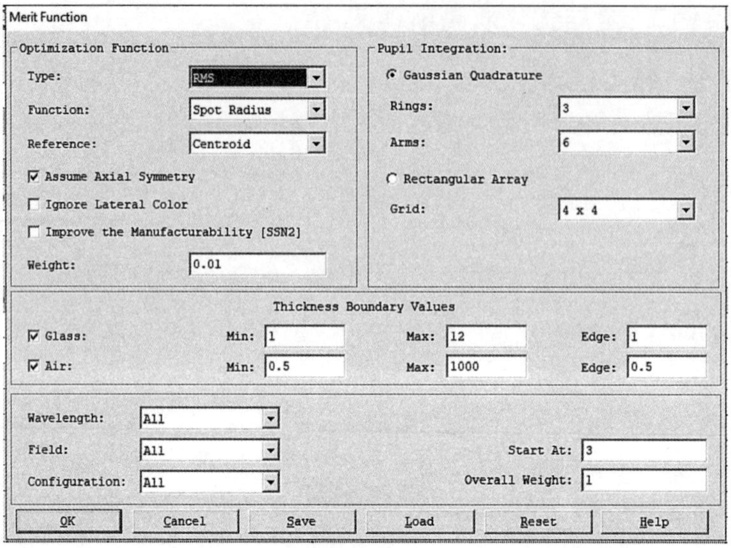

图 5 - 76

设置有效焦距为 100 mm 并插入评价函数，如图 5 - 77 所示：

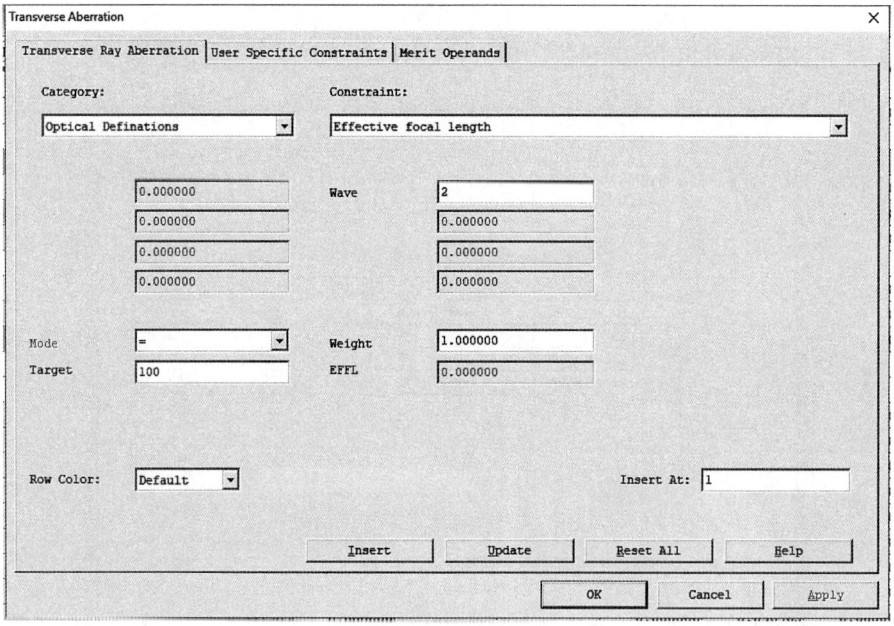

图 5 - 77

最终的评价函数（图 5 - 78）：

MFE	Type	Field	Wave			Px	Py			Target	Weight	Value	% Contrib
1 MF-EFFL	EFFL		2							100.000000	1.000000	0.000000	95.783186
2 MF-BLNK	BLNK	BLNK											
3 MF-DMFS	DMFS												
4 MF-MNCA	MNCA	1	12							0.500000	1.000000	0.500000	0.000000
5 MF-MXCA	MXCA	1	12							1000.000000	1.000000	1000.000000	0.000000
6 MF-MNEA	MNEA	1	12	0.000000						0.500000	1.000000	0.500000	0.000000
7 MF-BLNK	BLNK	BLNK											
8 MF-MNCG	MNCG	1	12							1.000000	1.000000	1.000000	0.000000
9 MF-MXCG	MXCG	1	12							12.000000	1.000000	14.000000	0.038313
10 MF-MNEG	MNEG	1	12	0.000000						1.000000	1.000000	1.000000	0.000000
11 MF-BLNK	BLNK	BLNK											
12 MF-BLNK	BLNK	BLNK											
13 MF-SPOT	SPOT	1	1			0.335711	0.000000			0.000000	0.096963	5.554619	0.029069
14 MF-SPOT	SPOT	1	1			0.707107	0.000000			0.000000	0.155140	11.783935	0.206345
15 MF-SPOT	SPOT	1	1			0.941965	0.000000			0.000000	0.096963	15.697849	0.228862
16 MF-SPOT	SPOT	1	2			0.335711	0.000000			0.000000	0.096963	5.554619	0.029069
17 MF-SPOT	SPOT	1	2			0.707107	0.000000			0.000000	0.155140	11.783935	0.206345
18 MF-SPOT	SPOT	1	2			0.941965	0.000000			0.000000	0.096963	15.697849	0.228862
19 MF-SPOT	SPOT	1	3			0.335711	0.000000			0.000000	0.096963	5.554619	0.029069
20 MF-SPOT	SPOT	1	3			0.707107	0.000000			0.000000	0.155140	11.783935	0.206345
21 MF-SPOT	SPOT	1	3			0.941965	0.000000			0.000000	0.096963	15.697849	0.228862

图 5 - 78

先进行 1 分钟左右的全局优化(图 5 - 79):

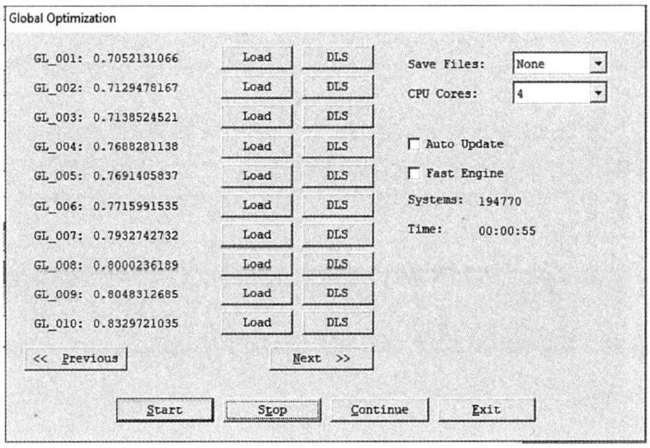

图 5 - 79

选择快速引擎(Fast Engine)后,点击 Continue 在前期优化基础上加速优化进程,在短时间内就可以给出多个更好的结构,如图 5 - 80 所示。

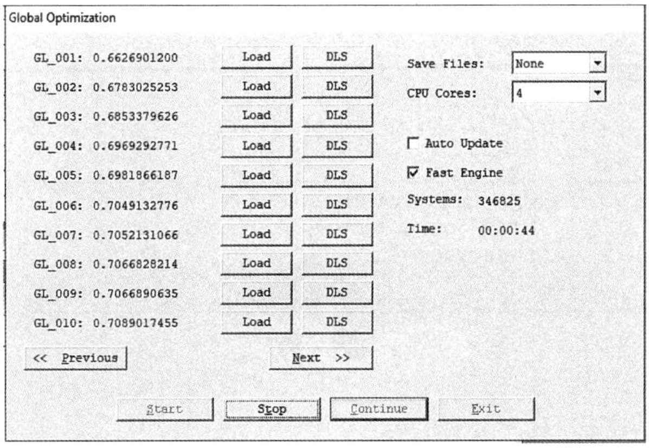

图 5 - 80

如图 5-81 所示,点击 Stop 停止全局优化后,按照顺序来使用 DLS 优化现有的前 10 个结构,对优化结果进行排序后发现,这 10 个中大多数的初始结构都获得了双高斯结构。虽然这个过程的结果可能是随机的,但是获得这种最佳结构的概率很高。

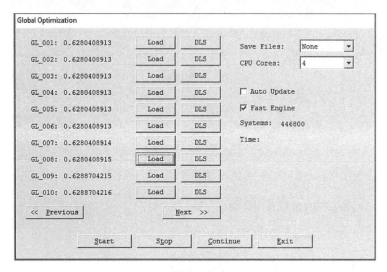

图 5-81

值得一提的是,优化出来的结果和常用的实例——双高斯点列图的效果是一致的,如图 5-82~图 5-83 所示。

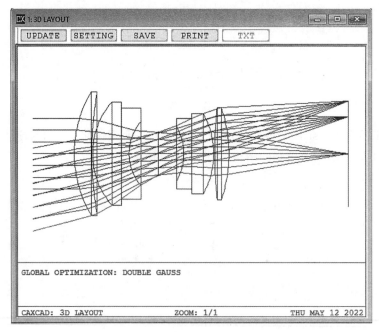

图 5-82

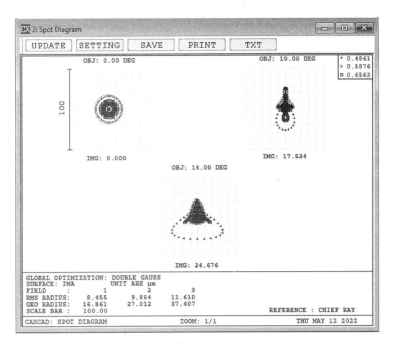

图 5-83

如图 5-84 所示，对于不是最佳评价函数的结构，在全局优化对话框中也可以随时查看加载，以便参考。

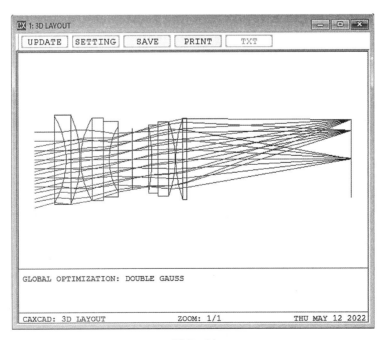

图 5-84

5.10 玻璃材质的优化 Glass Optimization

5.10.1 玻璃模型求解 Glass Model Solve

每种玻璃材质都包含三个重要的参数 N_d, V_d, P_d，分别代表玻璃的折射率、阿贝数和部分色散系数。CAXCAD 玻璃材料的 Model 求解，如图 5-85 所示，就是利用其中的 N_d 和 V_d 来建立玻璃模型，N_d 是 0.586 μm 波长的标准折射率。

阿贝数的定义：

$$V_d = \frac{N_D - 1}{N_F - N_C}$$

阿贝数定义了 F 光 0.486 μm 和 C 光 0.656 μm 的线性变化趋势。根据这种线性变化趋势，CAXCAD 可以快速计算出任意波段的折射率。这种计算方法会存在一定的偏差，主要应用在可见光波段会相对有效。

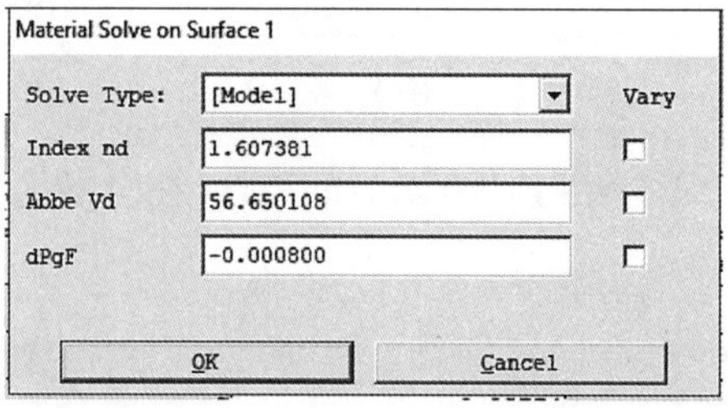

图 5-85

采用 Model 的求解方式，例如针对激光领域已知材料的指定波长的折射率，可以直接将折射率设置到 Model 中，将 V_d 值设置为 0，此时对应产生的折射率设定的 V_d 值。

利用快捷键 Ctrl+Z 将指定玻璃名称，切换为 Model 求解，对应的数据会自动显示出来，同时 N_d 和 V_d 会被设置为变量，在优化中可以作为优化变量，从而寻找合适的玻璃。

5.10.2 玻璃的快速替换

玻璃材料的选择在光学系统设计中非常重要，如果要快速查找一款玻璃的参数，可以将这款玻璃的名字输入在透镜数据编辑器中，如图 5-86 所示，然后打开玻璃数据编辑器。这款玻璃的参数就会显示出来，如图 5-87 所示。

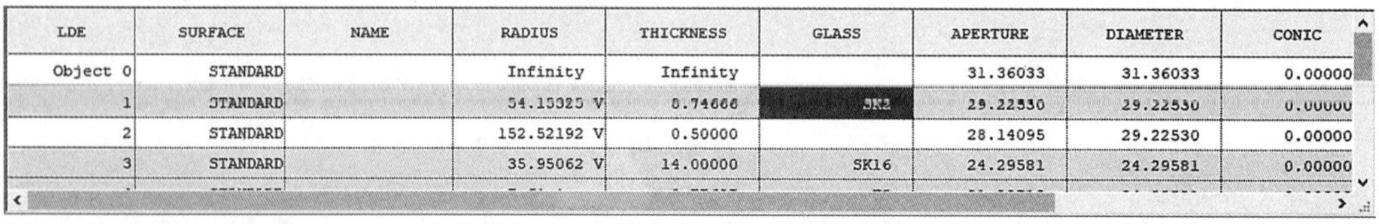

图 5-86

GDE	Data	Name	Data	Name	Data
Catalog	SCHOTT	A	1.28189	D0	3.80000E-006
Glass	SK2	B	0.00727	D1	1.41000E-008
Formula	Sellmeier 1	C	0.25774	D2	2.28000E-011
Status	Obsolete	D	0.02428	E0	6.44000E-007
Nd	1.60738	E	0.96819	E1	8.03000E-011
Vd	56.65011	F	110.37777	Ltk	0.10800
Ignore Thermal	Off	–	–	TEC	6.00000
Exclude Substatution	Off	–	–	Temp	20.00000
Meta Material	Off	–	–	p	3.55000
Mela Freq	0.00000	GCata Comment	–	dPgF	-0.00080
Min Wavelength	0.31000	GCata Comment	–	–	–
Max Wavelength	2.32500	Glass Comment	–	–	–
Rel Cost	2.09000	CR	2.00000	FR	0.00000
SR	2.20000	AR	1.00000	PR	2.30000

图 5 - 87

如果一款镜头已知光学材质,CAXCAD 可以在不同玻璃库中进行快速玻璃替换。对于双高斯镜头的玻璃材质是 SCHOTT 玻璃库,这里需要替换为 CDGM。图 5 - 88 所示为 SCHOTT 玻璃牌号的材质名称。

LDE	SURFACE	NAME	RADIUS	THICKNESS	GLASS	APERTURE	DIAMETER	CONIC
Object 0	STANDARD		Infinity	Infinity		31.36033	31.36033	0.00000
1	STANDARD		54.15325 V	8.74666	SK2	29.22530	29.22530	0.00000
2	STANDARD		152.52192 V	0.50000		28.14095	29.22530	0.00000
3	STANDARD		35.95062 V	14.00000	SK16	24.29581	24.29581	0.00000
4	STANDARD		Infinity	3.77697	F5	21.29719	24.29581	0.00000
5	STANDARD		22.26992 V	14.25306		14.91935	21.29719	0.00000
Stop 6	STANDARD		Infinity	12.42813		10.22884	10.22884	0.00000
7	STANDARD		-25.68503 V	3.77697	F5	13.18776	16.46812	0.00000
8	STANDARD		Infinity	10.83393	SK16	16.46812	18.92957	0.00000
9	STANDARD		-36.98022 V	0.50000		18.92957	18.92957	0.00000
10	STANDARD		196.41733 V	6.85817	SK16	21.31076	21.64626	0.00000
11	STANDARD		-67.14755 V	57.31454 V		21.64626	21.64626	0.00000
Image 12	STANDARD		Infinity	–		24.57053	24.57053	0.00000

图 5 - 88

镜头外观和点列图如图 5 - 89 所示。

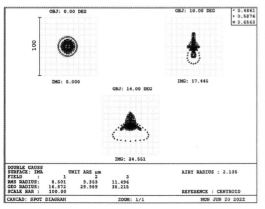
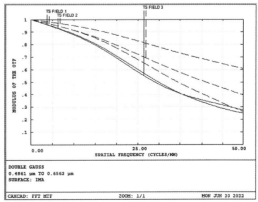

图 5 - 89

利用 Ctrl+Z 快捷键,将所有玻璃材质变成 Model 求解(图 5 - 90):

LDE	SURFACE	NAME	RADIUS	THICKNESS	GLASS	APERTURE	DIAMETER	CONIC
Object 0	STANDARD		Infinity	Infinity		31.36033	31.36033	0.00000
1	STANDARD		54.15325 V	8.74666	1.607,56.7 V	29.22530	29.22530	0.00000
2	STANDARD		152.52192 V	0.50000		28.14137	29.22530	0.00000
3	STANDARD		35.95062 V	14.00000	1.620,60.3 V	24.29887	24.29887	0.00000
4	STANDARD		Infinity	3.77697	1.603,38.0 V	21.30419	24.29887	0.00000
5	STANDARD		22.26992 V	14.25306		14.92387	21.30419	0.00000
Stop 6	STANDARD		Infinity	12.42813		10.23500	10.23500	0.00000
7	STANDARD		-25.68503 V	3.77697	1.603,38.0 V	13.18552	16.46244	0.00000
8	STANDARD		Infinity	10.83393	1.620,60.3 V	16.46244	18.52232	0.00000
9	STANDARD		-36.98022 V	0.50000		18.92232	18.92232	0.00000
10	STANDARD		196.41733 V	6.85817	1.620,60.3 V	21.29711	21.63291	0.00000
11	STANDARD		-67.14755 V	57.31454 V		21.63291	21.63291	0.00000
Image 12	STANDARD		Infinity	–		24.56289	24.56289	0.00000

图 5－90

将玻璃库由 SCHOTT 换成 CDGM(图 5－91)：

图 5－91

再使用 Ctrl＋Z 寻找玻璃,则在 CDGM 库中查找最接近的玻璃文件(图 5－92)。

LDE	SURFACE	NAME	RADIUS	THICKNESS	GLASS	APERTURE	DIAMETER	CONIC
Object 0	STANDARD		Infinity	Infinity		31.36039	31.36039	0.00000
1	STANDARD		54.15325 V	8.74666	H-ZK50	29.22535	29.22535	0.00000
2	STANDARD		152.52192 V	0.50000		28.14101	29.22535	0.00000
3	STANDARD		35.95062 V	14.00000	H-ZK9A	24.29584	24.29584	0.00000
4	STANDARD		Infinity	3.77697	F1	21.29723	24.29584	0.00000
5	STANDARD		22.26992 V	14.25306		14.91935	21.29723	0.00000
Stop 6	STANDARD		Infinity	12.42813		10.22877	10.22877	0.00000
7	STANDARD		-25.68503 V	3.77697	F1	13.18779	16.46817	0.00000
8	STANDARD		Infinity	10.83393	H-ZK9A	16.46817	18.92963	0.00000
9	STANDARD		-36.98022 V	0.50000		18.92963	18.92963	0.00000
10	STANDARD		196.41733 V	6.85817	H-ZK9A	21.31091	21.64675	0.00000
11	STANDARD		-67.14755 V	57.31454 V		21.64675	21.64675	0.00000
Image 12	STANDARD		Infinity	–		24.59860	24.59860	0.00000

图 5－92

对于更换材料后的成像效果(图 5－93),前后保持一致,玻璃材料替换成功。

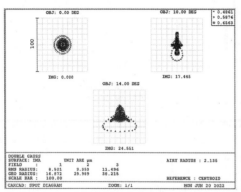
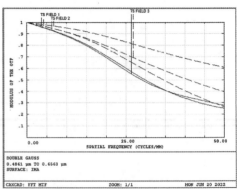

图 5－93

5.10.3　全局玻璃替代优化 Global Glass Substitute

玻璃替代求解是玻璃离散优化的一种方法,如图 5 - 94 所示在求解窗口中输入指定的玻璃库名称。全局优化的过程中就会在指定的玻璃库中随机查找真实的玻璃牌号进行替换和评估,这是优化玻璃的一种最为快捷的方式。

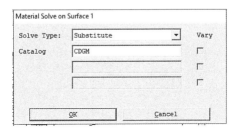

图 5 - 94

在双胶合透镜设计中,如果玻璃材质都被采用替代优化(图 5 - 95):

LDE	SURFACE	NAME	RADIUS	THICKNESS	GLASS	APERTURE	DIAMETER	CONIC
Object 0	STANDARD		Infinity	Infinity		12.50000	12.50000	0.00000
*1	STANDARD		Infinity	20.00000		0.00000 U	0.00000	0.00000
Stop 2	STANDARD		Infinity V	5.00000	BK7 S	12.50000	12.50000	0.00000
3	STANDARD		Infinity V	3.00000	F2 S	12.50000	12.50000	0.00000
4	STANDARD		Infinity V	100.00000 V		12.50000	12.50000	0.00000
Image 5	STANDARD		Infinity	–		12.50000	12.50000	0.00000

图 5 - 95

采用 Multi-Start 或全局优化后玻璃材料会实时变化,如图 5 - 96 所示:

```
CAXCAD Local Optimization

            Targets:  10              Automatic      Multi-Start
          Variables:  4               Inf. Cycles    Terminate
Initial Merit Function:  0.184463102
Current Merit Function:  0.184463102
     CAX DLS Factor:  1.00000E-009    01 Cycle       05 Cycles
         Step Scale:  1.00000         10 Cycles      20 Cycles
             Status:  Ready           50 Cycles      Exit
     Execution Time:  00:00:00:000

   Auto Update
```

图 5 - 96

玻璃材料会在指定的玻璃库中选取(图 5 - 97):

LDE	SURFACE	NAME	RADIUS	THICKNESS	GLASS	APERTURE	DIAMETER	CONIC
Object 0	STANDARD		Infinity	Infinity		12.50000	12.50000	0.00000
*1	STANDARD		Infinity	20.00000		0.00000 U	0.00000	0.00000
Stop 2	STANDARD		58.16231 V	5.00000	H-FK71A S	12.50000	12.50000	0.00000
3	STANDARD		-36.56120 V	3.00000	H-QF1 S	12.39908	12.50000	0.00000
4	STANDARD		-114.96175 V	96.13055 V		12.20981	12.39908	0.00000
Image 5	STANDARD		Infinity	–		0.01223	0.01223	0.00000

图 5 - 97

执行全局优化(图 5 - 98):

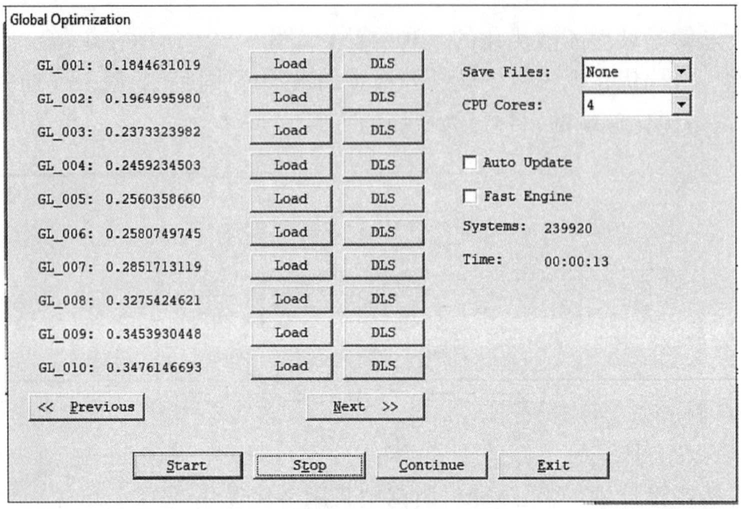

图 5 - 98

如图 5 - 98 所示优化了 10 秒左右,这个实例已经搜索了将近 24 万种组合,并且根据评估进行了排序。如图 5 - 99 所示,每个对应的 Load,玻璃材质将会进行一个新的组合。如果点击界面上对应编号的 DLS 按钮,全局优化将会把这些优化的结果调入当前系统,也可以使用 Load 按钮加载对应的设计。

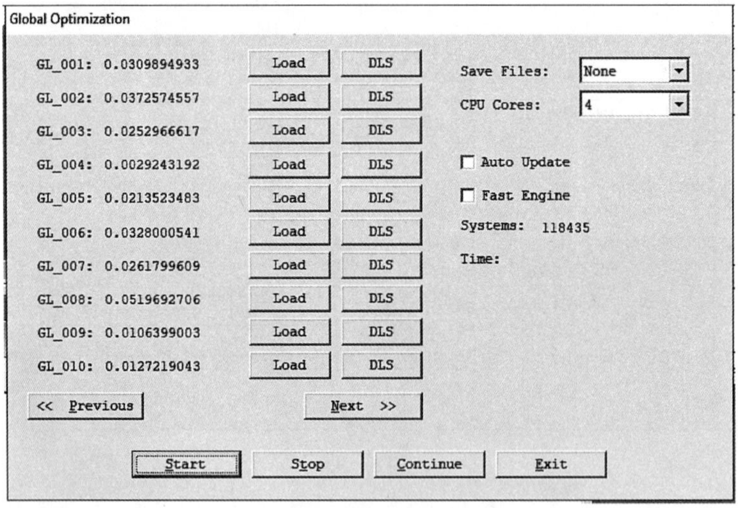

图 5 - 99

5.10.4　玻璃边界控制

在 Model 玻璃求解中,如果 N_d 和 V_d 数值为变量,CAXCAD 在默认评价函数建立过程中,会自动加入这两个参数的边界操作数 MNIN,MXIN,MNAB,MXAB。

面型数据中的材质上直接展示了材质的折射率参数,如图 5-100~图 5-101 所示。

LDE	SURFACE	NAME	RADIUS	THICKNESS	GLASS	APERTURE	DIAMETER	CONIC
Object 0	STANDARD		Infinity	Infinity		12.50000	12.50000	0.00000
*1	STANDARD		Infinity	20.00000		0.00000 U	0.00000	0.00000
Stop 2	STANDARD		49.70231 V	5.00000	1.529,77.0 V	12.50000	12.50000	0.00000
3	STANDARD		-62.27106 V	3.00000	1.901,37.1 V	12.30677	12.50000	0.00000
4	STANDARD		-168.10185 V	95.74468 V		12.19034	12.30677	0.00000
Image 5	STANDARD		Infinity	-		0.03639	0.03639	0.00000

图 5-100

4 MF-BLNK	BLNK	Glass Nd						
5 MF-MNIN	MNIN	1	4			1.40000	1.00000	1.40000	0.00000
6 MF-MXIN	MXIN	1	4			1.90000	1.00000	1.90069	1.21986E...
7 MF-BLNK	BLNK	Glass Vd						
8 MF-MNAB	MNAB	1	4			15.00000	1.00000	15.00000	0.00000
9 MF-MXAB	MXAB	1	4			75.00000	1.00000	76.97552	99.99390

图 5-101

这种优化方法出来的折射率和阿贝数是连续的,优化后的数值会和真实的玻璃存在差别,这就造成了玻璃优化的偏差。为了减小这种偏差,确保优化过程中折射率和阿贝数值更加贴近于真实玻璃,CAXCAD 提供了 RGL 或 RGLA 的操作数来控制偏离量。

$$d = \sqrt{W_n (N_{d1} - N_{d2})^2 + W_a (V_{d1} - V_{d2})^2}$$

在玻璃优化过程中 RGLA 数值可以先设置为 0.05,这样玻璃材料可以进行有效的改变而不会偏移很远,在找到比较好的材质后,这个数值可以设置为 0.02 进行新的优化。

5.11　ASXY 优化系统像散

ASXY 是利用真实光线追迹进行系统像散快速控制的方法。这种方法对指定系统的视场、指定归一化半径的方式,进行 4 个真实光线的追迹,对应的光线在像面上光斑尺寸进行比对,以获得上下和左右等宽度的光斑。

ASXY 的数值:

$$ASXY = |(X1 - X2)| - |(Y1 - Y2)|$$

默认的采样光瞳数值是 0.7,如图 5-102 所示,这一数值通常可以平衡中心和边缘光瞳。在实际镜头的优化过程中,可以进行修改,这种方法让系统的优化速度加快。进行合理的参数设置,可以快速有效提升几何光斑和 MTF 像质。

MFE	Type	Field	Wave	Pupil				Target	Weight	Value	% Contrib
1 MF-ASXY	ASXY	1	2	0.7000000				0.0000000	0.0000000	0.0000000	0.1757467

图 5-102

ASXY 优化实例

图 5-103 是一个前组正透镜、后组负透镜的远心镜头,这个镜头在照相镜头实例章节中有详细讲解。

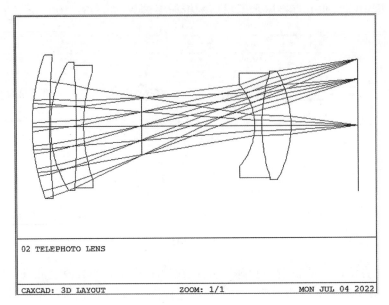

图 5 - 103

这个镜头在常规的默认评价函数优化后,与大多数镜头类似,都会存在明显的像散(图 5 - 104)。

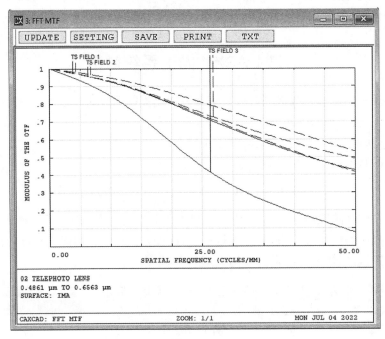

图 5 - 104

如图 5 - 105 所示,如果在评价函数中引入 ASXY,可以快速改变指定视场像散的状况,从而达到平衡视场或 MTF 的目的。

MFE	Type	Field	Wave	Pupil					Target	Weight	Value	% Contrib
1 MF-EFFL	EFFL		2						100.0000000	1.0000000	100.0000042	2.504071...
2 MF-DIMX	DIMX	0	2						1.0000000	1.0000000	1.0000984	0.0015720
3 MF-BLNK	BLNK											
4 MF-ASXY	ASXY	3	2	0.7000000					0.0000000	1.0000000	0.0206735	69.4384041
5 MF-BLNK	BLNK											
6 MF-DMFS	DMFS											
7 MF-BLNK	BLNK	Air thic...										
8 MF-MNCA	MNCA	1	9						0.1000000	1.0000000	0.1000000	0.0000000
9 MF-MXCA	MXCA	1	9						1000.000...	1.0000000	1000.000...	0.0000000
10 MF-MNEA	MNEA	1	9	0.0000000					0.1000000	1.0000000	0.1000000	0.0000000
11 MF-BLNK	BLNK	Glass th...										
12 MF-MNCG	MNCG	1	9						0.3000000	1.0000000	0.3000000	0.0000000
13 MF-MXCG	MXCG	1	9						10.0000000	1.0000000	10.0000000	0.0000000
14 MF-MNEG	MNEG	1	9	0.0000000					0.3000000	1.0000000	0.3000000	0.0000000
15 MF-BLNK	BLNK											
16 MF-SPOT	SPOT	1	1	0.3357107	0.0000000				0.0000000	0.0969627	0.0014263	0.0320487
17 MF-SPOT	SPOT	1	1	0.7071068	0.0000000				0.0000000	0.1551404	0.0042484	0.4549331
18 MF-SPOT	SPOT	1	1	0.9419651	0.0000000				0.0000000	0.0969627	0.0119189	2.2379578

图 5 - 105

经过快速的优化,评价函数数值明显改变(图 5 - 106)。

CAXCAD Local Optimization

Targets: 72   [Automatic] [Multi-Start]

Variables: 9   [Inf. Cycles] [Terminate]

Initial Merit Function: 0.007119930

Current Merit Function: 0.004455183

CAX DLS Factor: 1.0000e+002   [01 Cycle] [05 Cycles]

Step Scale: 1.0000e-006   [10 Cycles] [20 Cycles]

Status: Ready   [50 Cycles] [Exit]

Execution Time: 00:00:01:781

☐ Auto Update

图 5 - 106

第 3 视场的像散获得明显优化(图 5 - 107),不同视场的 MTF 分辨率获得了平衡。

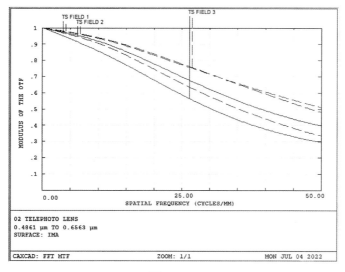

图 5 - 107

第 6 章

坐标断点和离轴系统

光学元件产生偏心和倾斜的时候，需要对光学系统做特殊的处理，通过定义一组偏心 Decenter X，Decenter Y，Decenter Z 和一组倾斜 Tilt X，Tilt Y，Tilt Z。当表面发生偏心的时候，根据这些偏心数值计算新的坐标：

$$x' = x + \mathrm{d}x \tag{6.1}$$

$$y' = y + \mathrm{d}y \tag{6.2}$$

$$z' = z + \mathrm{d}z \tag{6.3}$$

当使用倾斜角度的时候，按照默认 Tilt X，Tilt Y，Tilt Z 的顺序进行，角度变换的方法，可以按照下面的矩阵计算。

$$
\begin{bmatrix} x' \\ y' \\ z' \end{bmatrix} = \begin{bmatrix} \cos(\theta_z) & -\sin(\theta_z) & 0 \\ \sin(\theta_z) & \cos(\theta_z) & 0 \\ 0 & 0 & 1 \end{bmatrix} \begin{bmatrix} \cos(\theta_y) & 0 & \sin(\theta_y) \\ 0 & 1 & 0 \\ -\sin(\theta_y) & 0 & \cos(\theta_y) \end{bmatrix} \begin{bmatrix} 1 & 0 & 0 \\ 0 & \cos(\theta_x) & -\sin(\theta_x) \\ 0 & \sin(\theta_x) & \cos(\theta_x) \end{bmatrix} \begin{bmatrix} x \\ y \\ z \end{bmatrix}
\tag{6.4}
$$

坐标断点提供了一个偏心和倾斜顺序的标志 order，它的默认值是 0，在 order 的数值为非 0 时，将按照以上完全相反的顺序旋转：先旋转 Tilt Z 后，再旋转 Tilt Y，最后旋转 Tilt X。坐标断点在反射镜、公差分析等系统中都有重要的应用。

6.1 坐标断点面使用方法 Coordinate Break

为了实现光学表面或原件的倾斜和偏心，专门定义了一个包含倾斜和偏心参数的面型——坐标断点面。在这个面型的扩展数据中，包含了上面提到的参数，如图 6-1 所示。

LDE	Decenter X	Decenter Y	Tilt About X	Tilt About Y	Tilt About Z	Order
Object 0						
Stop 1	0.000000	0.000000	0.000000	0.000000	0.000000	0.000000
Image 2						

图 6-1

坐标断点面的作用是当前面的位置产生倾斜和偏心时，将当前的局部坐标打断，然后以全新的局部坐标对后面所有的面都产生影响。

6.1.1　镜片偏心

如图 6‑2 所示,在双高斯镜头中,第六片的前表面插入一个空的表面并将其定义为坐标断点面。

LDE	SURFACE	NAME	RADIUS	THICKNESS	GLASS	APERTURE	DIAMETER
Object 0	STANDARD		Infinity	Infinity		31.360333	31.360333
1	STANDARD		54.153246 V	8.746658	SK2	29.225298	29.225298
2	STANDARD		152.521921 V	0.500000		28.140954	29.225298
3	STANDARD		35.950624 V	14.000000	SK16	24.295812	24.295812
4	STANDARD		Infinity	3.776966	F5	21.297191	24.295812
5	STANDARD		22.269925 V	14.253059		14.919353	21.297191
6	COORDBRK			0.000000	–	0.000000	0.000000
Stop 7	STANDARD		Infinity	12.428129		10.787693	10.787693
8	STANDARD		-25.685033 V	3.776966	F5	14.162371	18.417511
9	STANDARD		Infinity	10.833929	SK16	18.417511	20.755626
10	STANDARD		-36.980221 V	0.500000		20.755626	20.755626
11	STANDARD		196.417334 V	6.858175	SK16	24.418075	24.552900
12	STANDARD		-67.147550 V	57.314538 V		24.552900	24.552900
Image 13	STANDARD		Infinity	–		29.402443	29.402443

图 6‑2

将 Y 方向偏心设置为 3,这时坐标断点面是第 6 个面,其后面所有的表面都产生了 3 mm 的偏心,如图 6‑3 所示:

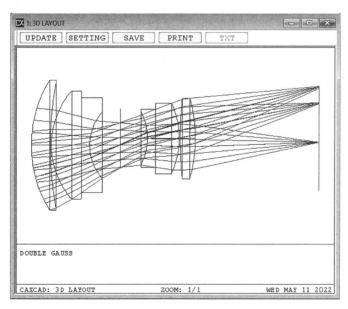

图 6‑3

6.1.2　镜片倾斜

在上面的例子中,如果定义 5°的倾斜,第 6 个面后面所有的表面都会倾斜 5°(图6‑4)。

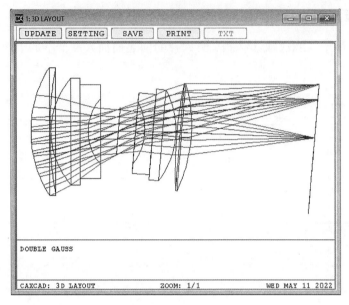

图 6 - 4

图 6 - 4 中很明显看出像面也倾斜了，如果想要像面保持原来的角度，可以在像面前插入一个坐标断点面，并把倾斜的角度设置为－5°（图 6 - 5）。

Lens Data Manager

SYSTEM | WAVE | FIELD | GLASS | MERIT | ZOOM | TOL | MACRO | SURFACE | INSERT | DELETE

LDE	TCE x 1E-6	COATING	PAR 0	Decenter X	Decenter Y	Tilt About X	Tilt About Y	Tilt Ab
1	6.000000	-						
2	0.000000	-						
3	6.300000	-						
4	8.000000	-						
5	0.000000	-						
6	0.000000	-		0.000000	0.000000	5.000000	0.000000	0.000
Stop 7	0.000000	-						
8	6.300000	-						
9	0.000000	-						
10	0.000000	-						
11	0.000000	-						
12	0.000000	-						
13	0.000000	-		0.000000	0.000000	-5.000000	0.000000	0.000
Image 14	0.000000	-						

图 6 - 5

像面变换到竖直的状态，但是需要注意的是，在两次旋转过程中，尤其是第一次旋转会导致像面中心的坐标发生偏移（图 6 - 6）。

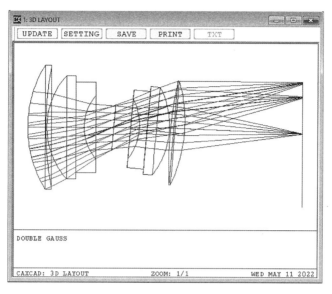

图 6-6

6.1.3　45°倾斜平板

设置入瞳直径 20 mm 及如图 6-7 所示的表面数据,建立一个平板系统(图 6-8)。

实例文件 06-01:45 TILT.cax

LDE	NAME	RADIUS	THICKNESS	GLASS	APERTURE	DIAMETER	CONIC
Object 0		Infinity	Infinity		10.000000	10.000000	0.000000
Stop 1		Infinity	30.000000		10.000000	10.000000	0.000000
2		Infinity	3.000000	BK7	10.000000	10.000000	0.000000
3		Infinity	30.000000		10.000000	10.000000	0.000000
Image 4		Infinity	-		10.000000	10.000000	0.000000

图 6-7

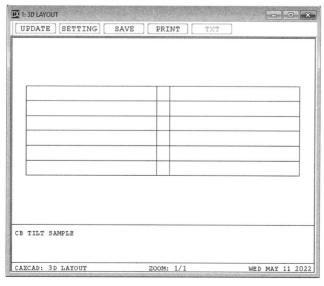

图 6-8

将倾斜参数设置为 45°（图 6-9～图 6-10 所示）：

LDE	PAR 0	Decenter X	Decenter Y	Tilt About X	Tilt About Y	Tilt About Z	Order
Object 0							
Stop 1							
2		0.000000	0.000000	45.000000	0.000000	0.000000	0.000000
3							
4							

图 6-9

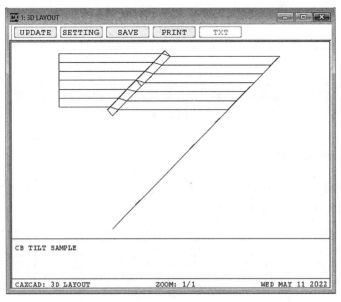

图 6-10

坐标断点后的面型都产生了倾斜，因为只需要让平板镜头倾斜，所以在平板后方插入第二个坐标断点面。需要注意的是，第二个坐标断点面要紧贴着平板的第二个面，所以平板第二个面的厚度应为 0，而原来 30 的厚度需要加载到第二个坐标断点面上，如图 6-11 所示。很多时候，都需要特别注意插入和定义的面型位置。

LDE	SURFACE	NAME	RADIUS	THICKNESS	GLASS	APERTURE	DIAMETER
Object 0	STANDARD		Infinity	Infinity		10.000000	10.000000
Stop 1	STANDARD		Infinity	30.000000		10.000000	10.000000
2	COORDBRK			0.000000	-	0.000000	0.000000
3	STANDARD		Infinity	3.000000	BK7	14.142136	15.720685
4	STANDARD		Infinity	0.000000		15.720685	15.720685
5	COORDBRK			30.000000	-	0.000000	0.000000
Image 6	STANDARD		Infinity		-	11.116203	11.116203

图 6-11

再将第二个坐标断点面的倾斜 X 角度设置为 -45°（图 6-12）：

LDE	PAR 0	Decenter X	Decenter Y	Tilt About X	Tilt About Y	Tilt About Z	Order	PAR 7
Object 0								
Stop 1								
2		0.000000	0.000000	45.000000	0.000000	0.000000	0.000000	
3								
4								
5		0.000000	0.000000	−45.000000	0.000000	0.000000	0.000000	
Image 6								

图 6 - 12

如图 6 - 13 所示,平板系统中的像面恢复了竖直状态,但是和上个例子中一样,像面因为之前的倾斜产生了偏心。为了让像面的中心可以和光束的中心一致,这时需要利用第 5 个面的偏心对主光线的求解来实现。

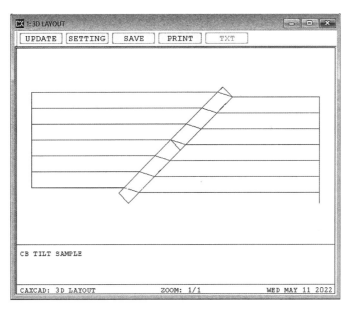

图 6 - 13

如图 6 - 14 所示,在第二个坐标断点面 Y 方向的偏心上设置主光线(chief ray)的求解,获得了1.578 549的偏心。

LDE	PAR 0	Decenter X	Decenter Y	Tilt About X	Tilt About Y	Tilt About Z	Order	PAR 7
Object 0								
Stop 1								
2		0.000000	0.000000	45.000000	0.000000	0.000000	0.000000	
3								
4								
5		0.000000	1.578549 C	−45.000000	0.000000	0.000000	0.000000	
Image 6								

图 6 - 14

此时像面的中心和光束中心保持一致(图 6 - 15):

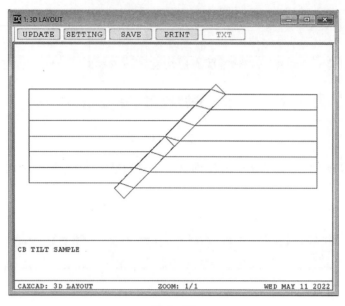

图 6 - 15

6.1.4　反射定律

反射光线位于入射光线和法线所决定的平面内。反射光线和入射光线位于法线的两侧,反射角与入射角的绝对值相等,符号相反,如下所示:

$$\theta' = -\theta \tag{6.5}$$

已知折射定律为:

$$n' \sin \theta' = n \sin \theta \tag{6.6}$$

假设 $n' = -n$,则满足 $\theta' = -\theta$,这样折射定律就满足反射定律。在光学设计中就是这样处理的。折射定律并不需要进行任何修改就可以应用到反射系统中。

6.1.5　45°反射镜

实例文件 06 - 02:45 TILT MIRROR.cax

反射镜的材质名称是 MIRROR,会对光线产生折返的效果,其后的厚度值需要乘以 -1,如果遇到第二个反射镜,厚度值再乘以 -1 就变成正值,依次类推。

新建镜头:这里使用指令的方式定义入瞳直径。在命令窗口中,输入 EPD 20(图 6 - 16),光学系统的入瞳直径就被设置为 20 mm,如果命令后面紧跟着一个分号,例如 "EPD 20;",这样的命令在执行后系统会自动更新,分号在这里的作用就是更新系统的作用。

1: Command Window
UPDATE
SETTING
MACRO
SAVE
PRINT
CLEAR
Welcome to CAXCAD
Version 05.10.2022
http://www.caxcad.com
05 11 2022 18:38:36
EPD 20
CAXCAD >
EPD 20

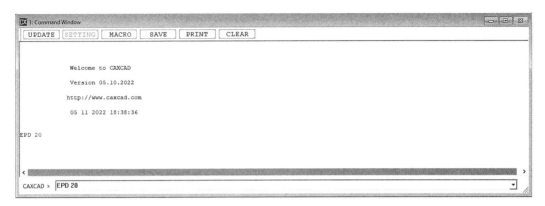

图 6-16

设置如图 6-17 所示表面数据：

LDE	SURFACE	NAME	RADIUS	THICKNESS	GLASS	APERTURE	DIAMETER
Object 0	STANDARD		Infinity	Infinity		10.000000	10.000000
Stop 1	STANDARD		Infinity	50.000000		10.000000	10.000000
2	STANDARD		Infinity	50.000000		10.000000	10.000000
Image 3	STANDARD		Infinity	-		10.000000	10.000000

图 6-17

系统外观如图 6-18 所示：

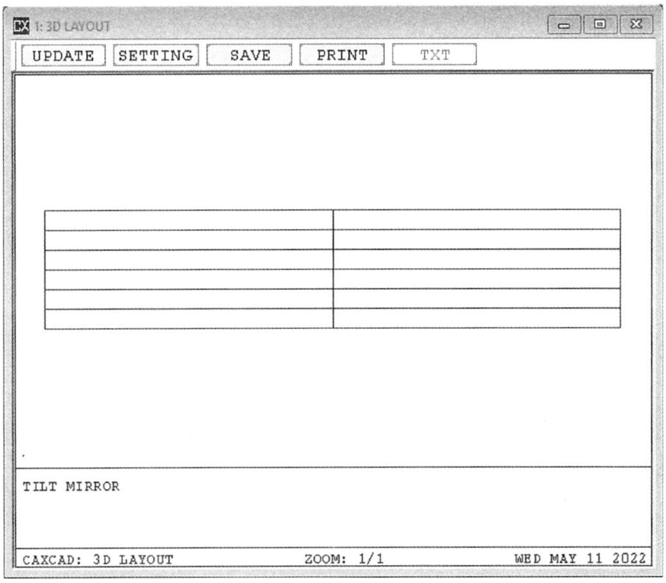

1: 3D LAYOUT
UPDATE
SETTING
SAVE
PRINT
TXT
TILT MIRROR
CAXCAD: 3D LAYOUT
ZOOM: 1/1
WED MAY 11 2022

图 6-18

将第 2 个表面的材质设置为 MIRROR，将其后的表面厚度设定为负值，并在其前面插入一个坐标断点面(图 6-19)。

LDE	SURFACE	NAME	RADIUS	THICKNESS	GLASS	APERTURE	DIAMETER
Object 0	STANDARD		Infinity	Infinity		10.000000	10.000000
Stop 1	STANDARD		Infinity	50.000000		10.000000	10.000000
2	COORDBRK			0.000000	–	0.000000	0.000000
3	STANDARD		Infinity	–50.000000	MIRROR	10.000000	10.000000
Image 4	STANDARD		Infinity	–		10.000000	10.000000

图 6 - 19

设置坐标断点面倾斜 X 方向为 $45°$（图 6 - 20）。

LDE	PAR 0	Decenter X	Decenter Y	Tilt About X	Tilt About Y	Tilt About Z	Order	PAR 7
Object 0								
Stop 1								
2		0.000000	0.000000	45.000000	0.000000	0.000000	0.000000	
3								
Image 4								

图 6 - 20

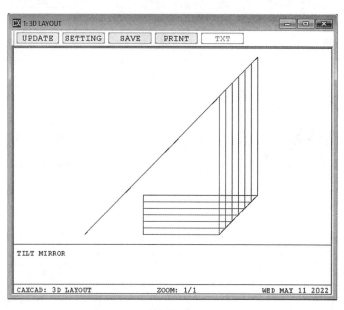

图 6 - 21

如图 6 - 21 所示，反射镜及其后的像面旋转了 $45°$，反射镜起到了反射光线的效果，但是这里请注意，在这个例子中光线被偏折的角度是反射镜的 2 倍，即 $90°$。因此经过反射镜后所有的面需要立即再追加反射镜的倾斜角度，才能保证后面的面和光束保持一致。

在反射镜面的后面插入第 2 个坐标断点面，并设置倾斜 X 为 $45°$，如图 6 - 22 所示。

LDE	SURFACE	NAME	RADIUS	THICKNESS	GLASS	APERTURE	DIAMETER	CONIC
Object 0	STANDARD		Infinity	Infinity		10.00000	10.00000	0.00000
Stop 1	STANDARD		Infinity	50.00000		10.00000	10.00000	0.00000
2	COORDBRK			0.00000	–	0.00000	0.00000	0.00000
3	STANDARD		Infinity	0.00000	MIRROR	14.14214	14.14214	0.00000
4	COORDBRK			–50.00000	–	0.00000	0.00000	0.00000
Image 5	STANDARD		Infinity	–		10.00000	10.00000	0.00000

LDE	PAR 0	Decenter X	Decenter Y	Tilt About X	Tilt About Y	Tilt About Z	Order	PAR 7
Object 0								
Stop 1								
2		0.000000	0.000000	45.000000	0.000000	0.000000	0.000000	
3								
4		0.000000	0.000000	45.000000	0.000000	0.000000	0.000000	
Image 5								

图 6 - 22

经过第 2 个坐标断点面的追加角度,像面也和光线一样旋转了 90°(图 6 - 23),这种情况体现了坐标断点面通常都会成对的使用。

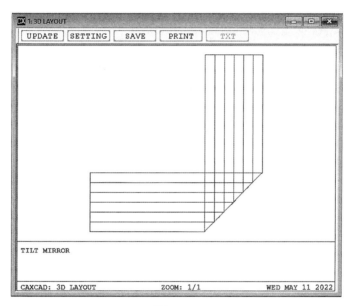

图 6 - 23

6.2　坐标断点实例

6.2.1　离轴反射式扩束镜

在大功率激光光学系统中,采用透射式的材料会产生能量吸收和热效应,这并不利于光束的传播,而且针对远红外系统透射式的材料,可供选择的也非常少。此时多数会采用两片反射式的球面镜实现扩束,两片反射光束需要进行离轴才能正常传输。

下面来完成一个 3× 的反射式扩束镜,设计目标如下:

入射光束直径:5 mm;

扩束倍率:3×;

工作波长:10.6 μm。

根据反射定律可知,同样的设计方法可以直接适用其他波长,因为光束反射不会产生色差。

实例文件 06‐03：Mirror Beam Expander.cax

输入入瞳直径为 5 mm（图 6‐24）：

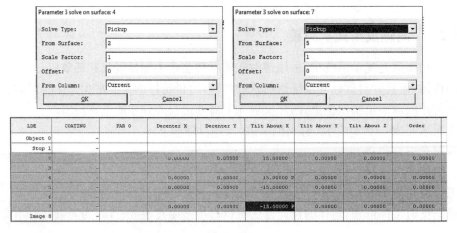

图 6‐24

在波长窗口中定义波长为 $10.6\ \mu m$（图 6‐25），因为是红外光，所以标记颜色是黑色，表示不可见。

WDE	Wavelength	Weight	Color
Primary 1	10.600000	1.000000	

图 6‐25

利用反射镜和坐标断点面，建立初始结构如图 6‐26 所示，需要注意的是反射镜的厚度都为 0，继续传输的距离是邻近后表面的坐标断点厚度。

LDE	SURFACE	NAME	RADIUS	THICKNESS	GLASS	APERTURE	DIAMETER	CONIC
Object 0	STANDARD		Infinity	Infinity		2.500000	2.500000	0.000000
Stop 1	STANDARD		Infinity	50.000000		2.500000	2.500000	0.000000
2	COORDBRK			0.000000	–	0.000000	0.000000	0.000000
3	STANDARD		Infinity	0.000000	MIRROR	2.588190	2.588190	0.000000
4	COORDBRK			–60.000000	–	0.000000	0.000000	0.000000
5	COORDBRK			0.000000	–	0.000000	0.000000	0.000000
6	STANDARD		Infinity	0.000000	MIRROR	2.588190	2.588190	0.000000
7	COORDBRK			60.000000	–	0.000000	0.000000	0.000000
Image 8	STANDARD		Infinity	–		2.500000	2.500000	0.000000

图 6‐26

控制离轴的角度为 15°，当然这个数值是可以改变的，因为坐标断点面是成对的使用，可以采用数值跟随的方式来实现，采用跟随以后，数值上会出现一个字母 P 的标志，如图 6‐27 所示。

LDE	COATING	PAR 0	Decenter X	Decenter Y	Tilt About X	Tilt About Y	Tilt About Z	Order
Object 0	–							
Stop 1	–							
2	–		0.00000	0.00000	15.00000	0.00000	0.00000	0.00000
3	–							
4	–		0.00000	0.00000	15.00000 P	0.00000	0.00000	0.00000
5	–		0.00000	0.00000	–15.00000	0.00000	0.00000	0.00000
6	–							
7	–		0.00000	0.00000	–15.00000 P	0.00000	0.00000	0.00000
Image 8								

图 6‐27

初始结构的外观如图 6-28 所示：

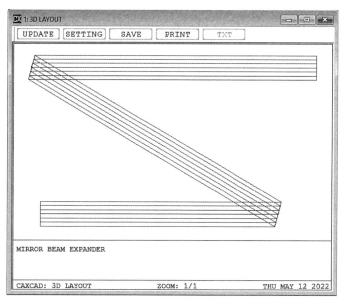

图 6-28

接下来构建一个评价函数来实现激光扩束，这里需要设置两个主要的目标，除了扩束的目标，激光光束还要保持准直输出。准直的控制可以采用默认评价函数中控制角度的方法来进行，采样选择 5 个 Rings，如图 6-29 所示。

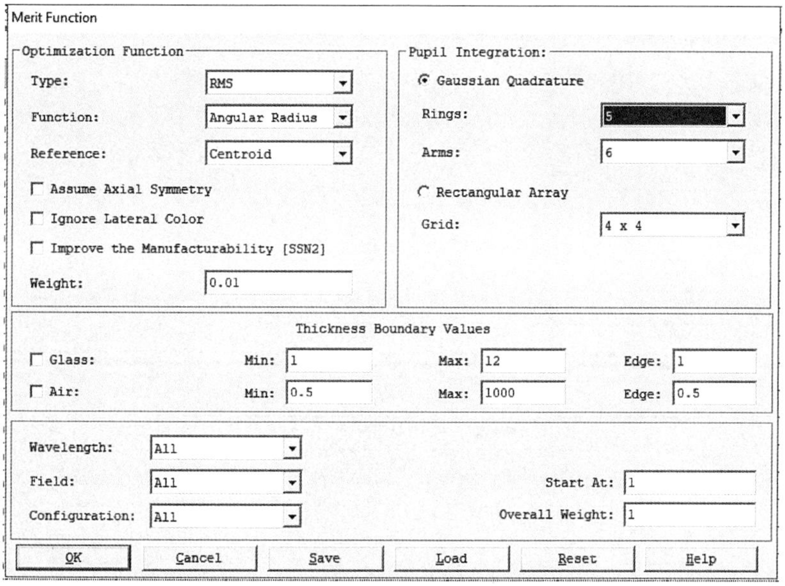

图 6-29

折返式系统为离轴，所以默认评价函数中的 Assume Axial Symmetry 会自动识别，并未选中，表示当前系统为非对称系统，所以评价函数中会插入 30 个控制中心角度的操作数 AAC 或 ANAC,如图 6-30 所示。根据 P_x 和 P_y 的数值可以看出,光束在整个光瞳面上都进行了采样。因为当前的光束都是平行输出,所以操作数的目标和当前值都是 0。

MFE	Type	Wave	Hx	Hy	Px	Py	Target	Weight	Value	% Contrib
1 MF-DMFS	DMFS									
2 MF-ANAC	ANAC	1	0.000000	0.000000	0.108294	0.187570	0.000000	0.062027	0.000000	0.000000
3 MF-ANAC	ANAC	1	0.000000	0.000000	0.240190	0.416022	0.000000	0.125305	0.000000	0.000000
4 MF-ANAC	ANAC	1	0.000000	0.000000	0.353553	0.612372	0.000000	0.148935	0.000000	0.000000
5 MF-ANAC	ANAC	1	0.000000	0.000000	0.438530	0.759556	0.000000	0.125305	0.000000	0.000000
6 MF-ANAC	ANAC	1	0.000000	0.000000	0.488132	0.845469	0.000000	0.062027	0.000000	0.000000
7 MF-ANAC	ANAC	1	0.000000	0.000000	0.216587	0.000000	0.000000	0.062027	0.000000	0.000000
8 MF-ANAC	ANAC	1	0.000000	0.000000	0.480380	0.000000	0.000000	0.125305	0.000000	0.000000
9 MF-ANAC	ANAC	1	0.000000	0.000000	0.707107	0.000000	0.000000	0.148935	0.000000	0.000000
10 MF-ANAC	ANAC	1	0.000000	0.000000	0.877060	0.000000		0.000000	0.125305	0.000000	0.000000
11 MF-ANAC	ANAC	1	0.000000	0.000000	0.976263	0.000000	0.000000	0.062027	0.000000	0.000000
12 MF-ANAC	ANAC	1	0.000000	0.000000	0.108294	-0.187570	0.000000	0.062027	0.000000	0.000000
13 MF-ANAC	ANAC	1	0.000000	0.000000	0.240190	-0.416022	0.000000	0.125305	0.000000	0.000000
14 MF-ANAC	ANAC	1	0.000000	0.000000	0.353553	-0.612372	0.000000	0.148935	0.000000	0.000000
15 MF-ANAC	ANAC	1	0.000000	0.000000	0.438530	-0.759556	0.000000	0.125305	0.000000	0.000000
16 MF-ANAC	ANAC	1	0.000000	0.000000	0.488132	-0.845469	0.000000	0.062027	0.000000	0.000000
17 MF-ANAC	ANAC	1	0.000000	0.000000	-0.108294	-0.187570	0.000000	0.062027	0.000000	0.000000
18 MF-ANAC	ANAC	1	0.000000	0.000000	-0.240190	-0.416022	0.000000	0.125305	0.000000	0.000000
19 MF-ANAC	ANAC	1	0.000000	0.000000	-0.353553	-0.612372	0.000000	0.148935	0.000000	0.000000
20 MF-ANAC	ANAC	1	0.000000	0.000000	-0.438530	-0.759556	0.000000	0.125305	0.000000	0.000000
21 MF-ANAC	ANAC	1	0.000000	0.000000	-0.488132	-0.845469	0.000000	0.062027	0.000000	0.000000
22 MF-ANAC	ANAC	1	0.000000	0.000000	-0.216587	-1.27707...	0.000000	0.062027	0.000000	0.000000
23 MF-ANAC	ANAC	1	0.000000	0.000000	-0.480380	-2.72159...	0.000000	0.125305	0.000000	0.000000
24 MF-ANAC	ANAC	1	0.000000	0.000000	-0.707107	-4.00611...	0.000000	0.148935	0.000000	0.000000
25 MF-ANAC	ANAC	1	0.000000	0.000000	-0.877060	-4.96898...	0.000000	0.125305	0.000000	0.000000
26 MF-ANAC	ANAC	1	0.000000	0.000000	-0.976263	-5.53101...	0.000000	0.062027	0.000000	0.000000
27 MF-ANAC	ANAC	1	0.000000	0.000000	-0.108294	0.187570	0.000000	0.062027	0.000000	0.000000
28 MF-ANAC	ANAC	1	0.000000	0.000000	-0.240190	0.416022	0.000000	0.125305	0.000000	0.000000
29 MF-ANAC	ANAC	1	0.000000	0.000000	-0.353553	0.612372	0.000000	0.148935	0.000000	0.000000
30 MF-ANAC	ANAC	1	0.000000	0.000000	-0.438530	0.759556	0.000000	0.125305	0.000000	0.000000
31 MF-ANAC	ANAC	1	0.000000	0.000000	-0.488132	0.845469	0.000000	0.062027	0.000000	0.000000

图 6-30

控制光束扩束的方法将采用真实光线高度 RAY 或 REAY 操作数。通过 Transverse Aberration 窗口选择真实光线 Y 方向的坐标,设定表面为像面的编号 8,光瞳 P_y 设置为最大 1,出光直径目标为 15 mm,如图 6-31 所示。所以目标值设置为 7.5,注意这里的高度是指半高度。点击 Insert,这个目标的操作数就插入到评价函数的第一行,如图 6-32 所示。

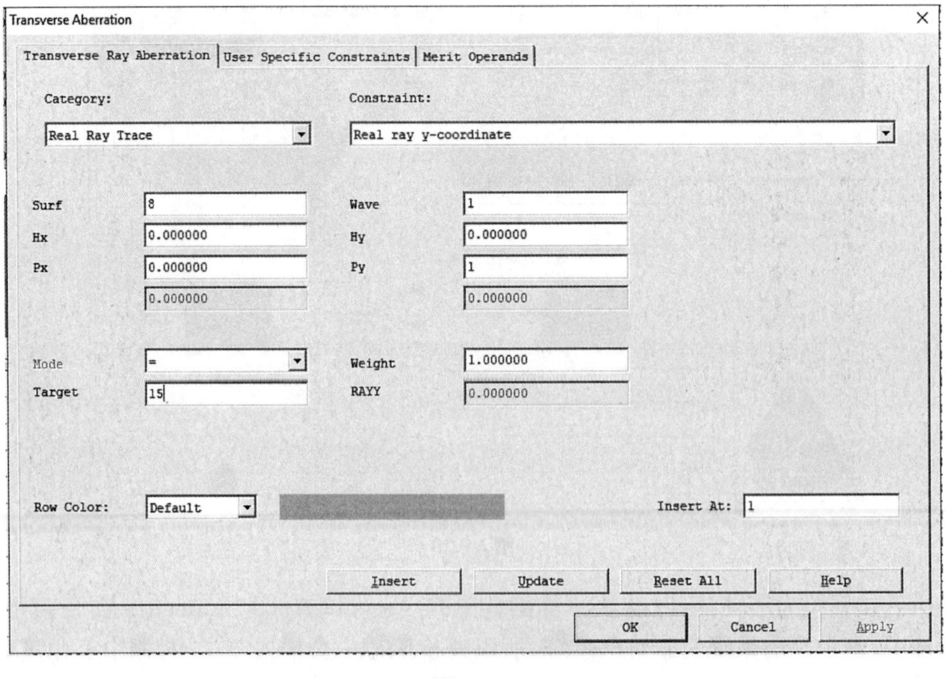

图 6-31

MFE	Type		Wave	Hx	Hy	Px	Py			Target	Weight	Value	% Contrib
1 MF-REAY	REAY	8	1	0.00000	0.00000	0.00000	1.00000			7.50000	1.00000	2.50000	100.00000
2 MF-DMFS	DMFS												
3 MF-ANAC	ANAC		1	0.00000	0.00000	0.16786	0.29073			0.00000	0.14544	0.00000	0.00000
4 MF-ANAC	ANAC		1	0.00000	0.00000	0.35355	0.61237			0.00000	0.23271	0.00000	0.00000
5 MF-ANAC	ANAC		1	0.00000	0.00000	0.47098	0.81577			0.00000	0.14544	0.00000	0.00000

图 6 - 32

在优化前,一定要记得设置变量,因为这个系统只有两个球面,所以将两个球面的曲率半径作为变量,如图 6 - 33 所示。

LDE	SURFACE	NAME	RADIUS	THICKNESS	GLASS	APERTURE	DIAMETER	CONIC
Object 0	STANDARD		Infinity	Infinity		2.500000	2.500000	0.000000
Stop 1	STANDARD		Infinity	50.000000		2.500000	2.500000	0.000000
2	COORDBRK			0.000000	-	0.000000	0.000000	0.000000
3	STANDARD		Infinity V	0.000000	MIRROR	2.588190	2.588190	0.000000
4	COORDBRK			-60.000000	-	0.000000	0.000000	0.000000
5	COORDBRK			0.000000	-	0.000000	0.000000	0.000000
6	STANDARD		Infinity V	0.000000	MIRROR	2.588190	2.588190	0.000000
7	COORDBRK			80.000000	-	0.000000	0.000000	0.000000
Image 8	STANDARD		Infinity		-	2.500000	2.500000	0.000000

图 6 - 33

利用局部优化,在很短时间,甚至在 1 秒内,优化就可以完成,评价函数数值明显收敛,如图 6 - 34 所示。

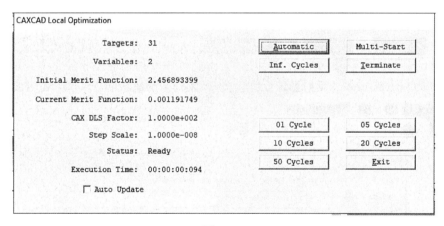

图 6 - 34

这里的变量只是两个球面反射镜,从像差角度,球差获得补偿的效果并不好,所以这样的反射式扩束镜通常倍率都不会太大。如果要对整体像差尤其是球差进行矫正,就需要引入更多的反射面,例如离轴三反系统(图 6 - 35)。

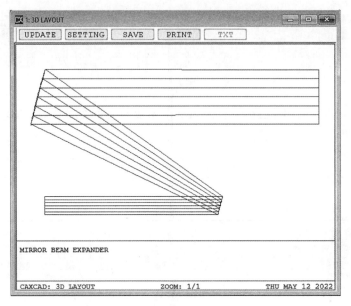

图 6-35

6.2.2 牛顿望远镜

牛顿望远镜是天文望远镜的一种,采用简单的抛物面反射结构。平行光从无穷远处进入望远镜后,光束会被完美汇聚到抛物面的焦点上,而在这一焦点上将不会有球差。

设计的目标为焦距:1 200 mm,F/♯=6,由此可知反射面曲率半径是焦距的 2 倍即 2 400 mm,口径 200 mm。反射系统没有色差,所以只采用默认的 0.55 μm 作为波长。

实例文件 06-04:Newton.cax

设置入瞳直径 200 mm,如图 6-36 所示:

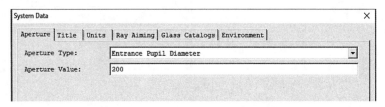

图 6-36

视场和波长都采用系统默认的参数,并设定表面数据,反射镜的后方传输距离为负值,如图 6-37 所示。

LDE	SURFACE	NAME	RADIUS	THICKNESS	GLASS	APERTURE	DIAMETER	CONIC
Object 0	STANDARD		Infinity	Infinity		100.000000	100.000000	0.000000
1	STANDARD		Infinity	1200.000000		100.000000	100.000000	0.000000
Stop 2	STANDARD		-2400.000000	-1200.000000	MIRROR	100.000000	100.000000	0.000000
3	STANDARD		Infinity	0.000000		0.087146	0.087146	0.000000
Image 4	STANDARD		Infinity		-	0.087146	0.087146	0.000000

图 6-37

系统的外观和点列图(图 6-38)：

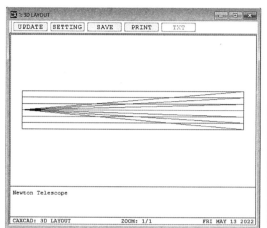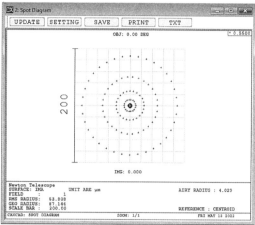

图 6-38

将反射面的二次圆锥系数 Conic 设为-1(图 6-39)，此时面型就变成了抛物面。

LDE	NAME	RADIUS	THICKNESS	GLASS	APERTURE	DIAMETER	CONIC	TCE x 1E-6
Object 0		Infinity	Infinity		100.000000	100.000000	0.000000	0.000000
1		Infinity	1200.000000		100.000000	100.000000	0.000000	0.000000
Stop 2		-2400.000000	-1200.000000	MIRROR	100.000000	100.000000	-1.000000	0.000000
3		Infinity	0.000000		1.421085E-014	1.421085E-014	0.000000	0.000000
Image 4		Infinity	-		1.421085E-014	1.421085E-014	0.000000	0.000000

图 6-39

更新点列图，会看到光斑大小为理想点光斑，对比显示艾里光斑衍射极限 Show Airy Disk，如图 6-40～图 6-41 所示。

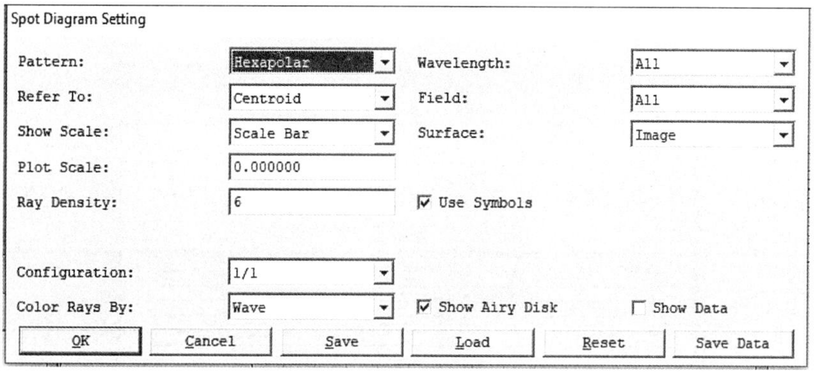

图 6-40

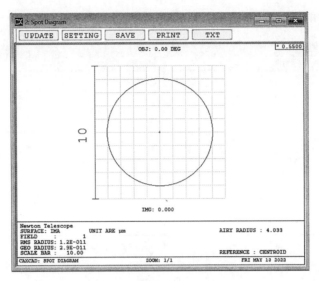

图 6-41

如图 6-42 所示,接下来需要设置第二个反射镜,从而将光束反射 90°,以便让目镜观察。

LDE	NAME	RADIUS	THICKNESS	GLASS	APERTURE	DIAMETER	CONIC	TCE x 1E-6
Object 0		Infinity	Infinity		100.000000	100.000000	0.000000	0.000000
1		Infinity	1200.000000		100.000000	100.000000	0.000000	0.000000
Stop 2		-2400.000000	-900.000000	MIRROR	100.000000	100.000000	-1.000000	0.000000
3		Infinity	300.000000	MIRROR	25.043478	25.043478	0.000000	0.000000
Image 4		Infinity	-		1.421085E-014	1.421085E-014	0.000000	0.000000

图 6-42

将反射镜后方的 1 200 mm 传输距离拆分为 900 mm 和 300 mm,并在 900 mm 位置定义第二个反射镜。再次遇到反射镜,后续厚度即变为正值。更改后参数对应的反射系统外观如图 6-43 所示:

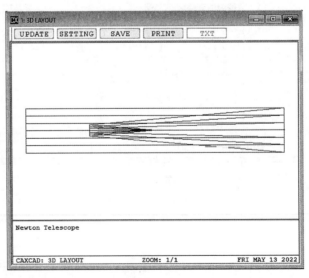

图 6-43

如图 6-44 所示,采用坐标断点面将第二个反射镜的光线反射 90°。

LDE	SURFACE	NAME	RADIUS	THICKNESS	GLASS	APERTURE	DIAMETER	CONIC
Object 0	STANDARD		Infinity	Infinity		100.000000	100.000000	0.000000
1	STANDARD		Infinity	1200.000000		100.000000	100.000000	0.000000
Stop 2	STANDARD		-2400.000000	-900.000000	MIRROR	100.000000	100.000000	-1.000000
3	COORDBRK			0.000000	-	0.000000	0.000000	0.000000
4	STANDARD		Infinity	0.000000	MIRROR	25.043478	25.043478	0.000000
5	COORDBRK			300.000000	-	0.000000	0.000000	0.000000
Image 6	STANDARD		Infinity	-		1.421085E-014	1.421085E-014	0.000000

图 6-44

注意第二坐标断点面上的厚度为 300 mm,而反射镜厚度为 0,表示第二坐标断点面的位置紧贴在反射镜的后方。设定两个面的旋转角度都为 45°,确保反射镜旋转 45°,而光束和反射镜后方的像面旋转 90°,如图 6-45 所示。

LDE	PAR 0	Decenter X	Decenter Y	Tilt About X	Tilt About Y	Tilt About Z	Order	PAR 7	PAR 8
Object 0									
1									
Stop 2									
3		0.000000	0.000000	45.000000	0.000000	0.000000	0.000000		
4									
5		0.000000	0.000000	45.000000	0.000000	0.000000	0.000000		
Image 6									

图 6-45

光束被成功折反 90°,如图 6-46 所示:

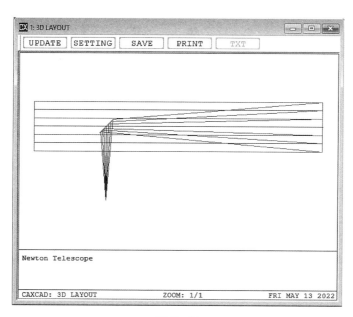

图 6-46

查看当前 MTF,如图 6-47 所示:

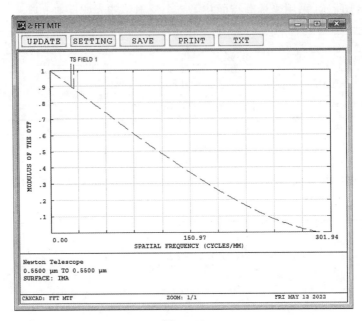

图 6-47

第二个反射镜位于光束中心,因此光束的中心被遮挡,使用表面 1 上的孔径将这部分光剔除,如图 6-48 所示。

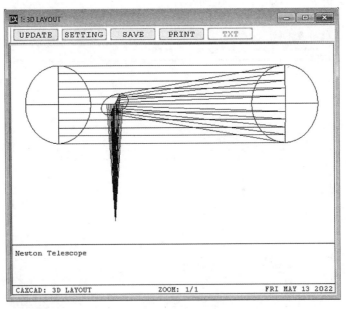

图 6-48

在第 1 个面上,设置遮光,如图 6-49 所示:

Surface 1

Type | Aperture | Draw | Tilt/Decenter

Pickup From: None

Aperture Type: Rectangular Obscuration

X-half Width 32

Y-half Width 22

Aperture X-Decenter 0

Aperture Y-Decenter 0

<< Previous Surface   Next Surface >>

OK   Cancel   Apply

图 6 - 49

中心光线被遮挡后,会影响成像低频的分辨率,MTF 曲线上很明显看到这一点(图 6 - 50)。

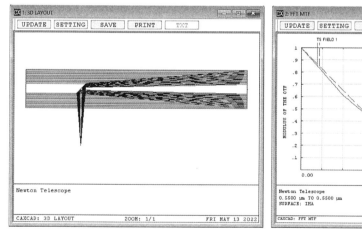
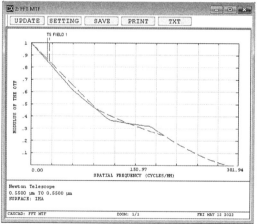

图 6 - 50

因为光学系统中心光束对 MTF 低频分辨率很重要,要避免这种中心遮光,可以采用离轴三反系统。

6.2.3　离轴三反系统

离轴三反系统采用 3 个反射镜的形式,确保中心的光束不会被遮挡,采用 3 片式,能够保证球差获得很好的矫正。反射式的光学系统没有色差的产生,适合应用在从紫外到远红外的波段。在太空中的卫星系统,也通常会加载这样的照相设备,这是因为离轴三反系统适合于远距离拍摄,通常焦距较长而视场角较小。

设计目标及参数要求：

焦距 EFFL＝254 mm；

入瞳直径 EPDI＝15 mm；

视场角度 FOV＝1°。

实例文件 06 - 05：Three Mirrors.cax

为了看到整个视场的情况，视场设置了对称式正负值，如图 6 - 51 所示：

FDE	X-Field	Y-Field	Weight	FVDX	FVDY	FVCX	FVCY	FVAN	Color
1	0.000000	0.000000	1.000000	0.000000	0.000000	0.000000	0.000000	0.000000	
2	0.000000	0.350000	1.000000	0.000000	0.000000	0.000000	0.000000	0.000000	
3	0.000000	0.500000	1.000000	0.000000	0.000000	0.000000	0.000000	0.000000	
4	0.000000	-0.350000	1.000000	0.000000	0.000000	0.000000	0.000000	0.000000	
5	0.000000	-0.500000	1.000000	0.000000	0.000000	0.000000	0.000000	0.000000	

图 6 - 51

系统参数设置好后，定义三个反射镜 MIRROR 面型，并且每个反射镜的前后都设置了坐标断点面，如图 6 - 52 所示。

LDE	SURFACE	NAME	RADIUS	THICKNESS	GLASS	APERTURE	DIAMETER	CONIC
Object 0	STANDARD		Infinity	Infinity		7.500000	7.500000	0.000000
Stop 1	STANDARD		Infinity	120.000000		7.500000	7.500000	0.000000
2	COORDBRK			0.000000	-	0.000000	0.000000	0.000000
3	STANDARD		Infinity V	0.000000	MIRROR	8.641822	8.641822	0.000000
4	COORDBRK			-100.000000	-	0.000000	0.000000	0.000000
5	COORDBRK			0.000000	-	0.000000	0.000000	0.000000
6	STANDARD		Infinity V	0.000000	MIRROR	9.824112	9.824112	0.000000
7	COORDBRK			100.000000 P	-	0.000000	0.000000	0.000000
8	COORDBRK			0.000000	-	0.000000	0.000000	0.000000
9	STANDARD		Infinity V	0.000000	MIRROR	10.406512	10.406512	0.000000
10	COORDBRK			-100.000000	-	0.000000	0.000000	0.000000
Image 11	STANDARD		Infinity		-	11.165284	11.165284	0.000000

图 6 - 52

设置第一个反射镜 8°的倾斜，第二个反射镜保持直立状态，第三个反射镜让光线水平，如图 6 - 53 所示。

LDE	PAR 0	Decenter X	Decenter Y	Tilt About X	Tilt About Y	Tilt About Z	Order	PAR 7	PAR 8
Object 0									
Stop 1									
2		0.000000	0.000000	8.000000	0.000000	0.000000	0.000000		
3									
4		0.000000	0.000000	8.000000 P	0.000000	0.000000	0.000000		
5		0.000000	0.000000	-16.000000 P	0.000000	0.000000	0.000000		
6									
7		0.000000	0.000000	-16.000000 P	0.000000	0.000000	0.000000		
8		0.000000	0.000000	8.000000 P	0.000000	0.000000	0.000000		
9									
10		0.000000	0.000000	8.000000 P	0.000000	0.000000	0.000000		
Image 11									

图 6 - 53

初始结构的外观，如图 6 - 54 所示。

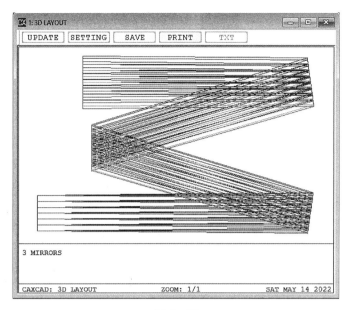

图 6 - 54

在评价函数编辑器中,使用默认评价函数构建点列图的优化目标(图 6 - 55)。

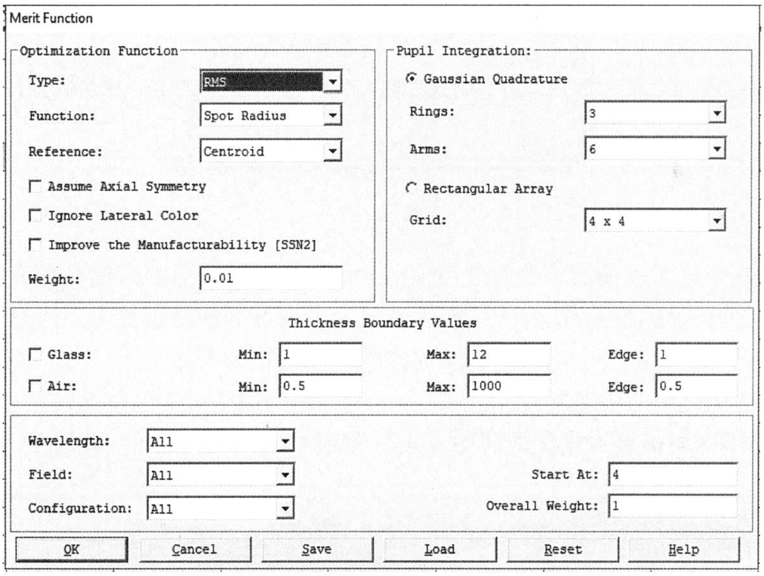

图 6 - 55

使用 EFL 或 EFFL 操作数限定系统焦距为 254 mm,如图 6 - 56 所示。

MFE	Type	NOTE								Target	Weight	Value	% Contrib
1 MF-EFFL	EFFL		1							254.000000	1.000000	254.000000	3.251269...
2 MF-DMFS	DMFS												
3 MF-BLNK	BLNK	BLNK											
4 MF-SPOT	SPOT		1	1	0.167855	0.290734				0.000000	0.029089	0.000000	0.000000
5 MF-SPOT	SPOT		1	1	0.353553	0.612372				0.000000	0.046542	0.000000	0.000000
6 MF-SPOT	SPOT		1	1	0.470983	0.815766				0.000000	0.029089	0.000000	0.000000
7 MF-SPOT	SPOT		1	1	0.335711	0.000000				0.000000	0.029089	0.000000	0.000000
8 MF-SPOT	SPOT		1	1	0.707107	0.000000				0.000000	0.046542	0.000000	0.000000
9 MF-SPOT	SPOT		1	1	0.941965	0.000000				0.000000	0.029089	0.000000	0.261180
10 MF-SPOT	SPOT		1	1	0.167855	-0.290734				0.000000	0.029089	0.000000	0.547992
11 MF-SPOT	SPOT		1	1	0.353553	-0.612372				0.000000	0.046542	0.000000	0.478241
12 MF-SPOT	SPOT		1	1	0.470983	-0.815766				0.000000	0.029089	0.000000	0.278956
13 MF-SPOT	SPOT		1	1	-0.167855	-0.290734				0.000000	0.029089	0.000000	0.119597
14 MF-SPOT	SPOT		1	1	-0.353553	-0.612372				0.000000	0.046542	0.000000	0.149699
15 MF-SPOT	SPOT		1	1	-0.470983	-0.815766				0.000000	0.029089	0.000000	0.194430
16 MF-SPOT	SPOT		1	1	-0.335711	-1.90196...				0.000000	0.029089	0.000000	0.099286
17 MF-SPOT	SPOT		1	1	-0.707107	-4.00611...				0.000000	0.046542	0.000000	0.030275
18 MF-SPOT	SPOT		1	1	-0.941965	-5.33670...				0.000000	0.029089	0.000000	0.013806
19 MF-SPOT	SPOT		1	1	-0.167855	0.290734				0.000000	0.029089	0.000000	0.043679
20 MF-SPOT	SPOT		1	1	-0.353553	0.612372				0.000000	0.046542	0.000000	0.076507
21 MF-SPOT	SPOT		1	1	-0.470983	0.815766				0.000000	0.029089	0.000000	1.011104

图 6-56

对于离轴系统,和旋转对称系统不同的是即使是第一视场评价函数,也会对整个光瞳进行采样。

这里的目标是要获得最佳光斑,为了能够快速优化,将像面的距离进行边缘光线高度求解,因为 0.7 光瞳处的光线通常是球差平衡的位置,所以用 0.7 光瞳高度作为求解像距的参数(图 6-57)。

图 6-57

系统中三个反射镜的曲率半径是变量,在没有给定任何初始结构参数或合理的曲率半径时,这就是一个焦距无穷大的系统,因此这个求解得到的值也很大。但是评价函数是没有问题的,只要保持这一点,系统就能够找到好的优化结果。

利用局部优化中的快速初始结构 Multi-Start 进行优化,可能会得到很多种,甚至是不合理的形式,这就需要对优化的起始点进行筛选,如图 6-58~6-59 所示。

图 6-58

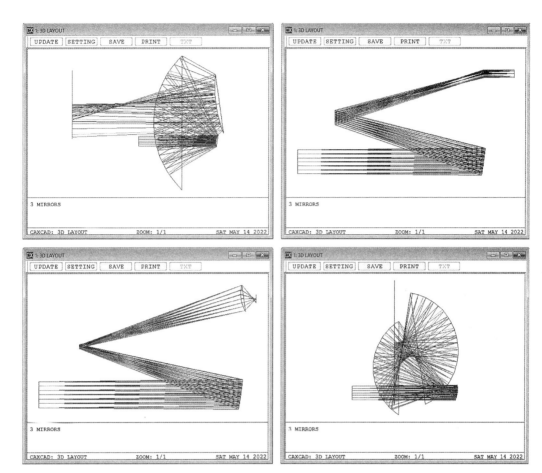

图 6 - 59

在多次点击获取初始结构后，总能在多个结果中找到合适的，如图 6 - 60 所示：

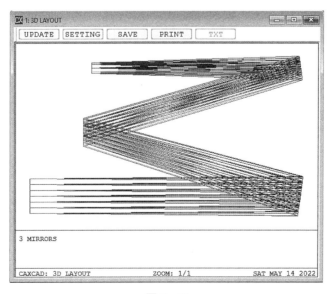

图 6 - 60

以这个结构为正式的起始点进行优化(图 6 - 61)。

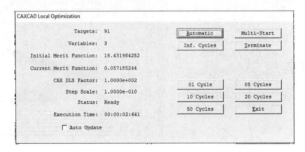

图 6 - 61

在很短的时间内,评价函数会明显减小,优化后的结构外观也更合理(图 6 - 62)。

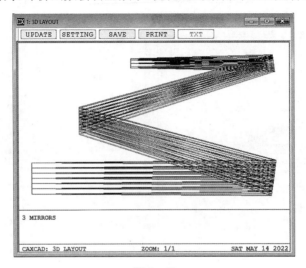

图 6 - 62

但是看到点列图的效果却不理想,通过点列图的形状知道,此时存在明显的像散,如图 6 - 63 所示。离轴光学系统本身就有像散存在,像面离焦后会更加明显。

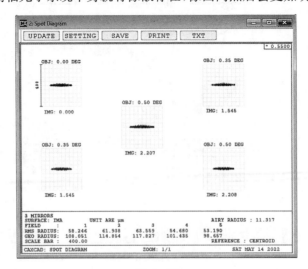

图 6 - 63

为了找到好的焦点位置，将像面距离作为变量，再次进行优化，如图 6 - 64 所示，评价函数可以再次获得明显减小。

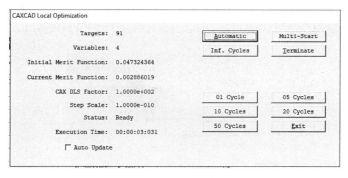

图 6 - 64

优化后的表面如图 6 - 65 所示

LDE	SURFACE	NAME	RADIUS	THICKNESS	GLASS	APERTURE	DIAMETER	CONIC
Object 0	STANDARD		Infinity	Infinity		7.500000	7.500000	0.000000
Stop 1	STANDARD		Infinity	120.000000		7.500000	7.500000	0.000000
2	COORDBRK			0.000000	-	0.000000	0.000000	0.000000
3	STANDARD		-472.284293 V	0.000000	MIRROR	8.631033	8.631033	0.000000
4	COORDBRK			-100.000000	-	0.000000	0.000000	0.000000
5	COORDBRK			0.000000	-	0.000000	0.000000	0.000000
6	STANDARD		-546.586721 V	0.000000	MIRROR	6.012523	6.012523	0.000000
7	COORDBRK			100.000000 P	-	0.000000	0.000000	0.000000
8	COORDBRK			0.000000	-	0.000000	0.000000	0.000000
9	STANDARD		-401.814016 V	0.000000	MIRROR	5.238337	5.238337	0.000000
10	COORDBRK			-92.471529 V	-	0.000000	0.000000	0.000000
Image 11	STANDARD		Infinity		-	2.239050	2.239050	0.000000

图 6 - 65

此时的点列图（图 6 - 66）都进入衍射极限。

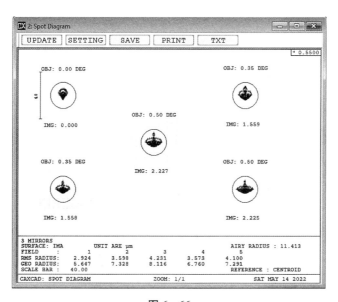

图 6 - 66

6.2.4　光栅光谱仪

光栅光谱仪主要是利用衍射光栅对于不同波长的分光特性，将不同颜色进行分光来完成目标的。衍射光栅面分光后，再利用反射聚焦镜对不同波长的光束进行优化聚焦。

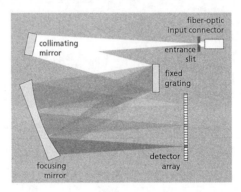

图 6 - 67

图 6 - 67 中所示的前部是利用反射式准直镜将光纤发出点光源进行准直优化，获取平行光，接下来需要做的是在平面反射光栅分光后进行聚焦。

设计指标要求：

工作波长：450～650 nm，间隔 50 nm 设置波长；

光束直径：平行光 10 mm 入射；

宽度范围 Z 向控制在 100～150 mm 左右；

目标：不同波长的光束在像面上几何光斑区别开。

实例文件 06 - 06：DGrating.cax

设置入瞳直径 10 mm（图 6 - 68）：

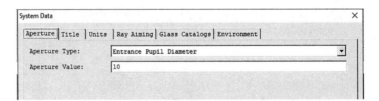

图 6 - 68

波长设置（图 6 - 69）：

WDE	Wavelength	Weight	Color
1	0.4500000	1.0000000	
2	0.5000000	1.0000000	
Primary 3	0.5500000	1.0000000	
4	0.6000000	1.0000000	
5	0.6500000	1.0000000	

图 6 - 69

视场采用默认，并定义初始结构面型数据（图 6 - 70）：

LDE	SURFACE	NAME	RADIUS	THICKNESS	GLASS	APERTURE	DIAMETER	CONIC
Object 0	STANDARD		Infinity	Infinity		5.0000000	5.0000000	0.0000000
Stop 1	STANDARD		Infinity	100.0000000		5.0000000	5.0000000	0.0000000
2	COORDBRK			0.0000000	—	0.0000000	0.0000000	0.0000000
3	DGRATING		Infinity	0.0000000	MIRROR	5.0771331	5.0771331	0.0000000
4	COORDBRK			-100.0000000	—	0.0000000	0.0000000	0.0000000
5	COORDBRK			0.0000000	—	0.0000000	0.0000000	0.0000000
6	STANDARD		Infinity V	0.0000000	MIRROR	6.1378592	6.1378592	0.0000000
7	COORDBRK			100.0000000	—	0.0000000	0.0000000	0.0000000
8	COORDBRK			0.0000000	—	0.0000000	0.0000000	0.0000000
Image 9	STANDARD		Infinity	—		7.0098452	7.0098452	0.0000000

图 6-70

建立了两个反射镜,每个反射镜两侧都定义了坐标断点面,如图 6-71 所示,并进行了偏折角度的设置,面 5 和面 8 上的 Tilt About X 设置了针对主光线的求解和跟随。其中面 8 主要是针对像面。

LDE	TCE x 1E-6	COATING	PAR 0	Decenter X	Decenter Y	Tilt About X	Tilt About Y	Tilt About Z
Object 0	0.0000000		—					
Stop 1	0.0000000		—					
2	0.0000000		—	0.0000000	0.0000000	10.0000000	0.0000000	0.0000000
3	0.0000000		—	0.1000000	1.0000000			
4	0.0000000		—	0.0000000	0.0000000	10.0000000	0.0000000	0.0000000
5	0.0000000		—	0.0000000	5.6215026 C	-10.0000000	0.0000000	0.0000000
6	0.0000000		—			*		
7	0.0000000		—	0.0000000	0.0000000	-10.0000000 P	0.0000000	0.0000000
8	0.0000000		—	0.0000000	5.6215026 C			

图 6-71

初始结构外观图(图 6-72):

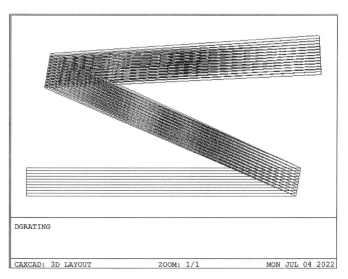

图 6-72

建立评价函数,针对光栅光谱仪,需要利用光栅的分光技术将不同颜色光分开,此时需要选择忽略垂轴色差的优化(Ignore Lateral Color),如图 6-73 所示。

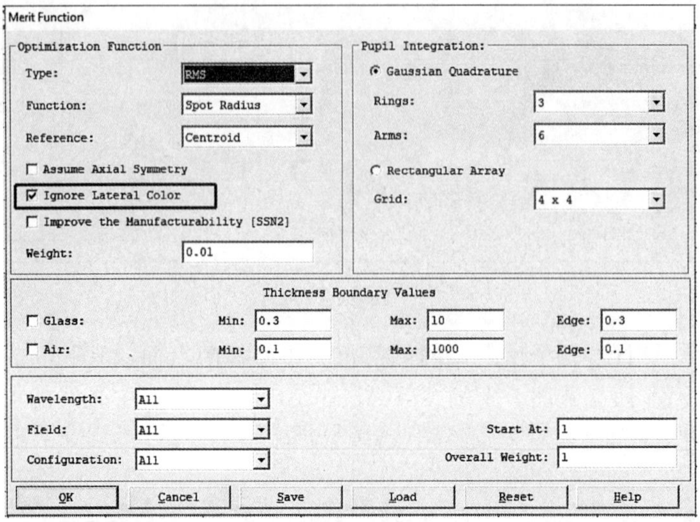

图 6－73

每个波长的光斑前都会增加一个 PRIM 控制波长的操作数，这个操作数的作用就是忽略色差的优化，如图 6－74 所示。

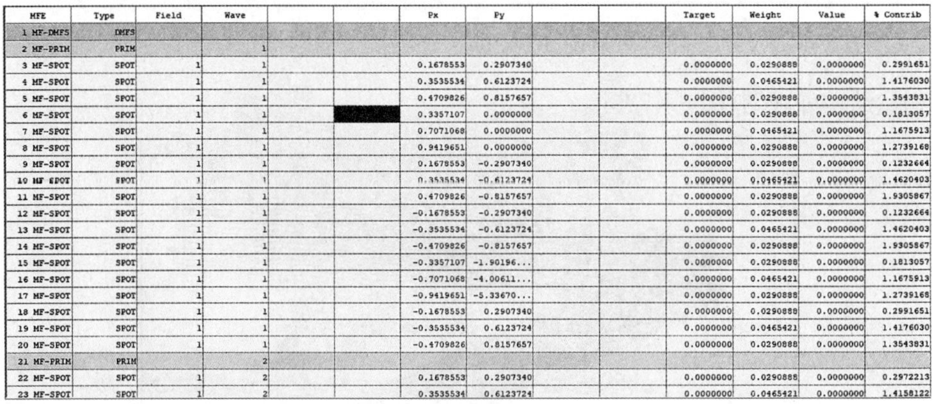

MFE	Type	Field	Wave			Px	Py			Target	Weight	Value	% Contrib
1 MF-DMFS	DMFS												
2 MF-PRIM	PRIM		1										
3 MF-SPOT	SPOT	1	1			0.1678553	0.2907340			0.0000000	0.0290888	0.0000000	0.2991651
4 MF-SPOT	SPOT	1	1			0.3535534	0.6123724			0.0000000	0.0465421	0.0000000	1.4176030
5 MF-SPOT	SPOT	1	1			0.4709826	0.8157657			0.0000000	0.0290888	0.0000000	1.3543831
6 MF-SPOT	SPOT	1	1			0.3357107	0.0000000			0.0000000	0.0290888	0.0000000	0.1813057
7 MF-SPOT	SPOT	1	1			0.7071068	0.0000000			0.0000000	0.0465421	0.0000000	1.1675913
8 MF-SPOT	SPOT	1	1			0.9419651	0.0000000			0.0000000	0.0290888	0.0000000	1.2739168
9 MF-SPOT	SPOT	1	1			0.1678553	-0.2907340			0.0000000	0.0290888	0.0000000	0.1232664
10 MF-SPOT	SPOT	1	1			0.3535534	-0.6123724			0.0000000	0.0465421	0.0000000	1.4620403
11 MF-SPOT	SPOT	1	1			0.4709826	-0.8157657			0.0000000	0.0290888	0.0000000	1.9305867
12 MF-SPOT	SPOT	1	1			-0.1678553	-0.2907340			0.0000000	0.0290888	0.0000000	0.1232664
13 MF-SPOT	SPOT	1	1			-0.3535534	-0.6123724			0.0000000	0.0465421	0.0000000	1.4620403
14 MF-SPOT	SPOT	1	1			-0.4709826	-0.8157657			0.0000000	0.0290888	0.0000000	1.9305867
15 MF-SPOT	SPOT	1	1			-0.3357107	-1.90196...			0.0000000	0.0290888	0.0000000	0.1813057
16 MF-SPOT	SPOT	1	1			-0.7071068	-4.00611...			0.0000000	0.0465421	0.0000000	1.1675913
17 MF-SPOT	SPOT	1	1			-0.9419651	-5.33670...			0.0000000	0.0290888	0.0000000	1.2739168
18 MF-SPOT	SPOT	1	1			-0.1678553	0.2907340			0.0000000	0.0290888	0.0000000	0.2991651
19 MF-SPOT	SPOT	1	1			-0.3535534	0.6123724			0.0000000	0.0465421	0.0000000	1.4176030
20 MF-SPOT	SPOT	1	1			-0.4709826	0.8157657			0.0000000	0.0290888	0.0000000	1.3543831
21 MF-PRIM	PRIM		2										
22 MF-SPOT	SPOT	1	2			0.1678553	0.2907340			0.0000000	0.0290888	0.0000000	0.2972213
23 MF-SPOT	SPOT	1	2			0.3535534	0.6123724			0.0000000	0.0465421	0.0000000	1.4158122

图 6－74

利用 Multi-Start 进行初始结构查找(图 6－75)：

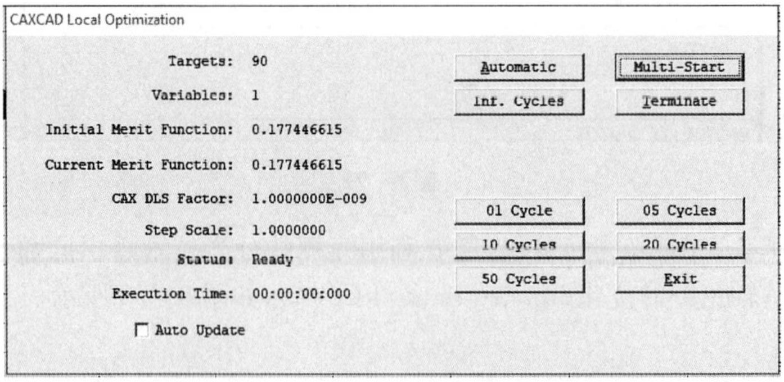

图 6－75

获得初始结构的反射系统及其几何光斑(图 6 - 76)：

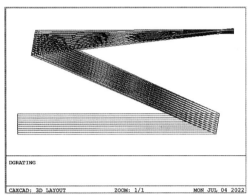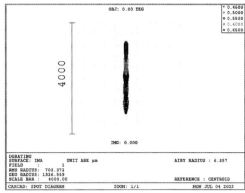

图 6 - 76

再次进行优化(图 6 - 77)：

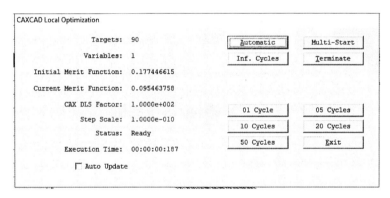

图 6 - 77

优化后不同颜色的光斑就进行了分离(图 6 - 78)：

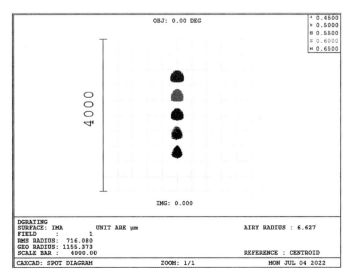

图 6 - 78

第 7 章

多重结构

多重结构(Multi-configurations)通常也被称之为 Zoom,因为最初这种功能主要是用于变焦镜头的设计。CAXCAD 支持各种参数在多重结构中的应用,包括变焦镜头设计和不同视场波长下的镜头优化等。在软件中有一种非常简单的方法可以处理多重结构,每个参数在不同结构和组合状态下具有不同的数值,这种不同均可在多重结构编辑器当中体现。例如在变焦镜中,镜片的间隔厚度可能会有不同的值。系统呈现每个结构时,会将指定结构的所有参数调用后,进行分析和优化。

利用多重结构可以构建非常复杂的光学系统,例如扫描系统、不同级次的光栅、双光路和分光系统等,这样的系统同时可以在三维结构图中展示。

7.1 多重结构的基础

7.1.1 多重结构编辑器 MCE

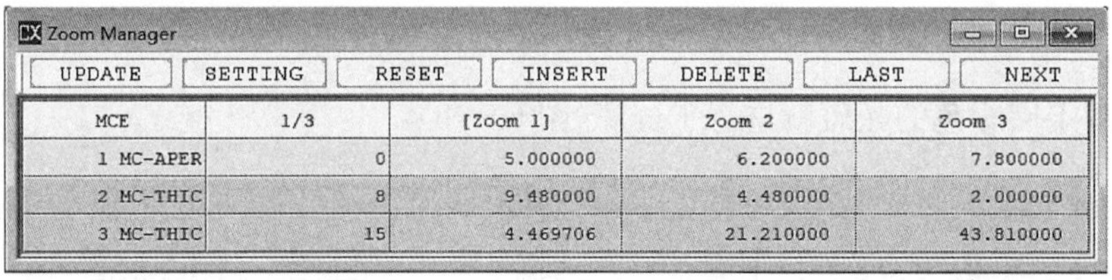

MCE	1/3	[Zoom 1]	Zoom 2	Zoom 3
1 MC-APER	0	5.000000	6.200000	7.800000
2 MC-THIC	8	9.480000	4.480000	2.000000
3 MC-THIC	15	4.469706	21.210000	43.810000

UPDATE SETTING RESET INSERT DELETE LAST NEXT

图 7-1

图 7-1 所示是软件中自带的变焦镜头实例 SAMPLES\Zoom systems\Zoom lens. cax 的多重结构数据,在这个镜头中一共包含三个结构。每个结构均有三个数值被调用(系统孔径、第 8 面和第 15 面的厚度)。这三个参数的数值在每个结构中都不相同。因此每个结构都将产生不同的组合状态。

窗口菜单上 LAST 和 NEXT 可以进行结构的切换,也可以使用 Ctrl+A 快捷键。窗口中 1/3 表示一共有 3 个结构,当前结构是第 1 个。而且第一个结构数据的表头 Zoom 1会被括号标记起来。

7.1.2 多重结构的图形显示

每次结构切换后,CAXCAD 会调入对应结构数据,并且更新系统,所以表面数据和状态栏上的系统参数都会随着结构的更新而变化。在这个例子中,如果打开 3D Layout 图形,并且在设置中选择当前结构 Current,如图 7 - 2 所示。

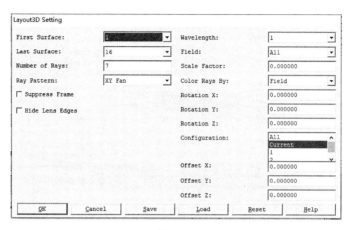

图 7 - 2

每次更新后,观察图形的变化(图 7 - 3):

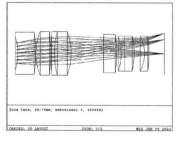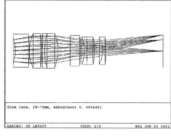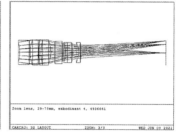

图 7 - 3

如图 7 - 4 所示,在 3D Layout 图形中,可以显示所有的结构,Configuration 中选择 All,同时在 Y 方向为每个结构设置一个 20 mm 的偏移,这里设置为 -20,负值表示上面的是第一个结构。

图 7 - 4

这样三个结构就同时显示出来了(图 7-5)。

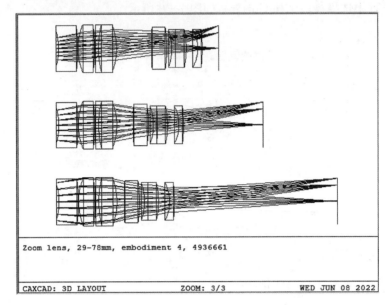

图 7-5

从图形中可以看出,三个结构中是以镜头前面的第一个面为基准对齐。如果要以像面对齐,则只需要将像面设置为系统的全局参考面即可,如图 7-6 所示。

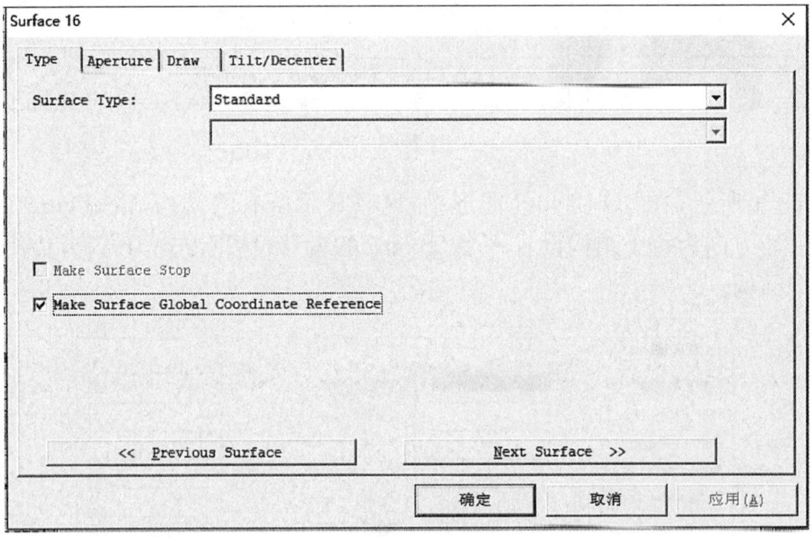

Surface 16 ×

Type | Aperture | Draw | Tilt/Decenter |

Surface Type: Standard

☐ Make Surface Stop
☑ Make Surface Global Coordinate Reference

<< Previous Surface   Next Surface >>

确定   取消   应用(A)

图 7-6

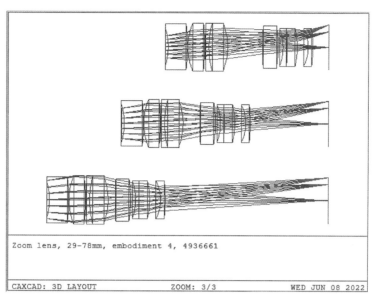

图 7 - 7

以像面位置为基准对齐,展示变焦过程更加贴近实际,如图 7 - 7 所示。

7.1.3　多重结构操作数

CAXCAD 通过多重结构操作数的方式指定参数类型,如表 7 - 1 所示,由三个或四个英文字母组成,同时大部分兼容 Zemax 格式,因此如果具有 Zemax 使用经验,那么可以快速掌握 CAXCAD 多重结构操作数。但是需要注意的是,CAXCAD 采用的是独立开发的内核,虽然英文字母相同,实现方式可能会不同。

表 7 - 1

ID	操作数	兼容操作数	含义	参数	NOTE
0	OFF	MOFF	MOFF	—	An unused operand
1	CRV	CRVT	表面曲率	Surface #	Curvature of surface
2	THI	THIC	表面厚度	Surface #	Thickness of surface
3	GLS	GLSS	玻璃材料	Surface #	Glass
4	IND	MIND	M 折射率	Surface #	Model glass index
5	ABB	MABB	M 阿贝数	Surface #	Model glass Abbe
6	DPG	MDPG	M 色散数	Surface #	Model glass dPgF
7	CON	CONN	二次系数	Surface #	Conic constant
8	PR1	PAR1	参数 P1	Surface #	Parameter 1
9	PR2	PAR2	参数 P2	Surface #	Parameter 2
10	PR3	PAR3	参数 P3	Surface #	Parameter 3

ID	操作数	兼容操作数	含义	参数	NOTE
11	PR4	PAR4	参数 P4	Surface #	Parameter 4
12	PR5	PAR5	参数 P5	Surface #	Parameter 5
13	PR6	PAR6	参数 P6	Surface #	Parameter 6
14	PR7	PAR7	参数 P7	Surface #	Parameter 7
15	PR8	PAR8	参数 P8	Surface #	Parameter 8
16	PRM	PRAM	参数数值	Surface, Par	Parameter value
17	SDI	SDIA	通光口径	Surface #	Semi-diameter
18	MDI	MDIA	机械口径	Surface #	Mach-diameter
19	XFL	XFIE	视场 X	Field #	X-field value
20	YFL	YFIE	视场 Y	Field #	Y-field value
21	FWT	FLWT	视场权重	Field #	Field weight
22	VDX	FVDX	渐晕 VDX	Field #	Vignetting factor VDX
23	VDY	FVDY	渐晕 VDY	Field #	Vignetting factor VDY
24	VCX	FVCX	渐晕 VCX	Field #	Vignetting factor VCX
25	VCY	FVCY	渐晕 VCY	Field #	Vignetting factor VCY
26	VAN	FVAN	渐晕 VAN	Field #	Vignetting factor VAN
27	FTP	FLTP	视场类型	—	Field type
28	WAV	WAVE	波长数值	Wave #	Wavelength
29	WLW	WLWT	波长权重	Wave #	Wavelength weight
30	PRW	PRWV	主波长数	—	Primary wavelength number
31	ATP	APTP	孔径类型	Surface #	Surface aperture type
32	AMN	APMN	最小孔径	Surface #	Surface aperture minimum value
33	AMX	APMX	最大孔径	Surface #	Surface aperture maximum value
34	ADX	APDX	孔径偏移 X	Surface #	Surface aperture X-decenter
35	ADY	APDY	孔径偏移 Y	Surface #	Surface aperture Y-decenter
36	COM	MCOM	表面注释	Surface #	Surface comment
37	TIT	LTTL	镜头标题	—	Lens title
38	STP	SATP	光阑类型	—	System aperture type
39	APE	APER	光阑大小	—	System aperture value
40	STO	STPS	光阑编号	—	Stop surface number

ID	操作数	兼容操作数	含义	参数	NOTE
41	GRS	GCRS	全局面数	—	The global coordinate reference surface
42	APT	APDT	切趾类型	—	System apodization type
43	APF	APDF	切趾因子	—	System apodization factor
44	TEM	TEMP	温度数值	—	Temperature in degrees Celsius
45	PRE	PRES	环境压力	—	Air pressure in atmospheres
46	RAM	RAMM	光线瞄准	—	Ray aiming. Use 0 for off，1 for paraxial，and 2 for real
47	PCX	PSCX	光瞳压缩 X	—	X Pupil Compress
48	PCY	PSCY	光瞳压缩 Y	—	Y Pupil Compress
49	PSX	PSHX	光瞳偏移 X	—	X Pupil Shift
50	PSY	PSHY	光瞳偏移 Y	—	Y Pupil Shift
51	PSZ	PSHZ	光瞳偏移 Z	—	Z Pupil Shift
52	CS1	CSP1	曲率求解 P1	Surface #	Curvature solve parameter 1
53	CS2	CSP2	曲率求解 P2	Surface #	Curvature solve parameter 2
54	TS1	TSP1	厚度求解 P1	Surface #	Thickness solve parameter 1
55	TS2	TSP2	厚度求解 P2	Surface #	Thickness solve parameter 2
56	TS3	TSP3	厚度求解 P3	Surface #	Thickness solve parameter 3
57	PS1	PSP1	参数求解 P1	Surface，Par	Parameter solve parameter 1
58	PS2	PSP2	参数求解 P2	Surface，Par	Parameter solve parameter 2
59	PS3	PSP3	参数求解 P3	Surface，Par	Parameter solve parameter 3
60	CTN	COTN	膜层名称	Surface #	The name of the coating
61	TCE	TCEX	热力系数	Surface #	Thermal coefficient of expansion
62	CWT	CWGT	结构权重	—	The overall weight for the configuration

7.2　多重结构的求解和优化

多重结构中参数变量设置的方法和表面数据是一样的，快捷键 Ctrl＋Z 可以设置变量或进行取消切换。每个参数上会有求解设置，下拉菜单中会有 Variable 的选项（图 7－8）。

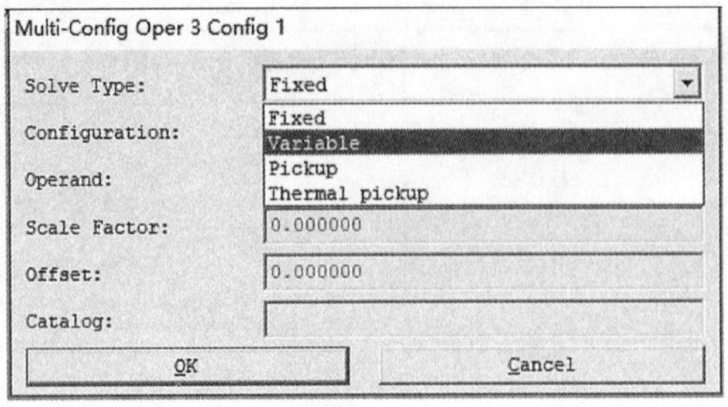

图 7-8

7.2.1 参数跟随求解 Pick up

参数跟随求解里会用到 6 个参数,用于选择指定的结构和参数 target,针对这个参数可以进行比例的缩放和偏移,获得新的数值。

$$data = target * scale + offset$$

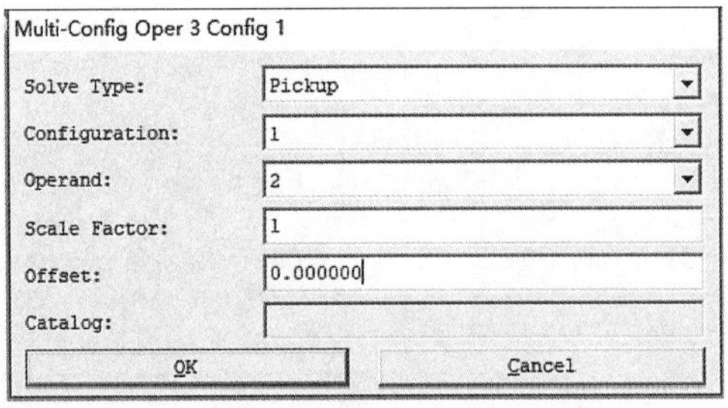

图 7-9

7.2.2 温度跟随求解 Thermal pickup

温度跟随求解主要针对镜片参数在不同温度下发生的变化,用来生成不同温度下环境改变对镜头产生的影响。温度分析及无热化对此有详细说明。

7.2.3 CONF 操作数

CONF 作为一个标识,在优化操作数中主要用来区分不同结构的评价参数,下面的其他评价函数操作数都会以这个结构标识为准进行评价计算。评价函数编辑器中会自动检查当前是否存在多重结构,如果存在,则保持第一个操作数始终为 CONF,如图 7-10 所示。

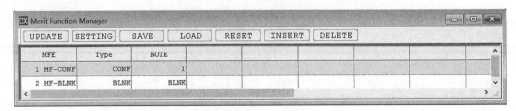

图 7-10

如图 7－11 所示，在第一个 CONF 插入新的操作数后，可以自动连带插入一个 CONF，利用这种方法可以快速插入多个 CONF，而不用指定 CONF 的类型。定义 CONF 后面的编号及后面跟随的操作数，就制定了对应结构的优化目标。

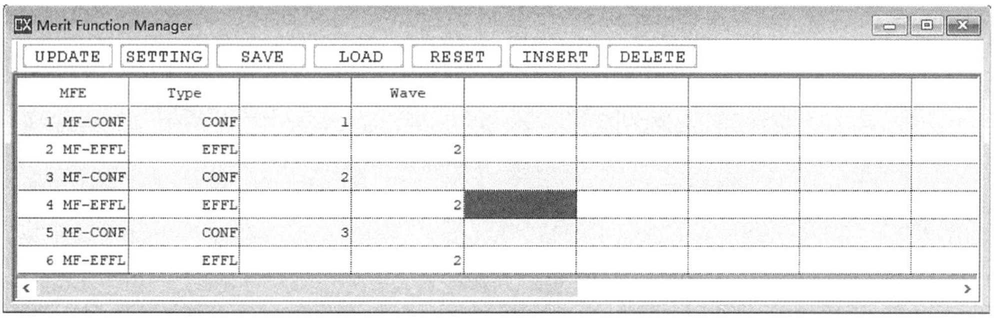

MFE	Type		Wave				
1 MF-CONF	CONF	1					
2 MF-EFFL	EFFL		2				
3 MF-CONF	CONF	2					
4 MF-EFFL	EFFL		2				
5 MF-CONF	CONF	3					
6 MF-EFFL	EFFL		2				

图 7－11

同时多重结构的优化过程相当于多个镜头同时在进行平衡优化，所以优化计算量也相应增加。

7.3　多重结构实例

7.3.1　变焦镜头 Zoom Lens

这里采用一个经典的简单镜头来演示多重结构设计变焦镜头的方法。

实例文件位置 CAXCAD\SAMPLES\Zoom systems\ Zoom Lens 2.cax。

镜头的表面初始结构如图 7－12 所示：

LDE	SURFACE	NAME	RADIUS	THICKNESS	GLASS	APERTURE	DIAMETER	CONIC
Object 0	STANDARD		Infinity	Infinity		15.960009	15.960009	0.000000
1	STANDARD		-200.000000	8.000000	BK7	16.100214	16.100214	0.000000
2	STANDARD		-200.000000	5.000000	F2	15.204849	16.100214	0.000000
3	STANDARD		-100.000000	8.000000		14.764944	15.204849	0.000000
Stop 4	STANDARD		Infinity	8.000000		12.451091	12.451091	0.000000
5	STANDARD		-150.000000	5.000000	BK7	13.733674	14.717936	0.000000
6	STANDARD		100.000000	5.000000	F2	14.717936	15.367342	0.000000
7	STANDARD		100.000000	8.000000		15.367342	15.367342	0.000000
8	STANDARD		100.000000	8.000000	BK7	18.077651	18.702480	0.000000
9	STANDARD		-100.000000	5.000000	F2	18.702480	19.185635	0.000000
10	STANDARD		-57.385872	100.000000		19.185635	19.185635	0.000000
Image 11	STANDARD		Infinity	-		22.674274	22.674274	0.000000

图 7－12

在 3D Layout 设置中，显示三个结构(图 7－13～图 7－14)：

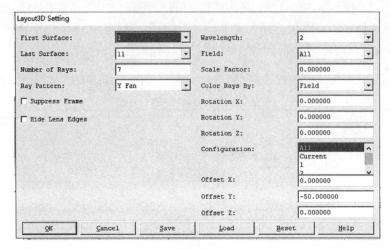

图 7 - 13

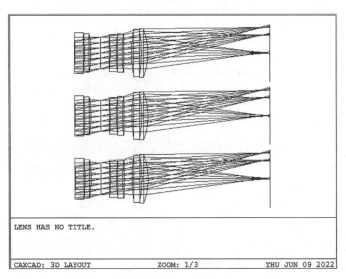

图 7 - 14

打开多重结构,将对应镜片的间隔面 3、4、7 和 10 的厚度参数调入多重结构编辑器中,如图 7 - 15 所示:

MCE	1/3	[Zoom 1]	Zoom 2	Zoom 3
1 MC-THIC	3	8.000000	8.000000	8.000000
2 MC-THIC	4	8.000000	8.000000	8.000000
3 MC-THIC	7	8.000000	8.000000	8.000000
4 MC-THIC	10	100.000000	100.000000	100.000000

图 7 - 15

因为每个结构的厚度在优化中是可以不同的,因此这些参数需设为变量,表示优化后可能会取值不同,这也是变焦镜头设计的核心。最终的设计结构需要知道在不同焦距情况下，镜片的厚度间隔是多少。设置变量可以采用全部选中参数，快捷键 Ctrl＋Z 进行一键设置，如图 7 - 16 所示。

MCE	1/3	[Zoom 1]	Zoom 2	Zoom 3
1 MC-THIC	3	8.000000 V	8.000000 V	8.000000 V
2 MC-THIC	4	8.000000 V	8.000000 V	8.000000 V
3 MC-THIC	7	8.000000 V	8.000000 V	8.000000 V
4 MC-THIC	10	100.000000 V	100.000000 V	100.000000 V

图 7 - 16

此时表面数据上对应的多重结构参数会自动被设定为变量(图 7 - 17)：

LDE	SURFACE	NAME	RADIUS	THICKNESS	GLASS	APERTURE	DIAMETER	CONIC
Object 0	STANDARD		Infinity	Infinity		15.960009	15.960009	0.000000
1	STANDARD		-200.000000	8.000000	BK7	16.100214	16.100214	0.000000
2	STANDARD		-200.000000	5.000000	F2	15.204849	16.100214	0.000000
3	STANDARD		-100.000000	8.000000 V		14.764944	15.204849	0.000000
Stop 4	STANDARD		Infinity	8.000000 V		12.451091	12.451091	0.000000
5	STANDARD		-150.000000	5.000000	BK7	13.733674	14.717936	0.000000
6	STANDARD		100.000000	5.000000	F2	14.717936	15.367342	0.000000
7	STANDARD		100.000000	8.000000 V		15.367342	15.367342	0.000000
8	STANDARD		100.000000	8.000000	BK7	18.077651	18.702480	0.000000
9	STANDARD		-100.000000	5.000000	F2	18.702480	19.185635	0.000000
10	STANDARD		-57.385872	100.000000 V		19.185635	19.185635	0.000000
Image 11	STANDARD		Infinity	-		22.674274	22.674274	0.000000

图 7 - 17

接下来设置不同结构共用的数据，如图 7 - 18 所示，所谓共用的数据是指没有出现在多重结构中的参数，这些参数是所有结构都使用并且数值都相同的参数，例如镜片的厚度和曲率半径等。

LDE	SURFACE	NAME	RADIUS	THICKNESS	GLASS	APERTURE	DIAMETER	CONIC
Object 0	STANDARD		Infinity	Infinity		15.960009	15.960009	0.000000
1	STANDARD		-200.000000 V	8.000000 V	BK7	16.100214	16.100214	0.000000
2	STANDARD		-200.000000 V	5.000000 V	F2	15.204849	16.100214	0.000000
3	STANDARD		-100.000000 V	8.000000		14.764944	15.204849	0.000000
Stop 4	STANDARD		Infinity	8.000000		12.451091	12.451091	0.000000
5	STANDARD		-150.000000 V	5.000000 V	BK7	13.733674	14.717936	0.000000
6	STANDARD		100.000000 V	5.000000 V	F2	14.717936	15.367342	0.000000
7	STANDARD		100.000000 V	8.000000		15.367342	15.367342	0.000000
8	STANDARD		100.000000 V	8.000000	BK7	18.077651	18.702480	0.000000
9	STANDARD		-100.000000 V	5.000000	F2	18.702480	19.185635	0.000000
10	STANDARD		-57.385872 V	100.000000 V		19.185635	19.185635	0.000000
Image 11	STANDARD		Infinity	-		22.674274	22.674274	0.000000

图 7 - 18

接着构建评价函数，这里需要设定两个目标：

第一：确保所有结构都保持好的几何光斑目标，这里的 Configuration 选项是 All，表示全部结构，如图 7 - 19 所示。

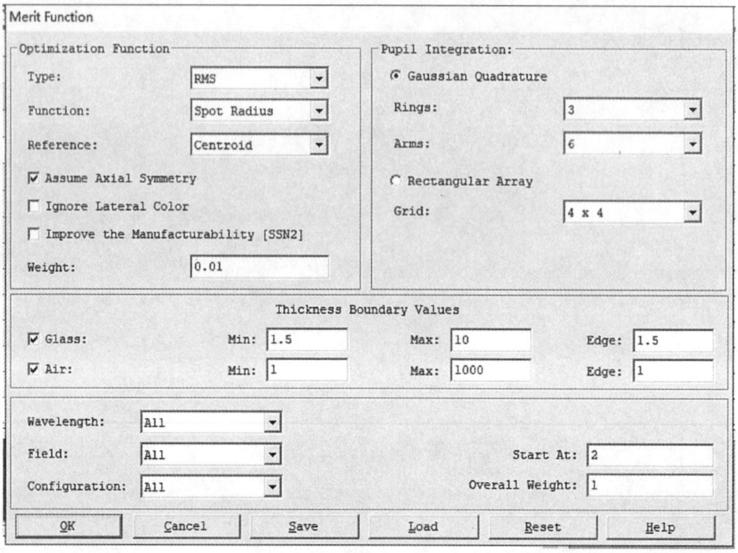

图 7 - 19

如图 7 - 20 所示，这个设置完成后，每个结构都设置了最小光斑的目标，评价函数编辑器中可以针对 CONF 1、2、3 的目标进行设置。同时所有对应结构中，都被设置了玻璃中心和边缘的边界控制。

	MFE	Type						Target	Weight	Value	% Contrib
1	MF-CONF	CONF	1								
2	MF-DMFS	DMFS									
3	MF-CONF	CONF	1								
4	MF-MNCA	MNCA	1	10				1.000000	1.000000	0.000000	0.000000
5	MF-MXCA	MXCA	1	10				1000.000000	1.000000	0.000000	0.000000
6	MF-MNEA	MNEA	1	10	0.000000			1.000000	1.000000	0.000000	0.000000
7	MF-BLNK	BLNK	BLNK								
8	MF-MNCG	MNCG	1	10				1.500000	1.000000	0.000000	8.900703...
9	MF-MXCG	MXCG	1	10				10.000000	1.000000	0.000000	8.900660...
10	MF-MNEG	MNEG	1	10	0.000000			1.500000	1.000000	0.000000	8.900703...
11	MF-BLNK	BLNK	BLNK								
12	MF-BLNK	BLNK	BLNK								
13	MF-SPOT	SPOT	1	1		0.335711	0.000000	0.000000	0.096963	0.000000	8.900703...
14	MF-SPOT	SPOT	1	1		0.707107	0.000000	0.000000	0.155140	0.000000	8.900703...

图 7 - 20

设置 3 个 CONF 目标，分别设定焦距目标为 75、100 和 125，如图 7 - 21 所示：

	MFE	Type		Wave				Target	Weight	Value	% Contrib
1	MF-CONF	CONF	1								
2	MF-EFFL	EFFL		2				75.000000	1.000000	100.000000	49.902788
3	MF-CONF	CONF	2								
4	MF-EFFL	EFFL		2				100.000000	1.000000	100.000000	1.612446...
5	MF-CONF	CONF	3								
6	MF-EFFL	EFFL		2				125.000000	1.000000	100.000000	49.902788
7	MF-DMFS	DMFS									
8	MF-CONF	CONF	1								
9	MF-MNCA	MNCA	1	10				1.000000	1.000000	1.000000	0.000000
10	MF-MXCA	MXCA	1	10				1000.000000	1.000000	1000.000000	0.000000
11	MF-MNEA	MNEA	1	10	0.000000			1.000000	1.000000	1.000000	0.000000
12	MF-BLNK	BLNK	BLNK								
13	MF-MNCG	MNCG	1	10				1.500000	1.000000	1.500000	0.000000
14	MF-MXCG	MXCG	1	10				10.000000	1.000000	10.000000	0.000000

图 7 - 21

在镜头优化后，不同结构显示出了不同的组合状态，如图 7 - 22 所示：

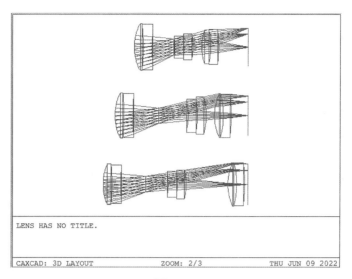

图 7 - 22

不同的结构之间,焦距也都朝向目标优化(图 7 - 23):

MFE	Type	Surf1	Surf2					Target	Weight	Value	% Contrib	
1 MF-CONF	CONF	1										
2 MF-EFFL	EFFL		2					75.000000	1.000000	75.001089	0.001985	
3 MF-CONF	CONF	2										
4 MF-EFFL	EFFL		2					100.000000	1.000000	100.000210	7.404776...	
5 MF-CONF	CONF	3										
6 MF-EFFL	EFFL		2					125.000000	1.000000	125.000030	1.551069...	
7 MF-DMFS	DMFS											
8 MF-CONF	CONF	1										
9 MF-EFFL	EFFL		10					1.000000	1.000000	1.000000	0.000000	

图 7 - 23

在多重结构的厚度数值中,每个结构也都产生了差异(图 7 - 24)。

MCE	2/3	Zoom 1	[Zoom 2]	Zoom 3
1 MC-THIC	3	23.654741 V	28.333345 V	27.432714 V
2 MC-THIC	4	1.666421 V	33.348403 V	25.272918 V
3 MC-THIC	7	9.935471 V	9.329427 V	46.891340 V
4 MC-THIC	10	33.230214 V	18.777838 V	3.447010 V

图 7 - 24

7.3.2　衍射光栅 Diffraction Grating

衍射光栅面可以用来建立规则间隔的光栅,这种光栅的线条默认平行于 x 轴方向,如果需要其他方向,可以使用坐标断点面来对其进行旋转。对于平面光栅遵循以下公式:

$$n_2 \sin \theta_2 - n_1 \sin \theta_1 = \frac{M\lambda}{d} = M\lambda T$$

这里的 d 表示光栅常数,单位是微米, T 是其倒数,表示每微米的光栅频率。 M 表示衍射的级次,不同级次的光线在光栅上发生衍射后的方向不同。利用多重结构可以同时仿真出不同级次的光栅分光情况。

建立一个平面的系统,并把第一个面设置为衍射光栅面(图 7-25):

实例文件 07-01:Grating.cax

LDE	SURFACE	NAME	RADIUS	THICKNESS	GLASS	APERTURE	DIAMETER	CONIC
Object 0	STANDARD		Infinity	Infinity		10.000000	10.000000	0.000000
Stop 1	STANDARD		Infinity	50.000000		10.000000	10.000000	0.000000
2	DGRATING		Infinity	5.000000	BK7	10.000000	10.000000	0.000000
3	STANDARD		Infinity	100.000000		10.000000	10.000000	0.000000
Image 4	STANDARD		Infinity	-		10.000000	10.000000	0.000000

图 7-25

波长设置为红色 He-Ne 激光 $0.632\,8\ \mu m$,将入瞳直径设置为 20 mm,如图 7-26 所示。

图 7-26

一束平行平板就建立好了,默认的衍射光栅面是没有线条的,所以无论级次多少,都没有衍射效应,如图 7-27~图 7-28 所示。

LDE	TCE x 1E-6	COATING	PAR 0	Lines/μm	Order	PAR 3	PAR 4	PAR 5	PAR
Object 0	0.000000		-						
Stop 1	0.000000		-						
2	7.100000		-	0.000000	1.000000				
3	0.000000		-						
Image 4	0.000000		-						

图 7-27

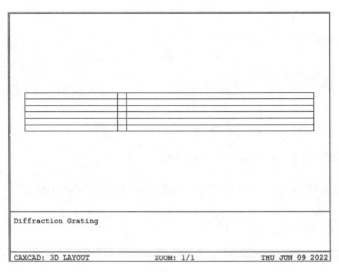

图 7-28

此时将衍射的光栅常数设定为一个初始值 0.25,如图 7-29 所示,表示每个微米有 0.25 条线,也就是线宽间隔为 $4\ \mu m$。

LDE	TCE x 1E-6	COATING	PAR 0	Lines/μm	Order	PAR 3	PAR 4	PAR 5	PAR
Object 0	0.000000	-							
Stop 1	0.000000	-							
2	7.100000	-		0.250000	1.000000				
3	0.000000	-							
Image 4	0.000000	-							

图 7－29

再次更新图形,会看到光线发生了衍射偏移(图7－30),此时显示的是衍射级次为1的光束。

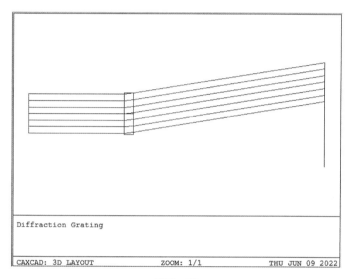

图 7－30

为了能够展示出0级和±1级三个光束,这里就要借助于多重结构的功能。

在多重结构中,插入2个结构(图7－31),保持一共3个结构,并且将衍射级次对应的面和参数调入进来。

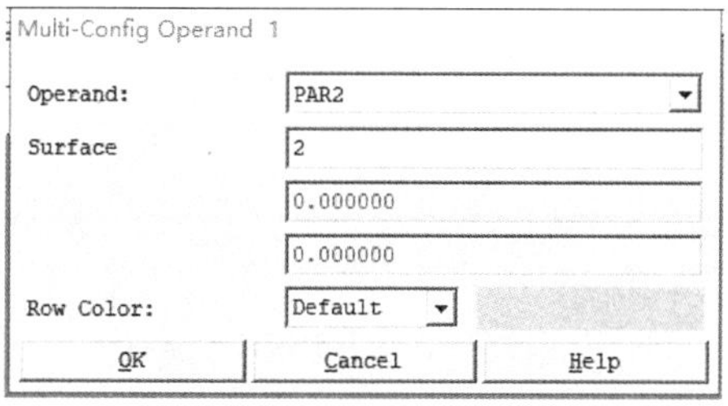

图 7－31

参数调入多重结构编辑器后,设置3个级次的编号,如图7－32所示。

MCE	1/3	[Zoom 1]	Zoom 2	Zoom 3
1 MC-PAR2	2	-1.000000	0.000000	1.000000

图 7－32

在图形的显示设置中,如图 7-33 所示,利用不同的衍射表示不同的结构,并显示所有的结构。

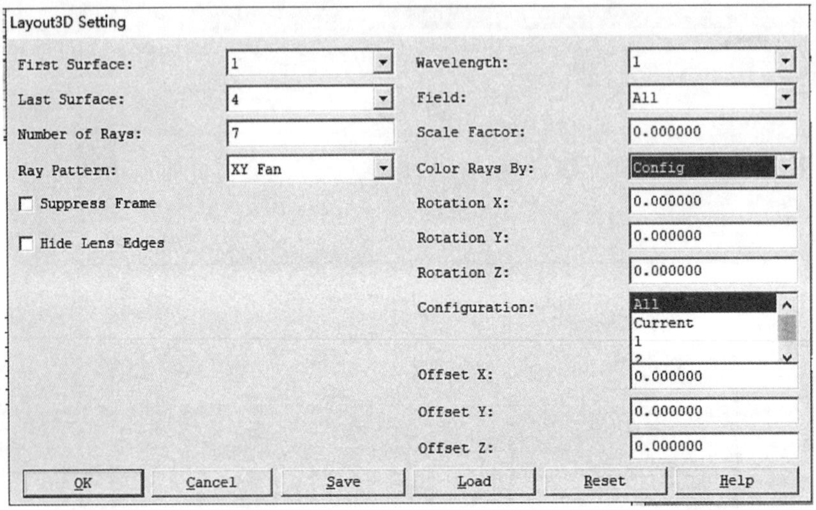

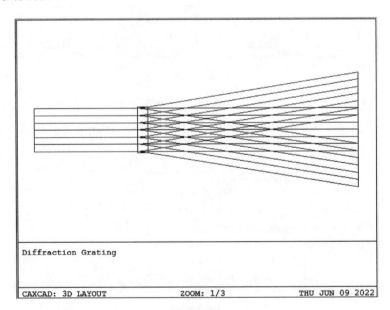

图 7-33

三个衍射级次的光线就全部显示出来,如图 7-34 所示,可以调整修改光栅常数并观察衍射光线的变化。

图 7-34

将光栅常数设定为 0.5,间隔为 2 μm 时,很明显光栅间隔越小,衍射的效果就越明显,如图 7-35 所示。

Diffraction Grating
CAXCAD: 3D LAYOUT
ZOOM: 1/3
THU JUN 09 2022

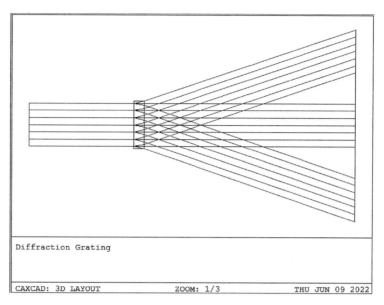

图 7－35

如果将光栅线条间隔或光栅常数的数值作为变量，就可以优化指定的光束角度或位置。因为±1 两个级次是对称式的，所以只需要控制一个位置就可以。如图 7－36 所示，将第一个结构的主光线位置在像面上的高度目标设定为－30，并以此来优化光栅常数。

MFE	Type							Target	Weight	Value	% Contrib
1 MF-CONF	CONF	1									
2 MF-REAY	REAY	4	1	0.00000	0.00000	0.00000	0.00000	-30.00000	1.00000	-16.54671	100.00000

图 7－36

这个优化过程相当简洁和快速，如图 7－37 所示。

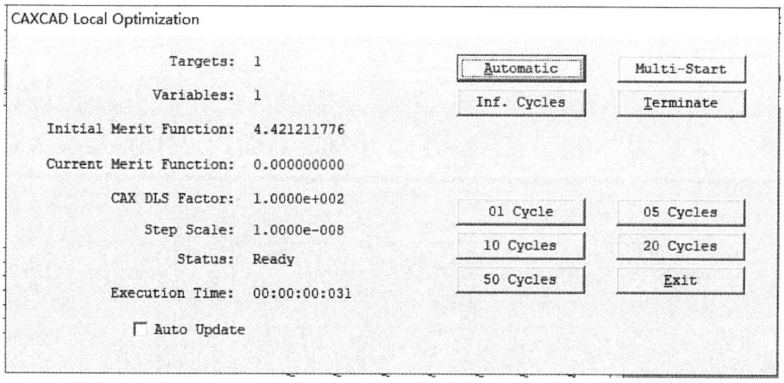

CAXCAD Local Optimization
Targets: 1
Variables: 1
Initial Merit Function: 4.421211776
Current Merit Function: 0.000000000
CAX DLS Factor: 1.0000e+002
Step Scale: 1.0000e-008
Status: Ready
Execution Time: 00:00:00:031
Auto Update
Automatic
Multi-Start
Inf. Cycles
Terminate
01 Cycle
05 Cycles
10 Cycles
20 Cycles
50 Cycles
Exit

图 7－37

优化后的结果为 0.441 027 Lines/μm（图 7－38），这就是优化光栅设计的过程。

LDE	TCE x 1E-6	COATING		PAR 0	Lines/μm	Order	PAR 3	PAR 4	PAR 5	PAR
Object 0	0.000000		-							
Stop 1	0.000000		-							
2	7.100000		-		0.441027 V	-1.000000				
3	0.000000		-							
Image 4	0.000000		-							

图 7－38

优化结果完美地符合我们的目标,如图 7－39 所示。

MFE	Type							Target	Weight	Value	% Contrib
1 MF-CONF	CONF		1								
2 MF-REAY	REAY		4	1	0.00000	0.00000	0.00000	0.00000	-30.00000	1.00000	-30.00000	100.00000

图 7－39

7.3.3 扫描透镜 Scan Lens

扫描透镜是多重结构的一个典型应用,通过设置反射镜的不同角度偏转,给出光束的不同组合状态,而且针对透镜优化,以满足或平衡各角度入射的情况。

系统的参数如下：

入瞳直径 EPD 20 mm；

光阑位于透镜前方 100 mm；

透镜焦距 150 mm；

采用默认的系统波长 0.55 μm。

实例文件 07－02：Scan Lens.cax

初始结构表面数据如图 7－40 所示：

LDE	SURFACE	NAME	RADIUS	THICKNESS	GLASS	APERTURE	DIAMETER	CONIC
Object 0	STANDARD		Infinity	Infinity		10.000000	10.000000	0.000000
Stop 1	STANDARD		Infinity	100.000000		10.000000	10.000000	0.000000
2	STANDARD		150.000000 V	5.000000	BK7	10.000000	10.000000	0.000000
3	STANDARD		-150.000000 V	150.000000		9.901051	10.000000	0.000000
Image 4	STANDARD		Infinity	-		0.504109	0.504109	0.000000

图 7－40

如图 7－41 所示,在镜头前方 100 mm 位置的中间加入一个反射镜,并且插入两个坐标断点面来旋转反射镜 45°。另外在前后再加入两个坐标断点面,需要保持反射镜旋转,但镜片和像面保持不动。

LDE	SURFACE	NAME	RADIUS	THICKNESS	GLASS	APERTURE	DIAMETER	CONIC
Object 0	STANDARD		Infinity	Infinity		10.000000	10.000000	0.000000
Stop 1	STANDARD		Infinity	50.000000		10.000000	10.000000	0.000000
2	COORDBRK			0.000000	-	0.000000	0.000000	0.000000
3	COORDBRK			0.000000	-	0.000000	0.000000	0.000000
4	STANDARD		Infinity	0.000000	MIRROR	13.054073	13.054073	0.000000
5	COORDBRK			0.000000	-	0.000000	0.000000	0.000000
6	COORDBRK			-50.000000		0.000000	0.000000	0.000000
7	STANDARD		Infinity	0.000000		18.970615	18.970615	0.000000
8	STANDARD		-150.000000 V	-10.000000	BK7	19.187905	19.706888	0.000000
9	STANDARD		150.000000 V	-150.000000		19.706888	19.706888	0.000000
Image 10	STANDARD		Infinity	-		27.112570	27.112570	0.000000

图 7－41

在第四个坐标断点面上的求解设置如图 7－42～图 7－43 所示：

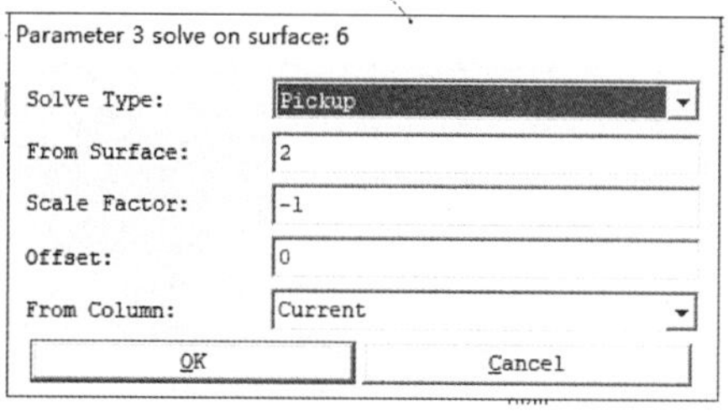

Parameter 3 solve on surface: 6
Solve Type:
Pickup
From Surface:
2
Scale Factor:
-1
Offset:
0
From Column:
Current
OK
Cancel

图 7－42

LDE	PAR 0	Decenter X	Decenter Y	Tilt About X	Tilt About Y	Tilt About Z	Order	PAR 7
Object 0								
Stop 1								
2		0.000000	0.000000	5.000000	0.000000	0.000000	0.000000	
3		0.000000	0.000000	-45.000000	0.000000	0.000000	0.000000	
4								
5		0.000000	0.000000	-45.000000	0.000000	0.000000	0.000000	
6		0.000000	0.000000	-5.000000 P	0.000000	0.000000	0.000000	
7								
8								
9								
Image 10								

图 7－43

如图 7－44 所示，第一个坐标断点面的 5°偏转只针对反射镜起作用，更改这个数值就产生了扫描的效果。

MC Scan Lens
CAXCAD: 3D LAYOUT
ZOOM: 1/1
THU JUN 09 2022

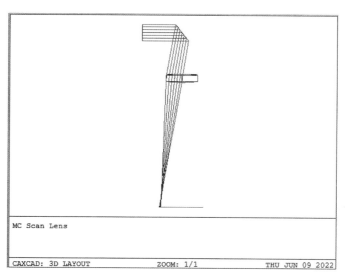

图 7－44

在多重结构中调入旋转角度，如图 7－45 所示。

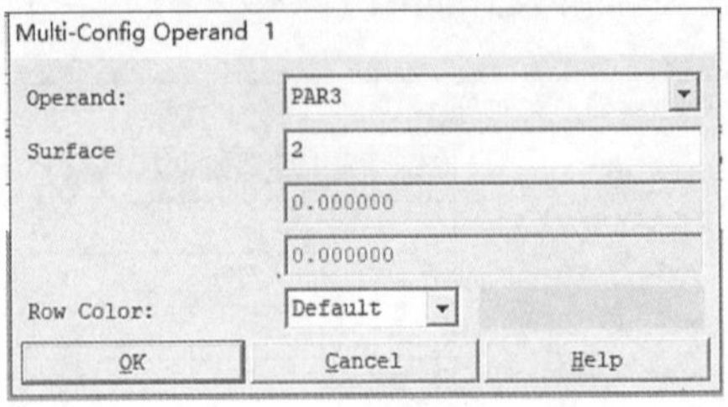

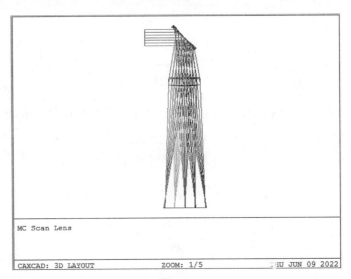

图 7 - 45

设定每个结构不同的偏转角度,如图 7 - 46 所示。

MCE	1/5	[Zoom 1]	Zoom 2	Zoom 3	Zoom 4	Zoom 5
1 MC-PAR3	2	-5.000000	-2.500000	0.000000	2.500000	5.000000

图 7 - 46

在 3D Layout 中显示所有结构,并标记颜色,如图 7 - 47 所示。

MC Scan Lens

CAXCAD: 3D LAYOUT   ZOOM: 1/5   THU JUN 09 2022

图 7 - 47

将透镜的曲率半径和像距设定为变量,如图 7 - 48 所示:

LDE	SURFACE	NAME	RADIUS	THICKNESS	GLASS	APERTURE	DIAMETER	CONIC
Object 0	STANDARD		Infinity	Infinity		10.000000	10.000000	0.000000
Stop 1	STANDARD		Infinity	50.000000		10.000000	10.000000	0.000000
2	COORDBRK			0.000000	-	0.000000	0.000000	0.000000
3	COORDBRK			0.000000	-	0.000000	0.000000	0.000000
4	STANDARD		Infinity	0.000000	MIRROR	20.000000 U	20.000000	0.000000
5	COORDBRK			0.000000	-	0.000000	0.000000	0.000000
6	COORDBRK			-50.000000	-	0.000000	0.000000	0.000000
7	STANDARD		Infinity	0.000000		18.970615	18.970615	0.000000
8	STANDARD		-150.000000 V	-10.000000	BK7	19.187905	19.706888	0.000000
9	STANDARD		150.000000 V	-150.000000 V		19.706888	19.706888	0.000000
Image 10	STANDARD		Infinity	-		27.112570	27.112570	0.000000

图 7 - 48

设定默认评价函数,如图 7 - 49 所示:

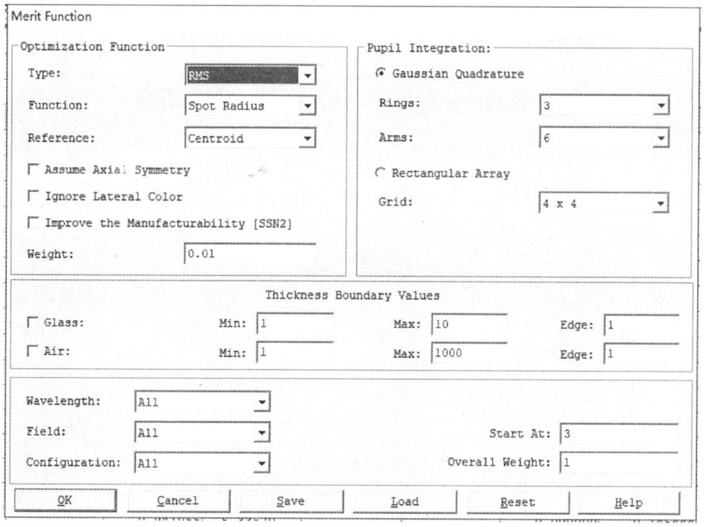

图 7 - 49

设定其中一个结构的有效焦距目标为 150 mm,如图 7 - 50 所示:

MFE	Type							Target	Weight	Value	% Contrib
1 MF-CONF	CONF	1									
2 MF-EFFL	EFFL		1					150.000000	1.000000	146.307070	79.302164
3 MF-DMFS	DMFS										
4 MF-CONF	CONF	1									
5 MF-SPOT	SPOT	1	1		0.167855	0.290734		0.000000	0.145444	0.000000	0.058491
6 MF-SPOT	SPOT	1	1		0.353553	0.612372		0.000000	0.232711	0.000000	0.463268
7 MF-SPOT	SPOT	1	1		0.470983	0.815766		0.000000	0.145444	0.000000	0.561263
8 MF-SPOT	SPOT	1	1		0.335711	0.000000		0.000000	0.145444	0.000000	0.042299
9 MF-SPOT	SPOT	1	1		0.707107	0.000000		0.000000	0.232711	0.000000	0.328279
10 MF-SPOT	SPOT	1	1		0.941965	0.000000		0.000000	0.145444	0.000000	0.397020
11 MF-SPOT	SPOT	1	1		0.167855	-0.290734		0.000000	0.145444	0.000000	0.060904
12 MF-SPOT	SPOT	1	1		0.353553	-0.612372		0.000000	0.232711	0.000000	0.454764
13 MF-SPOT	SPOT	1	1		0.470983	-0.815766		0.000000	0.145444	0.000000	0.539404
14 MF-SPOT	SPOT	1	1		-0.167855	-0.290734		0.000000	0.145444	0.000000	0.060904
15 MF-SPOT	SPOT	1	1		-0.353553	-0.612372		0.000000	0.232711	0.000000	0.454764
16 MF-SPOT	SPOT	1	1		-0.470983	-0.815766		0.000000	0.145444	0.000000	0.539404
17 MF-SPOT	SPOT	1	1		-0.335711	-1.90196...		0.000000	0.145444	0.000000	0.042299
18 MF-SPOT	SPOT	1	1		-0.707107	-4.00611...		0.000000	0.232711	0.000000	0.328279
19 MF-SPOT	SPOT	1	1		-0.941965	-5.33670...		0.000000	0.145444	0.000000	0.397020
20 MF-SPOT	SPOT	1	1		-0.167855	0.290734		0.000000	0.145444	0.000000	0.058491
21 MF-SPOT	SPOT	1	1		-0.353553	0.612372		0.000000	0.232711	0.000000	0.463268
22 MF-SPOT	SPOT	1	1		-0.470983	0.815766		0.000000	0.145444	0.000000	0.561263

图 7 - 50

这也是一个快速的优化过程,如图 7 - 51 所示:

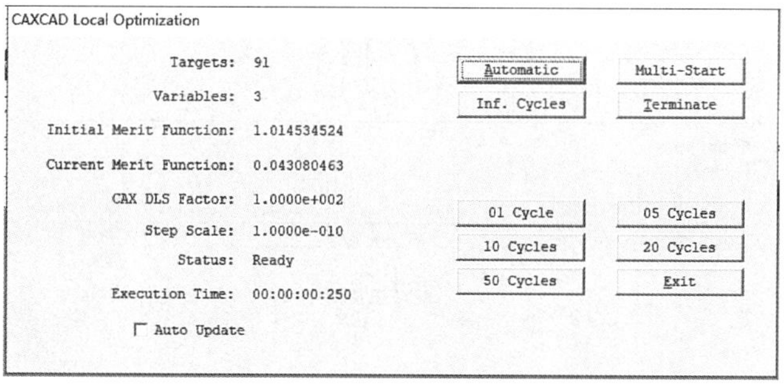

图 7 - 51

优化完成后的透镜数据，是平衡了各角度的结果，如图 7-52 所示：

LDE	SURFACE	NAME	RADIUS	THICKNESS	GLASS	APERTURE	DIAMETER	CONIC
Object 0	STANDARD		Infinity	Infinity		10.000000	10.000000	0.000000
Stop 1	STANDARD		Infinity	50.000000		10.000000	10.000000	0.000000
2	COORDBRK			0.000000	–	0.000000	0.000000	0.000000
3	COORDBRK			0.000000	–	0.000000	0.000000	0.000000
4	STANDARD		Infinity	0.000000	MIRROR	20.000000 U	20.000000	0.000000
5	COORDBRK			0.000000	–	0.000000	0.000000	0.000000
6	COORDBRK			-50.000000	–	0.000000	0.000000	0.000000
7	STANDARD		Infinity	0.000000		18.970615	18.970615	0.000000
8	STANDARD		-835.496431 V	-10.000000	BK7	19.008749	19.807164	0.000000
9	STANDARD		85.411804 V	-146.899569 V		19.807164	19.807164	0.000000
Image 10	STANDARD		Infinity	–		26.021284	26.021284	0.000000

图 7-52

优化后的镜片外径和反射镜外径可以固定下来，如图 7-53 所示：

LDE	SURFACE	NAME	RADIUS	THICKNESS	GLASS	APERTURE	DIAMETER	CONIC
Object 0	STANDARD		Infinity	Infinity		10.000000	10.000000	0.000000
Stop 1	STANDARD		Infinity	50.000000		10.000000	10.000000	0.000000
2	COORDBRK			0.000000	–	0.000000	0.000000	0.000000
3	COORDBRK			0.000000	–	0.000000	0.000000	0.000000
4	STANDARD		Infinity	0.000000	MIRROR	20.000000 U	20.000000	0.000000
5	COORDBRK			0.000000	–	0.000000	0.000000	0.000000
6	COORDBRK			-50.000000	–	0.000000	0.000000	0.000000
7	STANDARD		Infinity	0.000000		18.970615	18.970615	0.000000
*8	STANDARD		-835.496431 V	-10.000000	BK7	22.000000 U	22.000000	0.000000
*9	STANDARD		85.411804 V	-146.899569 V		22.000000 U	22.000000	0.000000
Image 10	STANDARD		Infinity	–		26.021284	26.021284	0.000000

图 7-53

从外观图（图 7-54）就可以看出，优化后不同角度光斑聚焦的情况有明显改善。

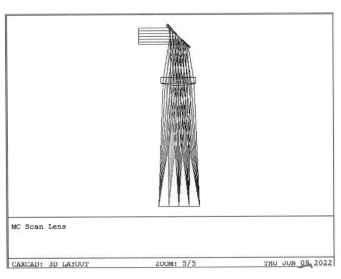

MC Scan Lens

CAXCAD: 3D LAYOUT   ZOOM: 5/5   THU JUN 09 2022

图 7-54

7.3.4　温度分析及无热化

光学镜头的设计评价工作是常压下完成的。如果光学玻璃的材料稳定,随着温度鼓胀很小,则温度对镜头品质的影响也就小。大多数的光学材料都有明显的热膨胀,这就导致随着温度的改变,镜片的厚度、曲率半径、折射率以及间隔等都会发生相应的改变,而这些改变对于塑胶材质和红外晶体材质则更加明显。

用于计算材料热膨胀的数据就保存在玻璃参数中,如图 7 - 55 所展示的是 BK7 的材料数据。

GDE	Data	Name	Data	Name	Data
Catalog	SCHOTT	A	1.03961	D0	1.86000E-006
Glass	BK7	B	0.00600	D1	1.31000E-008
Formula	Sellmeier 1	C	0.23179	D2	-1.37000E-011
Status	Obsolete	D	0.02002	E0	4.34000E-007
Nd	1.51680	E	1.01047	E1	6.27000E-010
Vd	64.16734	F	103.56065	Ltk	0.17000
Ignore Thermal	Off	-	-	TEC	7.10000
Exclude Substatution	Off	-	-	Temp	20.00000
Meta Material	Off	-	-	P	2.51000
Mela Freq	0.00000	-	-	dPgF	-0.00090
Min Wavelength	0.31000	GCata Comment		-	-
Max Wavelength	2.32500	Glass Comment		-	-
Rel Cost	1.00000	CR	2.00000	FR	0.00000
SR	1.00000	AR	2.00000	PR	2.30000

图 7 - 55

其中右上角 D0 开始到 TEC 都是计算材料热膨胀的数据,TEC 被称为热膨胀系数。

CAXCAD 内部采用了相对折射率的计算方式,实际上真空的折射率是 1.0,那么空气的折射率是 1.000 273,而在 CAXCAD 中空气的折射率是 1.0,因此相对应的真空折射率是小于 1.0 的。如图 7 - 56 所示,真空的折射率是 0.999 728。

GDE	Data	Name	Data	Name	Data
Catalog	MISC	A	-9.983407E-005	D0	0.000000
Glass	VACUUM	B	-0.005315	D1	0.000000
Formula	Sellmeier 1	C	-0.003114	D2	0.000000
Status	Standard	D	0.010393	E0	0.000000
Nd	0.999728	E	0.002679	E1	0.000000
Vd	89.195538	F	0.010765	Ltk	0.000000
Ignore Thermal	Off	-	-	TEC	0.000000
Exclude Substatution	Off	-	-	Temp	20.000000
Meta Material	Off	-	-	P	1.000000
Mela Freq	0.000000	-	-	dPgF	0.000000
Min Wavelength	0.334000	GCata Comment		-	-
Max Wavelength	2.325000	Glass Comment	source: Laikin, L...	-	-
Rel Cost	-1.000000	CR	-1.000000	FR	-1.000000
SR	-1.000000	AR	-1.000000	PR	-1.000000

图 7 - 56

实际上,90% 以上的光学系统热效应,来自折射率的改变,CAXCAD 内部将按照以下这个过程来完成折射率计算:

计算标准折射率;

计算标准玻璃绝对折射率;

计算标准空气折射率;

计算环境改变后的空气折射率;

计算玻璃绝对折射率的改变量;

计算环境改变后的相对折射率。

使用 CAXCAD 完全可以不用了解这个过程,因为这些计算 CAXCAD 已经快速全部设定,算法请参考 SCHOTT TIE—19。

接下来使用一个两片的镜头实例说明,如图 7 - 57～图 7 - 58 所示,这里主要关心材料的折射率,是否随着温度的改变存在变化。

LDE	SURFACE	NAME	RADIUS	THICKNESS	GLASS	APERTURE	DIAMETER	CONIC
Object 0	STANDARD		Infinity	Infinity		10.000000	10.000000	0.000000
Stop 1	STANDARD		Infinity	5.000000		10.000000	10.000000	0.000000
*2	STANDARD		Infinity	5.000000	BK7	12.500000 U	12.500000	0.000000
*3	STANDARD		-100.000000	10.000000		12.500000 U	12.500000	0.000000
*4	STANDARD		100.000000	5.000000	BK7	12.500000 U	12.500000	0.000000
*5	STANDARD		Infinity	5.000000		12.500000 U	12.500000	0.000000
Image 6	STANDARD		Infinity	-		8.614733	8.614733	0.000000

图 7 - 57

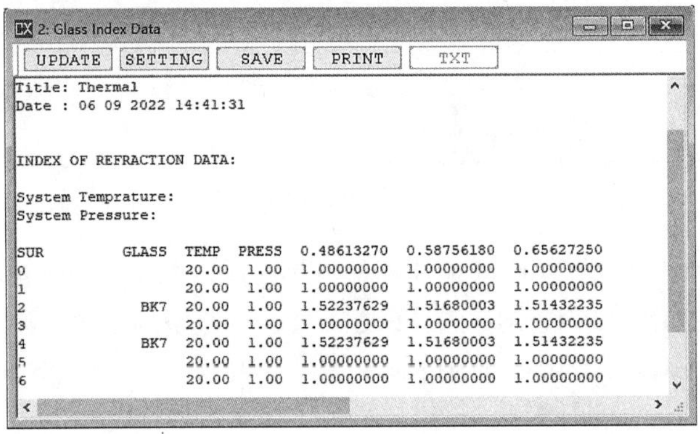

图 7 - 58

将环境温度调整为 120 ℃,如图 7 - 59 所示:

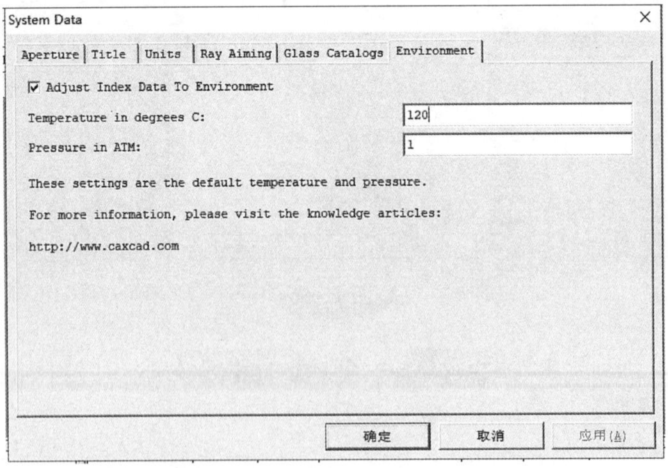

图 7 - 59

环境温度经过调整后,材料折射率发生了很明显的变化,如图 7 - 60 所示。

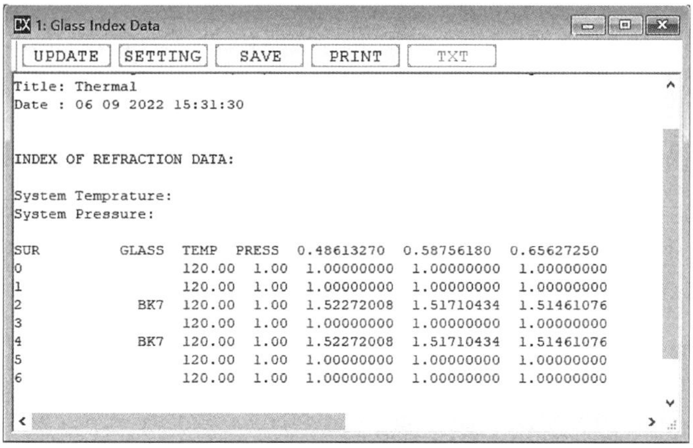

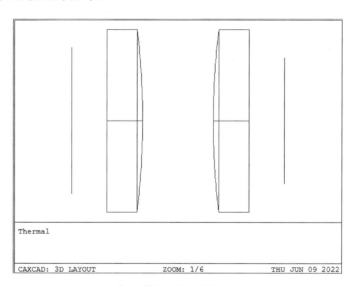

图 7 - 60

以上只是展示材质折射率随温度变化的过程,如果要综合地评估镜头做温度分析,则需要更完善的参数。在图 7 - 61 所示的这两个镜片中,除了折射率的变化,镜片也会发生形变,包括曲率、厚度和外径等。

图 7 - 61　3D

CAXCAD 多重结构编辑器上的设置提供了自动温度工具(图 7 - 62),可以快速构建不同温度下的结构,如图 7 - 63 所示。

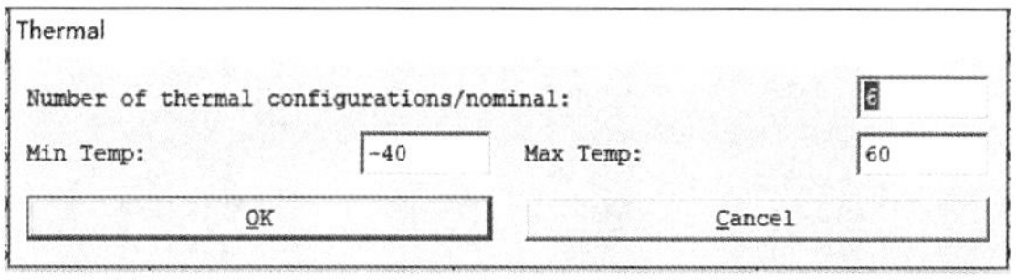

图 7 - 62

MCE	1/6	[Zoom 1]	Zoom 2	Zoom 3	Zoom 4	Zoom 5	Zoom 6
1 MC-TEMP	0	20.000000	-20.000000	0.000000	20.000000	40.000000	60.000000
2 MC-PRES	0	1.000000	1.000000	1.000000	1.000000	1.000000	1.000000
3 MC-CRVT	2	0.000000	0.000000 T	0.000000 T	0.000000 T	0.000000 T	0.000000 T
4 MC-CRVT	3	-0.010000	-0.010003 T	-0.010001 T	-0.010000 T	-0.009999 T	-0.009997 T
5 MC-CRVT	4	0.010000	0.010003 T	0.010001 T	0.010000 T	0.009999 T	0.009997 T
6 MC-CRVT	5	0.000000	0.000000 T	0.000000 T	0.000000 T	0.000000 T	0.000000 T
7 MC-THIC	1	5.000000	5.000000 T	5.000000 T	5.000000 T	5.000000 T	5.000000 T
8 MC-THIC	2	5.000000	4.998580 T	4.999290 T	5.000000 T	5.000710 T	5.001420 T
9 MC-THIC	3	10.000000	9.999551 T	9.999775 T	10.000000 T	10.000224 T	10.000449 T
10 MC-THIC	4	5.000000	4.998580 T	4.999290 T	5.000000 T	5.000710 T	5.001420 T
11 MC-THIC	5	5.000000	5.000000 T	5.000000 T	5.000000 T	5.000000 T	5.000000 T
12 MC-GLSS	2	BK7	BK7	BK7	BK7	BK7	BK7
13 MC-GLSS	4	BK7	BK7	BK7	BK7	BK7	BK7
14 MC-SDIA	2	12.500000	12.496450 T	12.498225 T	12.500000 T	12.501775 T	12.503550 T
15 MC-SDIA	3	12.500000	12.496450 T	12.498225 T	12.500000 T	12.501775 T	12.503550 T
16 MC-SDIA	4	12.500000	12.496450 T	12.498225 T	12.500000 T	12.501775 T	12.503550 T
17 MC-SDIA	5	12.500000	12.496450 T	12.498225 T	12.500000 T	12.501775 T	12.503550 T

图 7 - 63

从表面数据上可以看到,两个 BK7 材质的 TCE 热膨胀系数会自动显示,因此面 2 和面 4 的厚度都会发生膨胀,如图 7 - 64 所示。

LDE	RADIUS	THICKNESS	GLASS	APERTURE	DIAMETER	CONIC	TCE x 1E-6	COATING
Object 0	Infinity	Infinity		10.000000	10.000000	0.000000	0.000000	-
Stop 1	Infinity	5.000000		10.000000	10.000000	0.000000	0.000000	-
*2	Infinity	5.000000	BK7	12.500000 U	12.500000	0.000000	7.100000	-
*3	-100.000000	10.000000		12.500000 U	12.500000	0.000000	0.000000	-
*4	100.000000	5.000000	BK7	12.500000 U	12.500000	0.000000	7.100000	-
*5	Infinity	5.000000		12.500000 U	12.500000	0.000000	0.000000	-
Image 6	Infinity	-		8.625137	8.625137	0.000000	0.000000	-

图 7 - 64

对于表面 3 和 5 的空气间隔,采用的是铝制材质的镜筒固定,可以直接设定其 TCE 为 23.5×1E-6,如图 7 - 65 所示。

LDE	RADIUS	THICKNESS	GLASS	APERTURE	DIAMETER	CONIC	TCE x 1E-6	COATING
Object 0	Infinity	Infinity		10.000000	10.000000	0.000000	0.000000	-
Stop 1	Infinity	5.000000		10.000000	10.000000	0.000000	0.000000	-
*2	Infinity	5.000000	BK7	12.500000 U	12.500000	0.000000	7.100000	-
*3	-100.000000	10.000000		12.500000 U	12.500000	0.000000	23.500000	-
*4	100.000000	5.000000	BK7	12.500000 U	12.500000	0.000000	7.100000	-
*5	Infinity	5.000000		12.500000 U	12.500000	0.000000	23.500000	-
Image 6	Infinity	-		8.625007	8.625007	0.000000	0.000000	-

图 7 - 65

此时多重结构中的数据如图 7 - 66 所示,面 3 和面 5 的厚度也会产生膨胀,这是由固定镜片的镜筒材质的热膨胀引起的。

MCE	1/6	[Zoom 1]	Zoom 2	Zoom 3	Zoom 4	Zoom 5	Zoom 6
1 MC-TEMP	0	20.000000	-20.000000	0.000000	20.000000	40.000000	60.000000
2 MC-PRES	0	1.000000	1.000000	1.000000	1.000000	1.000000	1.000000
3 MC-CRVT	2	0.000000	0.000000 T	0.000000 T	0.000000 T	0.000000 T	0.000000 T
4 MC-CRVT	3	-0.010000	-0.010003 T	-0.010001 T	-0.010000 T	-0.009999 T	-0.009997 T
5 MC-CRVT	4	0.010000	0.010003 T	0.010001 T	0.010000 T	0.009999 T	0.009997 T
6 MC-CRVT	5	0.000000	0.000000 T	0.000000 T	0.000000 T	0.000000 T	0.000000 T
7 MC-THIC	1	5.000000	5.000000 T	5.000000 T	5.000000 T	5.000000 T	5.000000 T
8 MC-THIC	2	5.000000	4.998580 T	4.999290 T	5.000000 T	5.000710 T	5.001420 T
9 MC-THIC	3	10.000000	9.991636 T	9.995818 T	10.000000 T	10.004181 T	10.008362 T
10 MC-THIC	4	5.000000	4.998580 T	4.999290 T	5.000000 T	5.000710 T	5.001420 T
11 MC-THIC	5	5.000000	4.995300 T	4.997650 T	5.000000 T	5.002350 T	5.004700 T
12 MC-GLSS	2	BK7	BK7	BK7	BK7	BK7	BK7
13 MC-GLSS	4	BK7	BK7	BK7	BK7	BK7	BK7
14 MC-SDIA	2	12.500000	12.496450 T	12.498225 T	12.500000 T	12.501775 T	12.503550 T
15 MC-SDIA	3	12.500000	12.496450 T	12.498225 T	12.500000 T	12.501775 T	12.503550 T
16 MC-SDIA	4	12.500000	12.496450 T	12.498225 T	12.500000 T	12.501775 T	12.503550 T
17 MC-SDIA	5	12.500000	12.496450 T	12.498225 T	12.500000 T	12.501775 T	12.503550 T

图 7 - 66

第 8 章

目视光学系统设计

目视光学系统是最常见的成像光学系统,要掌握目视光学系统的特点,首先要掌握人眼模型这个最基本的成像系统。在了解人眼模型的基础上,需要熟悉视觉与放大率,进而掌握放大镜、显微镜、望远镜和对应目镜的设计方法。

8.1 人眼模型

人眼本身相当于光学镜头,在角膜和视网膜之间的生物组织均可看成是成像镜片。观察物体经视网膜上的神经受到刺激而产生视觉,视网膜就相当于接收图像的 CCD 器件。人眼通过眼部肌肉调节改变眼睛光学系统的焦距,这样就可以看清不同距离的物体。眼睛的瞳孔相当于孔径光阑,光阑可以调节进入人眼的光线数量,瞳孔可以根据环境光线的改变自动调节大小。

在已知的 5 000 多种不同类型的人眼模型中,有一种通用的人眼模型,它通常作为标准人眼模型。下面就以图 8-1 所示人眼模型为光学系统实例,将其在 CAXCAD 软件中进行建模。

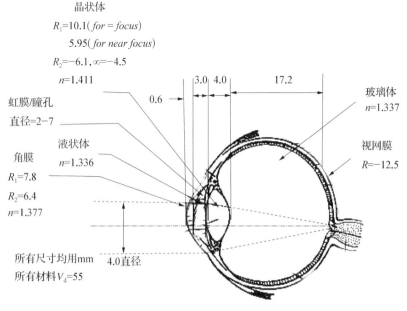

晶状体
R_1=10.1(*for = focus*)
5.95(*for near focus*)
R_2=−6.1,∞=−4.5
n=1.411

虹膜/瞳孔
直径=2~7

角膜
R_1=7.8
R_2=6.4
n=1.377

液状体
n=1.336

玻璃体
n=1.337

视网膜
R=−12.5

3.0 4.0 17.2
0.6

4.0直径

所有尺寸均用mm
所有材料V_d=55

图 8-1

图 8-1 给出的模型中人眼从物理角度可以描述为一种白色而富有弹性的、充满水分的球体。人眼模型建立需要光学和结构数据。人眼直径约 25 mm（1 英寸），球体的正面有一个约为 10 mm 的圆形透明斑点——角膜，角膜的第一面产生了人眼大部分光学透镜的焦度。

未经调节的眼睛（观察无穷远的物体）总的光焦度约为 57 屈光度，角膜提供约 43 屈光度。其中 1D 屈光度＝1/f，5D 的焦距为 20 cm，1 屈光度或 1D 等于常说的 100 度。

人眼前端的细节如图 8-2 所示，角膜厚度一般为 0.6 mm，其后是约 3 mm 厚的一层水状液体，称液状体。光线通过角膜和液状体后与眼睛晶状体相遇，晶状体悬置在眼肌结构内，而眼肌结构又能改变晶状体的形状。眼睛的虹膜正位于眼睛晶状体前，虹膜上的圆孔在 1～7 mm 直径的有效范围内调节瞳孔大小变化。

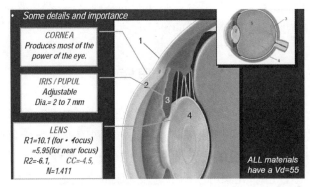

图 8-2

正常人眼完全可以调节观察 254 mm（10 英寸）距离的物体，这是典型人眼所接受的视力，这个距离被称为明视距离。采用 4 mm 固定瞳孔直径，晶状体第二面为二次曲面，CONIC 常数定为－4.5，可模拟分析由几个非球面以及晶状体内的折射变化而导致的综合性能。

人眼对于可见光中心波长更加灵敏，因此为了表征人眼可见光的权重，采用 0.56 μm（黄绿）、短波长 0.51 μm（蓝）和长波长 0.61 μm（红）三种波长，这一个操作达到了技术上对于工作波长所要求的准确性。

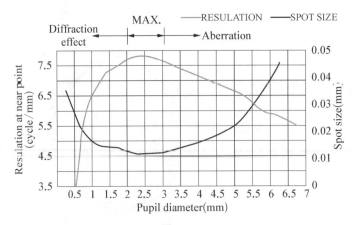

图 8-3

人眼分辨率作为瞳孔直径的函数曲线图如图 8－3 所示。根据这条曲线可以看出，当瞳孔直径从 2 mm 到 3 mm 时，出现的最大分辨率为 7.8 lp/mm。对于极小瞳孔直径（<1 mm），由于衍射效应，分辨率减少到 4～5 lp/mm，当直径大于 4 mm 时，由于增大的像差，分辨率值逐渐降到约 5.5 lp/mm。

实例文件 08－01：人眼模型.cax

首先在 CAXCAD 中输入光学系统的参数，包括入瞳直径和波长，如图 8－4～图 8－5 所示。

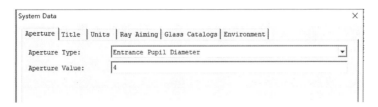

图 8－4

WDE	Wavelength	Weight	Color
1	0.510000	1.000000	
Primary 2	0.560000	1.000000	
3	0.610000	1.000000	

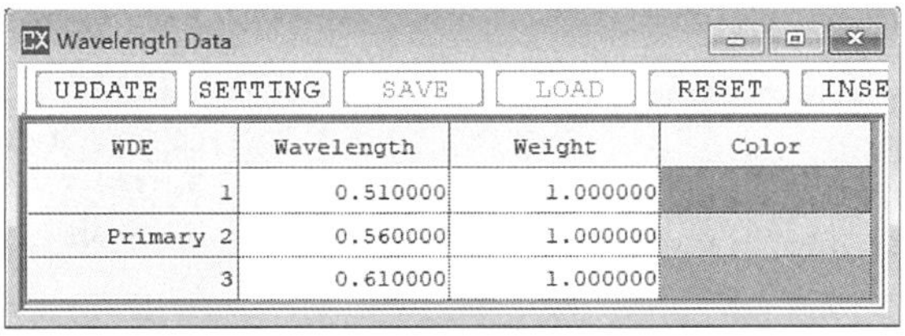

图 8－5

视场保持默认的 0 度，如图 8－6 所示。

FDE	X-Field	Y-Field	Weight	FVDX	FVDY	FVCX	FVCY	FVAN	Color
1	0.000000	0.000000	1.000000	0.000000	0.000000	0.000000	0.000000	0.000000	

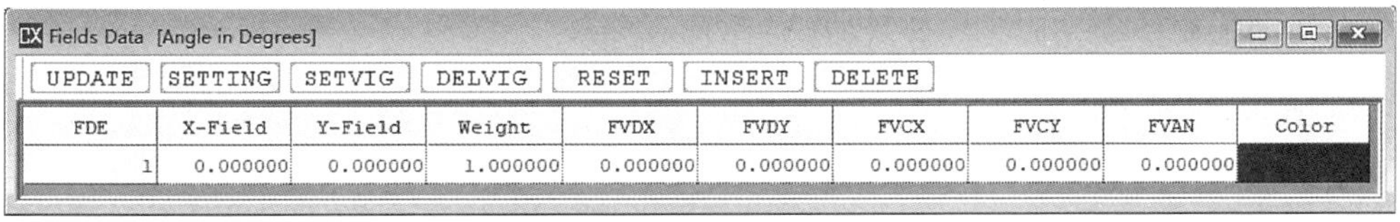

图 8－6

根据人眼模型的数据输入结构参数，这里所有玻璃材质的 V_d 值都为 55，折射率精确到三位小数。同时注意第 6 面为晶状体的后表面，非球面的二次系数为－0.45，如图 8－7 所示。

LDE	SURFACE	NAME	RADIUS	THICKNESS	GLASS	APERTURE	DIAMETER	CONIC
Object 0	STANDARD		Infinity	Infinity		2.000000	2.000000	0.000000
1	STANDARD		Infinity	100.000000		2.000000	2.000000	0.000000
*2	STANDARD	膜角	7.800000	0.600000	1.377,55.0	6.000000 U	6.000000	0.000000
*3	STANDARD	液状体	6.400000	3.000000	1.336,55.0	5.000000 U	6.000000	0.000000
Stop *4	STANDARD	孔瞳	10.100000	0.000000		4.000000 U	5.000000	0.000000
*5	STANDARD	状体晶	10.100000	4.000000	1.411,55.0	4.000000 U	4.000000	0.000000
*6	STANDARD	玻璃体	-6.100000	17.250000	1.337,55.0	4.000000 U	6.000000	-4.500000
*7	STANDARD	网膜视	-12.500000	0.000000		6.000000 U	6.000000	0.000000
Image 8	STANDARD		-12.500000	-		0.024133	0.024133	0.000000

图 8－7

玻璃材料的类型使用 Model 类型进行建立（图 8－8），折射率 N_d 和阿贝数 V_d 可以直接输入。

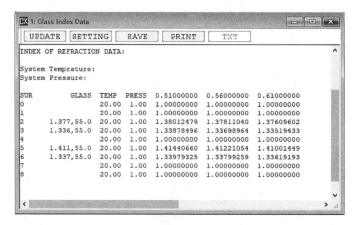

图 8 - 8

CAXCAD 会自动根据这两个数值来计算其他波长的折射率，如图 8 - 9 所示。

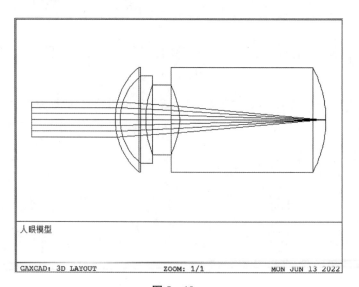

图 8 - 9

但请注意针对可见光波段之外的情况，使用这种方法可能存在精度的问题。
完整的人眼建立完成后的外观如图 8 - 10 所示：

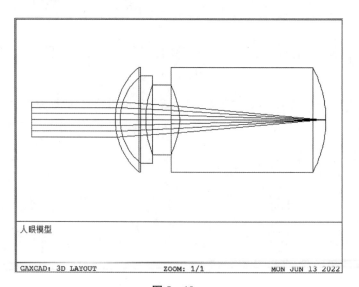

图 8 - 10

人眼的视场可以达到 150°，但是能同时清晰地观察物体的范围只在 6°~8°，观察物体时，眼球可以自动旋转。在视场设置中，增加 5°的半视场，如图 8 - 11 所示。

FDE	X-Field	Y-Field	Weight	FVDX	FVDY	FVCX	FVCY	FVAN	Color
1	0.000000	0.000000	1.000000	0.000000	0.000000	0.000000	0.000000	0.000000	
2	0.000000	2.500000	1.000000	0.000000	0.000000	0.000000	0.000000	0.000000	
3	0.000000	5.000000	1.000000	0.000000	0.000000	0.000000	0.000000	0.000000	

图 8 - 11

如图 8 - 12 所示,不同角度的光线都会成像在视网膜的曲面上,曲面的视网膜可以很好地矫正光学系统的场曲。

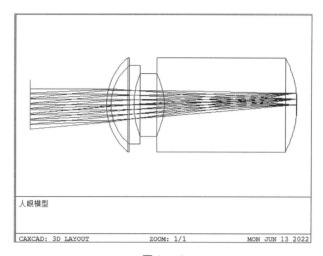

图 8 - 12

人眼的视觉神经能够分辨的两个像点之间的间隔至少等于视神经细胞的直径,视网膜上最小鉴别距离等于两个神经细胞直径,即不小于 0.006 mm,如果把视网膜看成 CCD,那么这个 CCD 的分辨率可以达到 166 lp/mm。

打开 MTF 曲线,并将最大频率设定为 110 lp,如图 8 - 13 所示。此时 MTF 的数值落在 0.2 左右,这和标准人眼在视网膜上的成像分辨率可达 110 lp/mm 是完全一致的。由此可知,人眼的视网膜分辨率是要高于眼睛光学系统分辨率的。

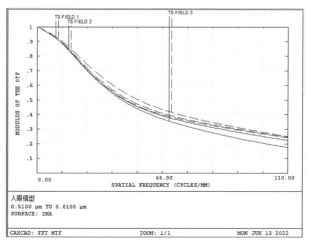

图 8 - 13

如果人眼观察距离不同,可以通过改变第 5 和第 6 面晶状体的曲率半径来自动调节。针对远处到近处,曲率半径可以在 10.1 到 5.95 之间改变。这里可以使用 CAXCAD 的快速调整(Quick Adjust)功能。

如图 8-14 所示,让面 6 的曲率半径跟随面 5。

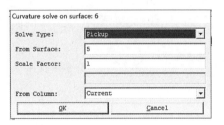

图 8-14

并将人眼前方的工作距离调整为 250 mm 的物距,如图 8-15 和图 8-16 所示。

LDE	SURFACE	NAME	RADIUS	THICKNESS	GLASS	APERTURE	DIAMETER	CONIC
Object 0	STANDARD		Infinity	150.000000		22.137656	22.137656	0.000000
1	STANDARD		Infinity	90.000000		10.199965	10.199965	0.000000
2	STANDARD		Infinity	10.000000		3.037351	3.037351	0.000000
*3	STANDARD	膜角	7.800000	0.600000	1.377,55.0	6.000000 U	6.000000	0.000000
*4	STANDARD	液状体	6.400000	3.000000	1.336,55.0	5.000000 U	6.000000	0.000000
Stop *5	STANDARD	孔瞳	10.100000	0.000000		4.000000 U	5.000000	0.000000
*6	STANDARD	状体晶	10.100000 P	4.000000	1.411,55.0	4.000000 U	4.000000	0.000000
*7	STANDARD	玻璃体	-6.100000	17.250000	1.337,55.0	4.000000 U	6.000000	-4.500000
*8	STANDARD	网膜视	-12.500000	0.000000		6.000000 U	6.000000	0.000000

图 8-15

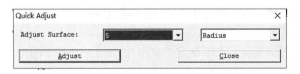

图 8-16

晶状体曲率半径经过调节后变为 6.288 9,如图 8-17 所示。

实例文件 08-02:人眼模型-近点.cax

LDE	SURFACE	NAME	RADIUS	THICKNESS	GLASS	APERTURE	DIAMETER	CONIC
Object 0	STANDARD		Infinity	150.000000		22.137656	22.137656	0.000000
1	STANDARD		Infinity	90.000000		10.199965	10.199965	0.000000
2	STANDARD		Infinity	10.000000		3.037351	3.037351	0.000000
*3	STANDARD	膜角	7.800000	0.600000	1.377,55.0	6.000000 U	6.000000	0.000000
*4	STANDARD	液状体	6.400000	3.000000	1.336,55.0	5.000000 U	6.000000	0.000000
Stop *5	STANDARD	孔瞳	6.288932	0.000000		4.000000 U	5.000000	0.000000
*6	STANDARD	状体晶	6.288932 P	4.000000	1.411,55.0	4.000000 U	4.000000	0.000000
*7	STANDARD	玻璃体	-6.100000	17.250000	1.337,55.0	4.000000 U	6.000000	-4.500000
*8	STANDARD	网膜视	-12.500000	0.000000		6.000000 U	6.000000	0.000000

图 8-17

此时的 MTF 曲线 110 lp/mm 仍然可以保持在 0.2 左右,如图 8-18 所示。

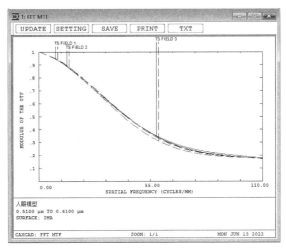

图 8 - 18

8.2 放大镜与视觉

人眼能够分辨两个最小距离的相邻点的能力称为眼睛的分辨能力或视觉锐度,在正常裸眼状态下,人眼的角分辨率最小视角大约为 $60''$,在明视距离上观察到的物体表面分辨率为 $7 \sim 8$ lp/mm。

8.2.1 放大镜的放大倍率

实例文件 08 - 03:放大镜视觉.cax

放大镜是将放在焦点上或焦点附近的物体成放大虚像的目镜透镜,如图 8 - 19 所示。放大镜的视觉放大倍率并非常数,而取决于观察条件,通常的使用条件是人眼贴近放大镜,此时放大倍率:

$$\beta = \frac{250}{f} + 1$$

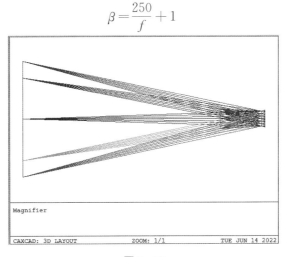

图 8 - 19

其中 f 是放大镜的焦距。在实际应用中，针对理想或真实情况，这个倍率计算都是一个近似的数值，但足以在设计之前的理论计算中给予设计指导和预测，下面用一个实例说明：

物距：42.25 mm；

全物高：20 mm；

放大镜焦距：51 mm；

人眼观察距离：4 mm。

使用 CAXCAD 建立并计算虚像的位置和大小，从而计算出人眼视觉的放大倍率。

设定系统入瞳直径为 15 mm（图 8-20）：

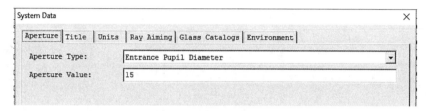

图 8-20

将物面的距离设定为 42.25 mm（图 8-21）：

LDE	SURFACE	NAME	RADIUS	THICKNESS	GLASS	APERTURE	DIAMETER	CONIC
Object 0	STANDARD		Infinity	42.2500		10.0000	10.0000	0.0000
Stop 1	PARAXIAL		Infinity	0.0000		7.5000	7.5000	0.0000
2	STANDARD		Infinity	4.0000		7.5000	7.5000	0.0000
Image 3	STANDARD		Infinity	-		8.5686	8.5686	0.0000

图 8-21

放大镜演示采用 51 mm 的理想透镜 Paraxial（图 8-22）：

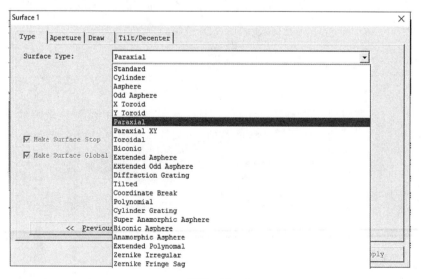

图 8-22

设定理想透镜焦距为 51 mm(图 8 - 23):

LDE	TCE x 1E-6	COATING	PAR 0	Focal Length	OPD Mode	PAR 3	PAR 4	PAR 5	PAR
Object 0	0.0000		-						
Stop 1	0.0000		-	51.0000	1.0000				
2	0.0000		-						
Image 3	0.0000		-						

图 8 - 23

设定物高为±10 mm(图 8 - 24),这样可以看到和演示全部视场的光线(图 8 - 25)。

FDE	X-Field	Y-Field	Weight	FVDX	FVDY	FVCX	FVCY	FVAN	Color
1	0.0000	0.0000	1.0000	0.0000	0.0000	0.0000	0.0000	0.0000	
2	0.0000	7.0711	1.0000	0.0000	0.0000	0.0000	0.0000	0.0000	
3	0.0000	10.0000	1.0000	0.0000	0.0000	0.0000	0.0000	0.0000	
4	0.0000	-7.0711	1.0000	0.0000	0.0000	0.0000	0.0000	0.0000	
5	0.0000	-10.0000	1.0000	0.0000	0.0000	0.0000	0.0000	0.0000	

图 8 - 24

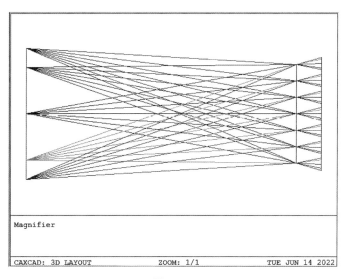

图 8 - 25

在人眼的前方光线是发散的,因此没有汇聚焦点,此时采用边缘光线求解的方式计算光线的虚拟焦点。这时的光线传播会按照负值进行,这被称为光线的虚拟传播。

在人眼后插入一个新的表面,并进行厚度求解,如图 8 - 26 所示。

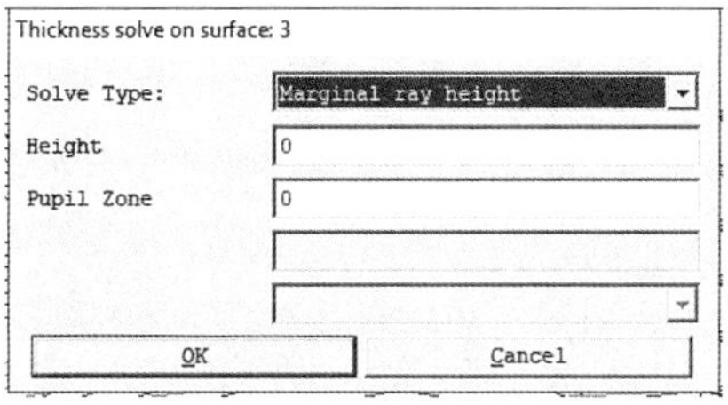

图 8 - 26

计算出来的距离大约在 250 mm 的明视距离附近,如图 8 - 27 所示。

LDE	SURFACE	NAME	RADIUS	THICKNESS	GLASS	APERTURE	DIAMETER	CONIC
Object 0	STANDARD		Infinity	42.2500		10.0000	10.0000	0.0000
Stop 1	PARAXIAL		Infinity	0.0000		7.5000	7.5000	0.0000
2	STANDARD		Infinity	4.0000		7.5000	7.5000	0.0000
3	STANDARD		Infinity	-250.2571 M		8.5686	8.5686	0.0000
Image 4	STANDARD		Infinity	-		58.2857	58.2857	0.0000

图 8 - 27

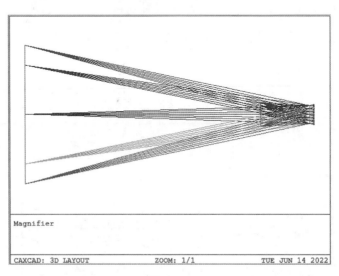

图 8 - 28

如图 8 - 28 所示,由像面的大小可知其半口径为 58.286 mm,而物面半高度为10 mm,此时的放大倍率为 5.828 6。

在评价函数中使用 PMAG 查看近轴的放大倍率,可以看到相同的数值(图 8 - 29)。

MFE	Type	Wave				Target	Weight	Value	% Contrib
1 MF-PMAG	PMAG	1				0.0000	0.0000	5.8286	0.0000

图 8 - 29

8.2.2　目镜的放大倍率

目镜的作用类似于放大镜,通常把物镜所成的像放大在人眼远点供人眼观察。此时人眼调焦到无限远时,物体位于物方焦平面上。这时产生的放大率如下:

$$\beta = \frac{250}{f}$$

例如,在显微镜系统中,如果目镜的焦距是 25 mm,则这个目镜产生 10× 的放大视觉效果。

8.2.3　显微镜的放大倍率

显微镜物镜通常有两种,一种是无限筒长,另一种是有限筒长。

对于有限筒长,不同国家有不同的标准,中国采用 160 mm 的筒长。下面在

CAXCAD 中建立这种结构,利用理想透镜设计一个 $10\times$ 的显微物镜。

设定系统孔径为 10 mm(图 8-30):

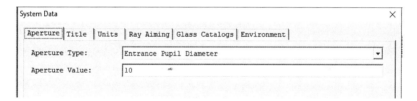

图 8-30

焦平面大小通常在 $18\sim20$ mm,这里设定物体全高度为 2 mm,半高度为 1 mm。可以采用 Uniform Field Points 设定三点视场,Maximum Field 设定为 1 mm,如图 8-31 所示。

此时预测优化后的像高应为 10 mm。

FDE	X-Field	Y-Field	Weight	FVDX	FVDY	FVCX	FVCY	FVAN	Color
1	0.0000	0.0000	1.0000	0.0000	0.0000	0.0000	0.0000	0.0000	
2	0.0000	0.5000	1.0000	0.0000	0.0000	0.0000	0.0000	0.0000	
3	0.0000	1.0000	1.0000	0.0000	0.0000	0.0000	0.0000	0.0000	

图 8-31

如图 8-32 所示,工作波长采用 FDC,因为这里采用理想透镜,所以波长的选择对系统的演示没有影响。

WDE	Wavelength	Weight	Color
1	0.4861	1.0000	
Primary 2	0.5876	1.0000	
3	0.6563	1.0000	

图 8-32

设定初始结构(图 8-33):

LDE	SURFACE	NAME	RADIUS	THICKNESS	GLASS	APERTURE	DIAMETER	CONIC
Object 0	STANDARD		Infinity	10.0000 V		1.0000	1.0000	0.0000
Stop 1	PARAXIAL		Infinity	0.0000		5.0000	5.0000	0.0000
2	STANDARD		Infinity	150.0000 T		5.0000	5.0000	0.0000
Image 3	STANDARD		Infinity	-		15.0000	15.0000	0.0000

图 8-33

其中为了保证物像面的间距是 160 mm,在像面的厚度上进行位置(Position)求解(图 8-34):

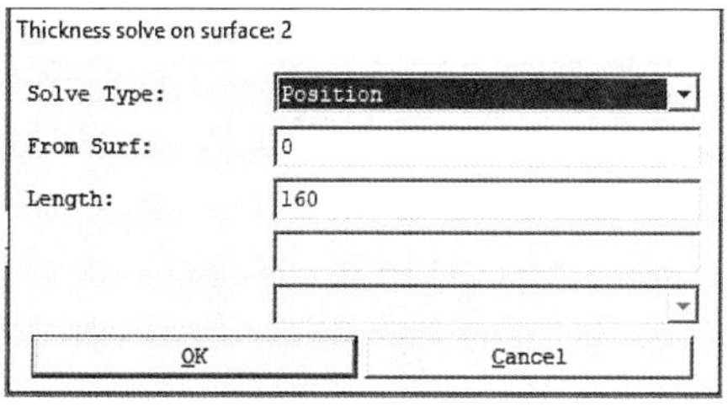

图 8-34

给理想透镜赋予一个初始值 9 mm(图 8－35)：

LDE	TCE x 1E-6	COATING	PAR 0	Focal Length	OPD Mode	PAR 3	PAR 4	PAR 5
Object 0	0.0000	-						
Stop 1	0.0000	-		9.0000 V	1.0000			
2	0.0000	-						
Image 3	0.0000	-						

图 8－35

为了获得理想的初始结构，可以将光线汇聚到像面上(图 8－36)：

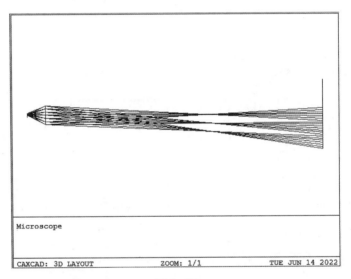

Microscope
CAXCAD: 3D LAYOUT
ZOOM: 1/1
TUE JUN 14 2022

图 8－36

Quick Adjust 工具可以调整面型上的扩展参数(图 8－37)：

Quick Adjust
Adjust Surface:
1
Parameter 1
Adjust
Close

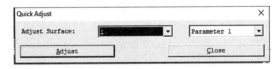

图 8－37

调整后，焦距变为 9.375 0(图 8－38)：

LDE	TCE x 1E-6	COATING	PAR 0	Focal Length	OPD Mode	PAR 3	PAR 4	PAR 5
Object 0	0.0000	-						
Stop 1	0.0000	-		9.3750 V	1.0000			
2	0.0000	-						
Image 3	0.0000	-						

图 8－38

光线成像到像面上(图 8－39)：

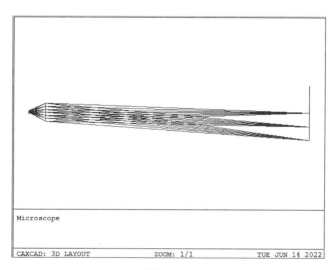

图 8 - 39

设定评价函数的目标(图 8 - 40):

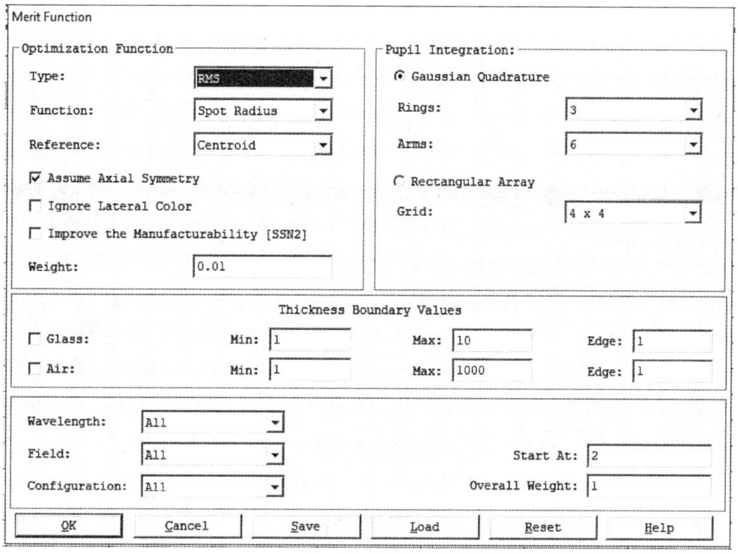

图 8 - 40

加入 PMAG,设定系统放大率为-10 的目标(图 8 - 41):

MFE	Type		Wave							Target	Weight	Value	% Contrib
1 MF-PMAG	PMAG		1							-10.0000	1.0000	-15.0000	100.0000
2 MF-DMFS	DMFS												
3 MF-BLNK	BLNK	BLNK											
4 MF-SPOT	SPOT	1	1				0.3357	0.0000		0.0000	0.0970	8.8818E-016	3.059E-031
5 MF-SPOT	SPOT	1	1				0.7071	0.0000		0.0000	0.1551	4.4409E-016	1.2238E-031
6 MF-SPOT	SPOT	1	1				0.9420	0.0000		0.0000	0.0970	3.5527E-015	4.8954E-030
7 MF-SPOT	SPOT	1	2				0.3357	0.0000		0.0000	0.0970	8.8818E-016	3.059E-031
8 MF-SPOT	SPOT	1	2				0.7071	0.0000		0.0000	0.1551	4.4409E-016	1.2238E-031
9 MF-SPOT	SPOT	1	2				0.9420	0.0000		0.0000	0.0970	3.5527E-015	4.8954E-030
10 MF-SPOT	SPOT	1	3				0.3357	0.0000		0.0000	0.0970	8.8818E-016	3.059E-031
11 MF-SPOT	SPOT	1	3				0.7071	0.0000		0.0000	0.1551	4.4409E-016	1.2238E-031
12 MF-SPOT	SPOT	1	3				0.9420	0.0000		0.0000	0.0970	3.5527E-015	4.8954E-030

图 8 - 41

变量有两个:物距和理想镜头焦距。

进行优化后,评价函数快速收敛如图 8-42 和图 8-43 所示:

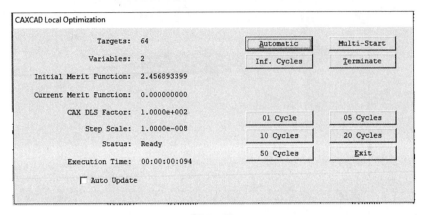

图 8-42

LDE	SURFACE	NAME	RADIUS	THICKNESS	GLASS	APERTURE	DIAMETER	CONIC
Object 0	STANDARD		Infinity	14.5455 V		1.0000	1.0000	0.0000
Stop 1	PARAXIAL		Infinity	0.0000		5.0000	5.0000	0.0000
2	STANDARD		Infinity	145.4545 T		5.0000	5.0000	0.0000
Image 3	STANDARD		Infinity	-		10.0000	10.0000	0.0000

图 8-43

系统参数的像距和物距的比例为 10,同时焦距被优化为 13.223 1,在后方插入焦距为 25 mm,10× 的目镜,如图 8-44 所示:

LDE	SURFACE	NAME	RADIUS	THICKNESS	GLASS	APERTURE	DIAMETER	CONIC
Object 0	STANDARD		Infinity	14.5455 V		1.0000	1.0000	0.0000
Stop 1	PARAXIAL	object	Infinity	0.0000		5.0000	5.0000	0.0000
2	STANDARD		Infinity	145.4545 T		5.0000	5.0000	0.0000
3	STANDARD		Infinity	25.0000		10.0000	10.0000	0.0000
4	PARAXIAL	eyepiece	Infinity	29.2969 U		12.5781	12.5781	0.0000
5	STANDARD		Infinity	10.0000		0.8594	0.8594	0.0000
Image 6	STANDARD		Infinity	-		4.8594	4.8594	0.0000

图 8-44

25 mm 是焦平面到目镜的距离,并设定目镜焦距为 25 mm(图 8-45),此时光束将平行输出。

LDE	TCE x 1E-6	COATING	PAR 0	Focal Length	OPD Mode	PAR 3	PAR 4	PAR 5
Object 0	0.0000		-					
Stop 1	0.0000		-	13.2231 V	1.0000			
2	0.0000		-					
3	0.0000		-					
4	0.0000		-	25.0000	1.0000			
5	0.0000		-					
Image 6	0.0000		-					

图 8-45

为了能够让目镜后方光束快速找到出瞳,这里可以利用厚度的光瞳求解,如图 8-46 所示:

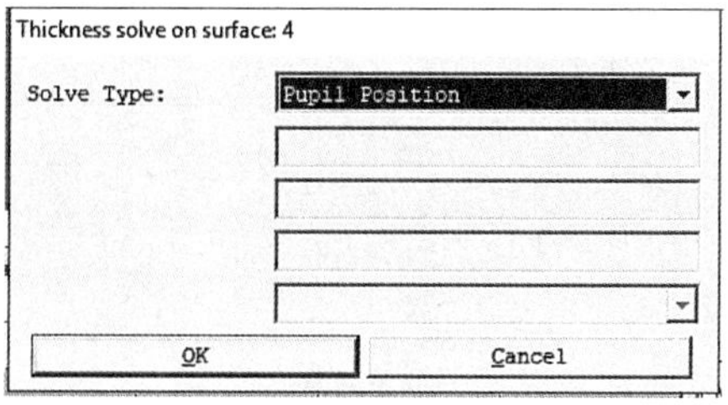

图 8 - 46

光瞳位置自动锁定为 29.296 9,并在后方增加 10 mm 的显示距离,此时出瞳的大小为 0.859 3,大约 1.7 mm 的直径。因为通常人眼的瞳孔直径为 4 mm 左右。这里可以调节入瞳的大小为 20 mm,出瞳值增大到 3.5 mm 左右,整体系统接近实际应用。

实例文件 08 - 04:显微镜视觉.cax(图 8 - 47~图 8 - 48)

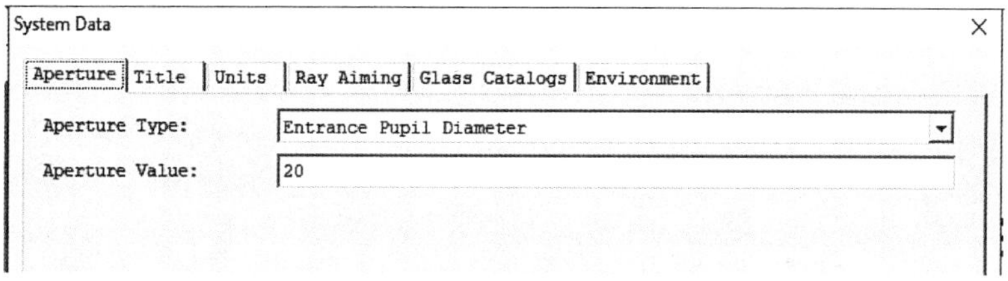

图 8 - 47

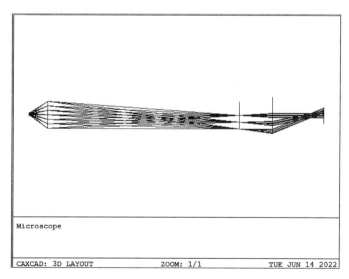

图 8 - 48

从整体系统角度,物镜和目镜的倍率都是 10×,因此整体显微镜系统的放大倍率为 100×。

对于无限筒长显微镜,通常有一个接收平行光、焦距为 250 mm 的管镜。管镜成像像高为 18~20 mm。利用 CAXCAD 仿真这样的镜头会非常简单快捷。

设定 20 mm 的入瞳直径,这个数值相当于管镜的镜片直径(图 8 - 49):

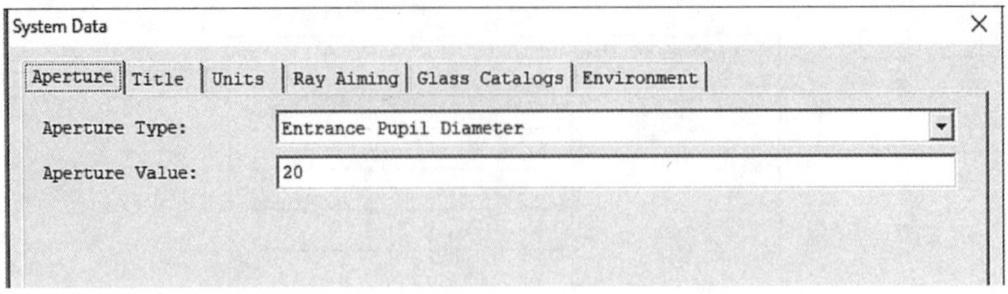

System Data

Aperture | Title | Units | Ray Aiming | Glass Catalogs | Environment

Aperture Type: Entrance Pupil Diameter

Aperture Value: 20

图 8 - 49

定义一个焦距 250 mm 的理想透镜并设定后方距离为焦距(图 8 - 50):

LDE	SURFACE	NAME	RADIUS	THICKNESS	GLASS	APERTURE	DIAMETER	CONIC
Object 0	STANDARD		Infinity	Infinity		11.2000	11.2000	0.0000
1	STANDARD		Infinity	30.0000		11.2000	11.2000	0.0000
Stop 2	PARAXIAL		Infinity	250.0000		10.0000	10.0000	0.0000
Image 3	STANDARD		Infinity	-		10.0000	10.0000	0.0000

图 8 - 50

利用近轴像高设定视场(图 8 - 51):

Fields Data [Paraxial Image Height]

UPDATE | SETTING | SETVIG | DELVIG | RESET | INSERT | DELETE

FDE	X-Field	Y-Field	Weight	FVDX	FVDY	FVCX	FVCY	FVAN	Color
1	0.0000	0.0000	1.0000	0.0000	0.0000	0.0000	0.0000	0.0000	
2	0.0000	7.0711	1.0000	0.0000	0.0000	0.0000	0.0000	0.0000	
3	0.0000	10.0000	1.0000	0.0000	0.0000	0.0000	0.0000	0.0000	

图 8 - 51

这时就得到了管镜的系统:
实例文件 08 - 05:显微物视觉-管镜.cax

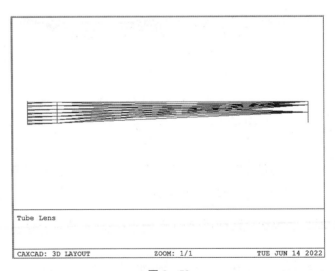

Tube Lens

CAXCAD: 3D LAYOUT   ZOOM: 1/1   TUE JUN 14 2022

图 8 - 52

对于无限筒长的显微物镜来说,就是要设计一个平行光出射的镜头。通常采用反向光路设计的方法(图 8 - 52),采用平行光入射后光束汇聚。管镜的视场角大约为 2.3°～2.5°,这是无限筒长物镜入射平行光的最大视场角度,如图 8 - 53 所示。

MFE	Type	Surf	Wave	Hx	Hy	Px	Py	Target	Weight	Value	% Contrib
1 MF-RAID	RAID	1	2	0.0000	1.0000	0.0000	0.0000	0.0000	0.0000	2.2906	0.0000

图 8 - 53

根据物像的关系,设计出来镜头的焦距 f,可以知道显微物镜与管镜配合后的放大倍率:

$$\beta = \frac{管镜焦距}{物镜焦距} = \frac{250}{f}$$

无限筒长的显微镜有个好处是可以在管镜不变的情况下旋转镜盘更换显微物镜,从而调整显微物镜焦距,通用性很好,因此市面上大多采用这种显微镜的结构。

显微镜的分辨率主要取决于显微物镜的数值孔径,而与目镜无关,显微镜的分辨率是以它能够分辨两点间的最小距离来表示的,根据瑞利判据,计算公式为:

$$\sigma = \frac{0.61\lambda}{NA}$$

这里的数值孔径($NA = n\sin\theta$)的结果由物空间的折射率和角度决定。因此在工作波长固定的前提下,要提高显微镜的分辨率通常可以增大像空间的折射率,这就出现了在物空间浸油的显微镜物镜。

8.2.4　望远镜放大倍率

望远镜是用来观测远距离物体的光学系统,由物镜和目镜组成。但其结构特点是物镜的焦距大于目镜的焦距。从无限远处发出的平行光线经过望远镜物镜后,在望远镜的像方焦点平面上成一个倒立实像。这个像正好位于目镜的像方焦点平面上,经过目镜成像在无限远处。平行光进入,平行光出射,因此这是典型的无焦点光学系统,被称为无焦(Afocal)系统。

因为光学系统在像空间没有焦点,所以没有办法用线性的放大倍率来表示视觉放大倍率,这时可采用角放大倍率。

用 CAXCAD 仿真一个 10× 理想的望远镜:

物镜焦距:250 mm;

目镜焦距:25 mm;

入瞳直径:40 mm。

实例文件 08 - 06:望远镜视觉.cax

入射入瞳直径(图 8 - 54):

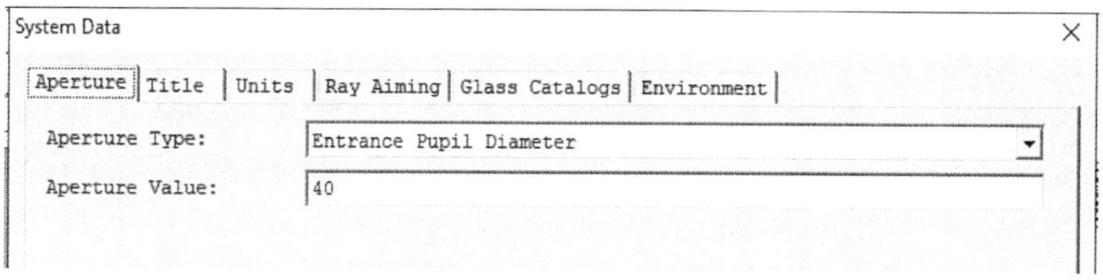

图 8 - 54

设定视场角度(图 8-55):

FDE	X-Field	Y-Field	Weight	FVDX	FVDY	FVCX	FVCY	FVAN	Color
1	0.0000	0.0000	1.0000	0.0000	0.0000	0.0000	0.0000	0.0000	
2	0.0000	1.2500	1.0000	0.0000	0.0000	0.0000	0.0000	0.0000	
3	0.0000	2.5000	1.0000	0.0000	0.0000	0.0000	0.0000	0.0000	

图 8-55

工作波长采用 FDC(图 8-56):

WDE	Wavelength	Weight	Color
1	0.4861	1.0000	
Primary 2	0.5876	1.0000	
3	0.6563	1.0000	

图 8-56

设定理想透镜等表面数据(图 8-57):

LDE	SURFACE	NAME	RADIUS	THICKNESS	GLASS	APERTURE	DIAMETER	CONIC	
Object 0	STANDARD		Infinity	Infinity		20.8732	20.8732	0.0000	
1	STANDARD		Infinity	20.0000		20.8732	20.8732	0.0000	
Stop 2	PARAXIAL	objective	Infinity	250.0000		20.0000	20.0000	0.0000	
Image 3	STANDARD		Infinity	-		10.9152	10.9152	0.0000	

图 8-57

理想透镜焦距 250 mm(图 8-58),此时像高大约为 10 mm 和实际系统的焦平面大小吻合。

LDE	CONIC	TCE x 1E-6	COATING	PAR 0	Focal Length	OPD Mode	PAR 3	PAR 4
Object 0	0.0000	0.0000	-					
1	0.0000	0.0000	-					
Stop 2	0.0000	0.0000	-		250.0000	1.0000		
Image 3	0.0000	0.0000	-					

图 8-58

物镜外观如图 8-59 所示:

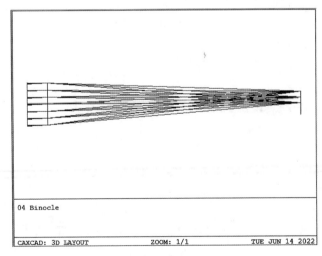

04 Binocle

CAXCAD: 3D LAYOUT   ZOOM: 1/1   TUE JUN 14 2022

图 8-59

在其后加入 25 mm 的目镜，并采用光瞳求解(图 8－60)，计算出瞳位置 27.5 mm(图 8－61)。

Thickness solve on surface: 4
Solve Type:
Pupil Position
OK
Cancel

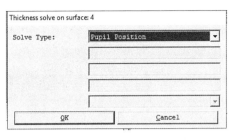

图 8－60

LDE	SURFACE	NAME	RADIUS	THICKNESS	GLASS	APERTURE	DIAMETER	CONIC
Object 0	STANDARD		Infinity	Infinity		20.8732	20.8732	0.0000
1	STANDARD		Infinity	20.0000		20.8732	20.8732	0.0000
Stop 2	PARAXIAL	objective	Infinity	250.0000		20.0000	20.0000	0.0000
3	STANDARD		Infinity	25.0000		10.9152	10.9152	0.0000
4	PARAXIAL	eyepiece	Infinity	27.5000 U		14.0068	14.0068	0.0000
5	STANDARD		Infinity	10.0000		2.0000	2.0000	0.0000
Image 6	STANDARD		Infinity	-		6.3661	6.3661	0.0000

图 8－61

设定目镜焦距为 25 mm(图 8－62)，并在其后设定 10 mm 的空间显示(图 8－63)。

LDE	TCE x 1E-6	COATING	PAR 0	Focal Length	OPD Mode	PAR 3	PAR 4	PAR 5
Object 0	0.0000	-						
1	0.0000	-						
Stop 2	0.0000	-		250.0000	1.0000			
3	0.0000	-						
4	0.0000	-		25.0000	1.0000			
5	0.0000	-						
Image 6	0.0000	-						

图 8－62

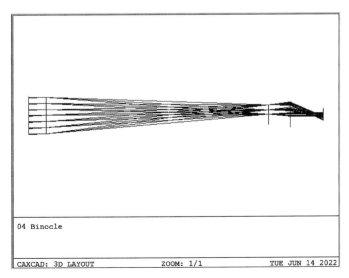

04 Binocle
CAXCAD: 3D LAYOUT
ZOOM: 1/1
TUE JUN 14 2022

图 8－63

更改显示范围,可以清晰看到目镜的情况,如图 8-64 所示。

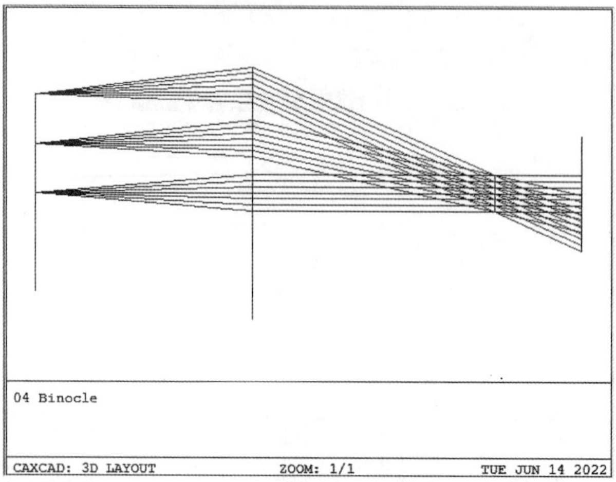

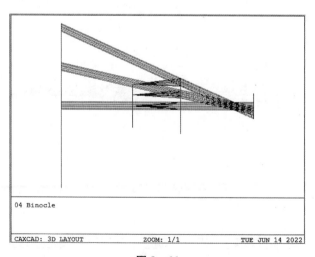

图 8-64

如果在后面设置一个－100 mm 的虚拟传播(图 8-65),就可以看到人眼观察光线的入射角度。

LDE	SURFACE	NAME	RADIUS	THICKNESS	GLASS	APERTURE	DIAMETER	CONIC
Object 0	STANDARD		Infinity	Infinity		20.8732	20.8732	0.0000
1	STANDARD		Infinity	20.0000		20.8732	20.8732	0.0000
Stop 2	PARAXIAL	objective	Infinity	250.0000		20.0000	20.0000	0.0000
3	STANDARD		Infinity	25.0000		10.9152	10.9152	0.0000
4	PARAXIAL	eyepiece	Infinity	27.5000 U		14.0068	14.0068	0.0000
5	STANDARD		Infinity	10.0000		2.0000	2.0000	0.0000
6	STANDARD		Infinity	-100.0000		6.3661	6.3661	0.0000
Image 7	STANDARD		Infinity	-		41.2948	41.2948	0.0000

图 8-65

如图 8-66 所示,人眼实际看到的光线角度将会加大,这里就体现了望远镜从 2.5°入射,到大角度出射的过程,视觉的本质就是角度放大。

图 8-66

如果利用 AMA 或 AMAG 查看角放大倍率,可以获得−10×的结果(图 8 - 67):

MFE	Type	Wave						Target	Weight	Value	% Contrib
1 MF-AMAG	AMAG	1						0.0000	0.0000	−10.0000	0.0000

图 8 - 67

望远镜的放大倍率:

$$\beta = \frac{物镜焦距}{目镜焦距}$$

8.3　放大镜设计实例

正如前面所提到的,放大镜是用最简单的方式来提高视觉放大的装置,这里设计一个双胶合放大镜。采用火石玻璃和日冕玻璃胶合。

放大镜形式:双胶合;

放大倍率:6×;

人眼观察距离:10 mm;

人眼瞳孔:4 mm;

虚像位置:250 mm 近点处。

实例文件 08 - 07:人眼模型-近点-放大镜.cax

首先打开近点人眼模型(图 8 - 68):

LDE	SURFACE	NAME	RADIUS	THICKNESS	GLASS	APERTURE	DIAMETER	CONIC
Object 0	STANDARD		Infinity	150.0000		22.1377	22.1377	0.0000
1	STANDARD		Infinity	100.0000		10.2000	10.2000	0.0000
*2	STANDARD	膜角	7.8000	0.6000	1.377,55.0	6.0000 U	6.0000	0.0000
*3	STANDARD	液状体	6.4000	3.0000	1.336,55.0	5.0000 U	6.0000	0.0000
Stop *4	STANDARD	孔瞳	6.2889	0.0000		4.0000 U	5.0000	0.0000
*5	STANDARD	状体晶	6.2889 P	4.0000	1.411,55.0	4.0000 U	4.0000	0.0000
*6	STANDARD	玻璃体	-6.1000	17.2500	1.337,55.0	4.0000 U	6.0000	-4.5000
*7	STANDARD	网膜视	-12.5000	0.0000		6.0000 U	6.0000	0.0000
Image 8	STANDARD		-12.5000	-		1.5172	1.5172	0.0000

图 8 - 68

在人眼模型前,建立双胶合结构并定义初始结构,这里有 4 个变量,如图 8 - 69 所示。

LDE	SURFACE	NAME	RADIUS	THICKNESS	GLASS	APERTURE	DIAMETER	CONIC
Object 0	STANDARD		Infinity	50.0000 V		6.1838	6.1838	0.0000
1	STANDARD	Lens 01	100.0000 V	4.0000	BK7	3.2211	3.2211	0.0000
2	STANDARD	Lens 02	Infinity V	3.0000	F2	3.0239	3.2211	0.0000
3	STANDARD		-100.0000 V	10.0000		2.8859	3.0239	0.0000
*4	STANDARD	膜角	7.8000	0.6000	1.377,55.0	6.0000 U	6.0000	0.0000
*5	STANDARD	液状体	6.4000	3.0000	1.336,55.0	5.0000 U	6.0000	0.0000
Stop *6	STANDARD	孔瞳	6.2889	0.0000		4.0000 U	5.0000	0.0000
*7	STANDARD	状体晶	6.2889 P	4.0000	1.411,55.0	4.0000 U	4.0000	0.0000
*8	STANDARD	玻璃体	-6.1000	17.2500	1.337,55.0	4.0000 U	6.0000	-4.5000
*9	STANDARD	网膜视	-12.5000	0.0000		6.0000 U	6.0000	0.0000
Image 10	STANDARD		-12.5000	-		1.8970	1.8970	0.0000

图 8 - 69

定义物高视场(图 8-70):

FDE	X-Field	Y-Field	Weight	FVDX	FVDY	FVCX	FVCY	FVAN	Color
1	0.0000	0.0000	1.0000	0.0000	0.0000	0.0000	0.0000	0.0000	
2	0.0000	7.0711	1.0000	0.0000	0.0000	0.0000	0.0000	0.0000	
3	0.0000	10.0000	1.0000	0.0000	0.0000	0.0000	0.0000	0.0000	

Fields Data [Object Height] UPDATE SETTING SETVIG DELVIG RESET INSERT DELETE

图 8-70

初始结构外观(图 8-71):

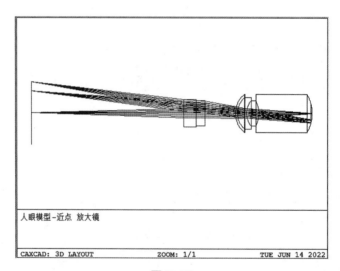

人眼模型-近点 放大镜

CAXCAD: 3D LAYOUT   ZOOM: 1/1   TUE JUN 14 2022

图 8-71

定义 RMS Spot Radius 评价函数,确保成像质量,如图 8-72 所示。

图 8-72

通过 EFLX 操作数来控制放大镜的焦距(图 8-73～图 8-74)：

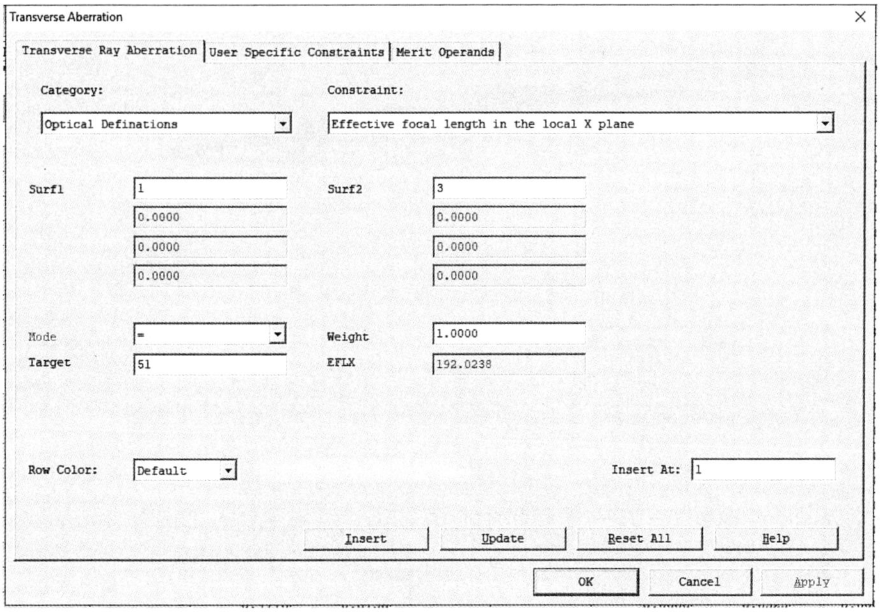

图 8-73

MFE	Type	Field	Wave		Px	Py		Target	Weight	Value	% Contrib
1 MF-EFLX	EFLX	1	3					51.0000	1.0000	88.1334	99.9991
2 MF-DMFS	DMFS										
3 MF-BLNK	BLNK	BLNK									
4 MF-SPOT	SPOT	1	1		0.3357	0.0000		0.0000	0.0970	0.0285	6.2931E-006
5 MF-SPOT	SPOT	1	1		0.7071	0.0000		0.0000	0.1551	0.0595	3.9875E-005
6 MF-SPOT	SPOT	1	1		0.9420	0.0000		0.0000	0.0970	0.0743	3.8812E-005
7 MF-SPOT	SPOT	1	2		0.3357	0.0000		0.0000	0.0970	0.0329	7.5942E-006
8 MF-SPOT	SPOT	1	2		0.7071	0.0000		0.0000	0.1551	0.0658	4.8643E-005
9 MF-SPOT	SPOT	1	2		0.9420	0.0000		0.0000	0.0970	0.0826	4.7969E-005
10 MF-SPOT	SPOT	1	3		0.3357	0.0000		0.0000	0.0970	0.0357	8.9403E-006
11 MF-SPOT	SPOT	1	3		0.7071	0.0000		0.0000	0.1551	0.0717	5.7766E-005
12 MF-SPOT	SPOT	1	3		0.9420	0.0000		0.0000	0.0970	0.0905	5.7557E-005

图 8-74

优化可以非常快速的完成(图 8-75)。

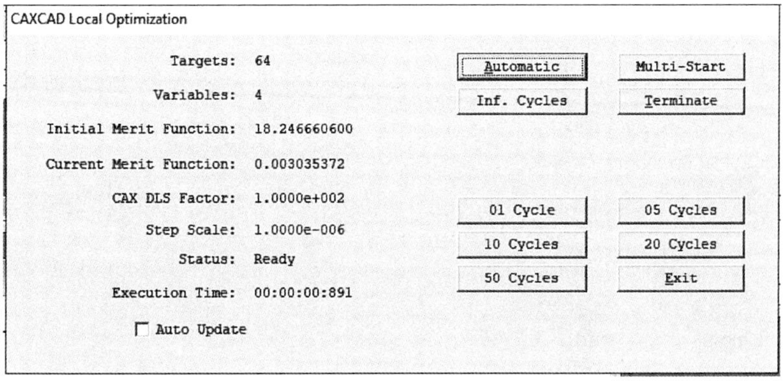

图 8-75

典型的双胶合放大镜和人眼组合的外观就已经呈现出来(图 8-76)：

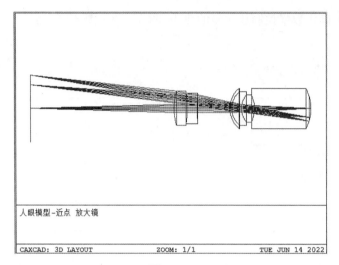

图 8-76

优化后的 MTF(图 8-77),尤其是中心区域仍然可以保持在 110 lp/mm 的分辨率。

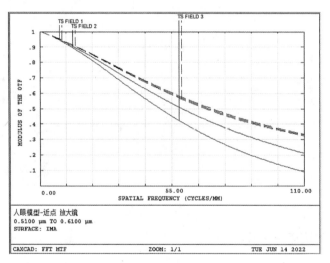

图 8-77

对镜片的外观进行处理,保持镜片外径为 15 mm,调整镜片厚度,更改合理的数值后再次进行优化,如图 8-78 所示。

LDE	SURFACE	NAME	RADIUS	THICKNESS	GLASS	APERTURE	DIAMETER	CONIC
Object 0	STANDARD		Infinity	44.0867 V		10.0000	10.0000	0.0000
*1	STANDARD	Lens 01	18.0415 V	4.0000	BK7	7.5000 U	7.5000	0.0000
*2	STANDARD	Lens 02	-30.8436 V	2.0000	F2	7.5000 U	7.5000	0.0000
*3	STANDARD		93.0476 V	10.0000		7.5000 U	7.5000	0.0000
*4	STANDARD	膜角	7.8000	0.6000	1.377,55.0	6.0000 U	6.0000	0.0000
*5	STANDARD	液状体	6.4000	3.0000	1.336,55.0	5.0000 U	6.0000	0.0000
Stop *6	STANDARD	孔瞳	6.2889	0.0000		4.0000 U	5.0000	0.0000
*7	STANDARD	状体晶	6.2889 P	4.0000	1.411,55.0	4.0000 U	4.0000	0.0000
*8	STANDARD	玻璃体	-6.1000	17.2500	1.337,55.0	4.0000 U	6.0000	-4.5000
*9	STANDARD	网膜视	-12.5000	0.0000		6.0000 U	6.0000	0.0000
Image 10	STANDARD		-12.5000	-		3.7154	3.7154	0.0000

图 8-78

系统在保持成像品质的前提下，镜片外观更加趋于合理(图 8 - 79)，这一点是和实际生产相关的。

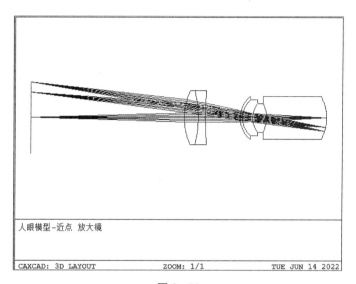

图 8 - 79

这样设计出来的放大镜，可以在删除人眼后验证虚拟焦点，如图 8 - 80 和图 8 - 81 所示。

LDE	SURFACE	NAME	RADIUS	THICKNESS	GLASS	APERTURE	DIAMETER	CONIC
Object 0	STANDARD		Infinity	44.0867 V		10.0000	10.0000	0.0000
*1	STANDARD	Lens 01	18.0415 V	4.0000	BK7	7.5000 U	7.5000	0.0000
*2	STANDARD	Lens 02	-30.8436 V	2.0000	F2	7.5000 U	7.5000	0.0000
*3	STANDARD		93.0476 V	10.0000		7.5000 U	7.5000	0.0000
Stop 4	STANDARD		Infinity	-262.9289 M		1.4144	1.4144	0.0000
Image 5	STANDARD		Infinity	-		59.0770	59.0770	0.0000

图 8 - 80

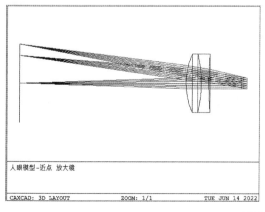

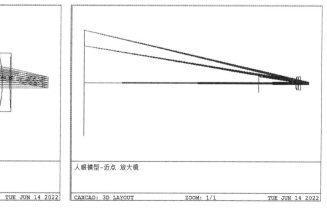

图 8 - 81

8.4　目镜设计实例

目镜和放大镜类似,但从目镜出瞳输出的是平行光。设计目镜的时候通常采用反向光路设计。

目镜的入瞳距离:目镜系统的入瞳位置就是人眼观察的位置。从入瞳位置到目镜第一片镜片的距离叫做眼睛间隔(eye relief)。这个距离需要在 10 mm 以上,大于 15 mm 的眼睛间隔将获得更舒适的观察视野,对于戴眼镜的观察者来说可以采用 20 mm。

目镜的入瞳大小:人眼的瞳孔从 2 mm 到 8 mm 之间变化。典型的目镜设计采用 3～6 mm 之间的入瞳直径。通过前面的人眼模型可以知道人眼的焦距是 17 mm 左右。

人眼的分辨率:不同的入射情况下人眼的分辨率是不同的。中心视场的角分辨率是 1 分,5 度视场和 20 度视场的分辨率是 3 分和 10 分。因此目镜设计应该重点保证中心光斑,这一点就给目镜设计在不同视场角上的几何光斑大小提供了参考。

人眼的瞳距:设计时,需要考虑人眼两个瞳孔之间的间隔。对于成人需要保持 50～80 mm 之间进行调节,如果是儿童这个间隔将要更小。两个目镜在放大率上的误差要保证控制在 0.5% 以内。

8.4.1　拉姆斯登目镜 Ramsden Eyepiece

设计目标:
目镜倍率:10×;
视场角度:15°。

实例文件 08‑08:Ramsden eyepiece.cax

拉姆斯登目镜是目镜中除了单片式之外最简单的形式,只采用两片式的结构,因此色差会较大。这种目镜的效果通常不够理想,因此多数情况下作为入门级的目镜。

根据 F-Theta 的近轴条件,可以预测像高为:

$$I = f * \text{theta}$$

10× 目镜的焦距为 $\frac{250}{10} = 25$ mm,求得预测像高为 6.5 mm。

设置入瞳直径 5 mm 作为人眼瞳孔大小(图 8‑82),人眼距离 12 mm。

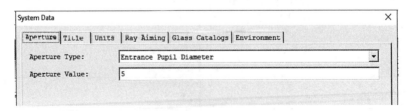

图 8‑82

视场设置 15°,并且按照等面积采样方法设置 3 个视场(图 8‑83～图 8‑84):

FDE	X-Field	Y-Field	Weight	FVDX	FVDY	FVCX	FVCY	FVAN	Color
1	0.00000	0.00000	1.00000	0.00000	0.00000	0.00000	0.00000	0.00000	
2	0.00000	10.60660	1.00000	0.00000	0.00000	0.00000	0.00000	0.00000	
3	0.00000	15.00000	1.00000	0.00000	0.00000	0.00000	0.00000	0.00000	

图 8 - 83

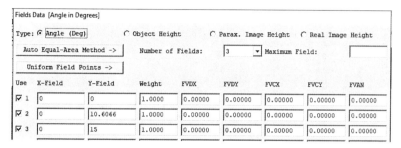

图 8 - 84

工作波长采用 FDC(图 8 - 85)：

WDE	Wavelength	Weight	Color
1	0.48613	1.00000	
Primary 2	0.58756	1.00000	
3	0.65627	1.00000	

图 8 - 85

面型初始结构设置(图 8 - 86～图 8 - 87)：

LDE	SURFACE	NAME	RADIUS	THICKNESS	GLASS	APERTURE	DIAMETER	CONIC
Object 0	STANDARD		Infinity	Infinity		2.50000	2.50000	0.00000
Stop 1	STANDARD		Infinity	12.00000		2.50000	2.50000	0.00000
*2	STANDARD		Infinity	3.00000	BK7	6.50000 U	6.50000	0.00000
*3	STANDARD		Infinity V	10.00000 V		6.50000 U	6.50000	0.00000
*4	STANDARD		Infinity V	3.00000	BK7	8.50000 U	8.50000	0.00000
*5	STANDARD		Infinity	10.00000 V		8.50000 U	8.50000	0.00000
Image 6	STANDARD		Infinity	–		12.11517	12.11517	0.00000

图 8 - 86

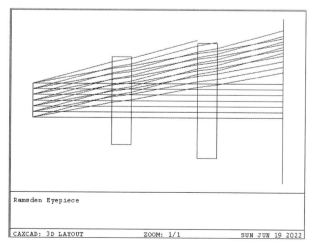

图 8 - 87

默认评价函数设置，目镜的球面光学系统采用 3 Rings 的采样(图 8 - 88)。

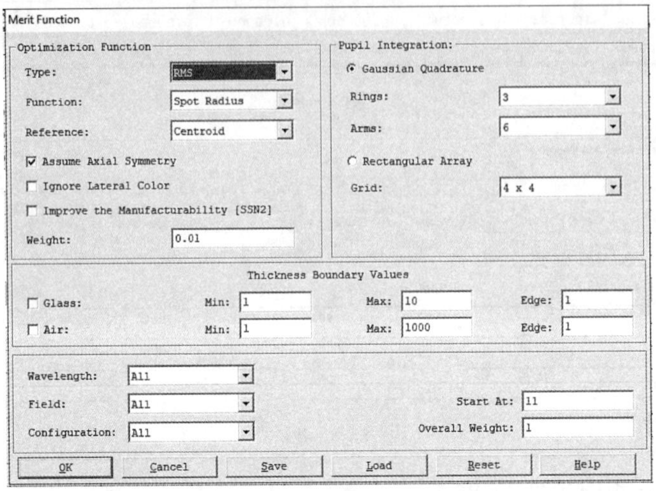

图 8 - 88

对于三个视场，利用 RAID 和 OPLT 控制一下像空间的主光线方向(图 8 - 89)。

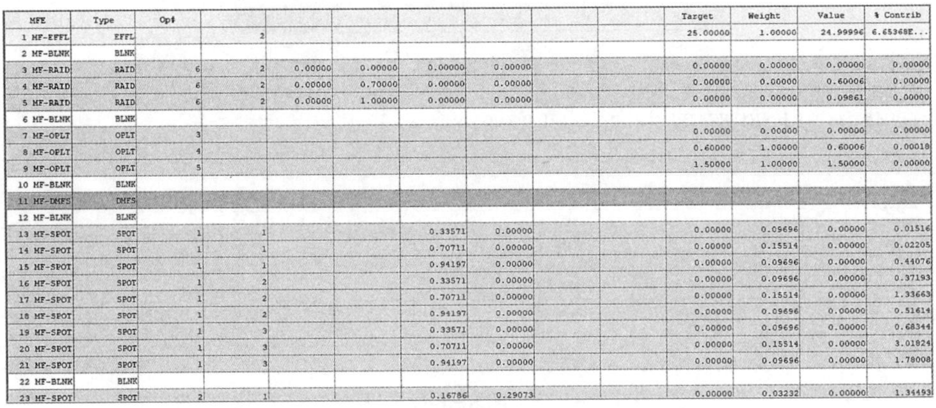

MFE	Type	Op#							Target	Weight	Value	% Contrib
1 MF-EFFL	EFFL		2						25.00000	1.00000	24.99996	6.65368E...
2 MF-BLNK	BLNK											
3 MF-RAID	RAID	6	2	0.00000	0.00000	0.00000	0.00000		0.00000	0.00000	0.00000	0.00000
4 MF-RAID	RAID	6	2	0.00000	0.70000	0.00000	0.00000		0.00000	0.00000	0.60006	0.00000
5 MF-RAID	RAID	6	2	0.00000	1.00000	0.00000	0.00000		0.00000	0.00000	0.09861	0.00000
6 MF-BLNK	BLNK											
7 MF-OPLT	OPLT	3							0.00000	0.00000	0.00000	0.00000
8 MF-OPLT	OPLT	4							0.60000	1.00000	0.60006	0.00010
9 MF-OPLT	OPLT	5							1.50000	1.00000	1.50000	0.00000
10 MF-BLNK	BLNK											
11 MF-DMFS	DMFS											
12 MF-BLNK	BLNK											
13 MF-SPOT	SPOT	1	1		0.33571	0.00000			0.00000	0.09696	0.00000	0.01516
14 MF-SPOT	SPOT	1	1		0.70711	0.00000			0.00000	0.15514	0.00000	0.02205
15 MF-SPOT	SPOT	1	1		0.94197	0.00000			0.00000	0.09696	0.00000	0.44076
16 MF-SPOT	SPOT	1	2		0.33571	0.00000			0.00000	0.09696	0.00000	0.37193
17 MF-SPOT	SPOT	1	2		0.70711	0.00000			0.00000	0.15514	0.00000	1.33663
18 MF-SPOT	SPOT	1	2		0.94197	0.00000			0.00000	0.09696	0.00000	0.51614
19 MF-SPOT	SPOT	1	3		0.33571	0.00000			0.00000	0.09696	0.00000	0.68344
20 MF-SPOT	SPOT	1	3		0.70711	0.00000			0.00000	0.15514	0.00000	3.01824
21 MF-SPOT	SPOT	1	3		0.94197	0.00000			0.00000	0.09696	0.00000	1.78008
22 MF-BLNK	BLNK											
23 MF-SPOT	SPOT	2	1		0.16786	0.29073			0.00000	0.03232	0.00000	1.34493

图 8 - 89

从平面开始的设计，需要建立初始结构，这时使用局部优化中的 Multi-Start(图 8 - 90~图 8 - 92)。

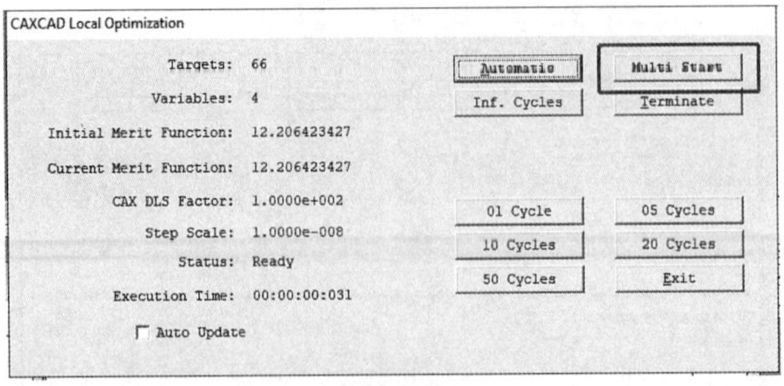

图 8 - 90

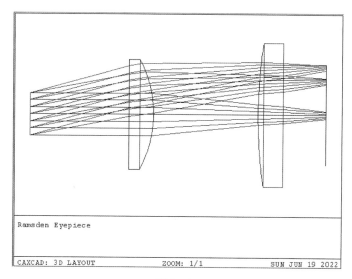

图 8 - 91

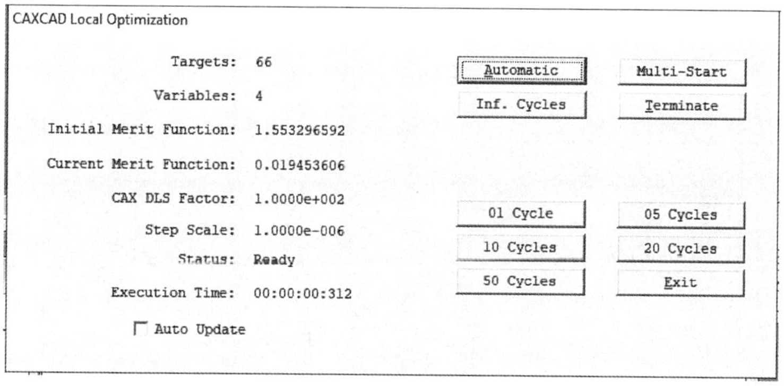

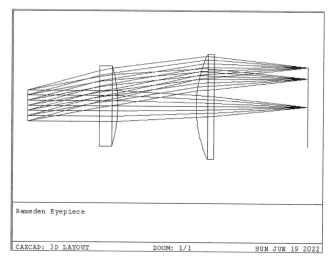

图 8 - 92

DLS Automatic 自动优化后，如图 8 - 93 和图 8 - 94 所示。

图 8 - 93

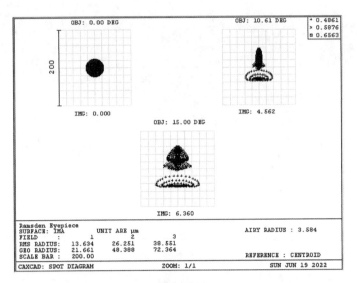

图 8 - 94

从光线像差曲线上(图 8 - 95),可以看到两片的材料单一,边缘视场的色差比较大。

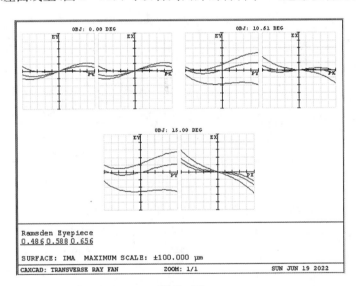

图 8 - 95

如果将材料选择替代求解后(图 8 - 96),Multi-start 可以动态离散地选择玻璃材料 (图 8 - 97)。

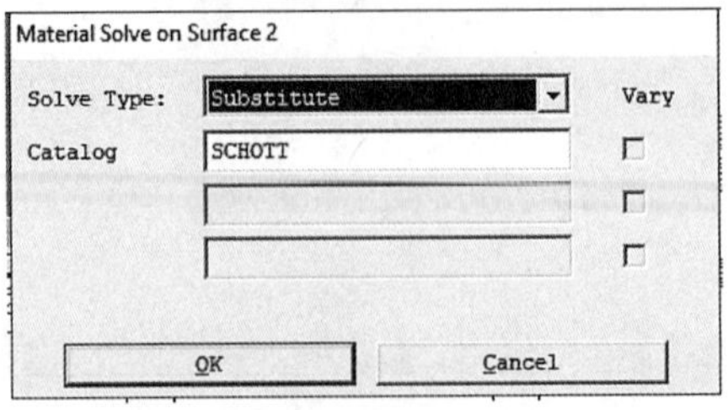

Material Solve on Surface 2		
Solve Type:	Substitute ▼	Vary
Catalog	SCHOTT	☐
		☐
		☐
OK	Cancel	

图 8 - 96

LDE	SURFACE	NAME	RADIUS	THICKNESS	GLASS	APERTURE	DIAMETER	CONIC
Object 0	STANDARD		Infinity	Infinity		2.50000	2.50000	0.00000
Stop 1	STANDARD		Infinity	12.00000		2.50000	2.50000	0.00000
*2	STANDARD		Infinity	3.00000	K10 S	6.50000 U	6.50000	0.00000
*3	STANDARD		-22.69114 V	13.24354 V		6.50000 U	6.50000	0.00000
*4	STANDARD		18.01575 V	3.00000	N-FK58 S	8.50000 U	8.50000	0.00000
*5	STANDARD		Infinity	15.27400 V		8.50000 U	8.50000	0.00000
Image 6	STANDARD		Infinity	-		6.37702	6.37702	0.00000

图 8 - 97

可以获得更好的 MF 结果,但本质上的像质变化不大。

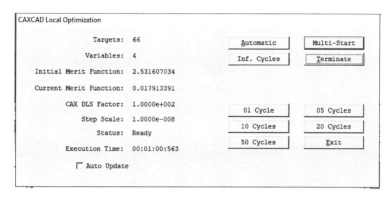

图 8 - 98

注意优化(图 8 - 98)完成后像面大小为 6.4 mm 左右,与之前的预测值吻合。

8.4.2　凯涅尔目镜 Kellner eyepiece

凯涅尔目镜是在拉姆斯登目镜基础上发展而来,采用双胶合镜片替代第一个单透镜,这个双胶合镜片称为接目镜片,因为紧贴人眼。这种目镜将视场角度由拉姆斯登目镜的 15°增加到 20°。

设计目标:

眼睛间隔:10 mm;

放大倍率:10×对应焦距 25 mm;

工作波长:采用 FDC 但需要考虑人眼敏感权重;

和上例一样,根据 F-theta 条件,就可以算出预测像方高度为 9 mm。

实例文件 08 - 09:KELLNER EYEPIECE 20 DEGREE.cax

入瞳直径 5 mm,这里采用命令方式执行,输入 EPD 5 可以跟随一个分号命令将会立即执行,如图 8 - 99 所示。

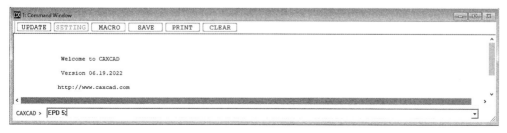

图 8 - 99

设置 20°视场,如图 8-100 所示。

FDE	X-Field	Y-Field	Weight	FVDX	FVDY	FVCX	FVCY	FVAN	Color
1	0.00000	0.00000	1.00000	0.00000	0.00000	0.00000	0.00000	0.00000	
2	0.00000	14.00000	1.00000	0.00000	0.00000	0.00000	0.00000	0.00000	
3	0.00000	20.00000	1.00000	0.00000	0.00000	0.00000	0.00000	0.00000	

图 8-100

设置波长为 FDC,根据人眼感光设置权重,如图 8-101 所示。

WDE	Wavelength	Weight	Color
1	0.48613	0.50000	
Primary 2	0.58756	1.00000	
3	0.65627	0.50000	

图 8-101

初始结构面型数据,如图 8-102 所示。

LDE	NAME	RADIUS	THICKNESS	GLASS	APERTURE	DIAMETER	CONIC	TCE x 1E-6
Object 0		Infinity	Infinity		2.50000	2.50000	0.00000	0.00000
Stop 1		Infinity	9.40000		2.50000 U	2.50000	0.00000	0.00000
2		Infinity V	1.50000	SF5	5.92132	6.23584	0.00000	8.20000
3		Infinity V	5.00000	SK16	6.23584	7.31771	0.00000	6.30000
4		Infinity V	10.00000 V		7.31771	7.31771	0.00000	0.00000
5		Infinity V	4.00000	SK16	10.95741	11.82291	0.00000	6.30000
6		Infinity	10.00000 V		11.82291	11.82291	0.00000	0.00000
Image 7		Infinity	–		15.46261	15.46261	0.00000	0.00000

图 8-102

采用默认评价函数控制几何光斑,如图 8-103 所示。

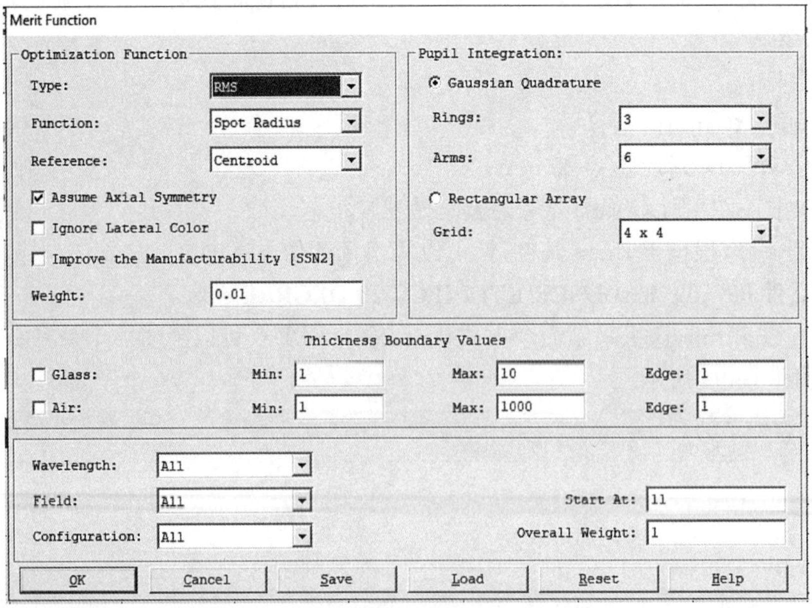

图 8-103

利用 RAID 和 OPLT 控制不同视场的主光线,0.7 视场角度小于 0.5°,最大视场控制小于 2°,如图 8 - 104 所示。

MFE	Type	Field	Wave			Px	Py			Target	Weight	Value	% Contrib
1 MF-EFFL	EFFL		1							25.00000	1.00000	0.00000	54.77327
2 MF-BLNK	BLNK												
3 MF-RAID	RAID	7	2	0.00000	0.00000	0.00000	0.00000			0.00000	0.00000	0.00000	0.00000
4 MF-RAID	RAID	7	2	0.00000	0.70000	0.00000	0.00000			0.00000	0.00000	14.00000	0.00000
5 MF-RAID	RAID	7	2	0.00000	1.00000	0.00000	0.00000			0.00000	0.00000	20.00000	0.00000
6 MF-BLNK	BLNK												
7 MF-OPLT	OPLT	3								0.00000	1.00000	0.00000	0.00000
8 MF-OPLT	OPLT	4								0.50000	1.00000	14.00000	15.97189
9 MF-OPLT	OPLT	5								2.00000	1.00000	20.00000	28.39446
10 MF-BLNK	BLNK												
11 MF-DMFS	DMFS												
12 MF-BLNK	BLNK												
13 MF-SPOT	SPOT	1	1			0.33571	0.00000			0.00000	0.09696	0.83928	0.00599
14 MF-SPOT	SPOT	1	1			0.70711	0.00000			0.00000	0.15514	1.76777	0.04249
15 MF-SPOT	SPOT	1	1			0.94197	0.00000			0.00000	0.09696	2.35491	0.04712
16 MF-SPOT	SPOT	1	2			0.33571	0.00000			0.00000	0.09696	0.83928	0.00599
17 MF-SPOT	SPOT	1	2			0.70711	0.00000			0.00000	0.15514	1.76777	0.04249
18 MF-SPOT	SPOT	1	2			0.94197	0.00000			0.00000	0.09696	2.35491	0.04712
19 MF-SPOT	SPOT	1	3			0.33571	0.00000			0.00000	0.09696	0.83928	0.00599
20 MF-SPOT	SPOT	1	3			0.70711	0.00000			0.00000	0.15514	1.76777	0.04249
21 MF-SPOT	SPOT	1	3			0.94197	0.00000			0.00000	0.09696	2.35491	0.04712

图 8 - 104

初始结构采用平板,如图 8 - 105 所示。

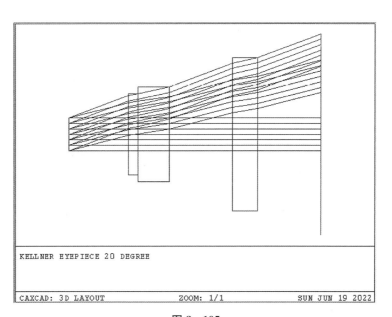

图 8 - 105

利用 Multi-Start 选择合适的初始结构,如图 8 - 106 所示。

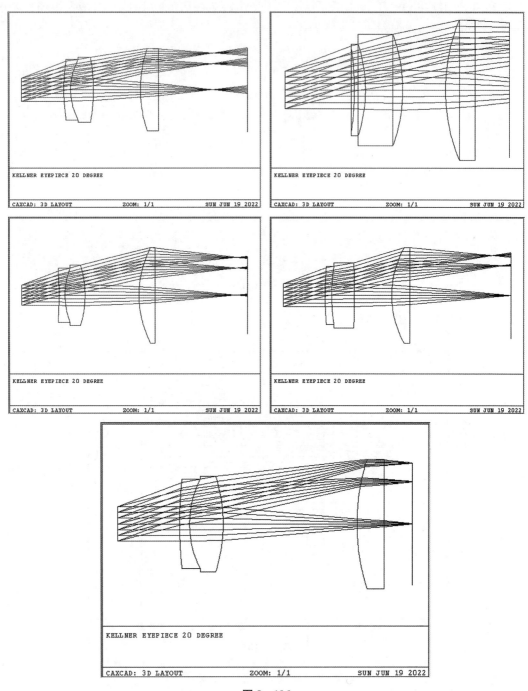

图 8 - 106

从像差图形上看到色差获得明显矫正,如图 8 - 107 所示。

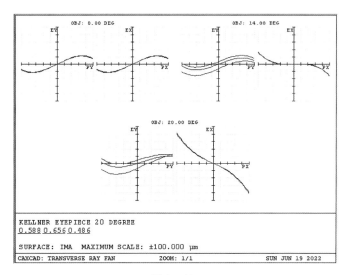

图 8 - 107

从点列图上可以看到色差矫正的效果,但是第三视场像散明显较大,如图 8 - 108 所示。

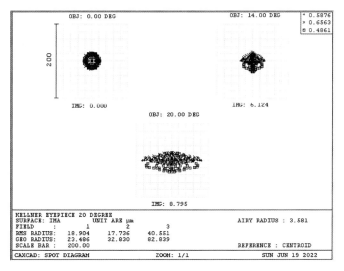

图 8 - 108

如图 8 - 109 所示,在评价函数中利用 REAY 和 REAX 操作数矫正第三视场的像散,采用 ASXY 一个操作数同样可以实现像散控制。

MFE	Type	Field	Wave			Px	Py		Target	Weight	Value
10 MF-BLNK	BLNK										
11 MF-REAY	REAY	7	1	0.00000	1.00000	0.00000	0.70000		0.00000	0.00000	8.83950
12 MF-REAY	REAY	7	1	0.00000	1.00000	0.00000	-0.70000		0.00000	0.00000	8.76979
13 MF-BLNK	BLNK										
14 MF-REAX	REAX	7	1	0.00000	1.00000	0.70000	0.00000		0.00000	0.00000	-0.03755
15 MF-REAX	REAX	7	1	0.00000	1.00000	-0.70000	0.00000		0.00000	0.00000	0.03755
16 MF-BLNK	BLNK										
17 MF-DIFF	DIFF	11	12						0.00000	0.00000	0.06971
18 MF-DIFF	DIFF	15	14						0.00000	0.00000	0.07510
19 MF-BLNK	BLNK										
20 MF-DIFF	DIFF	17	18						0.00000	1.00000	-0.00539

图 8 - 109

REAY 抓取最大的视场位于像面上的上下两个边缘光线的 Y 位置,REAX 则计算水平方向的光线 X 位置。

DIFF 操作数计算对应的偏差,最后才利用一个 DIFF 设置两种偏差值相等。

优化完成后,获得的光斑效果(图 8 - 110):

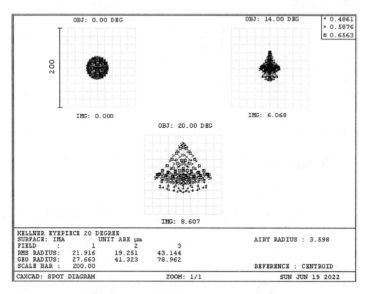

图 8 - 110

色差的效果仍然保持较好(图 8 - 111):

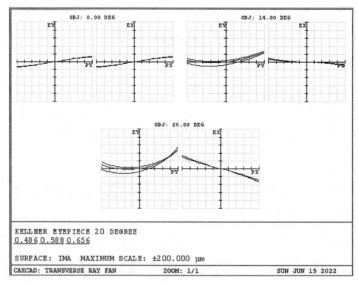

图 8 - 111

设计好的结果保持了凯涅尔目镜的形式(图 8 - 112):

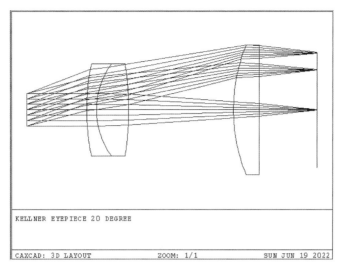

图 8 - 112

8.4.3　对称式目镜 Ploessl eyepiece

对称式目镜采用两个双胶合透镜组成,可以非常好地矫正色差。这种透镜更加容易制造,因为实际上只需要生产一种双胶合透镜就可以了。玻璃材料的选择很重要,同时在设计过程中,第二组镜片曲率半径和中心厚度等设置跟随求解来保证与第一组胶合镜片一致。这种目镜典型的视场角可以达到 20°。

设计目标：

结构特点:对称式双胶合;

视场角度:20°,可以预测对应像高;

焦距:25 mm。

实例文件 08 - 10:PLOESSL EYEPIECE 20 DEGREE.cax

设置入瞳直径 5 mm(图 8 - 113):

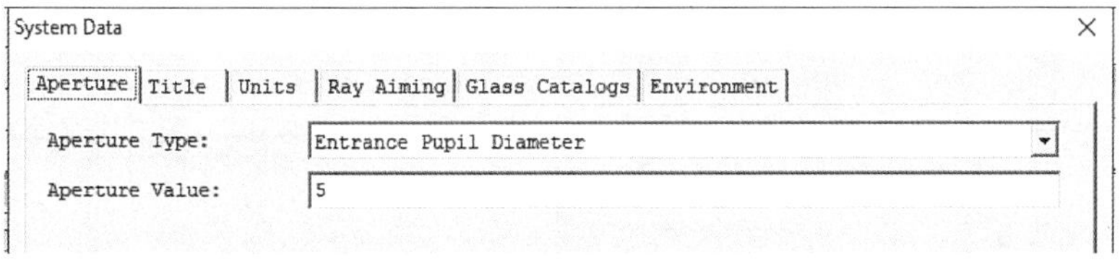

设置 20°的视场(图 8 - 114):

FDE	X-Field	Y-Field	Weight	FVDX	FVDY	FVCX	FVCY	FVAN	Color
1	0.00000	0.00000	1.00000	0.00000	0.00000	0.00000	0.00000	0.00000	
2	0.00000	14.00000	1.00000	0.00000	0.00000	0.00000	0.00000	0.00000	
3	0.00000	20.00000	1.00000	0.00000	0.00000	0.00000	0.00000	0.00000	

图 8 - 114

波长和上一个例子相同(图 8 - 115):

WDE	Wavelength	Weight	Color
1	0.48613	0.50000	
Primary 2	0.58756	1.00000	
3	0.65627	0.50000	

图 8 - 115

表面数据初始结构如下(图 8 - 116):

LDE	NAME	RADIUS	THICKNESS	GLASS	APERTURE	DIAMETER	CONIC	TCE x 1E-6
Object 0		Infinity	Infinity		2.50000	2.50000	0.00000	0.00000
Stop *1		Infinity	18.70000		2.50000	2.50000	0.00000	0.00000
2		Infinity V	2.00000	1.679,14.9 V	9.30624	9.72718	0.00000	9.00000
3		Infinity V	6.80000	1.622,72.3 V	9.72718	11.19740	0.00000	6.20000
4		Infinity V	0.50000		11.19740	11.19740	0.00000	0.00000
5		Infinity P	6.80000	1.622,72.3 P	11.37938	12.84959	0.00000	5.84000
6		Infinity P	2.00000	1.679,14.9 P	12.84959	13.27053	0.00000	8.46000
7		Infinity P	20.00000 V		13.27053	13.27053	0.00000	0.00000
Image 8		Infinity			20.54994	20.54994	0.00000	0.00000

图 8 - 116

在第二个双胶合的曲率半径和材料上设置了跟随。因为材料的选择对于这个实例非常重要,因此玻璃材料选用了 Model 的方法,同时优化折射率和阿贝数,如图 8 - 117 所示。

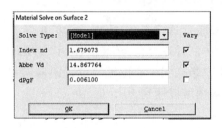

图 8 - 117

评价函数的设置中,控制了边界设置,这样可以避免玻璃形状出现不合理,如图 8 - 118所示。

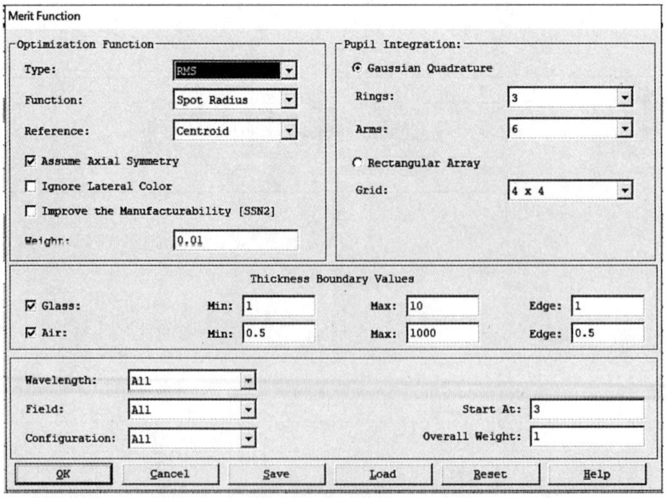

图 8 - 118

如图 8–119 所示，因为此时存在玻璃材质的变量，控制玻璃材料的边界 MNIN，MXIN，MIAB，MXAB 会自动被插入。

	MFE	Type	NOTE								Target	Weight	Value	% Contrib
1	MF-EFFL	EFFL		1							25.00000	1.00000	25.06353	0.00199
2	MF-BLNK	BLNK												
3	MF-DMFS	DMFS												
4	MF-BLNK	BLNK	Glass Nd											
5	MF-MNIN	MNIN	1	7							1.40000	1.00000	0.00000	0.00000
6	MF-MXIN	MXIN	1	7							1.90000	1.00000	0.00000	0.00000
7	MF-BLNK	BLNK	Glass Vd											
8	MF-MNAB	MNAB	1	7							15.00000	1.00000	0.00000	0.05885
9	MF-MXAB	MXAB	1	7							75.00000	1.00000	0.00000	99.93190
10	MF-BLNK	BLNK	Air thic...											
11	MF-MNCA	MNCA	1	7							0.50000	1.00000	0.00000	3.02818E...
12	MF-MXCA	MXCA	1	7							1000.00000	1.00000	0.00000	0.00017
13	MF-MNEA	MNEA	1	7	0.00000						0.50000	1.00000	0.00000	0.00014
14	MF-BLNK	BLNK	Glass th...											
15	MF-MNCG	MNCG	1	7							1.00000	1.00000	0.00000	0.00019
16	MF-MXCG	MXCG	1	7							10.00000	1.00000	0.00000	0.00016
17	MF-MNEG	MNEG	1	7	0.00000						1.00000	1.00000	0.00000	2.51397E...
18	MF-BLNK	BLNK												
19	MF-SPOT	SPOT	1	1		0.33571	0.00000				0.00000	0.09696	0.00000	0.00011
20	MF-SPOT	SPOT	1	1		0.70711	0.00000				0.00000	0.15514	0.00000	5.01192E...
21	MF-SPOT	SPOT	1	1		0.94197	0.00000				0.00000	0.09696	0.00000	1.34039E...

图 8–119

有效焦距的控制 EFL 或 EFFL 设定了 25 mm 的目标。

Multi-Start 可以获得多个初始结构，如图 8–120～图 8–121 所示。

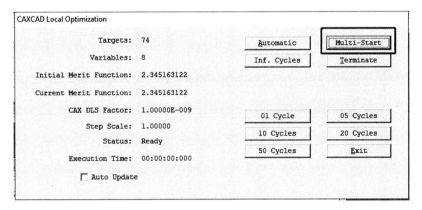

图 8–120

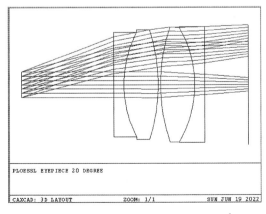

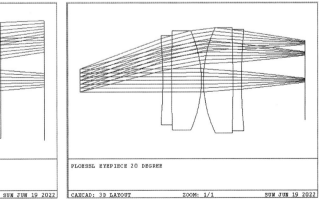

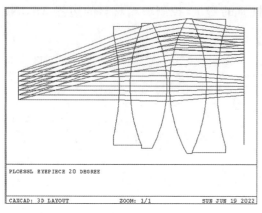
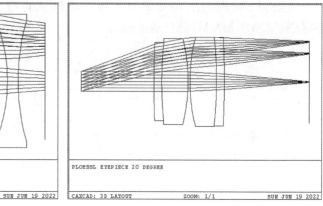

图 8－121

这些都可以作为不错的初始结构备存，在利用不同初始结构优化的过程中，选择了相对较好的优化结果。分别获得 MF0.02 和 0.008，如图 8－122 所示。

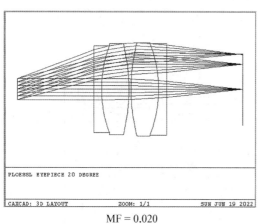
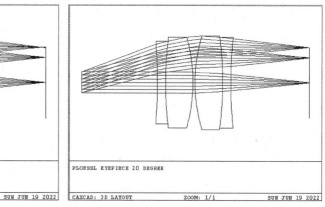

MF = 0.020　　　　　　　　　　　　　　　MF = 0.008

图 8－122

将第二种 0.008 MF 的玻璃材料，利用 Ctrl＋Z 快捷键替换真实后，再进行优化，同样可以获得 0.008 5 左右的结果，如图 8－123～图 8－124 所示。

LDE	NAME	RADIUS	THICKNESS	GLASS	APERTURE	DIAMETER	CONIC	TCE x 1E-6
Object 0		Infinity	Infinity		2.50000	2.50000	0.00000	0.00000
Stop *1		Infinity	18.70000		2.50000	2.50000	0.00000	0.00000
2		-304.23031 V	2.00000	H-ZF11	9.25499	9.96896	0.00000	9.00000
3		45.58894 V	6.80000	H-ZPK5	9.96896	10.78699	0.00000	12.40000
4		-24.97104 V	0.50000		10.78699	10.78699	0.00000	0.00000
5		24.97104 P	6.80000	H-ZPK5 P	11.51402	11.51402	0.00000	5.84000
6		-45.58884 P	2.00000	H-ZF11 P	11.21908	11.51402	0.00000	8.46000
7		304.23031 P	19.12973 V		10.89137	11.21908	0.00000	0.00000
Image 8		Infinity	-		8.44983	8.44983	0.00000	0.00000

图 8－123

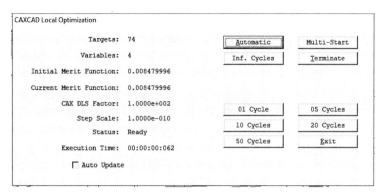

图 8 - 124

　　优化后获得了相当不错的设计结果，而且色差获得很好的矫正，如图 8 - 125～图 8 -
126 所示。

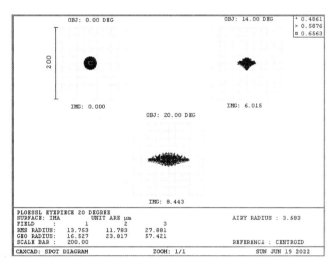

图 8 - 125

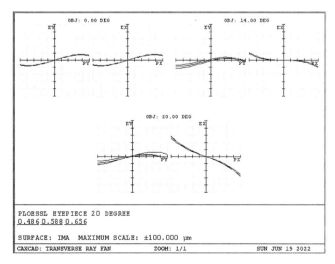

图 8 - 126

对于第三视场存在的像散,采用 ASXY 或前面用过的 REAY,REAX 的方法同样可以获得进一步的优化,如图 8-127~图 8-128 所示。

MFE	Type	Surf1	Surf2						Target	Weight	Value	% Contrib
1 MF-EFFL	EFFL		1						25.00000	1.00000	25.00002	5.37967E...
2 MF-BLNK	BLNK											
3 MF-REAY	REAY	0	2	0.00000	1.00000	0.00000	1.00000		0.00000	0.00000	8.48814	0.00000
4 MF-REAY	REAY	0	2	0.00000	1.00000	0.00000	-1.00000		0.00000	0.00000	8.44041	0.00000
5 MF-BLNK	BLNK											
6 MF-REAX	REAX	0	2	0.00000	1.00000	1.00000	0.00000		0.00000	0.00000	-0.05063	0.00000
7 MF-REAX	REAX	0	2	0.00000	1.00000	-1.00000	0.00000		0.00000	0.00000	0.05063	0.00000
8 MF-BLNK	BLNK											
9 MF-DIFF	DIFF	3	4						0.00000	0.00000	0.04773	0.00000
10 MF-DIFF	DIFF	5	6						0.00000	0.00000	0.05063	0.00000
11 MF-BLNK	BLNK											
12 MF-DIFF	DIFF	9	10						0.00000	1.00000	-0.00291	0.73485

图 8-127

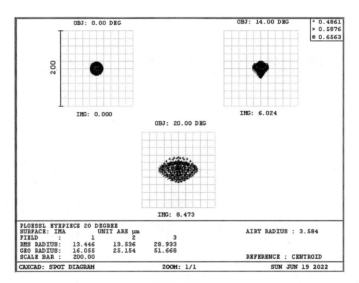

图 8-128

优化完成后,将镜片的外径统一固定为 12.5 mm,如图 8-129 所示。

LDE	SURFACE	NAME	RADIUS	THICKNESS	GLASS	APERTURE	DIAMETER	CONIC
Object 0	STANDARD		Infinity	Infinity		2.50000	2.50000	0.00000
Stop *1	STANDARD		Infinity	18.70000		2.50000	2.50000	0.00000
*2	STANDARD		-749.21221 V	2.00000	H-ZF11	12.50000 U	12.50000	0.00000
*3	STANDARD		42.42013 V	6.80000	H-ZPK5	12.50000 U	12.50000	0.00000
*4	STANDARD		-25.94469 V	0.50000		12.50000 U	12.50000	0.00000
*5	STANDARD		25.94469 P	6.80000	H-ZPK5 P	12.50000 U	12.50000	0.00000
*6	STANDARD		-42.42013 P	2.00000	H-ZF11 P	12.50000 U	12.50000	0.00000
*7	STANDARD		749.21221 P	19.10069 V		12.50000 U	12.50000	0.00000
Image 8	STANDARD		Infinity	-		8.50346	0.50016	0.00000

图 8-129

最终的设计外观如图 8-130 所示。

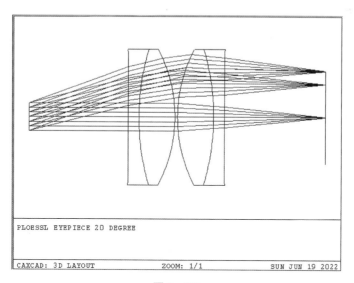

图 8 - 130

像差系数,如图 8 - 131 所示。

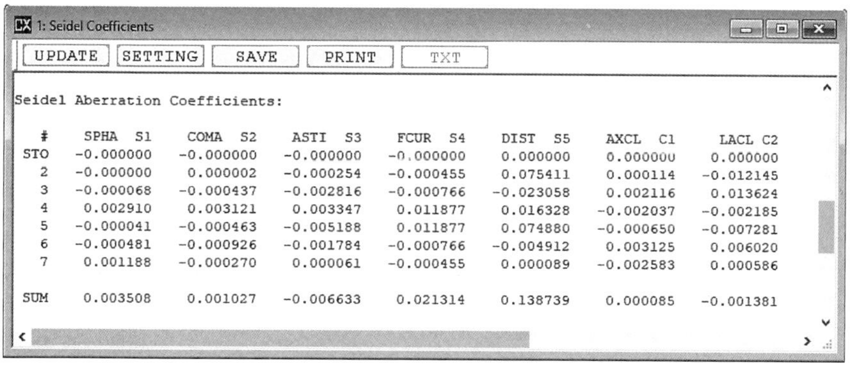

图 8 - 131

从赛德尔像差系数可知,这种类型的目镜场曲是无法被矫正的像差,在本例子中它和像散可以在设计过程中达到相对平衡。

8.4.4　埃弗利目镜 Erfle eyepiece

埃弗利目镜在基础目镜的前提下增加了一组正胶合透镜,因此形式上会显得更加复杂。靠近焦平面的镜片是一个凹面,这样的结构可以矫正场曲,同时贡献的负光焦度可以增加更大的眼睛间隔。这种透镜的半视场角度可以继续加大到 $30°$。

这是一个典型的埃弗利目镜的实例,如图 8 - 132～图 8 - 134 所示。

实例文件 08 - 11:ERFLE EYEPIECE 30 DEGREE.cax

LDE	SURFACE	NAME	RADIUS	THICKNESS	GLASS	APERTURE	DIAMETER	CONIC
Object 0	STANDARD		Infinity	Infinity		2.50000	2.50000	0.00000
Stop 1	STANDARD		Infinity	20.50000		2.50000 U	2.50000	0.00000
*2	STANDARD		42.66940	2.00000	F3	17.10000 U	17.10000	0.00000
*3	STANDARD		26.21026	11.00000	H-K9L	17.10000 U	17.10000	0.00000
*4	STANDARD		-43.72923	0.50000		17.10000 U	17.10000	0.00000
*5	STANDARD		79.42181	5.00000	H-ZK8	17.70000 U	17.70000	0.00000
*6	STANDARD		-291.63021	0.50000		17.70000 U	17.70000	0.00000
*7	STANDARD		25.23978	13.30000	H-ZK4	17.00000 U	17.00000	0.00000
*8	STANDARD		-27.66022	2.00000	H-ZF1	17.00000 U	17.00000	0.00000
*9	STANDARD		24.30016	8.16869		14.00000 U	17.00000	0.00000
Image 10	STANDARD		Infinity	–		11.96322	11.96322	0.00000

图 8 - 132

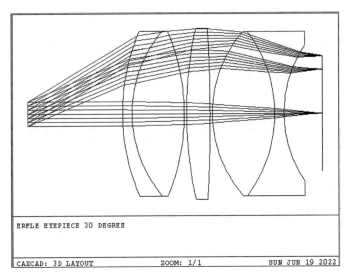

图 8 - 133

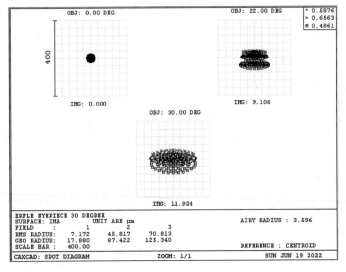

图 8 - 134

请注意这个目镜并没有消除垂轴的色差,因为这个目镜是配合望远镜中的棱镜使用的,垂轴色差将会和棱镜整体补偿。

这种目镜的优化设计方法与前面几种类似。

8.5 显微物镜设计实例

在系统达到衍射极限的前提下,显微镜的分辨率和波长成正比,即波长越短,分辨率可以越高。通常情况下波前差小于 0.25 波长就认为系统达到衍射极限。

这里设计一个无限筒长的 10× 中倍消色差显微物镜:

设计要求:

半视场:2.5°;

工作波长:FDC。

实例文件 08‑12:10×消色差显微物镜－01.cax

无限筒长管镜焦距为 250 mm,所以显微物镜焦距为 25 mm。无限筒长显微镜的特点是小角度,大数值孔径。这里采用两组双胶合透镜进行设计。

采用如下的初始结构数据:

入瞳直径为 8.5 mm,如图 8‑135 所示:

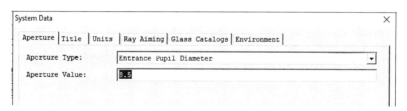

图 8‑135

视场角度如图 8‑136 所示:

FDE	X-Field	Y-Field	Weight	FVDX	FVDY	FVCX	FVCY	FVAN	Color
1	0.00000	0.00000	1.00000	0.00000	0.00000	0.00000	0.00000	0.00000	
2	0.00000	1.76777	1.00000	0.00000	0.00000	0.00000	0.00000	0.00000	
3	0.00000	2.50000	1.00000	0.00000	0.00000	0.00000	0.00000	0.00000	

图 8‑136

表面数据如图 8‑137 所示:

LDE	SURFACE	NAME	RADIUS	THICKNESS	GLASS	APERTURE	DIAMETER	CONIC
Object 0	STANDARD		Infinity	Infinity		4.68661	4.68661	0.00000
1	STANDARD		Infinity	10.00000		4.68661	4.68661	0.00000
Stop 2	STANDARD		15.88187 V	3.00000	1.540,59.7 V	4.27560	4.27560	0.00000
3	STANDARD		-14.31692 V	2.00000	1.673,32.2 V	4.15175	4.27560	0.00000
4	STANDARD		-86.24709 V	10.00000		4.05237	4.15175	0.00000
5	STANDARD		8.45586 V	2.50000	1.540,59.7 P	3.01097	3.01097	0.00000
6	STANDARD		-12.38740 V	2.00000	1.673,32.2 P	2.68884	3.01097	0.00000
7	STANDARD		83.16274 V	8.00000 V		2.32078	2.68884	0.00000
Image 8	STANDARD		Infinity	-		1.19475	1.19475	0.00000

图 8‑137

初始结构的外观如图 8 - 138 所示：

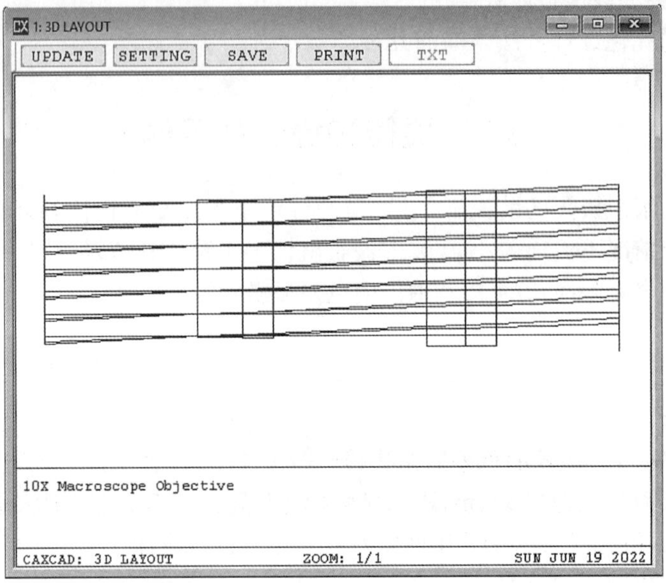

图 8 - 138

选择好的初始结构非常关键，正如在优化中所提到的，DLS 优化的结果取决于好的初始结构。这里玻璃材料的选择非常关键，因此首先采用 Model 的玻璃求解方式，第二组双胶合与第一组材料顺序一致。为了保证初始结构和材料选择同时兼顾，找到好的结果，这时采用一种新的优化方法。

加入默认评价函数设置，如图 8 - 139 所示：

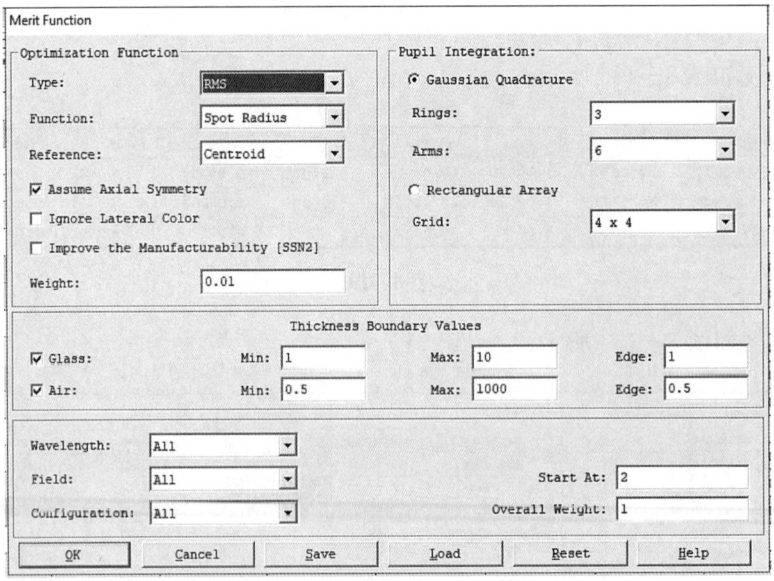

图 8 - 139

评价函数中包含了边界厚度和材料折射率的控制，如图 8-140 所示：

MFE	Type	Surf1	Surf2							Target	Weight	Value	% Contrib
1 MF-EFFL	EFFL		2							25.00000	1.00000	25.00000	2.39728E...
2 MF-DMFS	DMFS												
3 MF-BLNK	BLNK	Glass Nd											
4 MF-MNIN	MNIN	1	7							1.40000	1.00000	1.40000	0.00000
5 MF-MXIN	MXIN	1	7							1.90000	1.00000	1.90000	0.00000
6 MF-BLNK	BLNK	Glass Vd											
7 MF-MNAB	MNAB	1	7							15.00000	1.00000	15.00000	0.00000
8 MF-MXAB	MXAB	1	7							75.00000	1.00000	75.00000	3.54420E...
9 MF-BLNK	BLNK	Air thic...											
10 MF-MNCA	MNCA	1	7							0.50000	1.00000	0.50000	0.00000
11 MF-MXCA	MXCA	1	7							1000.00000	1.00000	1000.00000	0.00000
12 MF-MNEA	MNEA	1	7	0.00000						0.50000	1.00000	0.50000	0.00000
13 MF-BLNK	BLNK	Glass th...											
14 MF-MNCG	MNCG	1	7							1.00000	1.00000	1.00000	0.00000
15 MF-MXCG	MXCG	1	7							10.00000	1.00000	10.00000	0.00000
16 MF-MNEG	MNEG	1	7	0.00000						1.00000	1.00000	1.00000	0.00000
17 MF-BLNK	BLNK												
18 MF-SPOT	SPOT	1	1	0.33571	0.00000					0.00000	0.09696	0.00091	1.48416
19 MF-SPOT	SPOT	1	1	0.70711	0.00000					0.00000	0.15514	0.00061	1.06900
20 MF-SPOT	SPOT	1	1	0.94197	0.00000					0.00000	0.09696	0.00155	4.31897
21 MF-SPOT	SPOT	1	2	0.33571	0.00000					0.00000	0.09696	0.00170	5.20471
22 MF-SPOT	SPOT	1	2	0.70711	0.00000					0.00000	0.15514	0.00013	0.05211

图 8-140

新的优化方法，如图 8-141 所示：

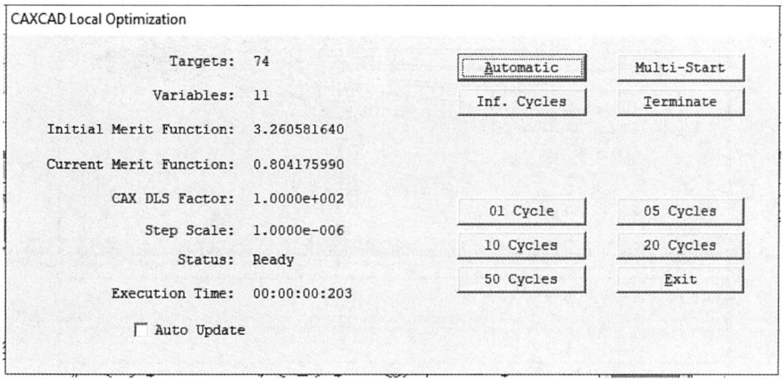

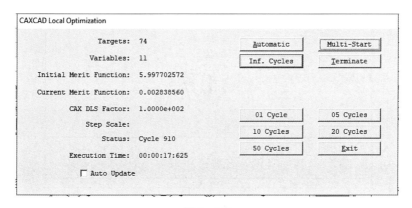

图 8-141

将无限优化和 Multi-Start 结合起来，运行无穷优化 Inf. Cycles，然后点击 Multi-Start，根据获得的评价函数最小值来进行选择，评价函数比较小的数值可以作为新的设计起点。

利用这种方法可以快速获得好的结构，获得的其中一个结果如图 8-142 所示，评价函数 0.002 8。

图 8-142

将玻璃材料更换成实际的玻璃材质,再进行自动优化后可以获得非常好的优化结果,如图 8‑143～图 8‑145 所示。

LDE	SURFACE	NAME	RADIUS	THICKNESS	GLASS	APERTURE	DIAMETER	CONIC
Object 0	STANDARD		Infinity	Infinity		4.68661	4.68661	0.00000
1	STANDARD		Infinity	10.00000		4.68661	4.68661	0.00000
Stop 2	STANDARD		17.07990 V	3.00000	FK5HTI	4.27372	4.27372	0.00000
3	STANDARD		-20.26838 V	2.00000	LAF13	4.16249	4.27372	0.00000
4	STANDARD		-61.65404 V	10.00000		4.13473	4.16249	0.00000
5	STANDARD		35.87616 V	2.50000	FK5HTI P	3.37776	3.37776	0.00000
6	STANDARD		-11.07665 V	2.00000	LAF13 P	3.22827	3.37776	0.00000
7	STANDARD		-22.49446 V	14.33898 V		3.18923	3.22827	0.00000
Image 8	STANDARD		Infinity	-		1.09556	1.09556	0.00000

图 8‑143

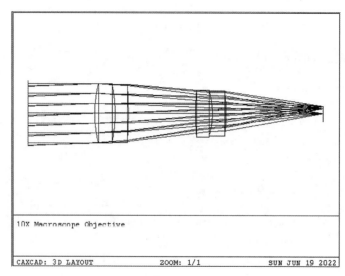

图 8‑144

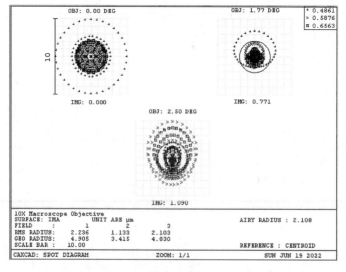

图 8‑145

点列图(图 8 - 145)显示的 RMS 结果已经小于或接近衍射极限 Airy Radius。

如果对玻璃材料再次进行 Model 求解优化并替换真实玻璃,优化后可以得到更好的结果。

实例文件 08 - 13:10X 消色差显微物镜-结果 2.cax(图 8 - 146～图 8 - 147)

LDE	SURFACE	NAME	RADIUS	THICKNESS	GLASS	APERTURE	DIAMETER	CONIC
Object 0	STANDARD		Infinity	Infinity		4.68661	4.68661	0.00000
1	STANDARD		Infinity	10.00000		4.68661	4.68661	0.00000
Stop 2	STANDARD		11.06927 V	3.00000	FK5HTI	4.28773	4.28773	0.00000
3	STANDARD		-34.33052 V	2.00000	N-LAF32	4.08640	4.28773	0.00000
4	STANDARD		47.06875 V	10.00000		3.92423	4.08640	0.00000
5	STANDARD		13.81579 V	2.50000	FK5HTI P	3.36558	3.36558	0.00000
6	STANDARD		-8.78997 V	2.00000	N-LAF32 P	3.19037	3.36558	0.00000
7	STANDARD		-27.74199 V	13.91102 V		3.11991	3.19037	0.00000
Image 8	STANDARD		Infinity	-		1.09618	1.09618	0.00000

图 8 - 146

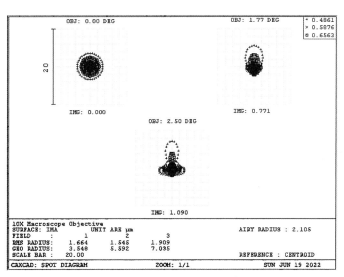

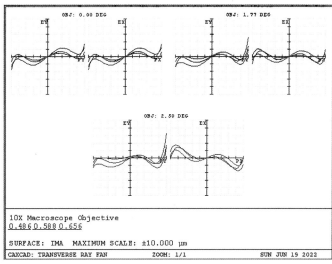

图 8 - 147

利用以上方法,优化获得了好的材料组合并且获得了不错的光学镜片结构形式。这个过程每个人可以获得不同的结果,比现有展示结果更好的优化可以更容易实现。

8.6 望远物镜设计实例

望远物镜通常采用双胶合透镜,或者是双胶合与单片的组合形式。望远物镜的特点是光阑位于第一个面上,视场角度小,焦距长,F/#大。

设计目标:

放大倍率:12×;

入瞳直径:40 mm;

半视场角度:2.5°。

实例文件 08 - 14:望远物镜 01.cax

望远镜物镜的结构是由目镜决定的,这里选择 25 mm 的目镜,则物镜焦距为 25 mm×12=300 mm。这里使用双胶合透镜的方式。望远物镜的设计需要考虑后方棱镜的光程厚度或者等效厚度。这里选择使用材料 BK7,厚度 150 mm 的平板代替棱镜。

初始结构参数:

入瞳直径 40 mm,同时设置好波长和视场,如图 8 - 148 所示:

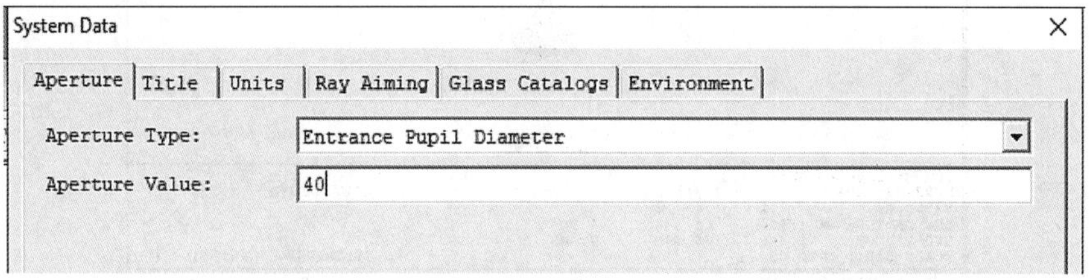

图 8 - 148

初始结构的面型数据,如图 8 - 149 和图 8 - 150 所示:

LDE	SURFACE	NAME	RADIUS	THICKNESS	GLASS	APERTURE	DIAMETER	CONIC
Object 0	STANDARD		Infinity	Infinity		20.00000	20.00000	0.00000
Stop 1	STANDARD		Infinity V	10.00000	BK7	20.00000	20.28817	0.00000
2	STANDARD		Infinity V	6.00000	F2	20.28817	20.45027	0.00000
3	STANDARD		Infinity V	100.00000		20.45027	20.45027	0.00000
4	STANDARD		Infinity	150.00000	H-K9L	24.81637	29.13883	0.00000
5	STANDARD		Infinity	100.00000 V		29.13883	29.13883	0.00000
Image 6	STANDARD		Infinity	–		33.50493	33.50493	0.00000

图 8 - 149

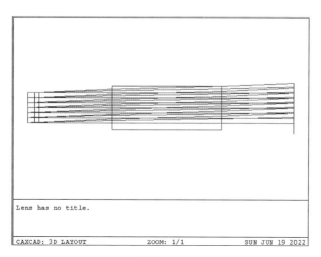

图 8 - 150

建立评价函数,如图 8 - 151 所示:

MFE	Type	Field	Wave		Px	Py		Target	Weight	Value	% Contrib
1 MF-EFFL	EFFL		2					300.00000	1.00000	300.00000	5.81645E...
2 MF-BLNK	BLNK	control ...									
3 MF-DMFS	DMFS										
4 MF-BLNK	BLNK	Glass Nd									
5 MF-MNIN	MNIN	1	5					1.40000	1.00000	1.40000	0.00000
6 MF-MXIN	MXIN	1	5					1.90000	1.00000	1.90000	0.00000
7 MF-BLNK	BLNK	Glass Vd									
8 MF-MNAB	MNAB	1	5					15.00000	1.00000	15.00000	0.00000
9 MF-MXAB	MXAB	1	5					80.00000	1.00000	80.00000	0.00000
10 MF-BLNK	BLNK	Glass th...									
11 MF-MNCG	MNCG	1	3					1.00000	1.00000	1.00000	0.00000
12 MF-MXCG	MXCG	1	3					12.00000	1.00000	12.00000	0.00000
13 MF-MNEG	MNEG	1	3	0.00000				1.00000	1.00000	1.00000	0.00000
14 MF-BLNK	BLNK										
15 MF-SPOT	SPOT	1	1		0.33571	0.00000		0.00000	0.09696	0.00453	0.24650
16 MF-SPOT	SPOT	1	1		0.70711	0.00000		0.00000	0.15514	0.01236	2.94058
17 MF-SPOT	SPOT	1	1		0.94197	0.00000		0.00000	0.09696	0.02146	5.54374
18 MF-SPOT	SPOT	1	2		0.33571	0.00000		0.00000	0.09696	0.00400	0.19269
19 MF-SPOT	SPOT	1	2		0.70711	0.00000		0.00000	0.15514	0.00928	1.65950
20 MF-SPOT	SPOT	1	2		0.94197	0.00000		0.00000	0.09696	0.01465	2.58293
21 MF-SPOT	SPOT	1	3		0.33571	0.00000		0.00000	0.09696	0.00784	0.73947

图 8 - 151

利用 Multi-Start 可以快速找到初始结构,如图 8 - 152 所示:

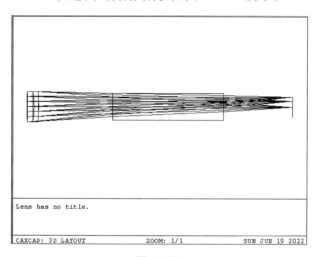

图 8 - 152

这里需要讨论一下消色差的细节,在像差设计中,当轴上色差(AXCL)获得很好的矫正后,不同颜色的波长光线在焦点上的位置仍然不同。这是由折射率与波长的非线性关系引起的,这种现象被称为二级光谱。

解决这个问题(即矫正二级光谱),可以使用阿贝数高低相对的玻璃材料,这是前面提到的日冕(Crown)和火石(Flint)玻璃。但是多数玻璃的阿贝数和相对部分色差在可见光波段内遵循线性的关系,这就导致色差无法被完全消除。有一些特种玻璃的阿贝数并不遵循线性的特性,而这些玻璃材质就可以用来矫正二级光谱。当然这些玻璃的价格很高,化学和温度敏感度高,所以抛光工艺难度更复杂。

采用 Model 玻璃求解的方式对材料进行优化,并且进行反复替换后,就可以找到相对匹配度很好的材料。在这个例子中很快可以找到多个组合,其中一组如图 8 - 153 所示H-ZF71 和 H-BAF2。

LDE	SURFACE	NAME	RADIUS	THICKNESS	GLASS	APERTURE	DIAMETER	CONIC
Object 0	STANDARD		Infinity	Infinity		20.00000	20.00000	0.00000
Stop 1	STANDARD		199.09240 V	8.00000	H-BAF2	20.04417	20.04417	0.00000
2	STANDARD		-185.97127 V	5.00000	H-ZF71	19.99220	20.04417	0.00000
3	STANDARD		-456.89896 V	100.00000		20.02760	20.02760	0.00000
4	STANDARD		Infinity	150.00000	H-K9L	17.64319	17.64319	0.00000
5	STANDARD		Infinity	94.94186 V		15.29204	17.64319	0.00000
Image 6	STANDARD		Infinity	–		13.12866	13.12866	0.00000

图 8 - 153

由图 8 - 154 展示的点列图可以看到,这样的系统在优化后色差都可以获得很好的矫正,如果轴外视场存在像散和彗差,加入对应控制操作数进行优化。但是对于望远镜来说,边缘的色差比像散和彗差更加重要,因为边缘如果存在色差,则容易出现边缘蓝边的现象,而根据人眼的特点对望远镜物镜边缘部分的分辨率要求并不高。

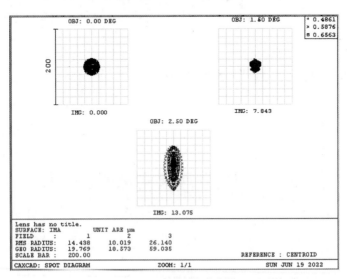

图 8 - 154

利用相同的方法,在像面上设置边缘光线高度求解,不同的材质获得近乎相同的结果,如图 8 - 155 和图 8 - 156 所示。

LDE	SURFACE	NAME	RADIUS	THICKNESS	GLASS	APERTURE	DIAMETER	CONIC
Object 0	STANDARD		Infinity	Infinity		20.00000	20.00000	0.00000
Stop 1	STANDARD		194.29723 V	8.00000	FK2	20.04527	20.04527	0.00000
2	STANDARD		-125.59806 V	5.00000	D-ZLAF61	20.02087	20.16976	0.00000
3	STANDARD		-234.09429 V	100.00000		20.16976	20.16976	0.00000
4	STANDARD		Infinity	150.00000	H-K9L	17.76057	17.76057	0.00000
5	STANDARD		Infinity	97.36982 M		15.39642	17.76057	0.00000
Image 6	STANDARD		Infinity	–		13.15670	13.15670	0.00000

图 8-155

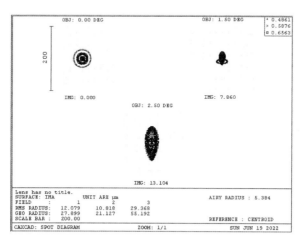

图 8-156

8.7　枪瞄光学系统的设计

枪瞄系统属于望远镜系统,但是存在本质的区别和特点。在望远镜系统中,棱镜的部分完成了转向的功能,而在枪瞄系统中,这是由中继镜完成的。

8.7.1　枪瞄中继镜

中继镜的目的主要就是将物镜的倒像转换成正像后,利用目镜直接观察。

设计目标:

镜头结构:Cooke 三片式;

入瞳直径:3.5 mm;

像方高度:相当于目镜焦平面的最大高度 9 mm。

实例文件 08-15:Cooke 中继镜.cax

系统为物像有限共轭,初始结构面型数据如图 8-157 所示:

LDE	SURFACE	NAME	RADIUS	THICKNESS	GLASS	APERTURE	DIAMETER	CONIC
Object 0	STANDARD		Infinity	20.00000		4.02934	4.02934	0.00000
*1	STANDARD		Infinity V	2.00000	SK16	3.00000 U	3.00000	0.00000
*2	STANDARD		Infinity V	1.00000		3.00000 U	3.00000	0.00000
*3	STANDARD		Infinity V	1.00000	F2	2.00000 U	2.00000	0.00000
Stop *4	STANDARD		Infinity V	1.00000		2.00000 U	2.00000	0.00000
*5	STANDARD		Infinity V	2.00000	SK16	3.00000 U	3.00000	0.00000
*6	STANDARD		Infinity V	42.27013 V		3.00000 U	3.00000	0.00000
Image 7	STANDARD		Infinity	–		12.99222	12.99222	0.00000

图 8-157

评价函数如图 8 - 158 所示：

MFE	Type	Field	Wave		Px	Py		Target	Weight	Value	% Contrib
1 MF-PMAG	PMAG		2					-2.00000	1.00000	1.00000	0.00000
2 MF-DMFS	DMFS										
3 MF-BLNK	BLNK	Air thic...									
4 MF-MNCA	MNCA	0	6					0.50000	1.00000	0.50000	0.00000
5 MF-MXCA	MXCA	0	6					1000.00000	1.00000	1000.00000	0.00000
6 MF-MNEA	MNEA	0	6	0.00000				0.50000	1.00000	0.50000	0.00000
7 MF-BLNK	BLNK	Glass th...									
8 MF-MNCG	MNCG	1	6					0.50000	1.00000	0.50000	0.00000
9 MF-MXCG	MXCG	1	6					3.00000	1.00000	3.00000	0.00000
10 MF-MNEG	MNEG	1	6	0.00000				0.50000	1.00000	0.50000	0.00000
11 MF-BLNK	BLNK										
12 MF-SPOT	SPOT	1	1		0.33571	0.00000		0.00000	0.09696	1.73125	0.00000
13 MF-SPOT	SPOT	1	1		0.70711	0.00000		0.00000	0.15514	3.64642	0.57265
14 MF-SPOT	SPOT	1	1		0.94197	0.00000		0.00000	0.09696	4.85738	4.06462
15 MF-SPOT	SPOT	1	2		0.33571	0.00000		0.00000	0.09696	1.73165	4.50787
16 MF-SPOT	SPOT	1	2		0.70711	0.00000		0.00000	0.15514	3.64725	0.57291
17 MF-SPOT	SPOT	1	2		0.94197	0.00000		0.00000	0.09696	4.85849	4.06648

图 8 - 158

系统中采用 PMAG 控制放大倍率为 $-2\times$，固定物方的距离为 20 mm，因此无需控制焦距，如图 8 - 159 所示。系统优化完成后，可以获得标准的 Cooke 镜头形式，像面高度为 9 mm，从系统参数中可知入射角度为 10.5°，如图 8 - 160 所示：

LDE	SURFACE	NAME	RADIUS	THICKNESS	GLASS	APERTURE	DIAMETER	CONIC
Object 0	STANDARD		Infinity	20.00000		4.58167	4.58167	0.00000
*1	STANDARD		4.99070 V	2.00000	SK16	3.00000 U	3.00000	0.00000
*2	STANDARD		23.09976 V	1.00000		3.00000 U	3.00000	0.00000
*3	STANDARD		-8.92199 V	1.00000	F2	2.00000 U	2.00000	0.00000
Stop *4	STANDARD		4.69737 V	1.00000		2.00000 U	2.00000	0.00000
*5	STANDARD		9.46627 V	2.00000	SK16	3.00000 U	3.00000	0.00000
*6	STANDARD		-7.83134 V	42.02392 V		3.00000 U	3.00000	0.00000
Image 7	STANDARD		Infinity	–		8.98898	8.98898	0.00000

图 8 - 159

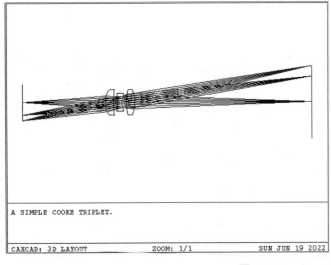

A SIMPLE COOKE TRIPLET.

CAXCAD: 3D LAYOUT   ZOOM: 1/1   SUN JUN 19 2022

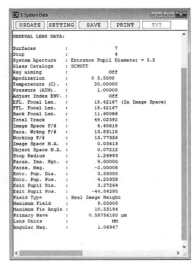

图 8 - 160

几何光斑已经优化进入衍射极限，如图 8 - 161 所示：

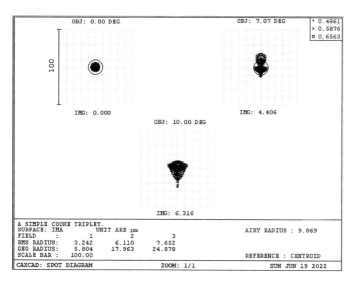

图 8 - 161

MTF 的曲线同样接近衍射极限,如图 8 - 162 所示:

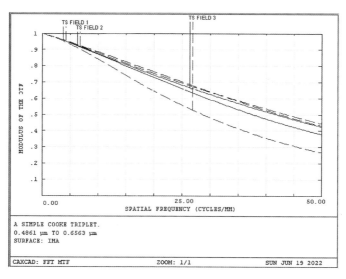

图 8 - 162

有了中继镜,前方的物镜和后方目镜的设计目标就变得明确了。

8.7.2　枪瞄物镜

由中继镜的指标,明确枪瞄物镜的设计目标:

有效焦距:100 mm;

入瞳直径:20 mm;

半视场角度:2.5°。

实例文件 08 - 16:枪瞄物镜.cax

根据 F-theta 条件,预测像高为 4.4 mm,基本符合 Cooke 中继镜头物方高度。

采用 BK7/F2 组合的双胶合透镜实现。

命令窗口中输入 EPD 20 完成入瞳直径设置(图 8-163)。

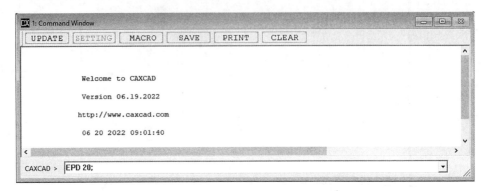

图 8-163

波长采用 FDC(图 8-164):

WDE	Wavelength	Weight	Color
1	0.48613	1.00000	
Primary 2	0.58756	1.00000	
3	0.65627	1.00000	

图 8-164

最大视场设置为 2.5°,并采用等面积采样,如图 8-165 所示:

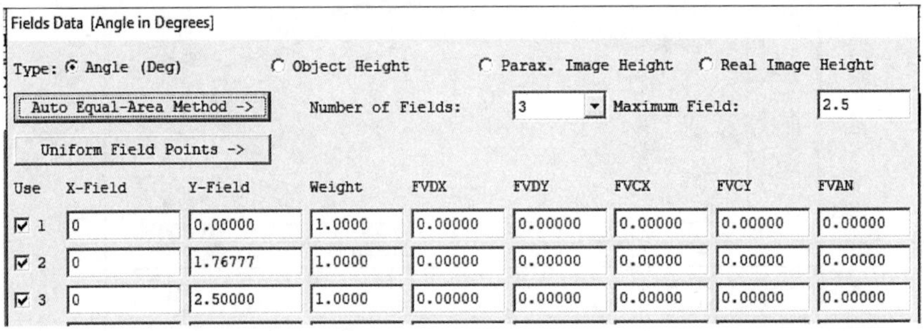

Fields Data [Angle in Degrees]

Type: ⦿ Angle (Deg)　　○ Object Height　　○ Parax. Image Height　　○ Real Image Height

Auto Equal-Area Method ->　　Number of Fields: 3 ▼　Maximum Field: 2.5

Uniform Field Points ->

Use	X-Field	Y-Field	Weight	FVDX	FVDY	FVCX	FVCY	FVAN
☑ 1	0	0.00000	1.0000	0.00000	0.00000	0.00000	0.00000	0.00000
☑ 2	0	1.76777	1.0000	0.00000	0.00000	0.00000	0.00000	0.00000
☑ 3	0	2.50000	1.0000	0.00000	0.00000	0.00000	0.00000	0.00000

图 8-165

面型数据初始结构参数在优化过程中可以实时调节,如图 8-166 所示:

LDE	SURFACE	NAME	RADIUS	THICKNESS	GLASS	APERTURE	DIAMETER	CONIC
Object 0	STANDARD		Infinity	Infinity		10.00000	10.00000	0.00000
Stop 1	STANDARD		Infinity V	5.00000	BK7	10.00000	10.14408	0.00000
2	STANDARD		Infinity V	3.00000	F2	10.14408	10.22549	0.00000
3	STANDARD		Infinity V	100.00000 V		10.22549	10.22549	0.00000
Image 4	STANDARD		Infinity	—		14.59158	14.59158	0.00000

图 8-166

采用默认评价函数,并且设置有效焦距为 100 mm,如图 8-167 和图 8-168 所示:

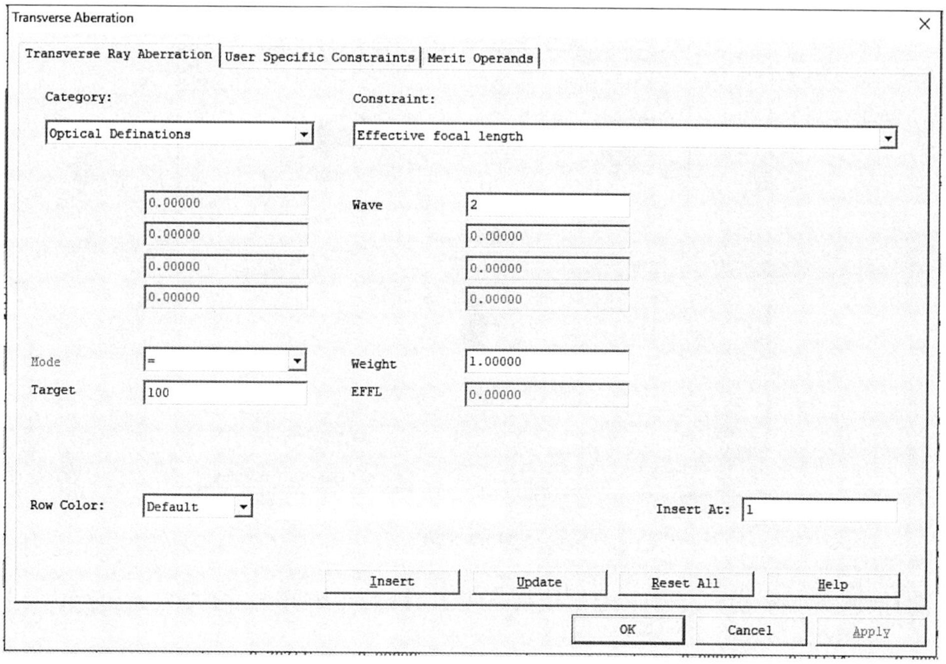

图 8－167

MFE	Type	Field	Wave			Px	Py			Target	Weight	Value	% Contrib
1 MF-EFFL	EFFL		2							100.00000	1.00000	99.99999	1.90326E...
2 MF-DMFS	DMFS												
3 MF-BLNK	BLNK	Air thic...											
4 MF-MNCA	MNCA	1	3							0.50000	1.00000	0.00000	0.00000
5 MF-MXCA	MXCA	1	3							1000.00000	1.00000	0.00000	0.00000
6 MF-MNEA	MNEA	1	3	0.00000						0.50000	1.00000	0.00000	0.00000
7 MF-BLNK	BLNK	Glass th...											
8 MF-MNCG	MNCG	1	3							0.50000	1.00000	0.00000	0.00000
9 MF-MXCG	MXCG	1	3							10.00000	1.00000	0.00000	99.99289
10 MF-MNEG	MNEG	1	3	0.00000						0.50000	1.00000	0.00000	0.00000
11 MF-BLNK	BLNK												
12 MF-SPOT	SPOT	1	1			0.33571	0.00000			0.00000	0.09696	0.00000	5.22453E...
13 MF-SPOT	SPOT	1	1			0.70711	0.00000			0.00000	0.15514	0.00000	7.35578E...
14 MF-SPOT	SPOT	1	1			0.94197	0.00000			0.00000	0.09696	0.00000	0.00032
15 MF-SPOT	SPOT	1	2			0.33571	0.00000			0.00000	0.09696	0.00000	6.65910E...

图 8－168

优化后获得 MF＝0.004 48(图 8－169)：

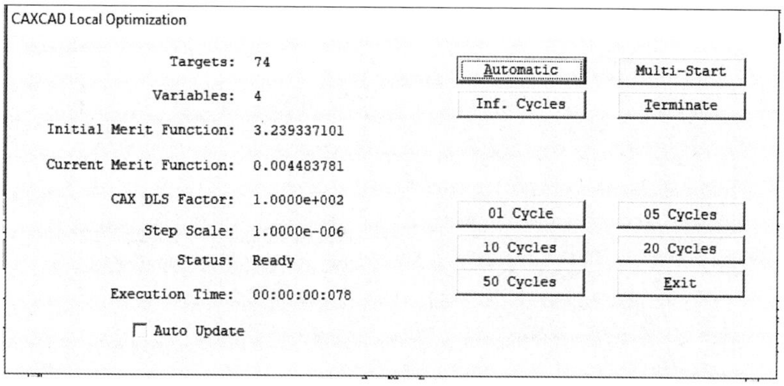

图 8－169

几何光斑效果(图 8 - 170):

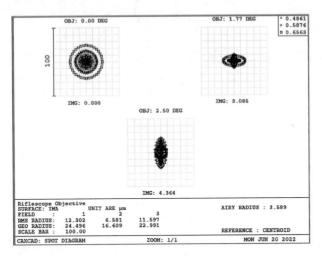

图 8 - 170

此时如果需要更换玻璃,可以将玻璃材质选择 Model 求解并设置变量后再进行优化替换,如图 8 - 171 所示:

LDE	SURFACE	NAME	RADIUS	THICKNESS	GLASS	APERTURE	DIAMETER	CONIC
Object 0	STANDARD		Infinity	Infinity		10.00000	10.00000	0.00000
Stop 1	STANDARD		62.52693 V	5.00000	1.517,64.2 V	10.03539	10.03539	0.00000
2	STANDARD		-37.20095 V	3.0000	1.613,37.0 V	9.96063	10.03539	0.00000
3	STANDARD		-138.79883 V	96.15905 V		9.92780	9.96063	0.00000
Image 4	STANDARD		Infinity	—		4.39001	4.39001	0.00000

图 8 - 171

这种方法可以快速找到新的玻璃材质组合,如图 8 - 172 所示:

LDE	SURFACE	NAME	RADIUS	THICKNESS	GLASS	APERTURE	DIAMETER	CONIC
Object 0	STANDARD		Infinity	Infinity		10.00000	10.00000	0.00000
Stop 1	STANDARD		62.53782 V	5.00000	N-PK51	10.03538	10.03538	0.00000
2	STANDARD		-37.23967 V	3.0000	BAF7	9.96049	10.03538	0.00000
3	STANDARD		-138.82662 V	96.14310 V		9.92892	9.96049	0.00000
Image 4	STANDARD		Infinity	—		4.41629	4.41629	0.00000

图 8 - 172

可以获得新的 MF = 0.004 28,很明显获得品质提升,如图 8 - 173 和图 8 - 174 所示。

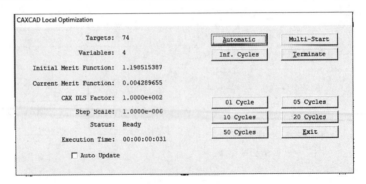

图 8 - 173

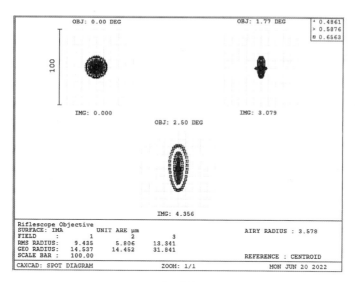

8 - 174

为了能够和中继镜头前段匹配,靠近像面的位置需要增加一个场镜,来调节像空间视场的角度。

修改表面数据,加入场镜的初始结构,如图 8 - 175 和图 8 - 176 所示:

LDE	SURFACE	NAME	RADIUS	THICKNESS	GLASS	APERTURE	DIAMETER	CONIC
Object 0	STANDARD		Infinity	Infinity		10.87322	10.87322	0.00000
1	STANDARD		Infinity	20.00000		10.87322	10.87322	0.00000
Stop 2	STANDARD		62.27471 V	5.00000	N-PK51	10.03554	10.03554	0.00000
3	STANDARD		-41.33830 V	3.00000	BAF7	9.95300	10.03554	0.00000
4	STANDARD		-167.27796 V	80.00000 V		9.90128	9.95300	0.00000
5	STANDARD		50.00000 V	5.00000	BK7	5.23479	5.23479	0.00000
6	STANDARD		Infinity	8.00000 V		4.88449	5.23479	0.00000
Image 7	STANDARD		Infinity	-		3.97850	3.97850	0.00000

图 8 - 175

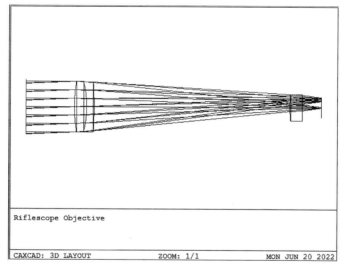

图 8 - 176

除了满足像质和焦距的目标,如图 8 - 177 所示的评价函数中还需要利用 RID 或 RAID 来重点保证像方主光线角度。为保证初始结构能够向正确的方向发展,图 8 - 175 所示的面型数据中第 5 面的场镜曲率半径可以设置为更小,例如 15～20 之间。

MFE	Type	Surf1	Surf2					Target	Weight	Value	% Contrib
1 MF-EFFL	EFFL		2					100.00000	1.00000	98.75658	85.80689
2 MF-BLNK	BLNK										
3 MF-RAID	RAID	7	2	0.00000	1.00000	0.00000	0.00000	10.50000	1.00000	11.00491	14.14856
4 MF-BLNK	BLNK										

图 8 - 177

优化后像空间视场的主光线角度就实现目标,如图 8 - 178 所示。

MFE	Type	NOTE						Target	Weight	Value	% Contrib
1 MF-EFFL	EFFL		2					100.00000	1.00000	99.99910	0.01470
2 MF-BLNK	BLNK										
3 MF-RAID	RAID	7	2	0.00000	1.00000	0.00000	0.00000	10.50000	1.00000	10.50542	0.53683

图 8 - 178

再次追加像面距离为变量,如图 8 - 179 所示。

LDE	SURFACE	NAME	RADIUS	THICKNESS	GLASS	APERTURE	DIAMETER	CONIC
Object 0	STANDARD		Infinity	Infinity		10.87322	10.87322	0.00000
1	STANDARD		Infinity	20.00000		10.87322	10.87322	0.00000
Stop 2	STANDARD		107.01883 V	5.00000	N-PK51	10.02053	10.02053	0.00000
3	STANDARD		-58.78799 V	3.00000	BAF7	10.00614	10.02506	0.00000
4	STANDARD		-200.31684 V	134.68028 V		10.02506	10.02506	0.00000
5	STANDARD		15.00000	5.00000	BK7	6.99961	6.99961	0.00000
6	STANDARD		Infinity	6.78335 V		6.37978	6.99961	0.00000
Image 7	STANDARD		Infinity	–		4.40311	4.40311	0.00000

图 8 - 179

因为引入新的场镜材质,光斑色差明显加大,再次对玻璃材质进行调整和优化,如图 8 - 180 所示。

LDE	SURFACE	NAME	RADIUS	THICKNESS	GLASS	APERTURE	DIAMETER	CONIC
Object 0	STANDARD		Infinity	Infinity		10.87322	10.87322	0.00000
1	STANDARD		Infinity	20.00000		10.87322	10.87322	0.00000
Stop 2	STANDARD		118.55506 V	5.00000	1.529,80.0 V	10.01852	10.01852	0.00000
3	STANDARD		-44.24486 V	3.00000	1.599,47.6 V	10.01613	10.05182	0.00000
4	STANDARD		-162.49425 V	134.99006 V		10.05182	10.05182	0.00000
5	STANDARD		15.00000	5.00000	BK7	7.02022	7.02022	0.00000
6	STANDARD		Infinity	6.85903 V		6.40048	7.02022	0.00000
Image 7	STANDARD		Infinity	–		4.39511	4.39511	0.00000

图 8 - 180

可以找到新的组合,如图 8 - 181 所示。

LDE	SURFACE	NAME	RADIUS	THICKNESS	GLASS	APERTURE	DIAMETER	CONIC
Object 0	STANDARD		Infinity	Infinity		10.87322	10.87322	0.00000
1	STANDARD		Infinity	20.00000		10.87322	10.87322	0.00000
Stop 2	STANDARD		118.55506 V	5.00000	N-PK51	10.01852	10.01852	0.00000
3	STANDARD		-44.24486 V	3.00000	K2FSN9	10.01602	10.05155	0.00000
4	STANDARD		-162.49425 V	134.99006 V		10.05155	10.05155	0.00000
5	STANDARD		15.00000	5.00000	BK7	7.01638	7.01638	0.00000
6	STANDARD		Infinity	6.85903 V		6.40040	7.01638	0.00000
Image 7	STANDARD		Infinity	–		4.39247	4.39247	0.00000

图 8 - 181

如图 8 - 182 所示,像面的高度仍然保持在 4.4 mm,对于轴外视场的剩余色差部分,仍然可以通过材质优化改善。

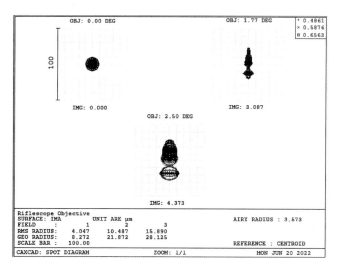

图 8 - 182

如果仍然采用 BK7/F2 组合,更换场镜的材质是一种新的方案,如图 8 - 183 所示。

LDE	SURFACE	NAME	RADIUS	THICKNESS	GLASS	APERTURE	DIAMETER	CONIC
Object 0	STANDARD		Infinity	Infinity		10.87322	10.87322	0.00000
1	STANDARD		Infinity	20.00000		10.87322	10.87322	0.00000
Stop 2	STANDARD		83.26297 V	5.00000	BK7	10.02645	10.02645	0.00000
3	STANDARD		-42.86927 V	3.00000	F2	9.98639	10.02645	0.00000
4	STANDARD		-146.23378 V	114.33872 V		9.99557	9.99557	0.00000
5	STANDARD		12.37266 V	5.00000	H-FK61B	5.57227	5.57227	0.00000
6	STANDARD		Infinity	1.44201 V		4.88391	5.57227	0.00000
Image 7	STANDARD		Infinity	–		4.47093	4.47093	0.00000

图 8 - 183

对于优化出来的新方案,色差和光斑都获得更进一步的提升,如图 8 - 184 所示。

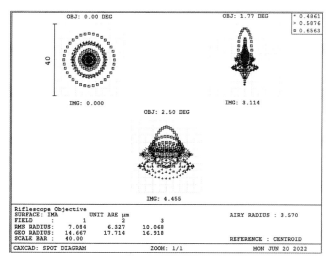

图 8 - 184

为了保证分划板的安装，还是要留够场镜后方距离，如图 8 - 185 所示。

LDE	SURFACE	NAME	RADIUS	THICKNESS	GLASS	APERTURE	DIAMETER	CONIC
Object 0	STANDARD		Infinity	Infinity		10.87322	10.87322	0.00000
1	STANDARD		Infinity	20.00000		10.87322	10.87322	0.00000
Stop 2	STANDARD		100.67885 V	5.00000	BK7	10.02183	10.02183	0.00000
3	STANDARD		-46.87974 V	3.00000	F2	10.00393	10.03361	0.00000
4	STANDARD		-154.02567 V	127.65942 V		10.03361	10.03361	0.00000
5	STANDARD		13.75615 V	5.00000	H-FK61B	6.50969	6.50969	0.00000
6	STANDARD		Infinity	5.00000		5.87054	6.50969	0.00000
Image 7	STANDARD		Infinity	-		4.41663	4.41663	0.00000

图 8 - 185

最后物镜设计结果，如图 8 - 186 所示。

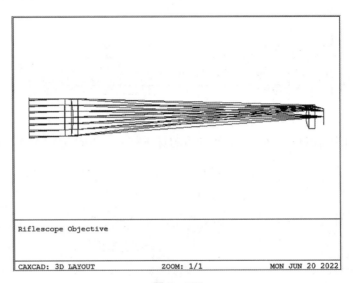

图 8 - 186

此时将中继镜加入系统，可以看到匹配效果，如图 8 - 187～图 8 - 188 所示。

LDE	SURFACE	NAME	RADIUS	THICKNESS	GLASS	APERTURE	DIAMETER	CONIC
Object 0	STANDARD		Infinity	Infinity		10.87322	10.87322	0.00000
1	STANDARD		Infinity	20.00000		10.87322	10.87322	0.00000
Stop 2	STANDARD		100.67885 V	5.00000	BK7	10.02183	10.02183	0.00000
3	STANDARD		-46.87974 V	3.00000	F2	10.00393	10.03361	0.00000
4	STANDARD		-154.02567 V	127.65942 V		10.03361	10.03361	0.00000
5	STANDARD		13.75615 V	5.00000	H-FK61B	6.50969	6.50969	0.00000
6	STANDARD		Infinity	5.00000		5.87054	6.50969	0.00000
7	STANDARD		Infinity	20.00000		4.41663	4.41663	0.00000
*8	STANDARD		4.99070	2.00000	SK16	3.00000 U	3.00000	0.00000
*9	STANDARD		23.09976	1.00000		3.00000 U	3.00000	0.00000
*10	STANDARD		-8.92199	1.00000	F2	2.00000 U	2.00000	0.00000
*11	STANDARD		4.69737	1.00000		2.00000 U	2.00000	0.00000
*12	STANDARD		9.46627	2.00000	SK16	3.00000 U	3.00000	0.00000
*13	STANDARD		-7.83134	42.02392		3.00000 U	3.00000	0.00000
Image 14	STANDARD		Infinity	-		8.65849	8.65849	0.00000

图 8 - 187

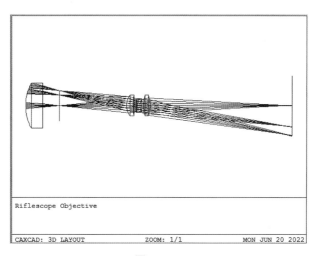

图 8‑188

8.7.3　枪瞄目镜

枪瞄的目镜并非通用的,要根据前方整体系统的参数来进行优化,为了保证人眼观察的方便,枪瞄的出瞳距离通常较长,预计在 100 mm 左右。

实例文件 08‑17:加入枪瞄目镜.cax

在系统后方定义初始结构如图 8‑189~图 8‑190 所示:

LDE	SURFACE	NAME	RADIUS	THICKNESS	GLASS	APERTURE	DIAMETER	CONIC
*13	STANDARD		-7.83134	42.02392		3.00000 U	3.00000	0.00000
14	STANDARD		Infinity	20.00000		8.65849	8.65849	0.00000
15	STANDARD		Infinity V	4.00000	SF4	13.57108	14.12241	0.00000
16	STANDARD		Infinity V	8.00000	N-SK2	14.12241	15.32563	0.00000
17	STANDARD		Infinity V	10.00000		15.32563	15.32563	0.00000
18	STANDARD		Infinity V	7.00000	BAF2	17.78240	18.86213	0.00000
19	STANDARD		Infinity V	90.00000		18.86213	18.86213	0.00000
Image 20	STANDARD		Infinity	-		40.97304	40.97304	0.00000

图 8‑189

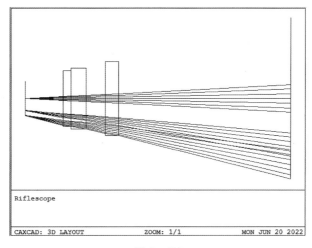

图 8‑190

此时系统的评价函数以优化目镜为主,因此变量和评价函数都要变更。首先移除所有的变量,再定义新的评价函数。EFLX 控制目镜焦距为 50 mm,三个 RAY 或 REAY 控制不同视场主光线在出瞳面上的高度为 0,由此控制出瞳位置,如图 8-191~图 8-192 所示。

MFE	Type								Target	Weight	Value	% Contrib
1 MF-EFLX	EFLX	15	19						50.00000	1.00000	50.00009	0.00045
2 MF-BLNK	BLNK											
3 MF-REAY	REAY	20	2	0.00000	0.00000	0.00000	0.00000		0.00000	1.00000	0.00000	0.00000
4 MF-REAY	REAY	20	2	0.00000	0.70000	0.00000	0.00000		0.00000	1.00000	-0.00086	0.00350
5 MF-REAY	REAY	20	2	0.00000	1.00000	0.00000	0.00000		0.00000	1.00000	0.00043	0.00612

图 8-191

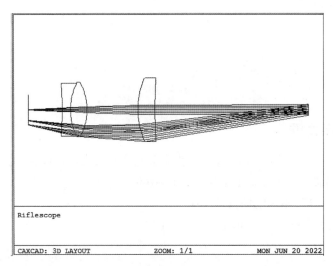

图 8-192

如图 8-193 所示,再加入 AMA 或 AMAG 控制角放大倍率为 4×,此时无需控制目镜焦距,优化过程适当调整镜头的厚度。

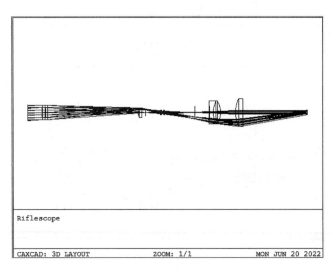

图 8-193

完整的枪瞄系统设计完成了。

第 9 章

照相镜头设计

照相机目前已经发明了近两百年,在这两百年中,照相镜头的技术不断改进和发展。尤其是最近 20 年出现的两次重大变革,一次是 2000 年前后数码相机对传统照相机市场的冲击,另外一次是近 10 年手机拍照对照相机市场新的革命。

数码相机将照相机镜头从底片感光转向 CCD 感光,光学设计中,考虑光学分辨率的对象发生了改变。而手机镜头则大量地采用塑胶材料和高次非球面面型,使拍照更加小型化,配合手机软件等优秀的图像处理算法,可以获得更加高品质的图像。

本章将针对不同形式的照相镜头,从结构到设计方法,再到设计过程进行详细展示。

9.1 Petzval 镜头设计

简单的双胶合镜片能够针对小视场角进行拍照,如果需要更大的视场角度,可以采用 Petzval 的形式,镜头由两组焦距为正的胶合透镜组成,这种透镜的结构形式是 1839 年 Joseph Petzval 通过表格计算进行设计的,这种镜头是第一款利用计算的方法设计出来的。

在单一的双胶合透镜中,如果增加视场,离轴视场的像散也会增大,并且这个像差是无法矫正的。为了能够矫正像散和畸变,需要将光阑远离镜片,于是采用两组镜片的方式,将光阑放在中心,同时两组双胶合镜片还可以有效减小色差,如图 9-1 所示。

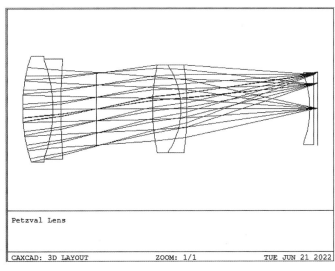

图 9-1

在优化过程中,镜片的所有曲率半径都可以作为变量。如果空气间隔作为变量系统,孔径光阑就可以前后移动。正常情况下,玻璃的厚度不需要作为变量,可以采用合理的固定值。

在这个系统中,设计目标需要在平场和像散之间寻找平衡,如果要获得平场效果,像散必然较大,要减小像散,就会存在明显的场曲。

9.1.1 Petzval 镜头实例

下面展示的是一个镜头实例:

有效焦距:100 mm;

入瞳直径:40 mm;

视场角度:10°;

波长:FDC。

实例文件 09‐01:Petzval Lens.cax

LDE	SURFACE	NAME	RADIUS	THICKNESS	GLASS	APERTURE	DIAMETER
Object 0	STANDARD		Infinity	Infinity		31.88786	31.88786
1	STANDARD		89.98583	15.00000	LF8	30.92166	30.92166
2	STANDARD		-84.19189	4.00000	SF5	29.94699	30.92166
3	STANDARD		376.69338	40.00000		27.87959	29.94699
Stop 4	STANDARD		Infinity	40.00000		16.83373	16.83373
5	STANDARD		71.13013	14.00000	BAF8	22.35825	22.35825
6	STANDARD		-37.24710	3.00000	SF8	22.24976	22.35825
7	STANDARD		-209.61078	56.10225		22.19126	22.24976
Image 8	STANDARD		Infinity	-		17.38518	17.38518

图 9‐2

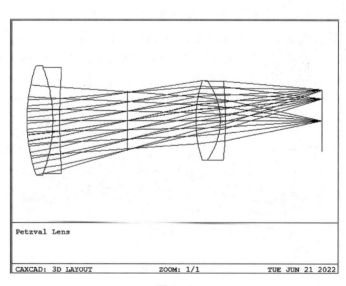

图 9‐3

Petzval 镜头如图 9‐2~图 9‐3 所示。镜头由两组双胶合镜片组成,光阑位于胶合镜片的中心,这是一个平场设计。光斑为了能够达到平场的效果,光学像差中的像散会较大。

```
Paraxial Data for Seidel Aberration:

#          H           U          HBAR        UBAR       D(U/N)          A          ABAR
1    20.000000    0.000000   -11.887859    0.176327   -0.051257    0.222257    0.044219
2    18.797172   -0.080189    -9.482261    0.160373    0.015059   -0.474735    0.427091
3    18.554980   -0.060548    -8.911446    0.142704   -0.031945   -0.018886    0.199129
STO  15.829258   -0.068143    -0.000000    0.222786    0.000000   -0.068143    0.222786
5    13.103537   -0.068143     8.911446    0.222786   -0.001285    0.116076    0.348070
6    11.525285   -0.112732    10.158557    0.089079    0.012328   -0.685478   -0.298208
7    11.235973   -0.096437    10.447062    0.096168   -0.142706   -0.253409    0.078245
                  -0.199805                 0.128085


Seidel Aberration Coefficients:

#      SPHA  S1     COMA  S2     ASTI  S3     FCUR  S4     DIST  S5     AXCL  C1     LACL  C2
1    0.050640     0.010075     0.002004     0.049863     0.010315    -0.036657    -0.007293
2   -0.063797     0.057395    -0.051634    -0.006111     0.051950     0.037828    -0.034032
3    0.000211    -0.002229     0.023504    -0.013277    -0.107827    -0.004375     0.046133
STO -0.000000     0.000000    -0.000000    -0.000000    -0.000000    -0.000000     0.000000
5    0.000227     0.000680     0.002039     0.067163     0.207512    -0.012431    -0.037277
6   -0.066762    -0.029044    -0.012635    -0.007937    -0.008950     0.038799     0.016879
7    0.102967    -0.031793     0.009817     0.024202    -0.010504    -0.037254     0.011503

SUM  0.023486     0.005084    -0.026906     0.113902     0.142502    -0.014091    -0.004087
```

图 9 - 4

与 SPHA 球差相比，ASTI 所示像散的像差系数为-0.026 9，如图 9 - 4 所示。要设计这样的镜头，采用如图 9 - 5 所示的平板初始结构。

LDE	SURFACE	NAME	RADIUS	THICKNESS	GLASS	APERTURE	DIAMETER
Object 0	STANDARD		Infinity	Infinity		29.16538	29.16538
1	STANDARD		Infinity V	15.00000	LF8	29.16538	29.16538
2	STANDARD		Infinity V	4.00000	SF5	27.49984	29.16538
3	STANDARD		Infinity V	40.00000 V		27.08603	27.49984
Stop 4	STANDARD		Infinity	40.00000 V		20.03295	20.03295
5	STANDARD		Infinity V	14.00000	BAF8	27.03931	28.54887
6	STANDARD		Infinity V	3.00000	SF8	28.54887	28.86016
7	STANDARD		Infinity V	50.00000 V		28.86016	28.86016
Image 8	STANDARD		Infinity	—		37.67651	37.67651

图 9 - 5

如图 9 - 6 所示，在评价函数中采用默认评价函数，因为厚度值和间隔为固定，因此没有加入厚度边界。

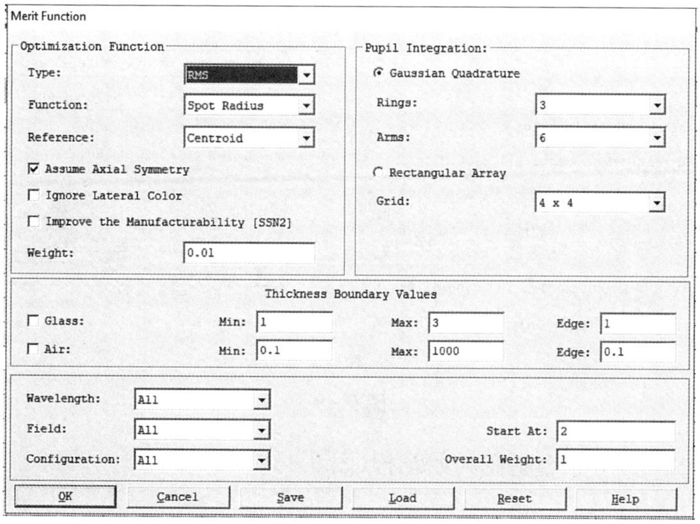

图 9 - 6

控制镜头的有效焦距为 100 mm(图 9 - 7):

MFE	Type								Target	Weight	Value	% Contrib
1 MF-EFFL	EFFL		2						100.00000	1.00000	100.00001	1.13432E...
2 MF-DMFS	DMFS											
3 MF-BLNK	BLNK											
4 MF-SPOT	SPOT	1	1		0.33571	0.00000			0.00000	0.09696	0.02780	1.01225
5 MF-SPOT	SPOT	1	1		0.70711	0.00000			0.00000	0.15514	0.03956	3.28092
6 MF-SPOT	SPOT	1	1		0.94197	0.00000			0.00000	0.09696	0.05173	3.50519
7 MF-SPOT	SPOT	1	2		0.33571	0.00000			0.00000	0.09696	0.03259	1.39177
8 MF-SPOT	SPOT	1	2		0.70711	0.00000			0.00000	0.15514	0.03992	3.33987
9 MF-SPOT	SPOT	1	2		0.94197	0.00000			0.00000	0.09696	0.03619	1.71625
10 MF-SPOT	SPOT	1	3		0.33571	0.00000			0.00000	0.09696	0.03791	1.88247
11 MF-SPOT	SPOT	1	3		0.70711	0.00000			0.00000	0.15514	0.04749	4.72665
12 MF-SPOT	SPOT	1	3		0.94197	0.00000			0.00000	0.09696	0.04032	2.12994

图 9 - 7

初始结构为全部平面,与像面的距离全部设置为变量,如图 9 - 8~图 9 - 9 所示。

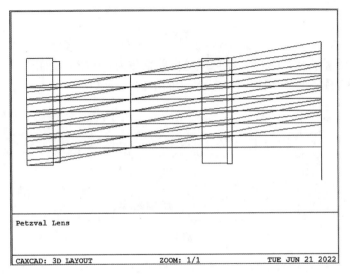

图 9 - 8

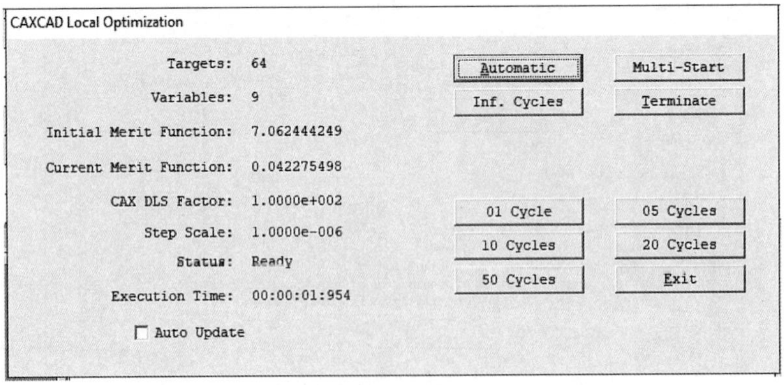

图 9 - 9

利用 Multi-Start 寻找合适的初始结构(图 9 - 10):

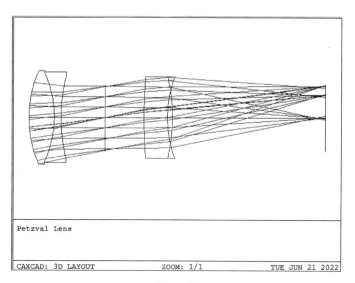

图 9 - 10

经过 DLS 自动优化后,可以快速找到想要的设计,如图 9 - 11～图 9 - 12 所示。

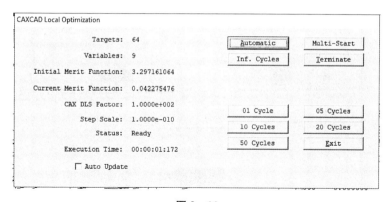

图 9 - 11

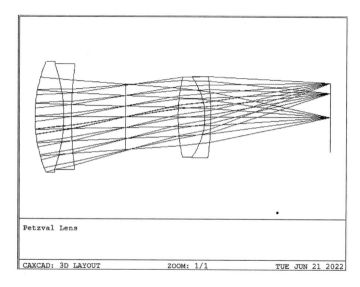

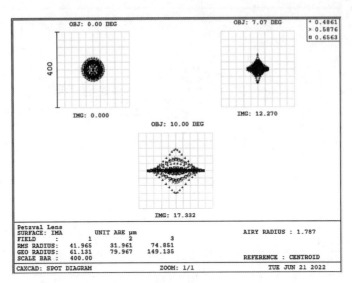

图 9 - 12

对系统的像距进行 Quick Adjust(图 9 - 13)：

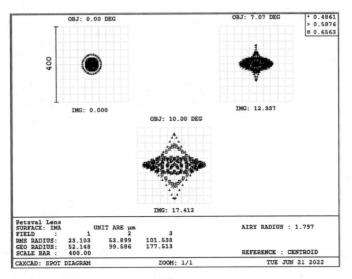

图 9 - 13

如前面所述,因为当前目标是平场目标,系统像散的数值较大,如图 9 - 14 所示。

Paraxial Data for Seidel Aberration:

#	H	U	HBAR	UBAR	D(U/N)	A	ABAR
1	20.000000	0.000000	-10.245327	0.176327	-0.055015	0.238551	0.054125
2	18.708992	-0.086067	-7.893342	0.156799	0.016611	-0.527626	0.411100
3	18.452039	-0.064238	-7.334178	0.139791	-0.030427	-0.011421	0.195659
STO	16.141410	-0.068831	-0.000000	0.218478	0.000000	-0.068831	0.218478
5	14.114820	-0.068831	6.432610	0.218478	0.002890	0.099547	0.295213
6	12.615826	-0.107071	7.903661	0.105075	0.013597	-0.785180	-0.212373
7	12.350609	-0.088406	8.234032	0.110124	-0.147656	-0.273575	0.103146
		-0.200000		0.152198			

Seidel Aberration Coefficients:

#	SPHA S1	COMA S2	ASTI S3	FCUR S4	DIST S5	AXCL C1	LACL C2
1	0.062614	0.014207	0.003223	0.053519	0.012874	-0.039345	-0.008927
2	-0.086515	0.067409	-0.052521	-0.006908	0.046305	0.041846	-0.032604
3	0.000073	-0.001255	0.021493	-0.015561	-0.101628	-0.002631	0.045077
STO	-0.000000	0.000000	-0.000000	-0.000000	0.000000	-0.000000	0.000000
5	-0.000404	-0.001199	-0.003555	0.056989	0.158463	-0.011484	-0.034056
6	-0.105752	-0.028603	-0.007737	-0.008823	-0.004479	0.048648	0.013158
7	0.136487	-0.051460	0.019402	0.030221	-0.018709	-0.044209	0.016668
SUM	0.006503	-0.000901	-0.019695	0.109437	0.092826	-0.007175	-0.000684

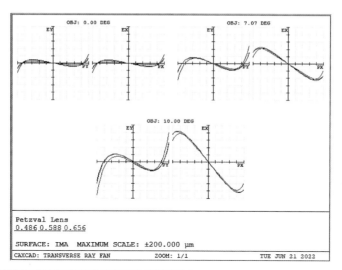

图 9－14

为了平衡场曲和像散，下面给出两种方法。

9.1.2　改进场曲的方法一

第一种方法是采用曲面的成像面，根据薄透镜成像公式可以大概计算出这个曲面的数值。直接利用优化的方法快速实现，将像面曲率设置为变量，如图 9－15 所示。

LDE	SURFACE	NAME	RADIUS	THICKNESS	GLASS	APERTURE	DIAMETER
Object 0	STANDARD		Infinity	Infinity		30.24533	30.24533
1	STANDARD		83.83953 V	15.00000	LF8	29.31236	29.31236
2	STANDARD		-74.47967 V	4.00000	SF5	28.30127	29.31236
3	STANDARD		321.40360 V	33.56944 V		26.21471	28.30127
Stop 4	STANDARD		Infinity	29.44285 V		17.21371	17.21371
5	STANDARD		83.82817 V	14.00000	BAF8	20.71067	20.71067
6	STANDARD		-33.50893 V	3.00000	SF8	20.66840	20.84129
7	STANDARD		-167.86294 V	61.90035 V		20.84129	20.84129
Image 8	STANDARD		Infinity V	-		17.57552	17.57552

图 9－15

评价函数可以快速下降到原来的 1/10(图 9-16～图 9-17):

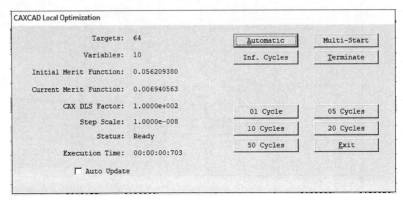

图 9-16

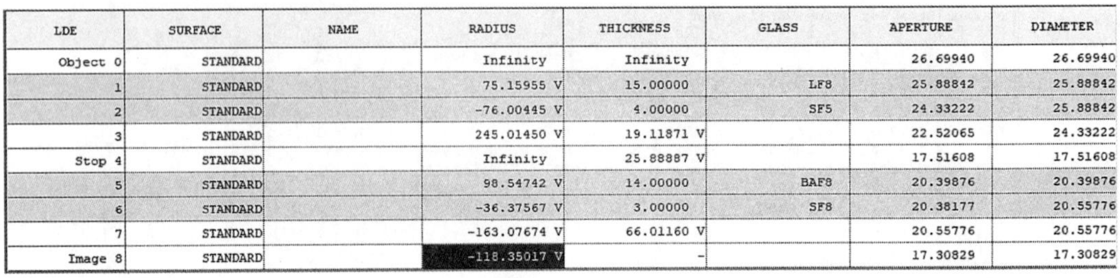

LDE	SURFACE	NAME	RADIUS	THICKNESS	GLASS	APERTURE	DIAMETER
Object 0	STANDARD		Infinity	Infinity		26.69940	26.69940
1	STANDARD		75.15955 V	15.00000	LF8	25.88842	25.88842
2	STANDARD		-76.00445 V	4.00000	SF5	24.33222	25.88842
3	STANDARD		245.01450 V	19.11871 V		22.52065	24.33222
Stop 4	STANDARD		Infinity	25.88887 V		17.51608	17.51608
5	STANDARD		98.54742 V	14.00000	BAF8	20.39876	20.39876
6	STANDARD		-36.37567 V	3.00000	SF8	20.38177	20.55776
7	STANDARD		-163.07674 V	66.01160 V		20.55776	20.55776
Image 8	STANDARD		-118.35017 V	-		17.30829	17.30829

图 9-17

优化后的像面变成了曲面(图 9-18):

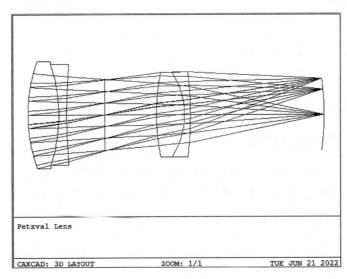

图 9-18

像面的曲率,也被称为 Petzval 曲率,它体现了轴外场曲的大小。

由扇形图的像差曲线图形,可以看到轴外视场的像散获得很好的矫正(图 9-19):

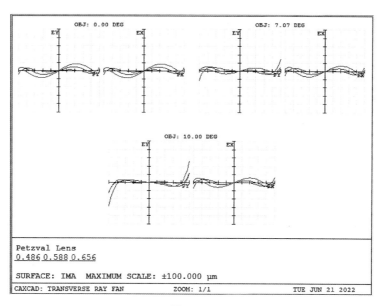

图 9 - 19

整体的几何光斑质量获得了很大提升(图 9 - 20):

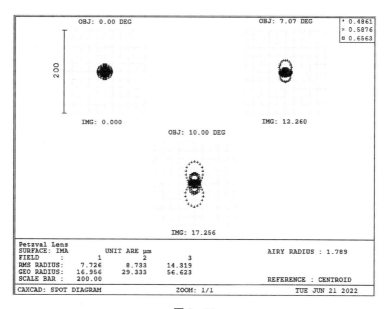

图 9 - 20

从像差系数上,获得像散的系数为 0.008(图 9 - 21):

```
Paraxial Data for Seidel Aberration:

  #         H          U         HBAR       UBAR       D(U/N)         A        ABAR
  1   20.000000   0.000000   -6.699399   0.176327   -0.061368    0.266101   0.087191
  2   18.559897  -0.096007   -4.526363   0.144869    0.017136   -0.532223   0.319807
  3   18.263946  -0.073988   -3.999810   0.131638   -0.029382    0.000927   0.192884
STO   16.856523  -0.073615   -0.000000   0.209209    0.000000   -0.073615   0.209209
  5   14.950716  -0.073615    5.416189   0.209209    0.009803    0.078096   0.264169
  6   13.500113  -0.103615    6.924433   0.107732    0.013313   -0.770862  -0.134165
  7   13.244244  -0.085290    7.257196   0.110921   -0.149501   -0.281215   0.112178
                 -0.200000               0.156679


Seidel Aberration Coefficients:

  #      SPHA S1     COMA S2    ASTI S3    FCUR S4     DIST S5     AXCL C1     LACL C2
  1    0.086909    0.028477   0.009331   0.059699    0.022619   -0.043889   -0.014381
  2   -0.090088    0.054133  -0.032528  -0.006770    0.023613    0.041874   -0.025162
  3    0.000000    0.000096   0.019965  -0.020413   -0.093148    0.000211    0.043985
STO  -0.000000    0.000000  -0.000000  -0.000000    0.000000   -0.000000    0.000000
  5   -0.000894   -0.003024  -0.010228   0.048477    0.129385   -0.009543   -0.032279
  6   -0.106799   -0.018588  -0.003235  -0.008127   -0.001978    0.051108    0.008895
  7    0.156584   -0.062462   0.024916   0.031108   -0.022348   -0.048731    0.019439

SUM   0.045713   -0.001368   0.008222   0.103975    0.058143   -0.008969    0.000498
```

图 9 - 21

如图 9 - 22 所示,设计结果的 MTF 显示,在 50 lp/mm 的分辨率,各视场都均衡地获得 0.2 以上的效果。

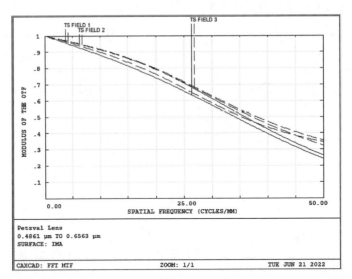

图 9 - 22

这种解决方法的好处是无需引入新的透镜元件,而弊端是曲面的感光器件价格会比较昂贵,在著名的哈勃太空望远镜中,采用的就是曲面像面的方法矫正场曲。

9.1.3 改进场曲的方法二

第二种方法是在成像面附近引入一个负透镜作为场镜,调节像空间的场曲,一个负透镜产生的是负的 Petzval 场曲,因此可以减小最终系统的场曲。

恢复像面为平面,在靠近像面 2 mm 的位置插入一个凹面镜,如图 9 - 23～图 9 - 24 所示。

LDE	SURFACE	NAME	RADIUS	THICKNESS	GLASS	APERTURE	DIAMETER	CONIC
Object 0	STANDARD		Infinity	Infinity		26.69940	26.69940	0.00000
1	STANDARD		75.15955 V	15.00000	LF8	25.88842	25.88842	0.00000
2	STANDARD		-76.00445 V	4.00000	SF5	24.33222	25.88842	0.00000
3	STANDARD		245.01450 V	19.11871 V		22.52065	24.33222	0.00000
Stop 4	STANDARD		Infinity	25.88887 V		17.51608	17.51608	0.00000
5	STANDARD		98.54742 V	14.00000	BAF8	20.39876	20.39876	0.00000
6	STANDARD		-36.37567 V	3.00000	SF8	20.38177	20.55776	0.00000
7	STANDARD		-163.07674 V	60.00000 V		20.55776	20.55776	0.00000
8	STANDARD		-200.00000 V	2.00000	SF5	17.57830	17.59777	0.00000
9	STANDARD		Infinity	2.00000		17.59777	17.59777	0.00000
Image 10	STANDARD		Infinity	-		17.62146	17.62146	0.00000

图 9-23

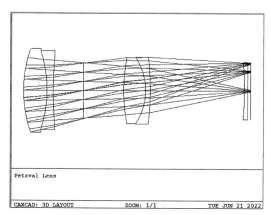
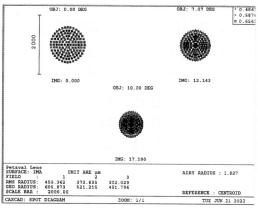

图 9-24

在评价函数无需改变的情况下,直接优化(图 9-25):

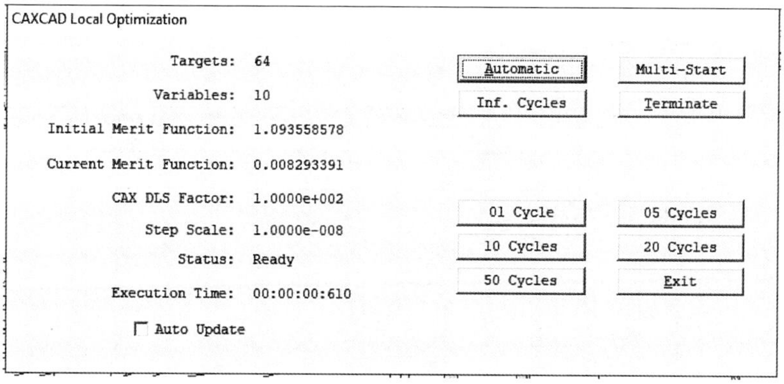

图 9-25

靠近像面的凹面场镜将光束聚焦在平场(图 9-26):

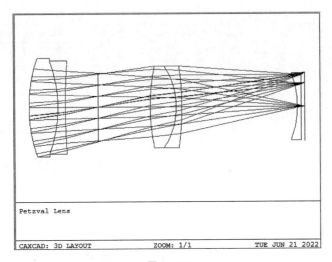

图 9 - 26

点列图结果和曲面像面的接近(图 9 - 27)：

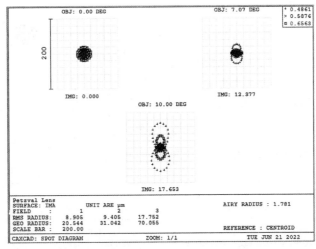

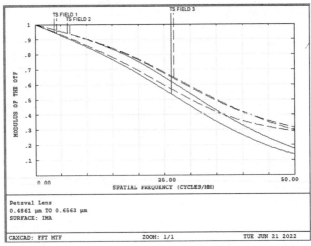

图 9 - 27

像差系数展示了在平场情况下矫正了像散(图 9 - 28):

```
Paraxial Data for Seidel Aberration:

   #          H           U          HBAR         UBAR        D(U/N)          A           ABAR
   1    20.000000    0.000000    -6.242824     0.176327    -0.058708     0.254565     0.096867
   2    18.622327   -0.091845    -4.122150     0.141378     0.018055    -0.576343     0.316948
   3    18.350324   -0.068001    -3.609088     0.128266    -0.028485    -0.002828     0.192735
 STO    17.137724   -0.069138     0.000000     0.205776     0.000000    -0.069138     0.205776
   5    15.213186   -0.069138     5.728040     0.205776     0.004566     0.092963     0.266810
   6    13.745309   -0.104848     7.174023     0.103285     0.013241    -0.763645    -0.142002
   7    13.485224   -0.086695     7.494004     0.106660    -0.158718    -0.302406     0.093459
   8     0.690154   -0.210049    16.313392     0.144783     0.138568    -0.224988    -0.208333
   9     0.451019   -0.119567    16.770525     0.228567    -0.128518    -0.200000     0.382323
                    -0.200000                  0.382323

Seidel Aberration Coefficients:

   #      SPHA  S1    COMA  S2    ASTI  S3    FCUR  S4    DIST  S5    AXCL  C1    LACL  C2
   1     0.076089    0.028953    0.011017    0.057111    0.025924   -0.041986   -0.015976
   2    -0.111683    0.061418   -0.033775   -0.007641    0.022776    0.045498   -0.025021
   3     0.000004   -0.000285    0.019417   -0.018073   -0.091563   -0.000648    0.044159
 STO    -0.000000   -0.000000   -0.000000    0.000000    0.000000   -0.000000    0.000000
   5    -0.000600   -0.001723   -0.004945    0.050904    0.131906   -0.011559   -0.033174
   6    -0.106133   -0.019736   -0.003670   -0.007860   -0.002144    0.051549    0.009586
   7     0.195733   -0.060491    0.018695    0.034743   -0.016515   -0.053357    0.016490
   8    -0.004841   -0.004483   -0.004151   -0.108261   -0.104090    0.001939    0.001795
   9     0.002319   -0.004432    0.008473   -0.000000   -0.016196   -0.001126    0.002153

 SUM    0.050888   -0.000778    0.011061    0.000923   -0.049902   -0.009690    0.000011
```

图 9 - 28

场镜和像面不能完全靠近,因为玻璃上的划痕和灰尘会成像在接收面上。这种镜头通常用在 F♯ 为 2,同时视场角在 10°左右的图像采集上。

9.2　摄远镜头设计

摄远镜头是用来拍摄小角度远距离图像的镜头,这种镜头主要由两个镜组组成,前镜组为正透镜,后镜组为负透镜,如果两组镜头的光焦度大小相等、方向相反,根据初级像差理论,场曲和像散都为零。系统中的双胶合镜片则可以矫正色差。

在镜头的设计过程中,可以采用分组设计,先设计前组镜头来降低像差,再设计后面的负透镜组,镜头的前镜组在像差矫正中的作用更大。

9.2.1　摄远镜头实例 1

实例文件 09 - 02:Telephoto Lens 01.cax(图 9 - 29)

LDE	SURFACE	NAME	RADIUS	THICKNESS	GLASS	APERTURE	DIAMETER	CONIC
Object 0	STANDARD		Infinity	Infinity		20.14879	20.14879	0.00000
1	STANDARD		51.05433 V	5.00000	LAKN7	19.46857	19.46857	0.00000
2	STANDARD		178.56204 V	0.25000		18.89700	19.46857	0.00000
3	STANDARD		34.68730 V	7.00000	SK14	17.40709	17.40709	0.00000
4	STANDARD		-268.51123 V	2.00000	SF5	16.59366	17.40709	0.00000
5	STANDARD		40.74519 V	16.42940		14.40161	16.59366	0.00000
Stop 6	STANDARD		Infinity	31.38080		8.06180	8.06180	0.00000
7	STANDARD		-16.18779 V	2.00000	BK7	11.07085	14.01982	0.00000
8	STANDARD		67.44021 V	8.00000	LAKN22	14.01982	14.74338	0.00000
9	STANDARD		-27.71076 V	19.53760 V		14.74338	14.74338	0.00000
Image 10	STANDARD		Infinity	-		17.90549	17.90549	0.00000

图 9 - 29

镜头外观(图 9-30)：

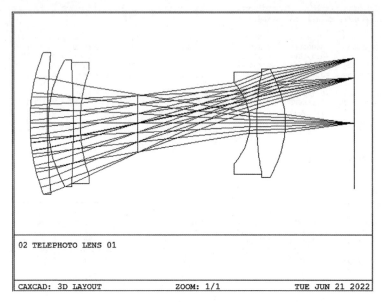

图 9-30

光线扇形图中展示的像差(图 9-31)：

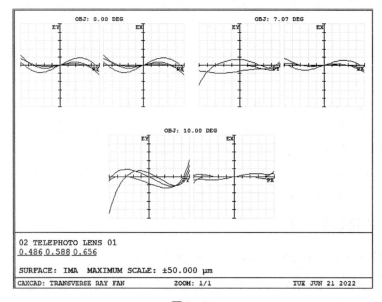

图 9-31

镜头系统参数(图 9-32)：

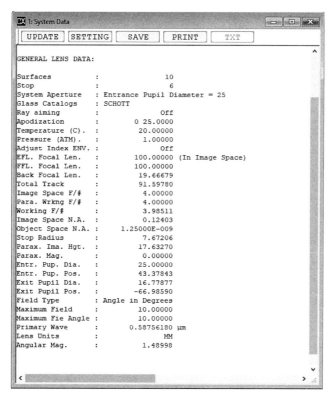

图 9‐32

这款镜头的 MTF 也有不错的表现，但是第三视场的像散明显过大，如图 9‐33 所示。

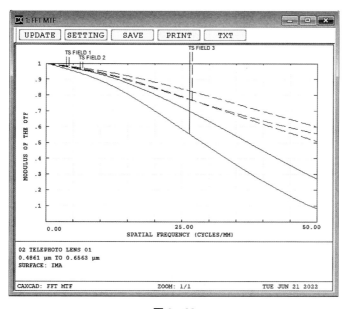

图 9‐33

镜头设计的改进

从 MTF 曲线上看到,轴外视场的像散仍然比较明显。接下来需要平衡像差。

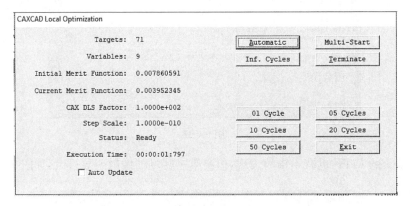

MFE	Type									Target	Weight	Value	% Contrib
1 MF-EFFL	EFFL		2							100.00000	1.00000	100.00000	7.44427E...
2 MF-BLNK	BLNK												
3 MF-REAY	REAY	10	2	0.00000	1.00000	0.00000	0.70000			0.00000	0.00000	17.87432	0.00000
4 MF-REAY	REAY	10	2	0.00000	1.00000	0.00000	-0.70000			0.00000	0.00000	17.89293	0.00000
5 MF-DIFF	DIFF	4	3							0.00000	0.00000	0.01861	0.00000
6 MF-BLNK	BLNK												
7 MF-REAX	REAX	10	2	0.00000	1.00000	0.70000	0.00000			0.00000	0.00000	-0.00235	0.00000
8 MF-REAX	REAX	10	2	0.00000	1.00000	-0.70000	0.00000			0.00000	0.00000	0.00235	0.00000
9 MF-DIFF	DIFF	7	8							0.00000	0.00000	-0.00469	0.00000
10 MF-BLNK	BLNK												
11 MF-DIFF	DIFF	5	9							0.00000	1.00000	0.02330	78.85861

图 9-34

如图 9-34 所示,$H_y=1$ 视场利用两个 REAY 取 $P_y\pm0.7$,两个 REAX 取 $P_x\pm0.7$ 分别做差值,确保 xy 方向的差值为 0。

优化过程如图 9-35 所示:

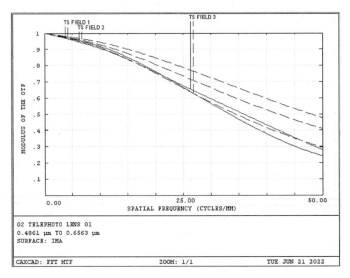

图 9-35

MTF 曲线上的第 3 视场像散被有效消除(图 9-36):

图 9-36

9.2.2　摄远镜头实例 2

对于长焦距的情况,摄远镜头的视场角通常很小,拍摄远处景物的视场类似于望远镜。同时摄远镜头通常的系统总长要比焦距短,两者之比为摄远镜头的比值:

$$摄远比例 = \frac{系统总长}{摄远镜头焦距}$$

下面提出设计要求:

视场角度:2.5°;

工作波长:FDC;

有效焦距:600 mm;

入瞳直径:60 mm,F/♯=10;

摄远比例:0.5,系统总长 300 mm。

实例文件 09 - 03:telephoto lens 02.cax

如图 9 - 37 所示,建立初始结构数据,前镜组设置一个曲率半径,确保正透镜,后镜组同样设置一个曲率半径,确保负透镜。

LDE	SURFACE	NAME	RADIUS	THICKNESS	GLASS	APERTURE	DIAMETER	CONIC
Object 0	STANDARD		Infinity	Infinity		30.50911	30.50911	0.00000
1	STANDARD		100.00000 V	12.00000	BK7	30.30381	30.30381	0.00000
2	STANDARD		Infinity V	5.00000	F2	29.31600	30.30381	0.00000
Stop 3	STANDARD		Infinity V	50.00000 V		28.75851	29.31600	0.00000
4	STANDARD		Infinity	50.00000 V		22.95932	22.95932	0.00000
5	STANDARD		-50.00000 V	5.00000	BK7	17.52814	17.95525	0.00000
6	STANDARD		Infinity V	8.00000	F2	17.95525	18.34718	0.00000
7	STANDARD		Infinity V	111.00096 V		18.34718	18.34718	0.00000
Image 8	STANDARD		Infinity	–		27.14693	27.14693	0.00000

图 9 - 37

系统参数对应设置好后,镜头外观如图 9 - 38 所示:

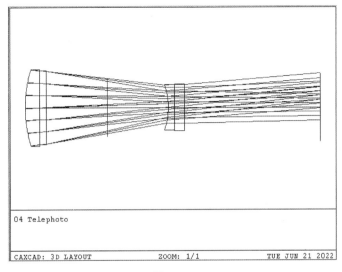

04 Telephoto

CAXCAD: 3D LAYOUT　　　　ZOOM: 1/1　　　　TUE JUN 21 2022

图 9 - 38

EFFL 控制有效焦距, TOTR 控制系统总长, 如图 9 - 39 所示:

MFE	Type	Field	Wave		Px	Py			Target	Weight	Value	% Contrib
1 MF-EFFL	EFFL		2						600.00000	1.00000	1313.87879	99.28990
2 MF-TOTR	TOTR								300.00000	1.00000	241.00096	0.67818
3 MF-BLNK	BLNK											
4 MF-DMFS	DMFS											
5 MF-BLNK	BLNK	Air thic...										
6 MF-MNCA	MNCA	1	7						0.10000	1.00000	0.10000	0.00000
7 MF-MXCA	MXCA	1	7						1000.00000	1.00000	1000.00000	0.00000
8 MF-MNEA	MNEA	1	7	0.00000					0.10000	1.00000	0.10000	0.00000
9 MF-BLNK	BLNK	Glass th...										
10 MF-MNCG	MNCG	1	7						1.00000	1.00000	1.00000	0.00000
11 MF-MXCG	MXCG	1	7						15.00000	1.00000	15.00000	0.00000
12 MF-MNEG	MNEG	1	7	0.00000					1.00000	1.00000	1.00000	0.00000
13 MF-BLNK	BLNK											
14 MF-SPOT	SPOT	1	1		0.33571	0.00000			0.00000	0.09696	3.24736	0.00020
15 MF-SPOT	SPOT	1	1		0.70711	0.00000			0.00000	0.15514	6.92052	0.00145
16 MF-SPOT	SPOT	1	1		0.94197	0.00000			0.00000	0.09696	9.33405	0.00165
17 MF-SPOT	SPOT	1	2		0.33571	0.00000			0.00000	0.09696	3.39237	0.00022

图 9 - 39

优化后系统快速收敛, 如图 9 - 40~图 9 - 41 所示。

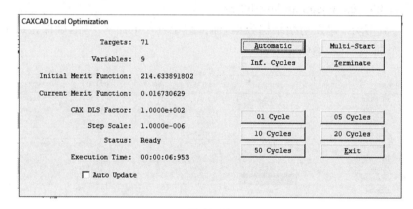

图 9 - 40

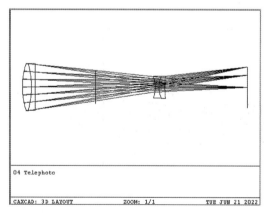
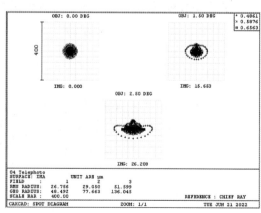

图 9 - 41

9.2.3　摄远镜头专利优化

根据美国专利 4709998, 奥林巴斯公司 Yamanashi 设计的摄远镜头是典型的长焦距镜头,这种镜头最后三片起到聚焦的效果。因为前组镜头采用负透镜的形式,所以系统的场曲可以被很好的矫正,在这款镜头中,大多数的像差都平衡的很好。

实例文件 09‑04:Long focus telephoto lens.cax

初始结构的表面数据如图 9‑42 所示:

LDE	SURFACE	NAME	RADIUS	THICKNESS	GLASS	APERTURE	DIAMETER	CONIC
Object 0	STANDARD		Infinity	Infinity		24.90946	24.90946	0.00000
1	STANDARD		64.41600	6.67600	FK5	24.32391	24.32391	0.00000
2	STANDARD		1503.81800	0.29000		23.87719	24.32391	0.00000
3	STANDARD		72.12600	6.77800	N-FK58	22.68729	22.68729	0.00000
4	STANDARD		-334.88800	1.55000		21.91718	22.68729	0.00000
5	STANDARD		-314.20400	2.81000	SF5	21.06830	21.06830	0.00000
6	STANDARD		131.35300	0.29000		19.73558	21.06830	0.00000
7	STANDARD		45.15500	4.54700	FK5	18.74058	18.74058	0.00000
8	STANDARD		96.50900	17.32100		17.91935	18.74058	0.00000
9	STANDARD		288.72100	3.38900	SF6	10.22780	10.22780	0.00000
10	STANDARD		-183.27200	1.65200	N-KZFS4	9.42984	10.22780	0.00000
11	STANDARD		27.76100	3.63100		8.43462	9.42984	0.00000
Stop 12	STANDARD		Infinity	27.47100		7.77228	7.77228	0.00000
13	STANDARD		56.88500	2.70800	PK50	12.96921	13.03980	0.00000
14	STANDARD		146.77100	3.67900		13.03980	13.03980	0.00000
15	STANDARD		-276.54900	2.81000	BASF2	13.33979	13.47807	0.00000
16	STANDARD		-62.01200	1.55000		13.47807	13.47807	0.00000
17	STANDARD		-57.04600	1.65200	LAFN23	13.46465	13.74528	0.00000
18	STANDARD		-351.52500	57.10337 M		13.74528	13.74528	0.00000
Image 19	STANDARD		Infinity	—		21.33160	21.33160	0.00000

图 9‑42

系统按照专利中的参数、材料等设置可能存在偏差,这些都会影响系统的效果。

对应初始结构的外观如图 9‑43 所示:

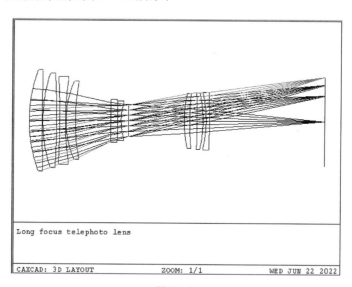

Long focus telephoto lens

CAXCAD: 3D LAYOUT   ZOOM: 1/1   WED JUN 22 2022

图 9‑43

从点列图(图 9‑44)可以看到,中心到边缘的部分存在一定的不均衡。

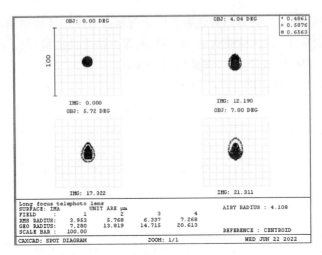

图 9 - 44

镜头的这种结构,使场曲获得了非常好的矫正(图 9 - 45～图 9 - 46):

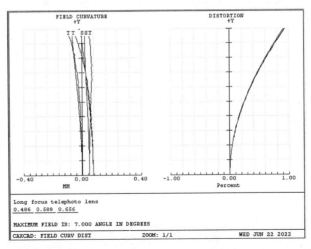

图 9 - 45

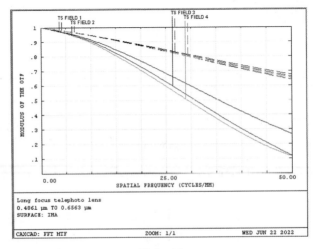

图 9 - 46

专利结构建立完成后，针对 MTF 指标需要改进和对系统进行优化。首先，所有的曲率半径和像面距离都设定为变量，如图 9 - 47 所示。

LDE	SURFACE	NAME	RADIUS	THICKNESS	GLASS	APERTURE	DIAMETER	CONIC
Object 0	STANDARD		Infinity	Infinity		24.84432	24.84432	0.00000
1	STANDARD		65.54934 V	6.67600	FK5	24.27221	24.27221	0.00000
2	STANDARD		3081.12314 V	0.29000		23.82882	24.27221	0.00000
3	STANDARD		71.11580 V	6.77800	N-FK58	22.59935	22.59935	0.00000
4	STANDARD		-327.06543 V	1.55000		21.83809	22.59935	0.00000
5	STANDARD		-287.64481 V	2.81000	SF5	21.01075	21.01075	0.00000
6	STANDARD		123.33025 V	0.29000		19.64692	21.01075	0.00000
7	STANDARD		45.67251 V	4.54700	FK5	18.72674	18.72674	0.00000
8	STANDARD		104.91249 V	17.32100		17.95168	18.72674	0.00000
9	STANDARD		305.59762 V	3.38900	SF6	10.27529	10.27529	0.00000
10	STANDARD		-127.26838 V	1.65200	N-KZFS4	9.51430	10.27529	0.00000
11	STANDARD		27.64623 V	3.63100		8.47827	9.51430	0.00000
Stop 12	STANDARD		Infinity	27.47100		7.82043	7.82043	0.00000
13	STANDARD		57.14541 V	2.70800	PK50	12.98649	13.05697	0.00000
14	STANDARD		145.38129 V	3.67900		13.05697	13.05697	0.00000
15	STANDARD		-264.61222 V	2.81000	BASF2	13.35481	13.49566	0.00000
16	STANDARD		-62.02280 V	1.55000		13.49566	13.49566	0.00000
17	STANDARD		-58.81519 V	1.65200	LAFN23	13.48393	13.75522	0.00000
18	STANDARD		-369.18957 V	57.91405 V		13.75522	13.75522	0.00000
Image 19	STANDARD		Infinity	-		21.31638	21.31638	0.00000

图 9 - 47

评价函数中的 DIM 或 DIMX 设定目标为小于 1（图 9 - 48），这里的 1 指的是 1%。

MFE	Type	Field	Wave			Target	Weight	Value	% Contrib
1 MF-EFFL	EFFL		2			172.00000	1.00000	172.00000	2.80221E...
2 MF-DIMX	DIMX	0	2			1.00000	1.00000	1.00000	0.00000
3 MF-DMFS	DMFS								
4 MF-BLNK	BLNK	Air thic...							
5 MF-MNCA	MNCA	1	18			0.10000	1.00000	0.10000	0.00000
6 MF-MXCA	MXCA	1	18			1000.00000	1.00000	1000.00000	0.00000
7 MF-MNEA	MNEA	1	18	0.00000		0.10000	1.00000	0.10000	0.00000
8 MF-BLNK	BLNK	Glass th...							
9 MF-MNCG	MNCG	1	18			0.30000	1.00000	0.30000	0.00000
10 MF-MXCG	MXCG	1	18			15.00000	1.00000	15.00000	0.00000
11 MF-MNEG	MNEG	1	18	0.00000		0.30000	1.00000	0.30000	0.00000
12 MF-BLNK	BLNK								
13 MF-SPOT	SPOT	1	1	0.33571	0.00000	0.00000	0.07272	0.00050	0.05431
14 MF-SPOT	SPOT	1	1	0.70711	0.00000	0.00000	0.11636	0.00018	0.01091
15 MF-SPOT	SPOT	1	1	0.94197	0.00000	0.00000	0.07272	0.00195	0.81196
16 MF-SPOT	SPOT	1	2	0.33571	0.00000	0.00000	0.07272	0.00014	0.00412
17 MF-SPOT	SPOT	1	2	0.70711	0.00000	0.00000	0.11636	0.00114	0.44260
18 MF-SPOT	SPOT	1	2	0.94197	0.00000	0.00000	0.07272	0.00344	2.52492
19 MF-SPOT	SPOT	1	3	0.33571	0.00000	0.00000	0.07272	0.00263	1.47192
20 MF-SPOT	SPOT	1	3	0.70711	0.00000	0.00000	0.11636	0.00402	5.52517
21 MF-SPOT	SPOT	1	3	0.94197	0.00000	0.00000	0.07272	0.00335	2.39004

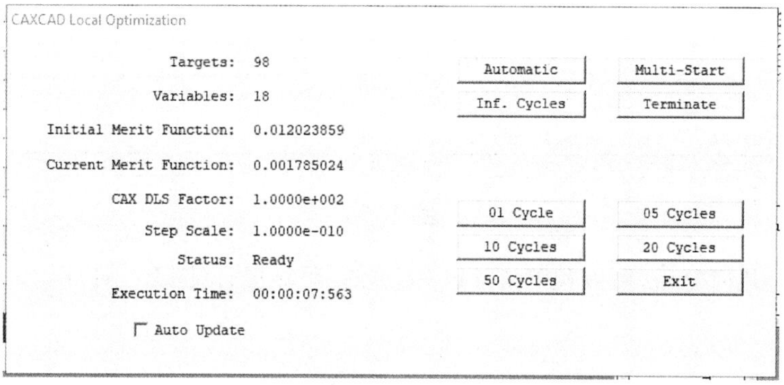

```
CAXCAD Local Optimization

        Targets:  98                    [ Automatic ]   [ Multi-Start ]
      Variables:  18                    [ Inf. Cycles ] [ Terminate ]
Initial Merit Function:  0.012023859
Current Merit Function:  0.001785024
  CAX DLS Factor:  1.0000e+002          [ 01 Cycle ]    [ 05 Cycles ]
     Step Scale:  1.0000e-010           [ 10 Cycles ]   [ 20 Cycles ]
         Status:  Ready                 [ 50 Cycles ]   [ Exit ]
 Execution Time:  00:00:07:563

        □ Auto Update
```

图 9 - 48

优化后的点列图如图 9-49 所示,光斑尺寸都接近衍射极限:

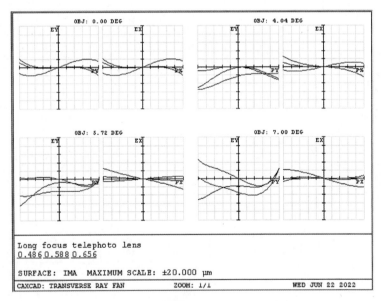

图 9-49

光线扇形图上的像差曲线(图 9-50):

图 9-50

根据以上几何分析,可以预测 MTF 一定会有明显提升(图 9-51):

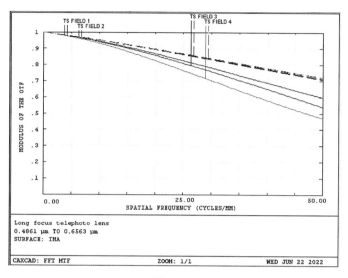

图 9 - 51

9.3　库克三片式镜头设计

库克镜头(Cooke triplet)是能够矫正七个初级像差结构最简单的镜头,这种镜头在 1893 年由 H.Dennis Taylor 利用赛德尔像差理论进行表格计算所发明的,并由 Cooke 制造,这款镜头是以制造者的名字命名的。

库克镜头使用了光学设计中的两个原则:第一,镜片中的透镜正负搭配,这样 Petzval 场曲获得了矫正,这和摄远镜头的原理一样;第二,在结构上采用了前后对称式的结构,孔径光阑位于镜头的中心,这样像散、彗差和畸变以及横向色差都可以减小。

9.3.1　库克镜头实例

实例文件 09 - 05:Cooke_01.cax

下面是一个半视场角 $20°$ 的 Cooke 镜头(图 9 - 52):

LDE	SURFACE	NAME	RADIUS	THICKNESS	GLASS	APERTURE	DIAMETER	CONIC
Object 0	STANDARD		Infinity	Infinity		9.35469	9.35469	0.00000
1	STANDARD		20.77047 V	3.00000	SK16	8.66536	8.66536	0.00000
2	STANDARD		-244.48217 V	5.15700		8.27944	8.66536	0.00000
3	STANDARD		-23.10023 V	1.00000	F6	4.47458	4.47458	0.00000
4	STANDARD		20.06756 V	1.20000		4.07076	4.47458	0.00000
Stop 5	STANDARD		Infinity	4.00700		3.98128	3.98128	0.00000
6	STANDARD		100.35215 V	2.50000	SK16	6.46379	6.77802	0.00000
7	STANDARD		-18.67167 V	42.61355 V		6.77802	6.77802	0.00000
Image 8	STANDARD		Infinity			18.18435	18.18435	0.00000

图 9 - 52

光阑位于第二、三镜片之间(图 9 - 53):

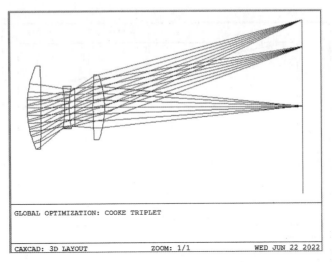

图 9 - 53

在评价函数中加入了光斑和边界的控制(图 9 - 54)：

MFE	Type	Surf1	Surf2	Zone				Target	Weight	Value	% Contrib
1 MF-EFFL	EFFL		2					50.00000	1.00000	50.00000	4.13415E...
2 MF-DMFS	DMFS										
3 MF-BLNK	BLNK	Air thic...									
4 MF-MNCA	MNCA	1	7					0.10000	1.00000	0.10000	0.00000
5 MF-MXCA	MXCA	1	7					1000.00000	1.00000	1000.00000	0.00000
6 MF-MNEA	MNEA	1	7	0.00000				0.10000	1.00000	0.10000	0.00000
7 MF-BLNK	BLNK	Glass th...									
8 MF-MNCG	MNCG	1	7					1.00000	1.00000	1.00000	0.00000
9 MF-MXCG	MXCG	1	7					15.00000	1.00000	15.00000	0.00000
10 MF-MNEG	MNEG	1	7	0.00000				0.50000	1.00000	0.50000	0.00000
11 MF-BLNK	BLNK										
12 MF-SPOT	SPOT	1	1		0.33571	0.00000		0.00000	0.09696	0.00626	0.89964
13 MF-SPOT	SPOT	1	1		0.70711	0.00000		0.00000	0.15514	0.00797	2.33564
14 MF-SPOT	SPOT	1	1		0.94197	0.00000		0.00000	0.09696	0.00795	1.44915
15 MF-SPOT	SPOT	1	2		0.33571	0.00000		0.00000	0.09696	0.00470	0.50771
16 MF-SPOT	SPOT	1	2		0.70711	0.00000		0.00000	0.15514	0.00344	0.43421

图 9 - 54

点列图已经获得优化(图 9 - 55)：

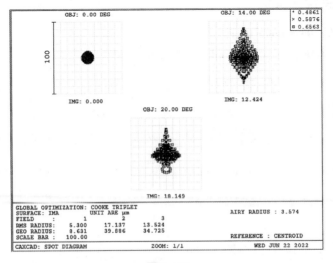

图 9 - 55

MTF 整体已经获得很好的趋势(图 9－56),但是对于 50 lp/mm 的分辨率,明显还有提高空间。

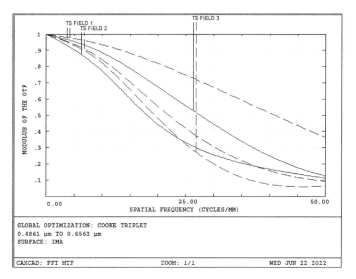

图 9－56

3: Seidel Coefficients

UPDATE SETTING SAVE PRINT TXT

#	H	U	HBAR	UBAR	D(U/N)	A	ABAR
1	5.000000	0.000000	-4.354687	0.363970	-0.056879	0.240726	0.154313
2	4.723498	-0.092167	-3.440023	0.304888	-0.104457	-0.180656	0.516844
3	3.891490	-0.161336	-0.847220	0.502773	0.141119	-0.329797	0.539449
4	3.858408	-0.033082	-0.554231	0.292989	0.088436	0.260490	0.434241
STO	3.940271	0.068219	0.000000	0.461859	0.000000	0.068219	0.461859
6	4.213626	0.068219	1.850671	0.461859	-0.052159	0.110208	0.480301
7	4.278686	0.026024	2.545584	0.277965	-0.116060	-0.329154	0.229501
		-0.100000		0.365835			

Seidel Aberration Coefficients:

#	SPHA S1	COMA S2	ASTI S3	FCUR S4	DIST S5	AXCL C1	LACL C2
1	0.016480	0.010564	0.006772	0.061049	0.043475	-0.007639	-0.004897
2	0.016103	-0.046069	0.131801	0.005187	-0.391911	-0.005416	0.015495
3	-0.059730	0.097701	-0.159809	-0.055754	0.352598	0.014122	-0.023100
4	-0.023154	-0.038598	-0.064343	-0.064180	-0.214250	0.011060	0.018437
STO	-0.000000	-0.000000	-0.000000	-0.000000	-0.000000	0.000000	0.000000
6	0.002669	0.011634	0.050701	0.012636	0.276030	-0.002947	-0.012845
7	0.053801	-0.037513	0.026155	0.067911	-0.065588	-0.008939	0.006232
SUM	0.006170	-0.002281	-0.008723	0.026848	0.000354	0.000240	-0.000678

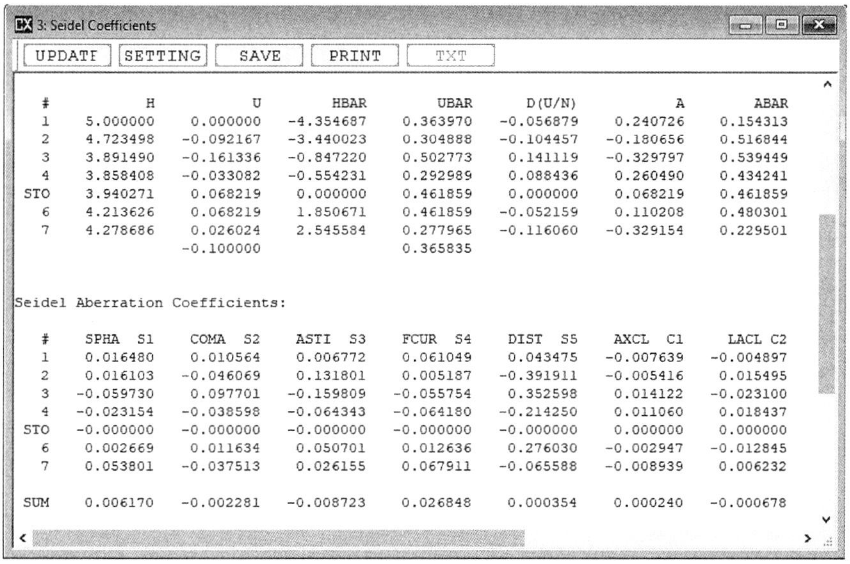

图 9－57

如图 9－57 所示,通过像差系数可知,整体的赛德尔像差都获得了较好的矫正,尤其是几何畸变非常小。通过 DIM 或 DIMX 操作数,在评价函数中可以看到几何畸变小于 0.1%(图 9－58)。

MFE	Type	Surf1	Surf2							Target	Weight	Value	% Contrib
1 MF-EFFL	EFFL		2							50.00000	1.00000	50.00000	3.63911E...
2 MF-DIMX	DIMX	0	2							0.00000	1.00000	0.07194	92.46069

图 9－58

给 DIMX 赋予 0.1 的目标值后进行下一步优化,将增加面型的厚度设置为变量(图 9-59):

LDE	SURFACE	NAME	RADIUS	THICKNESS	GLASS	APERTURE	DIAMETER	CONIC
Object 0	STANDARD		Infinity	Infinity		9.35980	9.35980	0.00000
1	STANDARD		20.74693 V	3.00000 V	SK16	8.66900	8.66900	0.00000
2	STANDARD		-246.97266 V	5.15700 V		8.28389	8.66900	0.00000
3	STANDARD		-23.14803 V	1.00000 V	F6	4.47668	4.47668	0.00000
4	STANDARD		20.03972 V	1.20700 V		4.07229	4.47668	0.00000
Stop 5	STANDARD		Infinity	4.00700 V		3.98075	3.98075	0.00000
6	STANDARD		99.88137 V	2.50000 V	SK16	6.46463	6.77886	0.00000
7	STANDARD		-18.69919 V	42.60051 V		6.77886	6.77886	0.00000
Image 8	STANDARD		Infinity	–		18.18346	18.18346	0.00000

图 9-59

评价函数由 0.006 15 提升到 0.005 559(图 9-60),这种细小的提升对光学系统像质的提高来说非常关键,如图 9-61~图 9-62 所示。

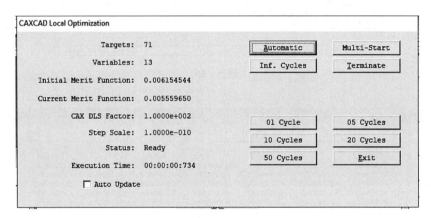

图 9-60

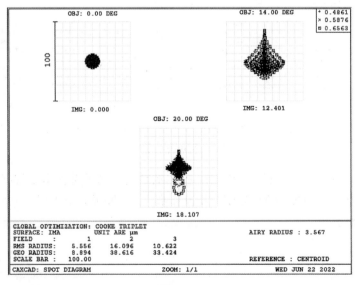

图 9-61

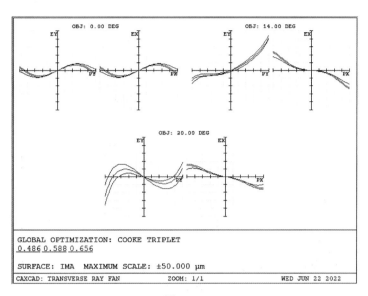

图 9 - 62

MTF 分辨率在 50 lp/mm，已经接近 0.2，如图 9 - 63 所示：

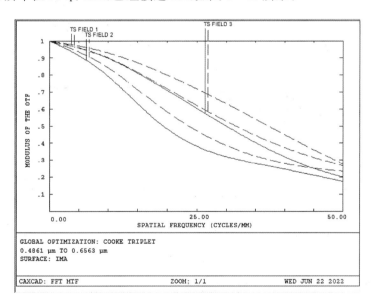

图 9 - 63

评价函数查看几何畸变仍然保持在 0.1% 以内（图 9 - 64）：

MFE	Type	NOTE						Target	Weight	Value	% Contrib
1 MF-EFFL	EFFL		2					50.00000	1.00000	50.00001	3.97218E...
2 MF-DIMX	DIMX	0	2					0.10000	1.00000	0.10000	0.00000

图 9 - 64

通过场曲和畸变的分析图（图 9 - 65），可以获得畸变的数据：

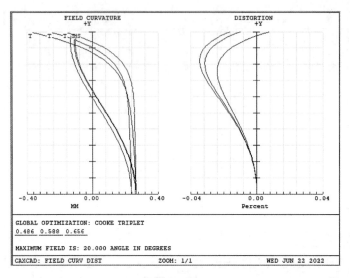

图 9 - 65

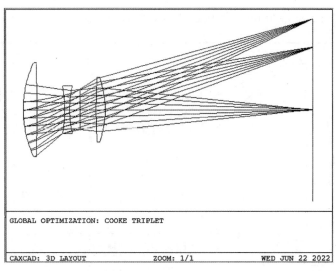

图 9 - 66

镜头的整体外观,尤其是光阑位置发生改变并获得优化(图 9 - 66)。

9.3.2　玻璃的选择

　　这里的镜头采用的是 SK16-F6-SK16 的玻璃组合,对于玻璃材质的选择,第一片应该使用高折射率的材质,这样可以降低球差和场曲的产生。为了保证低色散,需要选择使用高折射率的日冕(Crown)玻璃。对于第二片中心的玻璃,选择低折射率、高色散的玻璃材质,可以矫正足够大的轴上色差。从玻璃选择的角度来说,这样的方法可以平衡整体系统的像差。

　　接下来结合 CAXCAD 的玻璃优化功能,来讨论一下 Cooke 玻璃材料的选择,保持前后的玻璃材质为 SK16。快捷按键 F4 打开玻璃数据表,点击表面上的 SK16 玻璃名字,玻

璃数据显示如下(图 9 - 67):

GDE	Data	Name	Data	Name	Data
Catalog	SCHOTT	A	1.34318	D0	-2.37000E-008
Glass	SK16	B	0.00705	D1	1.32000E-008
Formula	Sellmeier 1	C	0.24114	D2	-1.29000E-011
Status	Obsolete	D	0.02290	E0	4.09000E-007
Nd	1.62041	E	0.99432	E1	5.17000E-010
Vd	60.32365	F	92.75085	Ltk	0.17000
Ignore Thermal	Off	–	–	TEC	6.30000
Exclude Substatution	Off	–	–	Temp	20.00000
Meta Material	Off	–	–	p	3.58000
Mela Freq	0.00000	–	–	dPgF	-0.00110
Min Wavelength	0.31000	GCata Comment		–	
Max Wavelength	2.50000	Glass Comment		–	
Rel Cost	2.26000	CR	4.00000	FR	4.00000
SR	53.30000	AR	3.30000	PR	3.20000

图 9 - 67

　　SK16 的折射率为 1.620 41,阿贝数为 60.3。中间玻璃材料进行修改替换成折射率更低的玻璃材料是正确的优化方向,为此将中间玻璃 F6 利用快捷键 Ctrl+Z 设置为 Model变量(图 9 - 68)。

LDE	SURFACE	NAME	RADIUS	THICKNESS	GLASS	APERTURE	DIAMETER	CONIC
Object 0	STANDARD		Infinity	Infinity		10.16317	10.16317	0.00000
1	STANDARD		20.86318 V	2.83292 V	SK16	9.35668	9.35668	0.00000
2	STANDARD		-357.45694 V	5.64960 V		9.14914	9.35668	0.00000
3	STANDARD		-23.10754 V	0.99998 V	1.636,35.3 V	4.77881	4.77881	0.00000
4	STANDARD		19.83580 V	2.17302 V		4.33737	4.77881	0.00000
Stop 5	STANDARD		Infinity	3.32701 V		4.05657	4.05657	0.00000
6	STANDARD		93.25697 V	1.85425 V	SK16	6.23932	6.39295	0.00000
7	STANDARD		-18.41489 V	42.44078 V		6.39295	6.39295	0.00000
Image 8	STANDARD		Infinity	–		18.12582	18.12582	0.00000

图 9 - 68

　　评价函数需要更新已增加玻璃参数的边界,玻璃边界在默认评价函数更新时会自动加入,如图 9 - 69 所示:

MFE	Type	Surf1	Surf2					Target	Weight	Value	% Contrib
1 MF-EFFL	EFFL		2					50.00000	1.00000	50.00001	3.97218...
2 MF-DIMX	DIMX	0	2					0.10000	1.00000	0.10000	0.00000
3 MF-DMFS	DMFS										
4 MF-BLNK	BLNK	Glass Nd									
5 MF-MNIN	MNIN	1	7					1.40000	1.00000	0.00000	0.00000
6 MF-MXIN	MXIN	1	7					1.90000	1.00000	0.00000	0.00000
7 MF-BLNK	BLNK	Glass Vd									
8 MF-MNAB	MNAB	1	7					15.00000	1.00000	0.00000	0.00000
9 MF-MXAB	MXAB	1	7					75.00000	1.00000	0.00000	0.00011
10 MF-BLNK	BLNK	Air thic...									
11 MF-MNCA	MNCA	1	7					0.10000	1.00000	0.00000	5.91594E...
12 MF-MXCA	MXCA	1	7					1000.00000	1.00000	0.00000	0.00000
13 MF-MNEA	MNEA	1	7	0.00000				0.10000	1.00000	0.00000	1.57021
14 MF-BLNK	BLNK	Glass th...									
15 MF-MNCG	MNCG	1	7					1.00000	1.00000	0.00000	0.25263
16 MF-MXCG	MXCG	1	7					15.00000	1.00000	0.00000	1.18324
17 MF-MNEG	MNEG	1	7	0.00000				1.00000	1.00000	0.00000	0.86000
18 MF-BLNK	BLNK										
19 MF-SPOT	SPOT	1	1	0.33571	0.00000			0.00000	0.09696	0.00000	1.53855
20 MF-SPOT	SPOT	1	1	0.70711	0.00000			0.00000	0.15514	0.00000	1.55114

图 9 - 69

优化前 F6 的材质参数如图 9 - 70 所示:

GDE	Data	Name	Data	Name	Data
Catalog	SCHOTT	A	1.38640	D0	8.99000E-007
Glass	F6	B	0.01031	D1	1.59000E-008
Formula	Sellmeier 1	C	0.21632	D2	-2.94000E-011
Status	Obsolete	D	0.04824	E0	9.98000E-007
Nd	1.63636	E	0.92024	E1	1.01000E-009
Vd	35.34118	F	111.02942	Ltk	0.24500
Ignore Thermal	Off	-		TEC	8.50000
Exclude Substatution	Off	-		Temp	20.00000
Meta Material	Off	-		p	3.76000
Mela Freq	0.00000	-		dPgF	0.00090
Min Wavelength	0.33400	GCata Comment			-
Max Wavelength	2.32500	Glass Comment			-
Rel Cost	1.73000	CR	2.00000	FR	1.00000
SR	1.20000	AR	2.30000	PR	2.30000

图 9-70

Model 玻璃会对系统 MF 有影响,但是并不影响替换修改玻璃的方向。

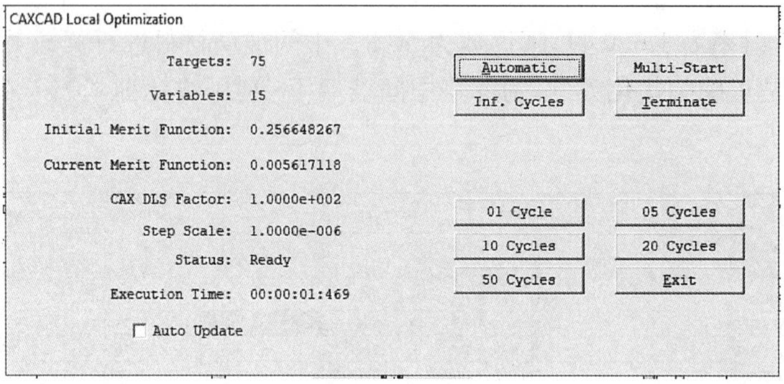

图 9-71

优化后的玻璃折射率明显减小,与预期一致,如图 9-71～图 9-72 所示:

LDE	SURFACE	NAME	RADIUS	THICKNESS	GLASS	APERTURE	DIAMETER	CONIC
Object 0	STANDARD		Infinity	Infinity		10.34597	10.34597	0.00000
1	STANDARD		23.32237 V	3.09366 V	SK16	9.59441	9.59441	0.00000
2	STANDARD		-1470.75600 V	7.13710 V		9.19768	9.59441	0.00000
3	STANDARD		-23.32650 V	0.99997 V	1.544,32.9 V	4.26037	4.26037	0.00000
4	STANDARD		19.42906 V	0.91196 V		3.84263	4.26037	0.00000
Stop 5	STANDARD		Infinity	4.80856 V		3.83333	3.83333	0.00000
6	STANDARD		78.84735 V	2.68280 V	SK16	7.02549	7.32965	0.00000
7	STANDARD		-20.30342 V	40.92991 V		7.32965	7.32965	0.00000
Image 8	STANDARD		Infinity	-		18.09441	18.09441	0.00000

图 9-72

再利用 Ctrl+Z 寻找到的真实玻璃为 TIFN5(图 9-73～图 9-74):

LDE	SURFACE	NAME	RADIUS	THICKNESS	GLASS	APERTURE	DIAMETER	CONIC
Object 0	STANDARD		Infinity	Infinity		10.34597	10.34597	0.00000
1	STANDARD		23.32237 V	3.09366 V	SK16	9.59441	9.59441	0.00000
2	STANDARD		-1470.75600 V	7.13710 V		9.19768	9.59441	0.00000
3	STANDARD		-23.32650 V	0.99997 V	TIFN5	4.26037	4.26037	0.00000
4	STANDARD		19.42906 V	0.91196 V		3.84263	4.26037	0.00000
Stop 5	STANDARD		Infinity	4.80856 V		3.83333	3.83333	0.00000
6	STANDARD		78.84735 V	2.68280 V	SK16	7.02549	7.32965	0.00000
7	STANDARD		-20.30342 V	40.92991 V		7.32965	7.32965	0.00000
Image 8	STANDARD		Infinity	-		18.09441	18.09441	0.00000

图 9-73

GDE	Data	Name	Data	Name	Data
Catalog	SCHOTT	A	1.32754	D0	−5.73000E−006
Glass	TIFN5	B	0.01002	D1	9.57000E−009
Formula	Sellmeier 1	C	0.14637	D2	1.69000E−011
Status	Obsolete	D	0.05728	E0	7.65000E−007
Nd	1.59356	E	1.17273	E1	1.08000E−009
Vd	35.51453	F	123.52968	Ltk	0.27600
Ignore Thermal	Off	–	–	TEC	9.00000
Exclude Substatution	Off	–	–	Temp	20.00000
Meta Material	Off	–	–	p	2.71000
Mela Freq	0.00000	–	–	dPgF	0.00960
Min Wavelength	0.33400	GCata Comment		–	–
Max Wavelength	2.32500	Glass Comment			
Rel Cost	−1.00000	CR	−1.00000	FR	−1.00000
SR	−1.00000	AR	−1.00000	PR	−1.00000

图 9 - 74

完成玻璃替换后,再次进行优化,MF 下降为 0.004 77(图 9 - 75),比之前有明显提高:

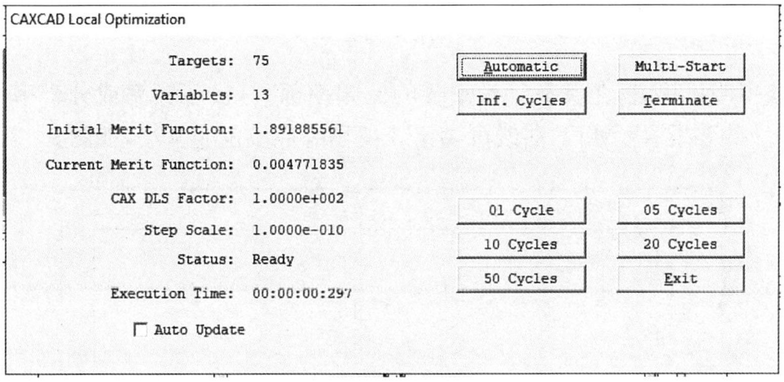

图 9 - 75

优化后的场曲畸变都和原来基本保持一致(图 9 - 76～图 9 - 77):

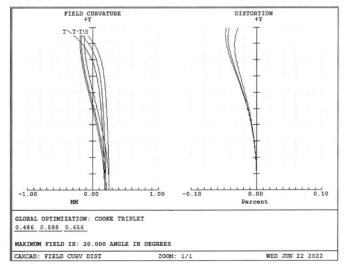

图 9 - 76

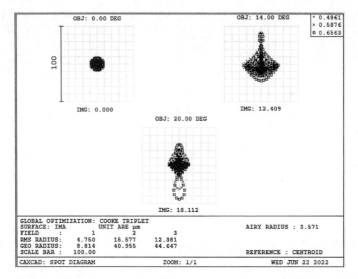

图 9 - 77

MTF 获得明显提升,尤其是针对重要的低频率部分,极限频率或分辨率完全满足了 50 lp/mm 0.2 的要求,由 MTF 曲线可知第 3 视场的像散也非常小,如图 9 - 78 所示。

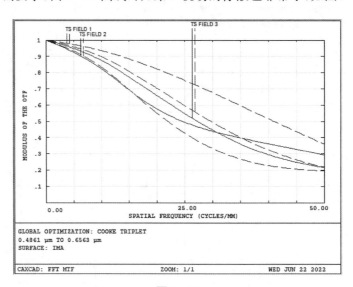

图 9 - 78

玻璃的选择替换,还可以使用全局优化的玻璃替代或加入 RGL/RGLA 的控制,具体方法请参考优化一章关于玻璃优化的说明。

9.3.3 渐晕的影响

对于三片式库克镜头,有时镜片的外径大小并不一定能保证全部光束通过,而实际的镜头尺寸有时只能保证外视场 60%～70% 的光束穿过,从而光瞳或像面的边缘就无法被完全照明,而引起相对照度的下降。

在这个实例中,如果将第一片镜片外径固定为 8 mm(图 9 - 79),光束将无法全部进入透镜(图 9－80)。

LDE	SURFACE	NAME	RADIUS	THICKNESS	GLASS	APERTURE	DIAMETER	CONIC
Object 0	STANDARD		Infinity	Infinity		14.21768	14.21768	0.00000
1	STANDARD		Infinity	10.00000		14.21768	14.21768	0.00000
*2	STANDARD		21.47091 V	3.41622 V	SK16	8.00000 U	8.00000 U	0.00000
*3	STANDARD		-508.91093 V	5.82711 V		8.00000 U	8.00000 U	0.00000
4	STANDARD		-24.33662 V	0.99995 V	TIFN5	4.83715	4.83715	0.00000
5	STANDARD		19.20469 V	2.29995 V		4.33186	4.83715	0.00000
Stop 6	STANDARD		Infinity	3.41487 V		4.03200	4.03200	0.00000
7	STANDARD		85.46783 V	2.33944 V	SK16	6.25437	6.55525	0.00000
8	STANDARD		-19.90526 V	41.49535 V		6.55525	6.55525	0.00000
Image 9	STANDARD		Infinity	-		18.13936	18.13936	0.00000

图 9－79

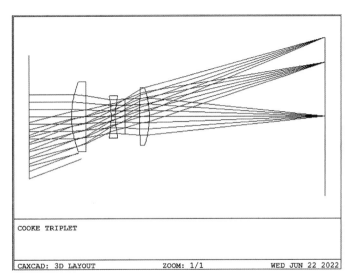

图 9－80

为了更加有效地提升光线追迹的效率和准确度,需要设置渐晕因子,这个操作只需要点击视场上的 SETVIG 按钮即可(图 9－81)。

Fields Data [Angle in Degrees]

UPDATE　SETTING　SETVIG　DELVIG　RESET　INSERT　DELETE

FDE	X-Field	Y-Field	Weight	FVDX	FVDY	FVCX	FVCY	FVAN	Color
1	0.00000	0.00000	1.00000	0.00000	0.00000	0.00000	0.00000	0.00000	
2	0.00000	14.00000	1.00000	0.00000	0.04356	0.00095	0.04356	0.00000	
3	0.00000	20.00000	1.00000	0.00000	0.20153	0.02052	0.20153	0.00000	

图 9－81

设置渐晕因子后的光束将会对光瞳的光束进行压缩或偏移(图 9－82),以保证正确的计算。

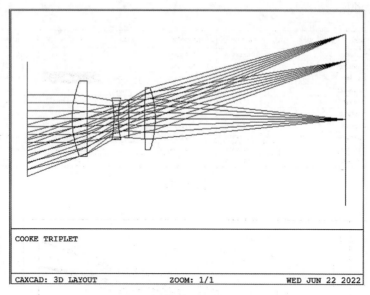

图 9 - 82

此时外视场的光束无法充满光瞳(图 9 - 83):

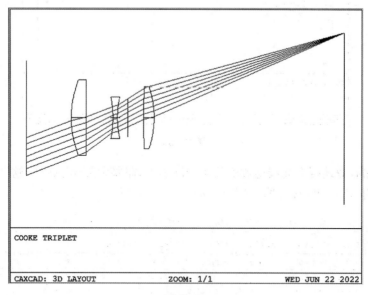

图 9 - 83

在分析菜单的相对照度上,可以看到相对照度的下降(图 9 - 84):

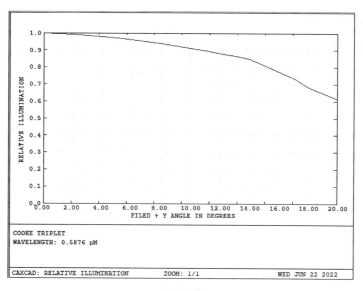

图 9 - 84

9.4 双高斯镜头设计

高斯胶合物镜在 1817 年就已经非常著名,1888 年有人曾尝试进行双高斯透镜的设计,但是不幸失败了。直到 1896 年在卡尔蔡司公司工作的德国物理学家 Paul Rudolph (1858—1935) 设计了 planar 镜头,如图 9 - 85 所示。

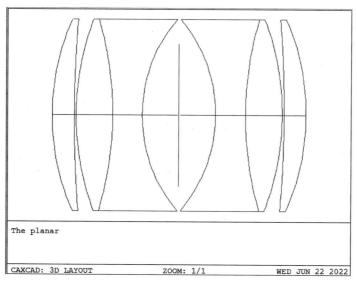

图 9 - 85

9.4.1 Planar 镜头

如图 9-86～图 9-87 所示,虽然 Planar 镜头并不是真正的双高斯镜头,但这种具有 100 年以上历史的镜头,是所有现代双高斯镜头的鼻祖。

LDE	SURFACE	NAME	RADIUS	THICKNESS	GLASS	APERTURE	DIAMETER	CONIC
Object 0	STANDARD		Infinity	Infinity		6.85038	6.85038	0.00000
*1	STANDARD		15.73500	1.54000	1.572,45.1 V	6.50000 U	6.50000	0.00000
*2	STANDARD		77.12000	0.13000		6.50000 U	6.50000	0.00000
*3	STANDARD		17.95500	2.57000	1.572,45.1 V	6.50000	6.50000	0.00000
*4	STANDARD		-21.85000	2.05500	1.576,36.1 V	6.50000 U	6.50000	0.00000
*5	STANDARD		9.77000	2.57000		6.50000 U	6.50000	0.00000
Stop 6	STANDARD		Infinity	2.57000		4.84807	4.84807	0.00000
*7	STANDARD		-9.77000	2.05500	1.576,36.1 P	6.50000 U	6.50000	0.00000
*8	STANDARD		21.85000	2.57000	1.572,45.1 P	6.50000	6.50000	0.00000
*9	STANDARD		-17.99500	0.13000		6.50000 U	6.50000	0.00000
*10	STANDARD		-77.12000	1.54000	1.572,45.1 P	6.50000 U	6.50000	0.00000
*11	STANDARD		-15.73500	40.44288 M		6.50000 U	6.50000	0.00000
Image 12	STANDARD		Infinity	-		12.48426	12.48426	0.00000

图 9-86

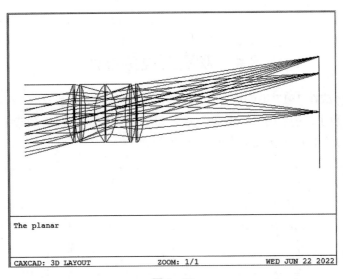

图 9-87

1920 年英国 Taylor Hobson 公司的 H.W.Lee 设计了第一个大孔径的双高斯镜头。双高斯对称式的结构,可以有效降低球差、像散和畸变。从此以后,很多设计者对双高斯镜头不断改进。莱卡公司 Mandler 设计使用的现代 6 片高折射率材质玻璃的双高斯镜头,与现代 DLS 优化的结构基本一致。

9.4.2 Mandler 双高斯镜（图 9-88～图 9-89）

LDE	SURFACE	NAME	RADIUS	THICKNESS	GLASS	APERTURE	DIAMETER	CONIC
Object 0	STANDARD		Infinity	Infinity		13.93085	13.93085	0.00000
1	STANDARD		34.38800	4.00000	LAFN23	13.00176	13.00176	0.00000
2	STANDARD		101.75100	0.20000		12.17012	13.00176	0.00000
3	STANDARD		20.18000	7.23000	LAF2	10.66016	10.66016	0.00000
4	STANDARD		107.82100	1.30000	SF1	7.93128	10.66016	0.00000
5	STANDARD		13.66800	5.91000		6.33680	7.93128	0.00000
Stop 6	STANDARD		Infinity	6.89000		5.26386	5.26386	0.00000
7	STANDARD		-15.52400	1.30000	SF1	7.35978	8.83887	0.00000
8	STANDARD		-95.46700	5.23000	LAF3	8.83887	10.37680	0.00000
9	STANDARD		-20.64500	0.20000		10.37680	10.37680	0.00000
10	STANDARD		159.89500	4.00000	LAFN21	12.14967	12.54786	0.00000
11	STANDARD		-46.02500	30.14873		12.54786	12.54786	0.00000
Image 12	STANDARD		Infinity	-		18.09881	18.09881	0.00000

图 9-88

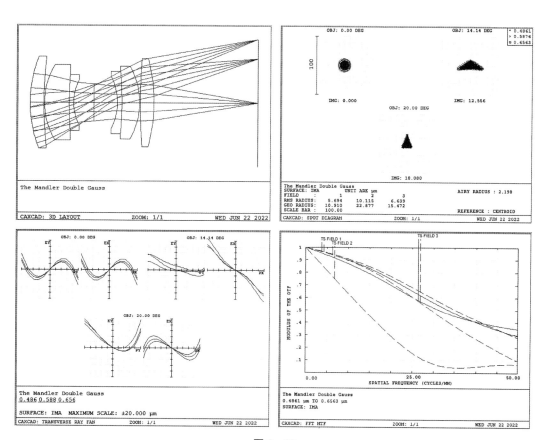

图 9-89

9.4.3 Mandler 改进优化

利用 CAXCAD 对现有的 Mandler 双高斯镜头进行优化，将曲率半径和像面厚度设置为变量（图 9-90）：

LDE	SURFACE	NAME	RADIUS	THICKNESS	GLASS	APERTURE	DIAMETER	CONIC
Object 0	STANDARD		Infinity	Infinity		13.93085	13.93085	0.00000
1	STANDARD		34.38800 V	4.00000	LAFN23	13.00176	13.00176	0.00000
2	STANDARD		101.75100 V	0.20000		12.17012	13.00176	0.00000
3	STANDARD		20.18000 V	7.23000	LAF2	10.66016	10.66016	0.00000
4	STANDARD		107.82100 V	1.30000	SF1	7.93128	10.66016	0.00000
5	STANDARD		13.66800 V	5.91000		6.33680	7.93128	0.00000
Stop 6	STANDARD		Infinity	6.89000		5.26386	5.26386	0.00000
7	STANDARD		-15.52400 V	1.30000	SF1	7.35978	8.83887	0.00000
8	STANDARD		-95.46700 V	5.23000	LAF3	8.83887	10.37680	0.00000
9	STANDARD		-20.64500 V	0.20000		10.37680	10.37680	0.00000
10	STANDARD		159.89500 V	4.00000	LAFN21	12.14967	12.54786	0.00000
11	STANDARD		-46.02500 V	30.14873 V		12.54786	12.54786	0.00000
Image 12	STANDARD		Infinity	-		18.09881	18.09881	0.00000

图 9-90

这个镜头是一个 F/♯数值为 2 的镜头,入瞳直径为 25 mm。

默认评价函数保证光斑质量(图 9-91):

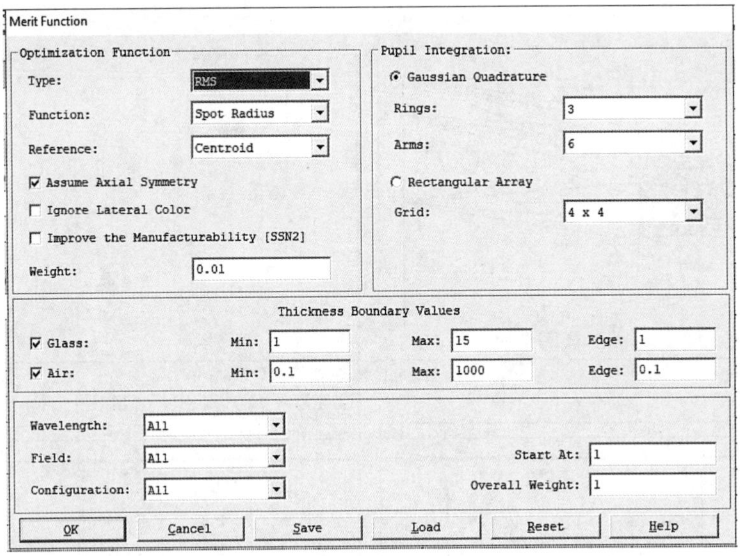

图 9-91

如图 9-92 所示,加入 EFFL 控制焦距为 50 mm,DIMX 控制几何畸变小于 0.5%。

MFE	Type	Field	Wave				Target	Weight	Value	% Contrib
1 MF-EFFL	EFFL		2				50.00000	1.00000	50.00126	1.00835
2 MF-DIMX	DIMX	0	2				0.50000	1.00000	0.45332	0.00000
3 MF-DMFS	DMFS									
4 MF-BLNK	BLNK	Air thic...								
5 MF-MNCA	MNCA	1	11				0.10000	1.00000	0.10000	0.00000
6 MF-MXCA	MXCA	1	11				1000.00000	1.00000	1000.00000	0.00000
7 MF-MNEA	MNEA	1	11	0.00000			0.10000	1.00000	0.10000	0.00000
8 MF-BLNK	BLNK	Glass th...								
9 MF-MNCG	MNCG	1	11				1.00000	1.00000	1.00000	0.00000
10 MF-MXCG	MXCG	1	11				15.00000	1.00000	15.00000	0.00000
11 MF-MNEG	MNEG	1	11	0.00000			1.00000	1.00000	1.00000	0.00000
12 MF-BLNK	BLNK									
13 MF-SPOT	SPOT	1	1	0.33571	0.00000		0.00000	0.09696	0.00534	1.75315
14 MF-SPOT	SPOT	1	1	0.70711	0.00000		0.00000	0.15514	0.00286	0.80799
15 MF-SPOT	SPOT	1	1	0.94197	0.00000		0.00000	0.09696	0.00101	1.42422
16 MF-SPOT	SPOT	1	2	0.33571	0.00000		0.00000	0.09696	0.00482	1.43197
17 MF-SPOT	SPOT	1	2	0.70711	0.00000		0.00000	0.15514	0.00112	0.12344
18 MF-SPOT	SPOT	1	2	0.94197	0.00000		0.00000	0.09696	0.00804	3.98098
19 MF-SPOT	SPOT	1	3	0.33571	0.00000		0.00000	0.09696	0.00661	2.68609
20 MF-SPOT	SPOT	1	3	0.70711	0.00000		0.00000	0.15514	0.00473	2.19889
21 MF-SPOT	SPOT	1	3	0.94197	0.00000		0.00000	0.09696	0.00344	0.72619

图 9-92

　　利用现代的 DLS 优化,可以有效提升成像品质,MF 下降到 0.002 79,如图 9-93~图 9-94 所示。

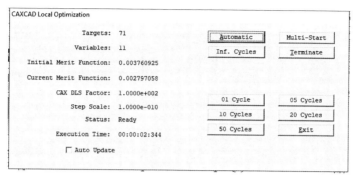

图 9-93

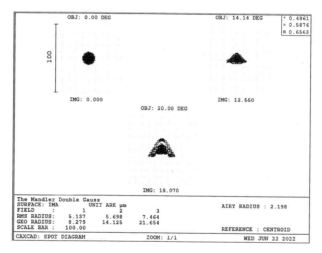

图 9-94

MTF 数值提升效果明显(图 9-95):

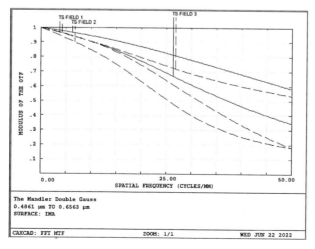

图 9-95

从 MTF 曲线上看到第 2 视场的像散比较大,如果对轴外视场像散继续提升,利用前面实例中使用的矫正像散的方法,可以有效矫正像散。因为已经获得了很好的 MTF 数值,此时可以直接使用 MTF 优化的方法,如图 9-96 所示。

MFE	Type	Surf	Wave	Hx	Hy	Px	Py		Target	Weight	Value	% Contrib
1 MF-EFFL	EFFL		2						50.00000	1.00000	50.00002	1.21405
2 MF-DIMX	DIMX	0	2						0.50000	1.00000	0.50002	2.48370
3 MF-BLNK	BLNK											
4 MF-DMFS	DMFS											
5 MF-BLNK	BLNK	Air thic...										
6 MF-MNCA	MNCA	1	11						0.10000	1.00000	0.10000	0.00000
7 MF-MXCA	MXCA	1	11						1000.00000	1.00000	1000.00000	0.00000
8 MF-MNEA	MNEA	1	11	0.00000					0.10000	1.00000	0.10000	0.00000
9 MF-BLNK	BLNK	Glass th...										
10 MF-MNCG	MNCG	1	11						1.00000	1.00000	1.00000	0.00000
11 MF-MXCG	MXCG	1	11						15.00000	1.00000	15.00000	0.00000
12 MF-MNEG	MNEG	1	11	0.00000					1.00000	1.00000	1.00000	0.00000
13 MF-MAGT	MAGT	2	0	1	50				0.35000	1.00000	0.34995	0.00000
14 MF-MSGT	MSGT	2	0	2	50				0.35000	1.00000	0.34993	0.00000
15 MF-MTGT	MTGT	2	0	2	50				0.35000	1.00000	0.35000	0.00000
16 MF-MSGT	MSGT	2	0	3	50				0.35000	1.00000	0.34989	0.00000
17 MF-MTGT	MTGT	2	0	3	50				0.35000	1.00000	0.34998	0.00000

图 9-96

利用 MAGT,MSGT,MTGT 控制 MTF 优化目标,MTF 的优化计算量会比较大,所以计算时间也会相应增加,如图 9-97 所示。

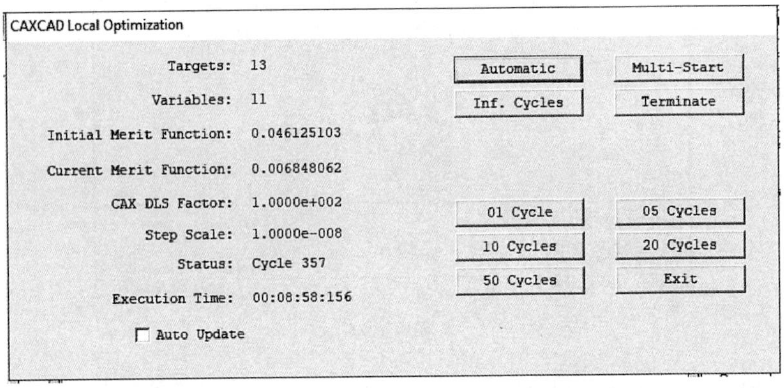

图 9-97

继续增加优化时间,MF 数值可以优化到实现完美的目标,如图 9-98 所示。

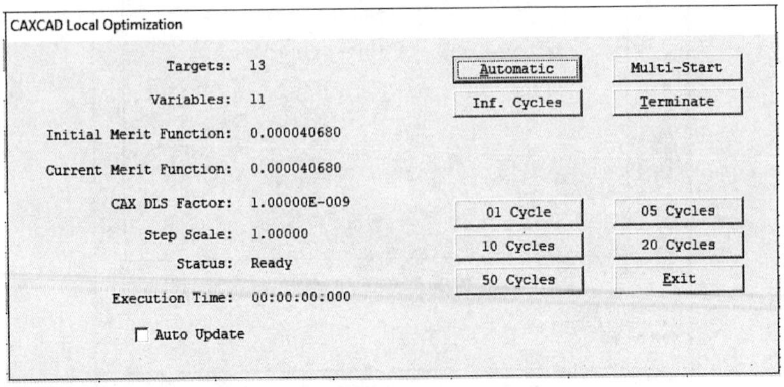

图 9-98

优化后，可以获得非常不错的 MTF，整体在 0.35 左右，如图 9-99 所示。

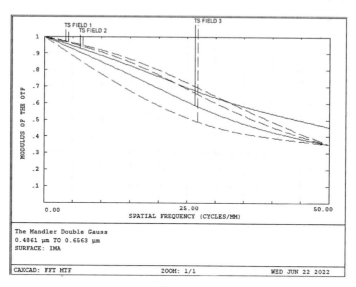

图 9-99

如图 9-100 所示，这里的设计目标不以追求几何光斑为目标，而应该以 MTF 的提升为准。

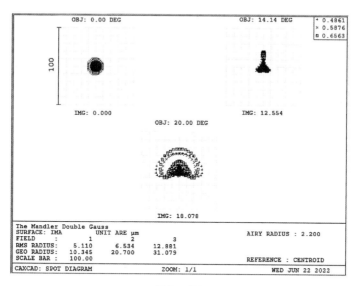

图 9-100

9.5　广角镜头设计

9.5.1　Biogon 广角镜头

早期的广角镜头都来自于标准 50 mm 焦距的双高斯镜头，下面这个比较著名的实例是来自蔡司的 Biogon 镜头，这款镜头的后焦距非常小，半角度为 30°，焦距为 35 mm，如图

9-101～图 9-102 所示。

LDE	SURFACE	NAME	RADIUS	THICKNESS	GLASS	APERTURE	DIAMETER	CONIC
Object 0	STANDARD		Infinity	Infinity		18.36761	18.36761	0.00000
1	STANDARD		Infinity	10.00000		0.00000 U	0.00000	0.00000
2	STANDARD		18.54100	4.47000	BAFN10	10.65142	10.65142	0.00000
3	STANDARD		52.52900	0.54400		9.42672	10.65142	0.00000
4	STANDARD		11.55900	1.89700	BAFN10	7.06505	7.06505	0.00000
5	STANDARD		21.81100	1.81000	FK3	6.57901	7.06505	0.00000
6	STANDARD		Infinity	0.65500	SF8	5.69399	6.57901	0.00000
7	STANDARD		8.99600	2.27200		4.23832	5.69399	0.00000
Stop 8	STANDARD		Infinity	0.34700		3.98440	3.98440	0.00000
9	STANDARD		144.82800	0.65500	FK3	4.48124	5.47709	0.00000
10	STANDARD		14.17800	13.08900	BAFN10	5.47709	9.57627	0.00000
11	STANDARD		-27.26600	2.18100		9.57627	9.57627	0.00000
12	STANDARD		-16.35900	8.72600	LLF6	9.84054	15.13948	0.00000
13	STANDARD		-58.27100	7.05570 M		15.13948	15.13948	0.00000
Image 14	STANDARD		Infinity		–	21.45485	21.45485	0.00000

图 9-101

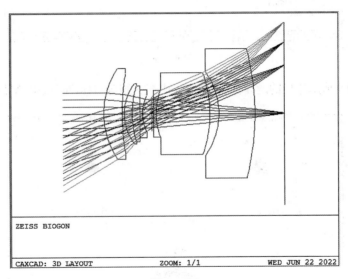

图 9-102

成像质量的点列图和 MTF(图 9-103)：

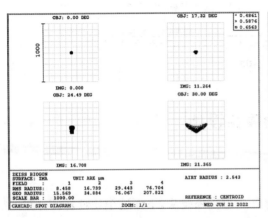
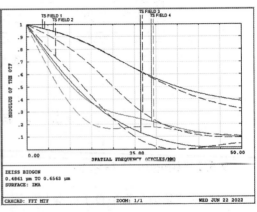

图 9-103

在 CAXCAD 中对初始结构进行优化,首先构建常规的评价函数(图 9 - 104):

MFE	Type	Field	Wave				Target	Weight	Value	% Contrib
1 MF-EFFL	EFFL		2				35.00000	1.00000	35.00001	2.02788E...
2 MF-DIMX	DIMX	0	2				4.00000	1.00000	4.00000	6.27887E...
3 MF-BLNK	BLNK									
4 MF-DMFS	DMFS									
5 MF-BLNK	BLNK	Air thic...								
6 MF-MNCA	MNCA	1	13				0.10000	1.00000	0.10000	0.00000
7 MF-MXCA	MXCA	1	13				1000.00000	1.00000	1000.00000	0.00000
8 MF-MNEA	MNEA	1	13	0.00000			0.10000	1.00000	0.09999	2.67252E...
9 MF-BLNK	BLNK	Glass th...								
10 MF-MNCG	MNCG	1	13				0.30000	1.00000	0.30000	0.00000
11 MF-MXCG	MXCG	1	13				15.00000	1.00000	15.00000	0.00000
12 MF-MNEG	MNEG	1	13	0.00000			0.30000	1.00000	0.30000	0.00000
13 MF-BLNK	BLNK									
14 MF-SPOT	SPOT	1	1	0.33571	0.00000		0.00000	0.07272	0.00301	0.05902
15 MF-SPOT	SPOT	1	1	0.70711	0.00000		0.00000	0.11636	0.00067	0.00466
16 MF-SPOT	SPOT	1	1	0.94197	0.00000		0.00000	0.07272	0.00563	0.20594
17 MF-SPOT	SPOT	1	2	0.33571	0.00000		0.00000	0.07272	0.01039	0.70204

图 9 - 104

Biogon 镜头的整体形式还是以对称式为主,DIMX 控制最大的几何畸变为 4%,并且这种形式的几何畸变呈线性的改变,如图 9 - 105 所示。

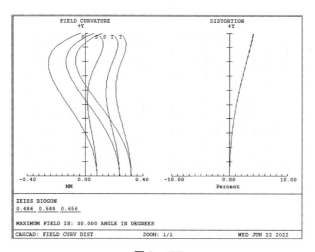

图 9 - 105

系统在优化后,利用 CAXCAD 可以获得比原设计更好的 MTF(图 9 - 106)。

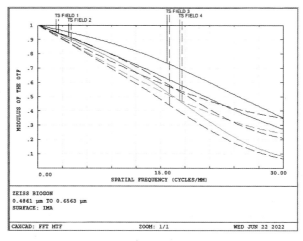

图 9 - 106

　　针对上面的 MTF，如果加入像散的优化，MTF 的一致性可以继续提高。这里直接用 MAGT，MSGT，MTGT 操作数来优化 MTF，如图 9-107~图 9-109 所示。

MFE	Type	Samp	Wave	Field	Freq			Target	Weight	Value	% Contrib
1 MF-EFFL	EFFL		2					35.00000	1.00000	34.99212	1.25084
2 MF-DIMX	DIMX	0	2					4.00000	1.00000	4.00000	0.00000
3 MF-BLNK	BLNK										
4 MF-DMFS	DMFS										
5 MF-BLNK	BLNK	Air thic...									
6 MF-MNCA	MNCA	1	13					0.10000	1.00000	0.10000	0.00000
7 MF-MXCA	MXCA	1	13					1000.00000	1.00000	1000.00000	0.00000
8 MF-MNEA	MNEA	1	13	0.00000				0.10000	1.00000	0.08723	2.19249
9 MF-BLNK	BLNK	Glass th...									
10 MF-MNCG	MNCG	1	13					0.30000	1.00000	0.30000	0.00000
11 MF-MXCG	MXCG	1	13					15.00000	1.00000	15.00000	0.00000
12 MF-MNEG	MNEG	1	13	0.00000				0.30000	1.00000	0.30000	0.00000
13 MF-BLNK	BLNK										
14 MF-MAGT	MAGT	2	0	1	30			0.22000	1.00000	0.22000	0.00000
15 MF-MSGT	MSGT	2	0	1	30			0.22000	1.00000	0.22000	0.00000
16 MF-MTGT	MTGT	2	0	2	30			0.22000	1.00000	0.22000	0.00000
17 MF-MSGT	MSGT	2	0	3	30			0.22000	1.00000	0.22000	0.00000
18 MF-MTGT	MTGT	2	0	3	30			0.22000	1.00000	0.18501	13.35595
19 MF-MSGT	MSGT	2	0	4	30			0.22000	1.00000	0.20919	1.43787
20 MF-MTGT	MTGT	2	0	4	30			0.22000	1.00000	0.13463	81.76286

图 9-107

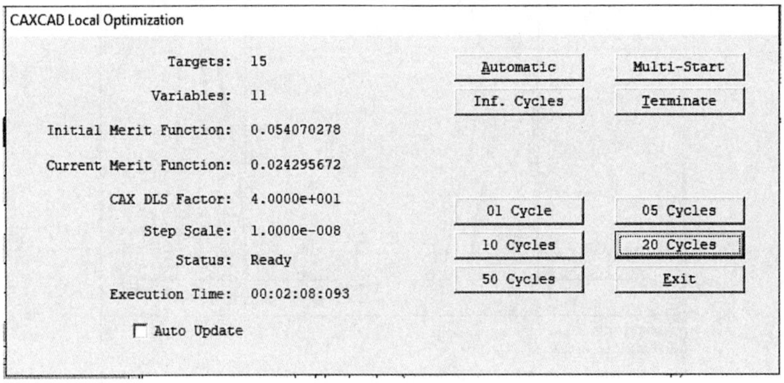

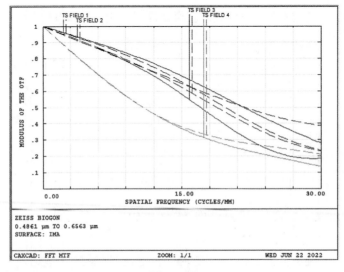

图 9-108

图 9-109

9.5.2 施耐德超广角镜头

施耐德超广角镜头的整体组合遵循负-正-负的结构形式,这种镜头是在 1946 年由 Roosinov 设计出来的,它的一个显著优点是边缘相对照度相比旧的设计,有明显的改善,后来 Bertele 对其做了更进一步的改进。图 9-110～图 9-111 展示的是 1958 年施耐德公司为莱卡设计的镜头实例,镜头的后焦距很短,焦距为 20 mm,半视场角度达到 45°。

LDE	SURFACE	NAME	RADIUS	THICKNESS	GLASS	APERTURE	DIAMETER	CONIC
Object 0	STANDARD		Infinity	Infinity		16.22856	16.22856	0.00000
1	STANDARD		Infinity	3.00000		0.00000 U	0.00000	0.00000
2	STANDARD		44.16200	0.89400	LAK11	11.66116	11.66116	0.00000
3	STANDARD		10.00500	2.78200	FK3	8.77118	11.66116	0.00000
4	STANDARD		9.32600	7.14000		7.79952	8.77118	0.00000
5	STANDARD		13.23400	1.38200	BALF6	6.75290	6.75290	0.00000
6	STANDARD		5.53000	7.93200	BAF5	5.39877	6.75290	0.00000
7	STANDARD		-52.67400	0.79000		4.12239	5.39877	0.00000
Stop 8	STANDARD		Infinity	0.79000		3.37153	3.37153	0.00000
9	STANDARD		50.22100	0.51400	KZFN2	2.69122	2.69218	0.00000
10	STANDARD		5.75600	4.00000	SSKN8	2.69218	3.02232	0.00000
11	STANDARD		-5.70200	5.71000	SF56A	3.02232	4.77907	0.00000
12	STANDARD		-14.24400	6.24600		4.77907	4.77907	0.00000
13	STANDARD		-7.32400	3.24000	H-K12	6.11286	7.33060	0.00000
14	STANDARD		-8.08200	1.00000	SSKN5	7.33060	10.11921	0.00000
15	STANDARD		-28.81800	7.50581		10.11921	10.11921	0.00000
Image 16	STANDARD		Infinity	-		20.12971	20.12971	0.00000

图 9-110

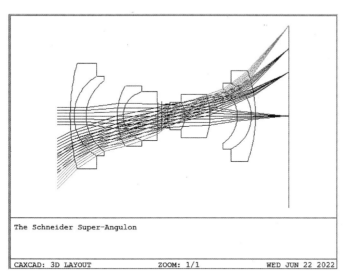

The Schneider Super-Angulon

CAXCAD: 3D LAYOUT   ZOOM: 1/1   WED JUN 22 2022

图 9-111

在建立结构过程中,有些材料的变化也会带来偏差(图 9-112):

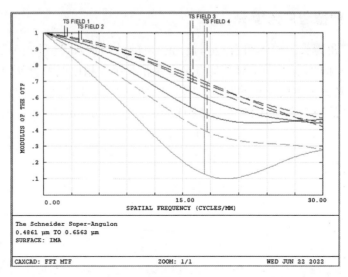

图 9 - 112

　　构建好后,快速进行 DLS 的优化,MTF 提升到满足 30 lp/mm 的分辨率要求。评估 DIMX 发现,几何畸变是 0.08%,这个指标需要在优化过程中保证小于 0.1% 以内。优化过程采用图 9 - 113 所示的评价函数,可以实现以上目标。

	MFE	Type	Field	Wave			Px	Py			Target	Weight	Value	% Contrib
1	MF-EFFL	EFFL		2							20.00000	1.00000	20.23567	93.98935
2	MF-DIMX	DIMX	0	2							0.10000	1.00000	0.10000	0.00000
3	MF-DMFS	DMFS												
4	MF-BLNK	BLNK	Air thic...											
5	MF-MNCA	MNCA	1	15							0.10000	1.00000	0.10000	0.00000
6	MF-MXCA	MXCA	1	15							1000.00000	1.00000	1000.00000	0.00000
7	MF-MNEA	MNEA	1	15	0.00000						0.10000	1.00000	0.10000	0.00000
8	MF-BLNK	BLNK	Glass th...											
9	MF-MNCG	MNCG	1	15							0.30000	1.00000	0.30000	0.00000
10	MF-MXCG	MXCG	1	15							15.00000	1.00000	15.00000	0.00000
11	MF-MNEG	MNEG	1	15	0.00000						0.30000	1.00000	0.30000	0.00000
12	MF-BLNK	BLNK												
13	MF-SPOT	SPOT	1	1			0.33571	0.00000			0.00000	0.07272	0.00483	0.00287
14	MF-SPOT	SPOT	1	1			0.70711	0.00000			0.00000	0.11636	0.01691	0.05627
15	MF-SPOT	SPOT	1	1			0.94197	0.00000			0.00000	0.07272	0.02817	0.09766
16	MF-SPOT	SPOT	1	2			0.33571	0.00000			0.00000	0.07272	0.00337	0.00140

图 9 - 113

　　评价函数 0.072 8 快速下降到 0.006 9(图 9 - 114):

```
CAXCAD Local Optimization

         Targets:  98              [ Automatic ]    [ Multi-Start ]
       Variables:  14              [ Inf. Cycles ]  [ Terminate ]
Initial Merit Function:  0.072828050

Current Merit Function:  0.006916858

  CAX DLS Factor:  1.0000e+002     [ 01 Cycle ]     [ 05 Cycles ]
      Step Scale:  1.0000e-006     [ 10 Cycles ]    [ 20 Cycles ]
          Status:  Ready           [ 50 Cycles ]    [ Exit ]
  Execution Time:  00:00:01:859

  □ Auto Update
```

图 9 - 114

最大视场的像散需要控制一下(图 9 - 115～图 9 - 116)：

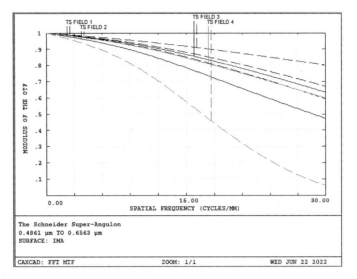

图 9 - 115

MFE	Type	Surf1	Surf2	Zone						Target	Weight	Value	% Contrib
1 MF-EFFL	EFFL		2							20.00000	1.00000	20.00007	0.00024
2 MF-DIMX	DIMX	0	2							0.10000	1.00000	0.10000	0.00000
3 MF-BLNK	BLNK												
4 MF-REAY	REAY	16	2	0.00000	1.00000	0.00000	0.70000			0.00000	0.00000	19.73500	0.00000
5 MF-REAY	REAY	16	2	0.00000	1.00000	0.00000	-0.70000			0.00000	0.00000	19.73916	0.00000
6 MF-DIFF	DIFF	4	5							0.00000	0.00000	-0.00415	0.00000
7 MF-BLNK	BLNK												
8 MF-REAX	REAX	16	2	0.00000	1.00000	0.70000	0.00000			0.00000	0.00000	-0.02306	0.00000
9 MF-REAX	RFAX	16	2	0.00000	1.00000	-0.70000	0.00000			0.00000	0.00000	0.02306	0.00000
10 MF-DIFF	DIFF	8	9							0.00000	0.00000	-0.04612	0.00000
11 MF-BLNK	BLNK												
12 MF-DIFF	DIFF	6	10							0.00000	1.00000	0.04197	76.76859

图 9 - 116

优化后评价函数提升(图 9 - 117)：

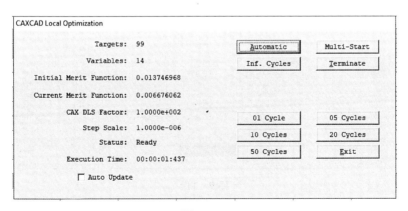

图 9 - 117

最大视场的像散问题,马上获得解决(图 9 - 118)：

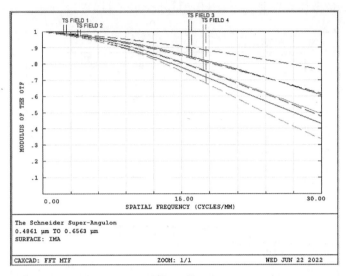

图 9 - 118

9.5.3　单反广角镜头 SLR Lens

如图 9 - 119~图 9 - 120 所示,现代的单反相机中,镜头的后焦距在 38~40 mm。这个后焦距的空间可以放置反射性的机械结构。而前面介绍的几种广角镜头后焦距太短,从而无法实现,为了增加后焦距离,要采用反摄远的形式。镜头的前组焦距为负,后组焦距为正。

LDE	SURFACE	NAME	RADIUS	THICKNESS	GLASS	APERTURE	DIAMETER	CONIC
Object 0	STANDARD		Infinity	Infinity		16.59931	16.59931	0.00000
1	STANDARD		51.91800	4.50000	SF9	14.99235	14.99235	0.00000
2	STANDARD		166.15800	0.10000		13.47436	14.99235	0.00000
3	STANDARD		42.85600	1.20000	LAK10	12.11551	12.11551	0.00000
4	STANDARD		12.64200	21.21800		9.59257	12.11551	0.00000
Stop 5	STANDARD		Infinity	0.10000		5.57862	5.57862	0.00000
6	STANDARD		33.36500	5.00000	N-LASF40	5.64237	6.13418	0.00000
7	STANDARD		-32.90000	1.98900		6.13418	6.13418	0.00000
8	STANDARD		-41.15800	5.00000	BK7	6.49286	7.13866	0.00000
9	STANDARD		-15.74600	5.00000	N-SF56	7.13866	8.83976	0.00000
10	STANDARD		35.35500	1.42400		8.83976	8.83976	0.00000
11	STANDARD		-77.33400	2.20000	N-LASF44	8.68946	9.12016	0.00000
12	STANDARD		-25.24200	0.10000		9.12016	9.12016	0.00000
13	STANDARD		-1016.66400	2.20000	N-LASF44	9.96113	10.20433	0.00000
14	STANDARD		-41.16300	39.07635 M		10.20433	10.20433	0.00000
Image 15	STANDARD		Infinity	–		20.32613	20.32613	0.00000

图 9 - 119

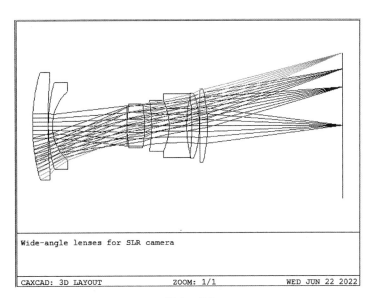

图 9－120

点列图上看到最大视场的色差明显(图 9－121)：

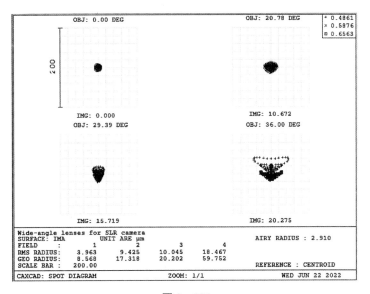

图 9－121

MTF 曲线趋势的一致性很好,但是中心视场与其他视场差别较大,如图 9－122
所示：

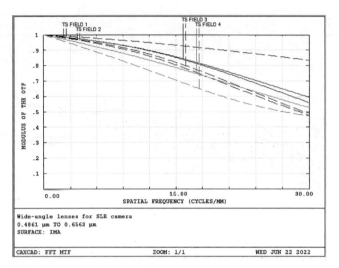

图 9 - 122

构建评价函数,并对镜头进行快速优化,如图 9 - 123 所示:

MFE	Type	Field	Wave					Target	Weight	Value	% Contrib
1 MF-EFFL	EFFL		2					28.50000	1.00000	28.49997	0.00072
2 MF-DIMX	DIMX	0	2					2.00000	1.00000	2.00000	0.03205
3 MF-BLNK	BLNK										
4 MF-DMFS	DMFS										
5 MF-BLNK	BLNK	Air thic...									
6 MF-MNCA	MNCA	1	14					0.10000	1.00000	0.10000	0.00000
7 MF-MXCA	MXCA	1	14					1000.00000	1.00000	1000.00000	0.00000
8 MF-MNEA	MNEA	1	14	0.00000				0.00000	0.00000	-0.18756	0.00000
9 MF-BLNK	BLNK	Glass th...									
10 MF-MNCG	MNCG	1	14					0.30000	1.00000	0.30000	0.00000
11 MF-MXCG	MXCG	1	14					15.00000	1.00000	15.00000	0.00000
12 MF-MNEG	MNEG	1	14	0.00000				0.30000	1.00000	0.30000	0.00000
13 MF-BLNK	BLNK										
14 MF-SPOT	SPOT	1	1	0.33571	0.00000			0.00000	0.07272	0.00507	0.83785
15 MF-SPOT	SPOT	1	1	0.70711	0.00000			0.00000	0.11636	0.00447	1.04336
16 MF-SPOT	SPOT	1	1	0.94197	0.00000			0.00000	0.07272	0.00022	0.00153

图 9 - 123

最大视场点列图色差减小(图 9 - 124):

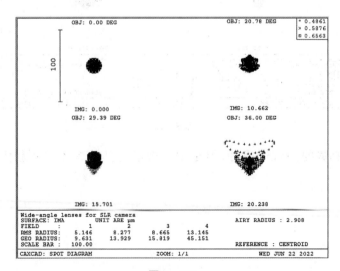

图 9 - 124

优化后,整体 MTF 一致性提升很多(图 9 - 125):

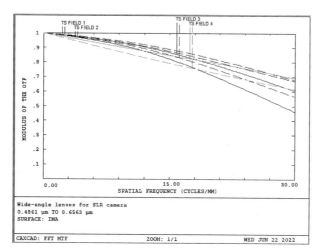

图 9 - 125

9.6　红外热成像镜头设计

在红外光谱的范围中,有两个波长带宽的光在传播时被空气吸收的少。一个是近红外的 $3\sim5~\mu m$,另外一个是远红外的 $8\sim12~\mu m$。红外和可见光成像的时候,两者重要的区别是,可见光拍摄的是物体的反射光,而红外拍摄的是物体自身的辐射。

常用的红外材料:硅(Si),锗(Ge),硒化锌(ZnSe);硫化锌(ZnS),砷化镓(GaAs)等。

GDE	Data	Name	Data	Name	Data
Catalog	INFRARED	A0	9.28065	D0	0.00022
Glass	GERMANIUM	A1	6.73019	D1	0.00000
Formula	Sellmeier 4	A2	0.44097	D2	0.00000
Status	Standard	A3	0.21314	E0	0.00000
Nd	1.00000	A4	3870.35255	E1	0.00000
Vd	0.00000	A5	0.00000	Ltk	0.00000
Ignore Thermal	Off	A6	0.00000	TEC	5.70000
Exclude Substatution	Off	A7	0.00000	Temp	20.00000
Meta Material	Off	-	-	P	5.32700
Mela Freq	-1.00000	-	-	dPgF	0.00000
Min Wavelength	2.00000	GCata Comment	Updated 2020-02-10	-	-
Max Wavelength	15.00000	Glass Comment	source: JOSA, Vol...	-	-
Rel Cost	-1.00000	CR	-1.00000	FR	-1.00000
SR	-1.00000	AR	-1.00000	PR	-1.00000

图 9 - 126

在 CAXCAD 软件中,有专门的红外材料库 INFRARED(图 9 - 126),各种材料的详细参数都可以在这里找到。与可见光相比,红外镜头设计有两个主要的特点:第一,材料选择很少;第二,波长比较长,衍射极限很大。光学像差设计很容易进入衍射极限,因此成像的分辨率也较低。

9.6.1　双片式红外镜头

在镜头设计中,单片的镜头无法矫正像散,需要使用多片式的结构。镜片数量太少,则需要使用非球面来矫正球差。

下面的例子展示的是一个两片式的红外镜头：

实例文件 09 - 06：Germanium Petzval Lens.cax

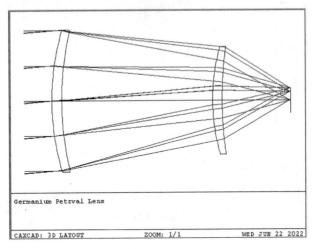

图 9 - 127

如图 9 - 127 所示，这种两片式的红外镜头，属于 Petzval 形式，为矫正球差，第一片采用非球面（图 9 - 128）：

LDE	SURFACE	NAME	RADIUS	THICKNESS	GLASS	APERTURE	DIAMETER	CONIC
Object 0	STANDARD		Infinity	Infinity		51.74977	51.74977	0.00000
1	STANDARD		Infinity	20.00000		0.00000 U	0.00000	0.00000
Stop 2	EVENASPH		165.90967 V	7.50000	GERMANIUM	50.68541	50.68541	-0.50224 V
3	STANDARD		204.94286 V	110.92995		49.47672	50.68541	0.00000
4	STANDARD		133.68094 V	7.00000	GERMANIUM	38.40566	38.40566	0.00000
5	STANDARD		258.53503 V	49.87269 M		37.39008	38.40566	0.00000
Image 6	STANDARD		Infinity		–	9.03838	9.03838	0.00000

图 9 - 128

初始结构的点列图（图 9 - 129）：

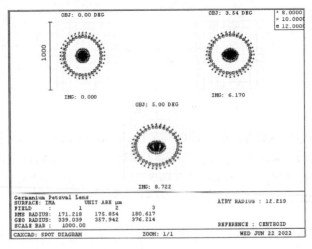

图 9 - 129

设置变量,并进行优化后的面型参数(图 9 - 130):

LDE	SURFACE	NAME	RADIUS	THICKNESS	GLASS	APERTURE	DIAMETER	CONIC
Object 0	STANDARD		Infinity	Infinity		50.00000	50.00000	0.00000
Stop 1	EVENASPH		228.39115 V	7.50000	GERMANIUM	50.48555	50.48555	-1.22184 V
2	STANDARD		347.00757 V	110.92995		49.70452	50.48555	0.00000
3	STANDARD		150.39160 V	7.00000	GERMANIUM	35.10624	35.10624	0.00000
4	STANDARD		342.90288 V	42.80816 V		34.13994	35.10624	0.00000
Image 5	STANDARD		Infinity	–		8.77626	8.77626	0.00000

LDE	CONIC	TCE x 1E-6	COATING	PAR 0	Coeff.^2	Coeff.^4	Coeff.^6	Coeff.^8	Coe:
Object 0	0.00000	0.00000	–						
Stop 1	-1.22184 V	5.70000	–		0.00000	0.00000	-9.07265E-013 V	0.00000	0.0(
2	0.00000	0.00000	–						
3	0.00000	5.70000	–						
4	0.00000	0.00000	–						
Image 5	0.00000	0.00000	–						

图 9 - 130

评价函数控制 EFFL 有效焦距 100 mm 和 DIMX 几何畸变小于 0.5%,如图 9 - 131~图 9 - 132 所示。

	MFE	Type	Field	Wave		Px	Py		Target	Weight	Value	% Contrib
1	MF-EFFL	EFFL		2					100.00000	1.00000	100.00000	2.61359E...
2	MF-DIMX	DIMX	0	2					0.50000	1.00000	0.50000	0.00000
3	MF-BLNK	BLNK										
4	MF-DMFS	DMFS										
5	MF-BLNK	BLNK	Air thic...									
6	MF-MNCA	MNCA	1	4					0.10000	1.00000	0.10000	0.00000
7	MF-MXCA	MXCA	1	4					1000.00000	1.00000	1000.00000	0.00000
8	MF-MNEA	MNEA	1	4	0.00000				0.10000	1.00000	0.10000	0.00000
9	MF-BLNK	BLNK	Glass th...									
10	MF-MNCG	MNCG	1	4					0.30000	1.00000	0.30000	0.00000
11	MF-MXCG	MXCG	1	4					15.00000	1.00000	15.00000	0.00000
12	MF-MNEG	MNEG	1	4	0.00000				0.30000	1.00000	0.30000	0.00000
13	MF-BLNK	BLNK										
14	MF-SPOT	SPOT	1	1		0.21659	0.00000		0.00000	0.04135	0.00145	0.00782
15	MF-SPOT	SPOT	1	1		0.48038	0.00000		0.00000	0.08354	0.00229	0.03943

图 9 - 131

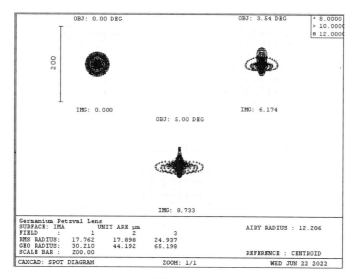

图 9 - 132

如果红外光学探测器的分辨率在 25 μm 左右,可以参照点列图或 MTF 满足 20 lp/mm,如图 9‑133 所示。

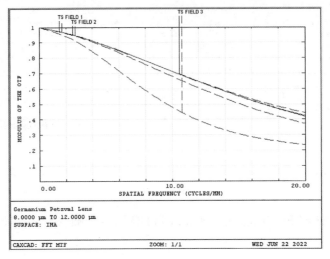

图 9‑133

第三视场存在像散,评价函数加入像散的控制优化(图 9‑134～图 9‑135):

MFE	Type	Surf	Wave	Hx	Hy	Px	Py		Target	Weight	Value	% Contrib
1 MF-EFFL	EFFL		2						100.00000	1.00000	99.99999	4.85243E...
2 MF-DIMX	DIMX	0	2						0.50000	1.00000	0.50000	0.00000
3 MF-BLNK	BLNK											
4 MF-REAY	REAY	5	2	0.00000	1.00000	0.00000	0.70000		0.00000	0.00000	8.73263	0.00000
5 MF-REAY	REAY	5	2	0.00000	1.00000	0.00000	-0.70000		0.00000	0.00000	8.70346	0.00000
6 MF-DIFF	DIFF	5	4						0.00000	0.00000	-0.02917	0.00000
7 MF-BLNK	BLNK											
8 MF-REAX	REAX	5	2	0.00000	1.00000	0.70000	0.00000		0.00000	0.00000	-0.01580	0.00000
9 MF-REAX	REAX	5	2	0.00000	1.00000	-0.70000	0.00000		0.00000	0.00000	0.01580	0.00000
10 MF-DIFF	DIFF	8	9						0.00000	0.00000	-0.03160	0.00000
11 MF-BLNK	BLNK											
12 MF-DIFF	DIFF	6	10						0.00000	1.00000	-0.00243	6.28923E...

图 9‑134

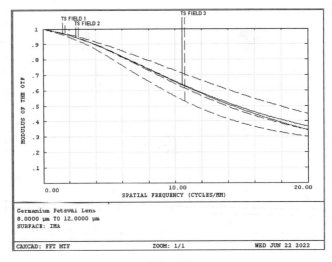

图 9‑135

9.6.2　三片式红外镜头

在上一个例子中,第一个非球面透镜可以用两片球面透镜代替,这样就可以得到三片锗材料的镜头。这种方式在红外镜头中用的很多,成像质量比非球面的单片更好。

实例文件 09 - 07:Germanium Triplet Lens.cax

打开文件后的初始结构数据如图 9 - 136 所示,初始结构的外观图及镜头的点列图如图 9 - 137 和图 9 - 138 所示。

LDE	SURFACE	NAME	RADIUS	THICKNESS	GLASS	APERTURE	DIAMETER	CONIC
Object 0	STANDARD		Infinity	Infinity		50.00000	50.00000	0.00000
Stop 1	EVENASPH		185.23058 V	6.85558	GERMANIUM	50.61680	50.61680	0.00000
2	STANDARD		296.42431 V	7.90596		49.85175	50.61680	0.00000
3	STANDARD		-633.68031 V	5.00000	GERMANIUM	49.41492	49.41492	0.00000
4	STANDARD		-1537.82603 V	99.49517		49.40814	49.41492	0.00000
5	STANDARD		103.44258 V	5.74464	GERMANIUM	38.46097	38.46097	0.00000
6	STANDARD		161.94313 V	51.39868 V		37.57476	38.46097	0.00000
Image 7	STANDARD		Infinity	-		8.74152	8.74152	0.00000

图 9 - 136

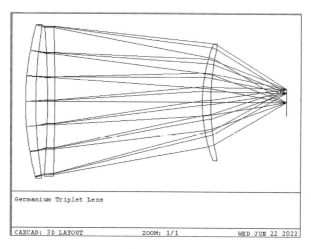

图 9 - 137

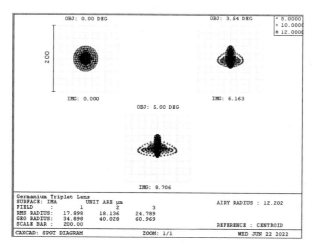

图 9 - 138

MTF 仍然可以满足 20 lp/mm（图 9 - 139）：

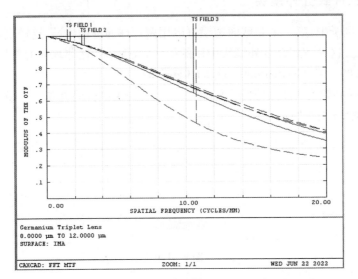

图 9 - 139

第三视场优化像散（图 9 - 140～图 9 - 141）：

MFE	Type	Surf1	Surf2	Zone				Target	Weight	Value	% Contrib
1 MF-EFFL	EFFL		2					100.00000	1.00000	100.00001	1.69296
2 MF-DIMX	DIMX	0	2					0.50000	1.00000	0.50000	0.00000
3 MF-BLNK	BLNK										
4 MF-REAY	REAY	7	2	0.00000	1.00000	0.00000	0.70000	0.00000	0.00000	8.71700	0.00000
5 MF-REAY	REAY	7	2	0.00000	1.00000	0.00000	-0.70000	0.00000	0.00000	8.68492	0.00000
6 MF-DIFF	DIFF	5	4					0.00000	0.00000	-0.03208	0.00000
7 MF-BLNK	BLNK										
8 MF-REAX	REAX	7	2	0.00000	1.00000	0.70000	0.00000	0.00000	0.00000	-0.01667	0.00000
9 MF-REAX	REAX	7	2	0.00000	1.00000	-0.70000	0.00000	0.00000	0.00000	0.01667	0.00000
10 MF-DIFF	DIFF	8	9					0.00000	0.00000	-0.03333	0.00000
11 MF-BLNK	BLNK										
12 MF-DIFF	DIFF	6	10					0.00000	1.00000	0.00125	81.60646

图 9 - 140

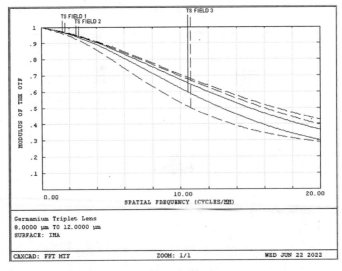

图 9 - 141

第 10 章

激光光学系统设计

激光光学(Laser Optics)与成像系统相比是一个独立的光学行业,但是光学系统设计的方法多数都是通用的。激光光学所涵盖的光学产品包括激光扩束镜、激光准直镜、激光扫描镜和激光聚焦镜等,都可以通过连续光线追迹模式进行优化设计。激光光学系统通常工作波长单一,设计起来反而相对更加容易。

10.1　准直镜设计方法

准直镜头通常用于点光源发光后的光束准直,利用 CAXCAD 有很多种设计方法,这里挑出几个重点的方法进行列举,所有的设计方法都完成同样的一个目标。

实例文件 10 - 01:准直镜设计.cax(图 10 - 1)
物方点光源发光;
工作波长采用默认的 $0.55\ \mu m$;
物距 $100\ mm$;
准直镜片 $20\ mm$。

LDE	SURFACE	NAME	RADIUS	THICKNESS	GLASS	APERTURE	DIAMETER	CONIC
Object 0	STANDARD		Infinity	100.00000		0.00000	0.00000	0.00000
Stop 1	STANDARD		Infinity V	5.00000	BK7	10.00000	10.32834	0.00000
2	STANDARD		Infinity V	20.00000		10.32834	10.32834	0.00000
Image 3	STANDARD		Infinity	-		12.32834	12.32834	0.00000

图 10 - 1

准直镜初始结构外观(图 10 - 2):

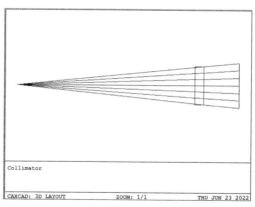

图 10 - 2

10.1.1　理想透镜方法

如图 10 - 3～图 10 - 4 所示插入第 3 面,并将其类型定义为理想近轴透镜:

LDE	SURFACE	NAME	RADIUS	THICKNESS	GLASS	APERTURE	DIAMETER	CONIC
Object 0	STANDARD		Infinity	100.00000		0.00000	0.00000	0.00000
Stop 1	STANDARD		Infinity V	5.00000	BK7	10.00000	10.32834	0.00000
2	STANDARD		Infinity V	20.00000		10.32834	10.32834	0.00000
3	STANDARD		Infinity	0.00000		12.32834	12.32834	0.00000
Image 4	STANDARD		Infinity	–		12.32834	12.32834	0.00000

图 10 - 3

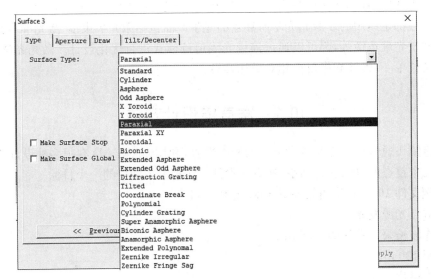

图 10 - 4

默认的近轴透镜焦距为 100 mm(图 10 - 5):

LDE	TCE x 1E-6	COATING	PAR 0	Focal Length	OPD Mode	PAR 3	PAR 4	PAR 5	PAR
Object 0	0.00000	–							
Stop 1	7.10000	–							
2	0.00000	–							
3	0.00000	–		100.00000	1.00000				
Image 4	0.00000								

图 10 - 5

近轴透镜后方像空间距离定义为 100 mm(图 10 - 6):

LDE	SURFACE	NAME	RADIUS	THICKNESS	GLASS	APERTURE	DIAMETER	CONIC
Object 0	STANDARD		Infinity	100.00000		0.00000	0.00000	0.00000
Stop 1	STANDARD		Infinity V	5.00000	BK7	10.00000	10.32834	0.00000
2	STANDARD		Infinity V	20.00000		10.32834	10.32834	0.00000
3	PARAXIAL		Infinity	100.00000		12.32834	12.32834	0.00000
Image 4	STANDARD		Infinity	–		10.00000	10.00000	0.00000

图 10 - 6

如果光束在近轴焦点处汇聚成理想的点,必然只有平行光才能满足这个要求,这就是利用理想透镜设计平行光的原理。

设置默认评价函数 RMS SPOT 的目标(图 10 - 7):

MFE	Type								Target	Weight	Value	% Contrib
1 MF-DMFS	DMFS											
2 MF-SPOT	SPOT	1	1		0.21659	0.00000			0.00000	0.37216	2.16587	1.11143
3 MF-SPOT	SPOT	1	1		0.48038	0.00000			0.00000	0.75183	4.80380	11.04509
4 MF-SPOT	SPOT	1	1		0.70711	0.00000			0.00000	0.89361	7.07107	28.44444
5 MF-SPOT	SPOT	1	1		0.87706	0.00000			0.00000	0.75183	8.77060	36.81778
6 MF-SPOT	SPOT	1	1		0.97626	0.00000			0.00000	0.37216	9.76263	22.58126

图 10 - 7

Multi-Start 建立初始结构后,镜片快速优化(图 10 - 8~图 10 - 9):

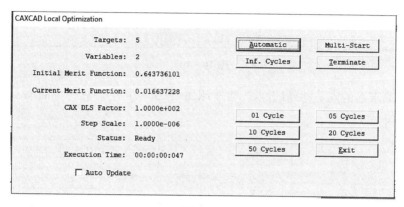

图 10 - 8

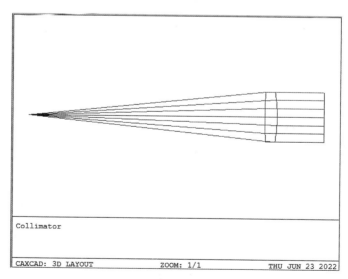

图 10 - 9

当前的评价函数 MF 0.016 6 预示着有像差存在,这个像差并不会在理想透镜上,而存在于优化的镜片上。通过像差系数可以看到,主要的贡献是球差,如图 10 - 10 所示。

1: Seidel Coefficients
UPDATE
SETTING
SAVE
PRINT
TXT

Paraxial Data for Seidel Aberration:

#	H	U	HBAR	UBAR	D(U/N)	A	ABAR
STO	10.000000	0.100000	0.000000	0.000000	-0.062292	0.125163	0.000000
2	10.286305	0.057261	0.000000	0.000000	-0.037044	-0.165748	0.000000
3	10.299585	0.000664	0.000000	0.000000	-0.102996	-0.102332	0.000000
		-0.102332		0.000000			

Seidel Aberration Coefficients:

#	SPHA S1	COMA S2	ASTI S3	FCUR S4	DIST S5	AXCL C1	LACL C2
STO	0.009759	0.000000	0.000000	0.000000	0.000000	0.000000	0.000000
2	0.010468	-0.000000	0.000000	0.000000	-0.000000	-0.000000	0.000000
3	0.011109	-0.000000	0.000000	-0.000000	-0.000000	-0.000000	0.000000
SUM	0.031336	0.000000	0.000000	0.000000	0.000000	0.000000	0.000000

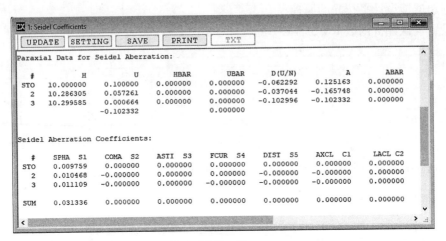

图 10－10

为了提高准直的效果，可以引入二次非球面，将镜片其中任意一个面的 CONIC 设置为变量(图 10－11)：

LDE	SURFACE	NAME	RADIUS	THICKNESS	GLASS	APERTURE	DIAMETER	CONIC
Object 0	STANDARD		Infinity	100.00000		0.00000	0.00000	0.00000
Stop 1	STANDARD		397.40391 V	5.00000	BK7	10.01262	10.24161	0.00000 V
2	STANDARD		-61.81232 V	20.00000		10.24161	10.24161	0.00000
3	PARAXIAL		Infinity	100.00000		10.23468	10.23468	0.00000
Image 4	STANDARD		Infinity	-		0.03322	0.03322	0.00000

图 10－11

再次进行优化后，球差几乎被完全消除(图 10－12～图 10－13)。

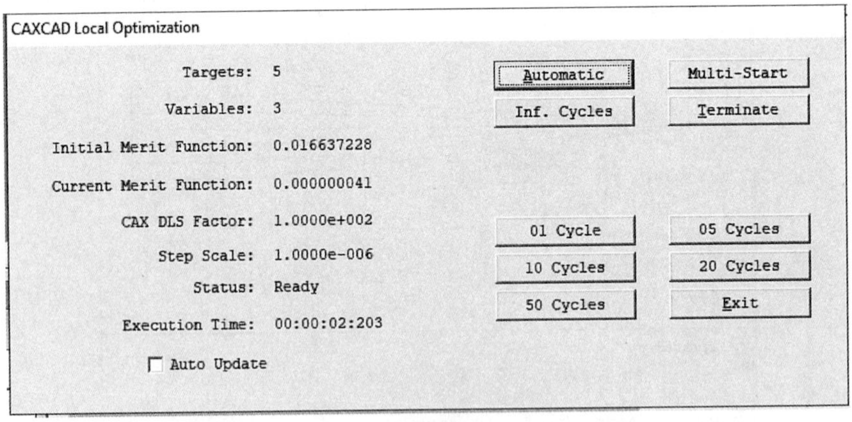

CAXCAD Local Optimization
Targets: 5
Variables: 3
Initial Merit Function: 0.016637228
Current Merit Function: 0.000000041
CAX DLS Factor: 1.0000e+002
Step Scale: 1.0000e-006
Status: Ready
Execution Time: 00:00:02:203
Auto Update
Automatic
Multi-Start
Inf. Cycles
Terminate
01 Cycle
05 Cycles
10 Cycles
20 Cycles
50 Cycles
Exit

图 10－12

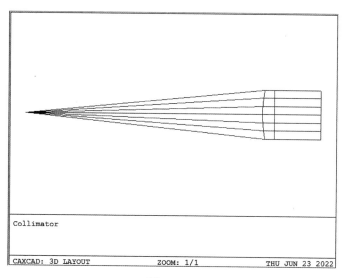

图 10 - 13

10.1.2　默认评价函数方法

如果在平面的初始结构中,不使用理想透镜方法,而使用光线的角度半径控制方法。

LDE	SURFACE	NAME	RADIUS	THICKNESS	GLASS	APERTURE	DIAMETER	CONIC
Object 0	STANDARD		Infinity	100.00000		0.00000	0.00000	0.00000
Stop 1	STANDARD		Infinity V	5.00000	BK7	10.00000	10.32834	0.00000
2	STANDARD		Infinity V	20.00000		10.32831	10.32834	0.00000
Image 3	STANDARD		Infinity	-		12.32834	12.32834	0.00000

图 10 - 14

默认评价函数(图 10 - 14),加入角度半径(Angular Radius)控制(图 10 - 15)。

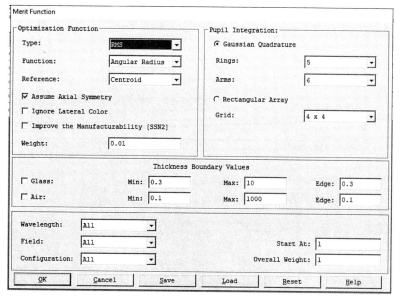

图 10 - 15

默认的 ANAC 将会插入进来,如图 10 - 16 所示。

MFE	Type								Target	Weight	Value	% Contrib
1 MF-DMFS	DMFS											
2 MF-ANAC	ANAC		1	0.00000	0.00000	0.21659	0.00000		0.00000	0.37216	0.04488	44.13457
3 MF-ANAC	ANAC		1	0.00000	0.00000	0.48038	0.00000		0.00000	0.75183	0.01855	15.23035
4 MF-ANAC	ANAC		1	0.00000	0.00000	0.70711	0.00000		0.00000	0.89361	0.00400	0.84351
5 MF-ANAC	ANAC		1	0.00000	0.00000	0.87706	0.00000		0.00000	0.75183	0.02084	19.22666
6 MF-ANAC	ANAC		1	0.00000	0.00000	0.97626	0.00000		0.00000	0.37216	0.03063	20.56490

图 10 - 16

优化之后,系统光束的综合角度半径将会减小,如图 10 - 17~图 10 - 18 所示。

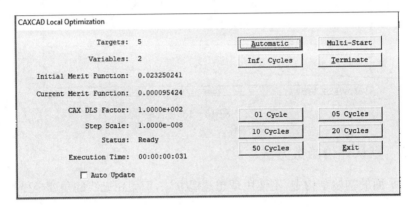

图 10 - 17

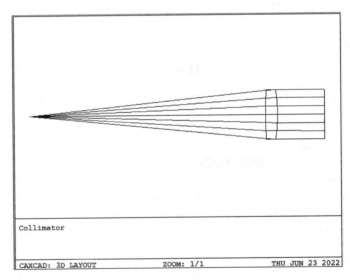

图 10 - 18

如果此时加入第一个面的 CONIC 变量,如图 10 - 19 所示。

LDE	SURFACE	NAME	RADIUS	THICKNESS	GLASS	APERTURE	DIAMETER	CONIC
Object 0	STANDARD		Infinity	100.00000		0.00000	0.00000	0.00000
Stop 1	STANDARD		407.63940 V	5.00000	BK7	10.01230	10.24247	0.00000 V
2	STANDARD		-61.96459 V	20.00000		10.24247	10.24247	0.00000
Image 3	STANDARD		Infinity	-		10.24692	10.24692	0.00000

图 10 - 19

评价函数可以达到完美的目标,如图 10 - 20 所示。

```
CAXCAD Local Optimization

              Targets:   5              Automatic      Multi-Start
            Variables:   3            Inf. Cycles      Terminate
Initial Merit Function:  0.000095424
Current Merit Function:  0.000000001
        CAX DLS Factor:  1.0000e+002     01 Cycle       05 Cycles
            Step Scale:  1.0000e-006     10 Cycles      20 Cycles
                Status:  Ready          50 Cycles        Exit
        Execution Time:  00:00:01:688

        □ Auto Update
```

图 10 - 20

呈现的也是完美的准直,如图 10 - 21 所示。

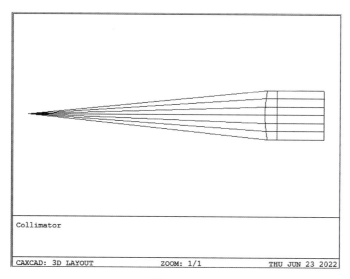

Collimator

CAXCAD: 3D LAYOUT　　　　　ZOOM: 1/1　　　　　THU JUN 23 2022

图 10 - 21

10.1.3　光线方向余弦

使用手动的方式控制光线的方向余弦,这里使用 REAC 操作数。

如图 10 - 22 所示,在评价函数窗口中,手动插入 10 个操作数或在命令窗口中输入 INSERTMF 10。

MFE	Type		Wave	Hx	Hy	Px	Py		Target	Weight	Value	% Contrib
1 MF-BLNK	BLNK											
2 MF-BLNK	BLNK											
3 MF-BLNK	BLNK											
4 MF-BLNK	BLNK											
5 MF-BLNK	BLNK											
6 MF-BLNK	BLNK											
7 MF-BLNK	BLNK											
8 MF-BLNK	BLNK											
9 MF-BLNK	BLNK											
10 MF-BLNK	BLNK											

图 10 - 22

如图 10‐23 所示,将 10 个 RAC 或 REAC 的操作数面参数都设置为像面 3,P_y 从 0.1~1 进行采样,设置相应目标和权重。

MFE	Type	Surf	Wave	Hx	Hy	Px	Py			Target	Weight	Value	% Contrib
1 MF-REAC	REAC	3	1	0.00000	0.00000	0.00000	0.10000			1.00000	1.00000	0.99995	10.03739
2 MF-REAC	REAC	3	1	0.00000	0.00000	0.00000	0.20000			1.00000	1.00000	0.99980	10.03438
3 MF-REAC	REAC	3	1	0.00000	0.00000	0.00000	0.30000			1.00000	1.00000	0.99955	10.02937
4 MF-REAC	REAC	3	1	0.00000	0.00000	0.00000	0.40000			1.00000	1.00000	0.99920	10.02236
5 MF-REAC	REAC	3	1	0.00000	0.00000	0.00000	0.50000			1.00000	1.00000	0.99875	10.01336
6 MF-REAC	REAC	3	1	0.00000	0.00000	0.00000	0.60000			1.00000	1.00000	0.99820	10.00239
7 MF-REAC	REAC	3	1	0.00000	0.00000	0.00000	0.70000			1.00000	1.00000	0.99756	9.98945
8 MF-REAC	REAC	3	1	0.00000	0.00000	0.00000	0.80000			1.00000	1.00000	0.99682	9.97456
9 MF-REAC	REAC	3	1	0.00000	0.00000	0.00000	0.90000			1.00000	1.00000	0.99597	9.95774
10 MF-REAC	REAC	3	1	0.00000	0.00000	0.00000	1.00000			1.00000	1.00000	0.99504	9.93901

图 10‐23

REAC 控制的是真实光线和 Z 轴方向夹角的余弦,因此如果光束平行夹角为 0,方向余弦为 1。设置 CONIC 变量优化后(图 10‐24):

```
CAXCAD Local Optimization

                    Targets:   10          [ Automatic ]    [ Multi-Start ]
                  Variables:   3           [ Inf. Cycles ]  [ Terminate ]

   Initial Merit Function:  0.000014520

   Current Merit Function:  0.000000000

            CAX DLS Factor:  1.0000e+002    [ 01 Cycle ]     [ 05 Cycles ]
                Step Scale:  1.0000e-006    [ 10 Cycles ]    [ 20 Cycles ]
                    Status:  Ready          [ 50 Cycles ]    [ Exit ]
            Execution Time:  00:00:00:063

        □ Auto Update
```

图 10‐24

光束呈完美准直,如图 10‐25 所示。

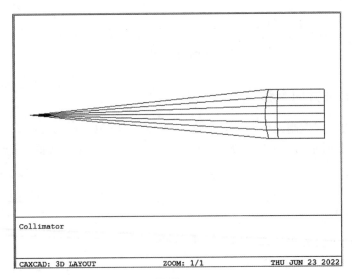

Collimator

CAXCAD: 3D LAYOUT   ZOOM: 1/1   THU JUN 23 2022

图 10‐25

10.1.4　真实光线角度的方法

直接控制光线角度的方法有多个,例如 RID,RED 或 RAID(图 10 - 26),RAED 等。

MFE	Type	Surf	Wave	Hx	Hy	Px	Py	Target	Weight	Value	% Contrib
1 MF-RAID	RAID	3	1	0.00000	0.00000	0.00000	0.10000	0.00000	1.00000	2.50084E-005	3.30407
2 MF-RAID	RAID	3	1	0.00000	0.00000	0.00000	0.20000	0.00000	1.00000	4.34671E-005	9.98152
3 MF-RAID	RAID	3	1	0.00000	0.00000	0.00000	0.30000	0.00000	1.00000	5.00023E-005	13.20856
4 MF-RAID	RAID	3	1	0.00000	0.00000	0.00000	0.40000	0.00000	1.00000	4.15201E-005	9.10736
5 MF-RAID	RAID	3	1	0.00000	0.00000	0.00000	0.50000	0.00000	1.00000	1.83908E-005	1.79067
6 MF-RAID	RAID	3	1	0.00000	0.00000	0.00000	0.60000	0.00000	1.00000	1.44386E-005	1.10136
7 MF-RAID	RAID	3	1	0.00000	0.00000	0.00000	0.70000	0.00000	1.00000	4.65913E-005	11.47181
8 MF-RAID	RAID	3	1	0.00000	0.00000	0.00000	0.80000	0.00000	1.00000	6.11507E-005	19.75893
9 MF-RAID	RAID	3	1	0.00000	0.00000	0.00000	0.90000	0.00000	1.00000	3.38508E-005	6.05360
10 MF-RAID	RAID	3	1	0.00000	0.00000	0.00000	1.00000	0.00000	1.00000	6.77070E-005	24.22212

图 10 - 26

利用这样的操作数有个优点,不但可以控制优化目标,还可以直接读取评估角度的数值。

10.2　扩束镜

激光扩束镜和望远镜、枪瞄系统类似,都是平行光入射和平行光出射,属于无焦光学系统。这种系统的设计需要利用上一节的方法保证平行光出射。

实例文件 10 - 02:扩束镜 01.cax

激光出射的光束,发散角一般都比较小,因此激光扩束系统主要矫正的是球差。采用两片式的透镜结构,有三个以上的曲率半径球差就可以正负补偿,能够将球差矫正的比较好。

设计目标:

工作波长:He-Ne 0.6328 μm;

入射直径:2.5 mm;

结构形式:两片伽利略式;

扩束倍率:4×出射 10 mm。

初始结构面型数据如图 10 - 27 所示,面型数据上已经设置好了变量为后三个曲率半径,如图 10 - 27 所示:

LDE	SURFACE	NAME	RADIUS	THICKNESS	GLASS	APERTURE	DIAMETER	CONIC
Object 0	STANDARD		Infinity	Infinity		1.25000	1.25000	0.00000
Stop 1	STANDARD		Infinity	2.00000	BK7	1.25000	1.25000	0.00000
2	STANDARD		Infinity V	60.00000		1.25000	1.25000	0.00000
3	STANDARD		Infinity V	4.00000	BK7	1.25000	1.25000	0.00000
4	STANDARD		Infinity V	20.00000		1.25000	1.25000	0.00000
Image 5	STANDARD		Infinity	–		1.25000	1.25000	0.00000

图 10 - 27

初始结构的外观图如图 10 - 28 所示:

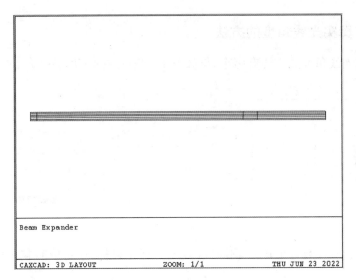

图 10 - 28

利用 ANA 或 ANAC 的默认评价函数来控制平行光输出，RAY 或 REAY 操作数控制光束大小。

如图 10 - 29 所示建立默认的评价函数，建立后的评价函数操作数如图 10 - 30 所示。

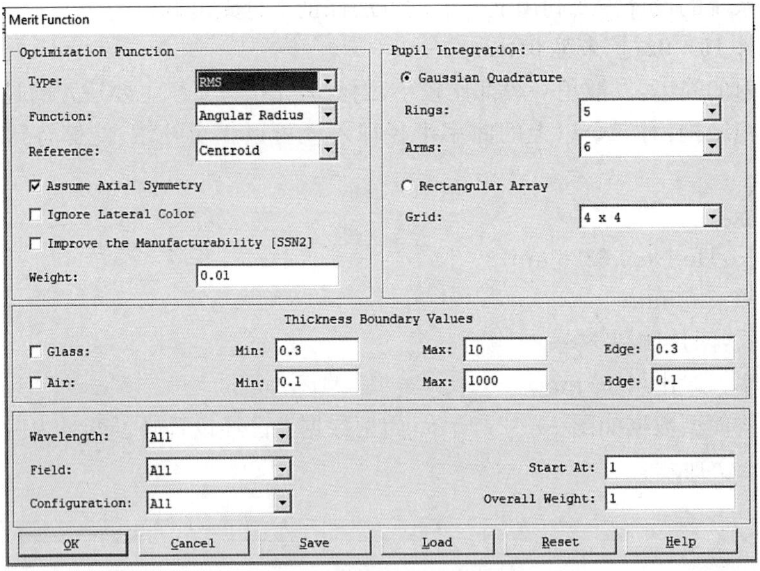

图 10 - 29

MFE	Type	Surf	Wave	Hx	Hy	Px	Py	Target	Weight	Value	% Contrib
1 MF-REAY	REAY	5	1	0.00000	0.00000	0.00000	1.00000	5.00000	1.00000	1.25000	0.00000
2 MF-DMFS	DMFS										
3 MF-ANAC	ANAC		1	0.00000	0.00000	0.21659	0.00000	0.00000	0.37216	0.00000	0.00000
4 MF-ANAC	ANAC		1	0.00000	0.00000	0.48038	0.00000	0.00000	0.75183	0.00000	0.00000
5 MF-ANAC	ANAC		1	0.00000	0.00000	0.00000	0.00000	0.00000	0.00000	0.00000	0.00000
6 MF-ANAC	ANAC		1	0.00000	0.00000	0.87706	0.00000	0.00000	0.75183	0.00000	0.00000
7 MF-ANAC	ANAC		1	0.00000	0.00000	0.97626	0.00000	0.00000	0.37216	0.00000	0.00000

图 10 - 30

利用 Multi-Start 寻找一个相对好的初始结构,再进行优化,如图 10 - 31 所示。

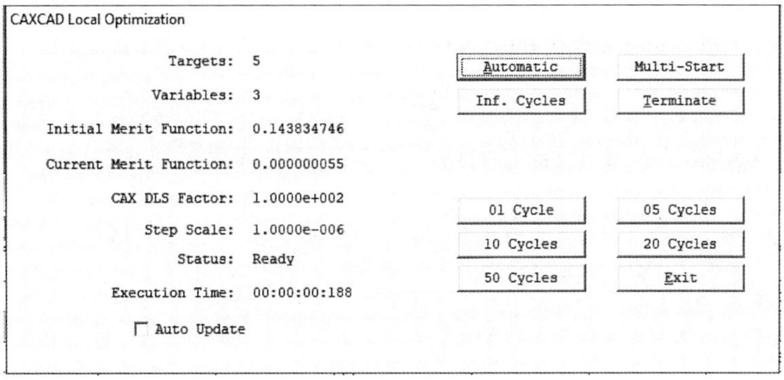

图 10 - 31

前方插入 5 mm 厚度的新的面(图 10 - 32),用以显示入射光线,如图 10 - 33 所示。

LDE	SURFACE	NAME	RADIUS	THICKNESS	GLASS	APERTURE	DIAMETER	CONIC
Object 0	STANDARD		Infinity	Infinity		1.25000	1.25000	0.00000
1	STANDARD		Infinity	5.00000		1.25000	1.25000	0.00000
Stop 2	STANDARD		Infinity	2.00000	BK7	1.25000	1.25000	0.00000
3	STANDARD		10.90341 V	60.00000		1.25000	1.25000	0.00000
4	STANDARD		2869.47420 V	4.00000	BK7	4.85530	5.00001	0.00000
5	STANDARD		-44.00414 V	20.00000		5.00001	5.00001	0.00000
Image 6	STANDARD		Infinity	–		5.00000	5.00000	0.00000

图 10 - 32

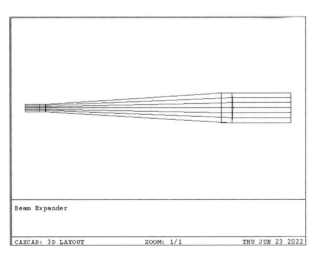

图 10 - 33

10.3　F-Theta 扫描透镜

在激光雕刻或激光打标系统中,激光束的入射角度需要和雕刻的线性尺寸成正比,换一种说法就是像高需要和入射角度成正比,这样的透镜被称为 F-Theta 透镜。如果出射光束的主光线垂直于工作面,这是为了获得工作像方的远心光路,这就是被称为远心的 F-Theta

透镜。

与理想透镜相比较,为了达到 F-Theta 透镜所需要的条件,CAXCAD 提供了 DIC 或 DISC 的控制操作数,其满足校准的 F-Theta 条件:

$$I = f'\theta$$

其中的 f' 不是镜头的焦距,而是对镜头焦距的校准调整。

设计要求:

焦距:254 mm;

光束直径:10 mm;

半角度:25°;

工作波长:1.064 μm。

实例文件 10 - 03:F-Theta.cax

设计这样的镜头最简单的方式是使用双胶合或双片式的透镜,或者使用双高斯镜头一半的部分来完成。但是在实际工作中,双胶合透镜通常无法提供足够的参数来满足 F-Theta 的正比条件,因此使用最多的方式是利用三个镜片来完成。

F-Theta 镜头的入瞳距是需要根据实际工作中采用的扫描振镜来决定的,常规的入瞳距大致在 20 mm 到 30 mm 之间。

初始结构面型(图 10 - 34):

LDE	SURFACE	NAME	RADIUS	THICKNESS	GLASS	APERTURE	DIAMETER	CONIC
Object 0	STANDARD		Infinity	Infinity		5.000000	5.000000	0.000000
Stop 1	STANDARD		Infinity	25.000000		5.000000	5.000000	0.000000
2	STANDARD		Infinity V	2.000000	BK7	16.657691	17.237205	0.000000
3	STANDARD		Infinity V	5.800000		17.237205	17.237205	0.000000
4	STANDARD		Infinity V	9.000000	BK7	19.941789	22.549599	0.000000
5	STANDARD		Infinity V	1.000000		22.549599	22.549599	0.000000
6	STANDARD		Infinity V	9.800000	BK7	23.015907	25.855523	0.000000
7	STANDARD		Infinity V	300.000000 V		25.855523	25.855523	0.000000
Image 8	STANDARD		Infinity	–		165.747820	165.747820	0.000000

图 10 - 34

建立默认评价函数(图 10 - 35):

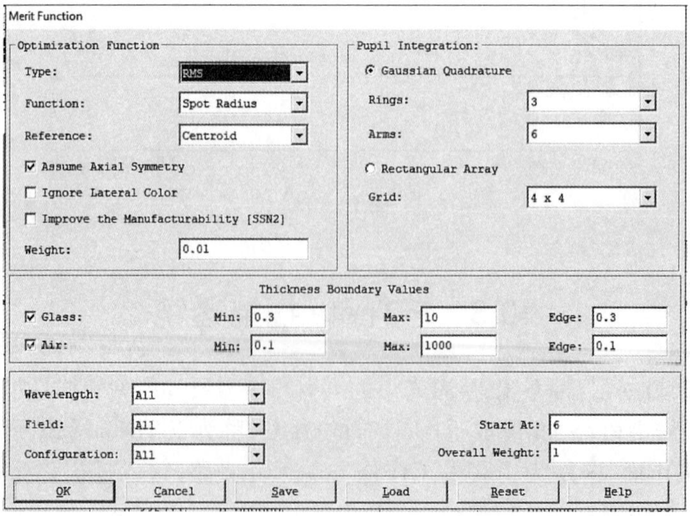

图 10 - 35

加入 EFL 或 EFFL 控制焦距,DIC 或 DISC,OPL 或 OPLT 组合控制校准的畸变小于 1%,如图 10-36 所示。

MFE	Type								Target	Weight	Value	% Contrib
1 MF-EFFL	EFFL		1						254.000000	1.000000	0.000000	99.930870
2 MF-BLNK	BLNK											
3 MF-DISC	DISC		1	0					0.000000	0.000000	3.315413	0.000000
4 MF-OPLT	OPLT	3							1.000000	1.000000	3.315413	0.008304
5 MF-BLNK	BLNK											
6 MF-DMFS	DMFS											
7 MF-BLNK	BLNK	Air thic...										
8 MF-MNCA	MNCA	1	7						0.100000	1.000000	0.100000	0.000000
9 MF-MXCA	MXCA	1	7						1000.000000	1.000000	1000.000000	0.000000
10 MF-MNEA	MNEA	1	7	0.000000					0.100000	1.000000	0.100000	0.000000
11 MF-BLNK	BLNK	Glass th...										
12 MF-MNCG	MNCG	1	7						0.300000	1.000000	0.300000	0.000000
13 MF-MXCG	MXCG	1	7						10.000000	1.000000	10.000000	0.000000
14 MF-MNEG	MNEG	1	7	0.000000					0.300000	1.000000	0.300000	0.000000
15 MF-BLNK	BLNK											
16 MF-SPOT	SPOT	1	1		0.335711	0.000000			0.000000	0.290888	1.678553	0.001269
17 MF-SPOT	SPOT	1	1		0.707107	0.000000			0.000000	0.465421	3.535534	0.009011
18 MF-SPOT	SPOT	1	1		0.941965	0.000000			0.000000	0.290888	4.709826	0.009995

图 10-36

初始结构外观如图 10-37 所示。

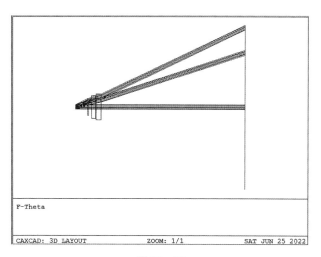

图 10-37

利用 Multi-Start 选择初始结构并进行优化,MF 下降到 0.002768,如图 10-38 所示。

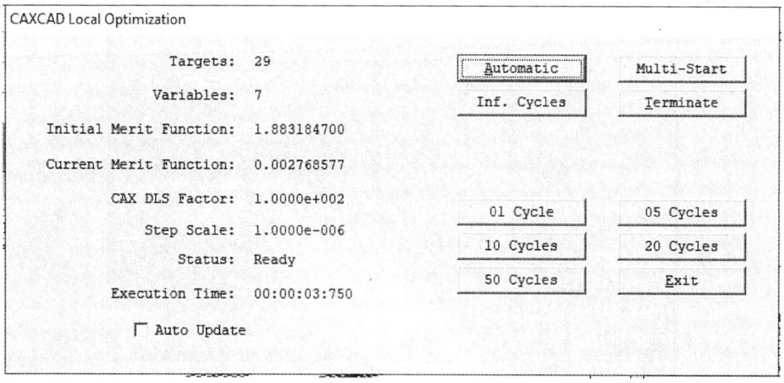

图 10-38

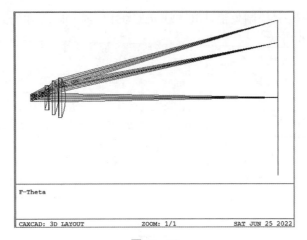

图 10-39

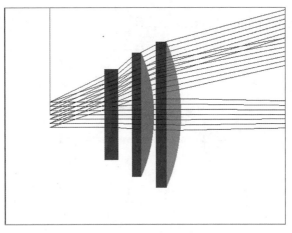

图 10-40

如图 10-39～图 10-40 所示,这种镜头的外观和实际的很多 F-Theta 镜头是一致的,点列图已经优化进入衍射极限(图 10-41)。

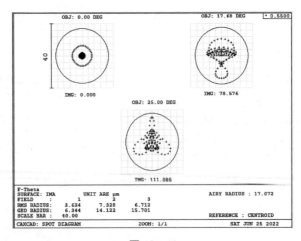

图 10-41

校准的几何畸变在优化后为 0.09％(图 10 - 42)。

MFE	Type									Target	Weight	Value	% Contrib
1 MF-EFFL	EFFL		1							254.000000	1.000000	254.000000	2.990771...
2 MF-BLNK	BLNK												
3 MF-DISC	DISC		1	0						0.000000	0.000000	0.094766	0.000000
4 MF-OPLT	OPLT		3							1.000000	1.000000	1.000000	0.000000

图 10 - 42

10.4　非球面聚焦物镜设计

在 CD 或 DVD 光学系统设计中,后端的物镜聚焦是系统的关键,光斑需要在光盘上读取或刻蚀的尺寸都会达到衍射极限。物镜的衍射极限与显微物镜的原理是一样的,需要控制镜头的 NA 值。

DVD 物镜接收的是平行光入射,所以物镜材料都会选择使用塑胶材质 E48R(图 10 - 43)。

GDE	Data	Name	Data	Name	Data
Catalog	ZEON	K1	2.303197	D0	-0.000242
Glass	E48R	L1	-0.001178	D1	0.000000
Formula	Schott	K2	0.014060	D2	0.000000
Status	Obsolete	L2	2.976871E-005	E0	0.000000
Nd	1.531160	K3	3.289132E-005	E1	0.000000
Vd	56.043828	L3	-1.614431E-006	Ltk	0.000000
Ignore Thermal	Off	-		TEC	60.000000
Exclude Substatution	Off	-		Temp	25.000000
Meta Material	Off	-		p	1.010000
Mela Freq	-1.000000	-		dPgF	0.000000
Min Wavelength	0.400000	GCata Comment		-	
Max wavelength	1.600000	Glass Comment		-	
Rel Cost	-1.000000	CR	-1.000000	FR	-1.000000
SR	-1.000000	AR	-1.000000	PR	-1.000000

图 10 - 43

设计指标:
CD 工作波长:$0.78~\mu m$;
光束直径:4 mm;
像方 NA:0.65。
实例文件 10 - 04:CD 物镜.cax
如图 10 - 44 所示,初始结构面型数据中有两个高次非曲面面型及对应变量,目前高次系数还不是变量。

LDE	SURFACE	NAME	RADIUS	THICKNESS	GLASS	APERTURE	DIAMETER	CONIC
Object 0	STANDARD		Infinity	Infinity		2.000000	2.000000	0.000000
Stop 1	STANDARD		Infinity	3.000000		2.000000	2.000000	0.000000
2	EVENASPH		Infinity V	3.000000	E48R	2.000000	2.000000	0.000000 V
3	EVENASPH		Infinity V	2.000000 V		2.000000	2.000000	0.000000 V
Image 4	STANDARD		Infinity			2.000000	2.000000	0.000000

图 10 - 44

采用非球面,因此评价函数的 Rings 需要增加,并且评价函数中采用 IMNA 操作数来控制像空间真实数值孔径 NA 为 0.65,如图 10 - 45 所示。

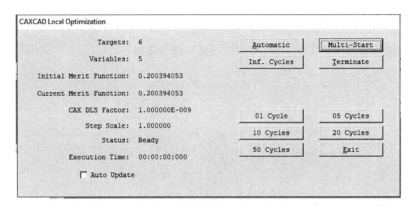

MFE	Type							Target	Weight	Value	% Contrib
1 MF-IMNA	IMNA							0.650000	1.000000	0.650000	3.713491...
2 MF-BLNK	BLNK										
3 MF-DMFS	DMFS										
4 MF-SPOT	SPOT	1	1	0.114222	0.000000			0.000000	0.104727	1.226248...	0.000000
5 MF-SPOT	SPOT	1	1	0.259747	0.000000			0.000000	0.234758	6.934288...	0.000000
6 MF-SPOT	SPOT	1	1	0.400369	0.000000			0.000000	0.344140	4.244458...	0.000000
7 MF-SPOT	SPOT	1	1	0.532261	0.000000			0.000000	0.422963	2.482230...	0.000000
8 MF-SPOT	SPOT	1	1	0.652352	0.000000			0.000000	0.464208	1.338149...	42.651724
9 MF-SPOT	SPOT	1	1	0.757916	0.000000			0.000000	0.464208	6.622577...	30.573423
10 MF-SPOT	SPOT	1	1	0.846580	0.000000			0.000000	0.422963	2.993326...	16.791918
11 MF-SPOT	SPOT	1	1	0.916354	0.000000			0.000000	0.344140	1.344664...	7.058416
12 MF-SPOT	SPOT	1	1	0.965677	0.000000			0.000000	0.234758	5.712280...	2.251345
13 MF-SPOT	SPOT	1	1	0.993455	0.000000			0.000000	0.104727	2.494886...	0.551426

图 10 - 45

如图 10 - 46 所示,使用 Multi-Start 快速找到合适的初始结构(图 10 - 47)。

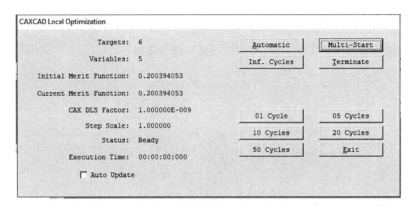

图 10 - 46

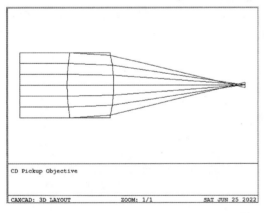

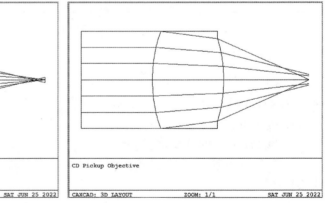

图 10 - 47

优化后,MF 迅速减小,如图 10 - 48~图 10 - 49 所示。

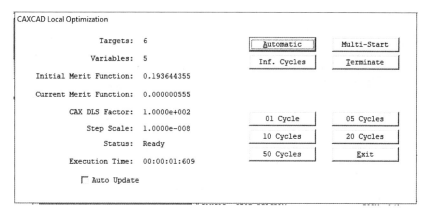

图 10 - 48

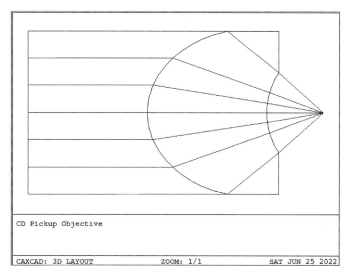

图 10 - 49

虽然优化后评价函数的效果很好,但是从镜头形状上看,比较难加工。这时可以更换初始结构再优化,优化前,在像面面前加入 1.2 mm 厚度的 PMMA 以仿真光盘材质,如图 10 - 50~图 10 - 51 所示。

LDE	SURFACE	NAME	RADIUS	THICKNESS	GLASS	APERTURE	DIAMETER	CONIC
Object 0	STANDARD		Infinity	Infinity		2.000000	2.000000	0.000000
Stop 1	STANDARD		Infinity	3.000000		2.000000	2.000000	0.000000
*2	EVENASPH		2.086122 V	3.000000	E48R	2.000000 U	2.000000	-0.276233 V
*3	EVENASPH		-5.227990 V	0.862202 V		2.000000 U	2.000000	3.052359 V
*4	STANDARD		Infinity	1.200000	PMMA	2.000000 U	2.000000	0.000000
Image *5	STANDARD		Infinity	-		2.000000 U	2.000000	0.000000

图 10 - 50

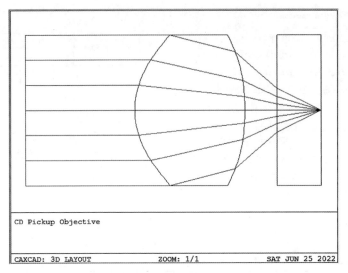

图 10 - 51

加入高次非球面优化(图 10 - 52):

LDE	Coeff.^2	Coeff.^4	Coeff.^6	Coeff.^8	Coeff.^10	Coeff.^12	Coeff.^14	Coeff.^16
Object 0								
Stop 1								
*2	0.000000	-0.005464 V	-0.001089 V	-0.000221 V	-1.104014E-0...	-8.495478E-0...	0.000000	0.000000
*3	0.000000	-0.004974 V	0.000951 V	0.000267 V	-0.000119 V	1.621248E-005 V	0.000000	0.000000
*4								
Image *5								

图 10 - 52

点列图光斑已经进入衍射极限,尺寸接近 0,如图 10 - 53 所示。

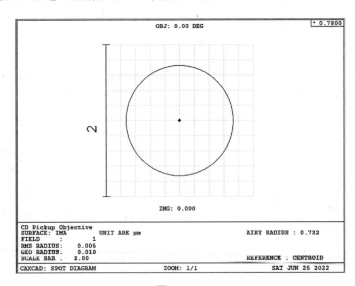

图 10 - 53

如图 10-54 所示为进入衍射极限的几何光斑,其真实光斑的大小需要用 PSF 来进行
分析和评估。

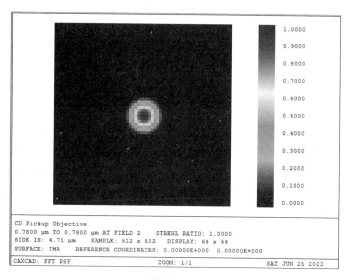

図 10 - 54

第 11 章

公差分析

CAXCAD 软件提供了一种快速的方式来实现复杂的公差分析和敏感度分析。公差分析可以进行包括镜片曲率半径、中心厚度、位置、倾斜角度、光学材料和高次非球面系数等参数在内生产制造的预测,同时还可以进行光学元件和镜头组件的装配公差分析。光学系统的公差分析可以在镜头设计完成后,预测镜头制造后的表现,这是评估设计品质的重要指标,给后续镜片是否适合进行加工制造提供了指导。

11.1　公差数据

11.1.1　默认公差设置

通过快捷键 F8 可以打开公差数据编辑器,如图 11 - 1 所示。

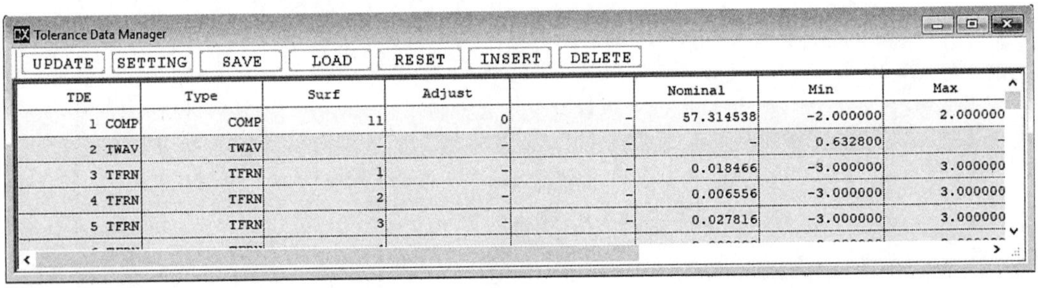

TDE	Type	Surf	Adjust		Nominal	Min	Max
1 COMP	COMP	11	0	–	57.314538	−2.000000	2.000000
2 TWAV	TWAV	–	–	–	–	0.632800	–
3 TFRN	TFRN	1	–	–	0.018466	−3.000000	3.000000
4 TFRN	TFRN	2	–	–	0.006556	−3.000000	3.000000
5 TFRN	TFRN	3	–	–	0.027816	−3.000000	3.000000

图 11 - 1

设置 SETTING 按钮打开默认的公差设置,通过默认公差数据可以快速建立并设置公差,如图 11 - 2 所示。

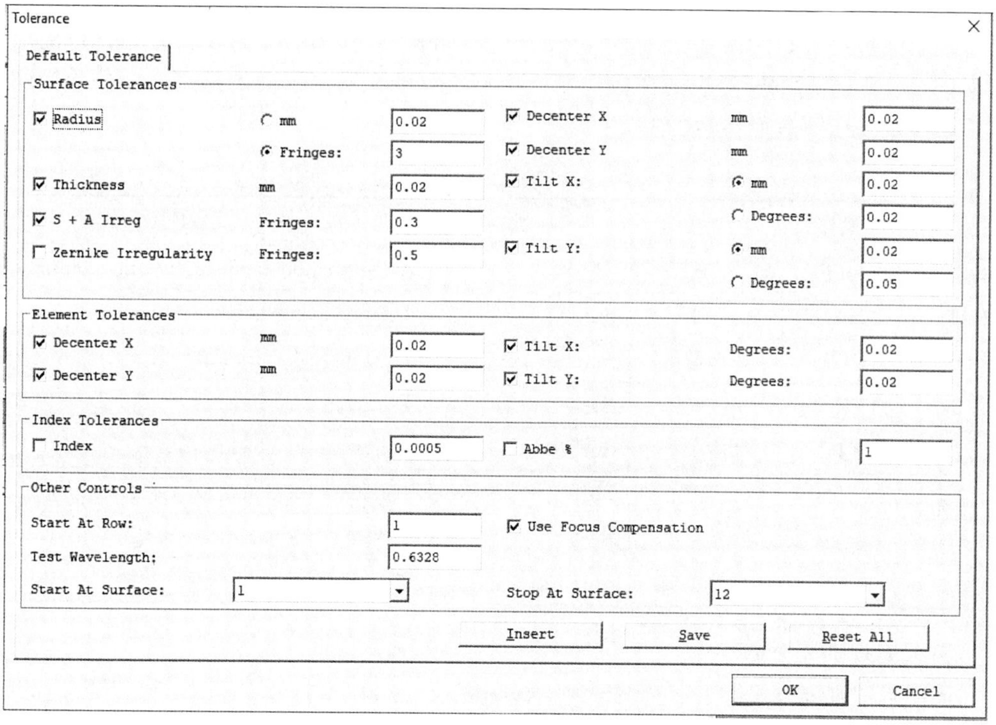

图 11 - 2

11.1.2 公差控制操作数

如表 11 - 1 所示,公差控制操作数用来定义公差分析过程中的测试波长、补偿器等, 其中 SAV 或 SAVE 操作数是用来保存前一个操作数进行公差执行后的镜头文件。

补偿器的作用是当公差发生的时候进行参数的优化以及补偿公差的影响,在实际镜 头装配过程中,通常都会留有一项或多项的补偿参数,最常见的补偿器是成像面到镜头的 像面补偿,即后焦距补偿,对应的公差操作数是 CMP 或 COMP。这个补偿器对应默认评 价函数窗口中的 Use Focus Compensation。

表 11 - 1

操作数	兼容操作数	含义	参数	NOTE
CMP	COMP	补偿器	Surf Code	Compensator
CPR	CPAR	参数补偿	Surf Parameter	Define parameter as the compensator
CED	CEDV	扩展补偿	Surf Extra.Par#	Set the extra data as the compensator
CMO	CMCO	多重补偿	Row Zoom	Set multi-configuration operand compensator
WAV	TWAV	测试波长	—	Test wavelength
SAV	SAVE	保存文件	File Number	Save sensitivity analysis lenses

表面参数公差

表面参数公差是用来定义表面参数的公差,如表 11-2 所示。RAD 或 TRAD 对应曲率半径,FRN 或 TFRN 对应的样板检测或干涉条纹的光圈。下面的这些表面公差操作数几乎可以定义所有表面参数的偏差。

表 11-2

操作数	兼容操作数	含义	参数	NOTE
OFF	TOFF	TOFF	—	An unused operand for entering comments.
RAD	TRAD	曲率半径	Surf	Tolerance on Radius
CUR	TCUR	曲率数值	Surf	Tolerance on Curvature
FRN	TFRN	半径光圈	Surf	Tolerance on Fringes
THI	TTHI	厚度公差	Surf	Tolerance on Thickness
CON	TCON	CONIC 公差	Surf	Tolerance on Conic
PAR	TPAR	参数公差	Surf	Tolerance on parameter data
EDV	TEDV	扩展公差	Surf Extra.Par#	Tolerance on extra data

面型不规则度公差

面型不规则度公差用于定义面型的不规则度,如表 11-3 所示。TIRR 和 TZFN 都针对面型偏差,区别是 TIRR 主要产生三阶像差的矢高偏差,而 TZFN 则可以按照 37 项泽尼克多项式的形式产生矢高偏差。所有的这些偏差均对应贡献了面型的局部不规则度。

表 11-3

操作数	兼容操作数	含义	参数	NOTE
IRR	TIRR	面型规则	Surf	Tolerance on surface irregularity
ZFN	TZFN	泽尼克面型规则	Surf	Tolerance with Zernike surface

TIRR 对应的面型是 FZSAGIRR,这个面型对应典型的泽尼克多项式初级像差部分(图 11-3):

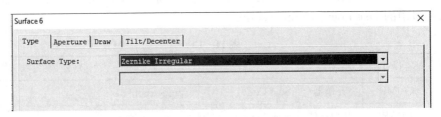

图 11-3

FZSAGIRR 面型扩展参数(图 11-4):

LDE	Piston	Tilt X	Tilt Y	Defocus	Asti. X	Asti. Y	Coma X	Coma Y	Spherical	Decenter X	Decenter Y
5											
Stop 6	0.000000	0.000000	0.000000	0.000000	0.000000	0.000000	0.000000	0.000000	0.000000	0.000000	0.000000
7											

图 11-4

表面偏心倾斜公差

表面偏心倾斜公差用于定义面型制造中的偏心倾斜公差,表 11－4 所列的公差操作数针对所有的面型都有效。其中 TSDR 产生的偏心方向是随机的。

表 11－4

操作数	兼容操作数	含义	参数	NOTE
SDX	TSDX	表面偏心 X	Surf	Tolerance on surface X decenter for all surface type
SDY	TSDY	表面偏心 Y	Surf	Tolerance on surface Y decenter for all surface type
SDR	TSDR	表面偏心 R	Surf	Tolerance on Surface Decenters for all surface type
STX	TSTX	表面倾斜 X	Surf	Tolerance on surface X tilt for all surface type
STY	TSTY	表面倾斜 Y	Surf	Tolerance on surface Y tilt for all surface type
STZ	TSTZ	表面倾斜 Z	Surf	Tolerance on surface Z tilt for all surface type
SRX	TIRX	倾斜矢高 X	Surf	Tolerance on surface X tilt sag for all surface type
SRY	TIRY	倾斜矢高 Y	Surf	Tolerance on surface Y tilt sag for all surface type

材料公差

材料公差是定义材质的折射率和阿贝数公差,如表 11－5 所示。折射率公差针对所有波段折射率都产生偏移,阿贝数公差只有在玻璃材料是 Model 求解时才有效果。因为 Model 玻璃需要调用阿贝数进行折射率的计算。

表 11－5

操作数	兼容操作数	含义	参数	NOTE
IND	TIND	折射公差	Surf	Tolerance on index
ABB	TABB	阿贝公差	Surf	Tolerance on Abbe

组件公差

组件公差用于定义装配过程中产生的组件偏心倾斜公差,如表 11－6 所示。TEDR 产生的偏心方向是随机的。

表 11－6

操作数	兼容操作数	含义	参数	NOTE
EDX	TEDX	组件偏心 X	Surf1 Surf2	Tolerance on element X decenter
EDY	TEDY	组件偏心 Y	Surf1 Surf2	Tolerance on element Y decenter
EDR	TEDR	组件倾斜 R	Surf	Tolerance on Element Decenters
ETX	TETX	组件倾斜 X	Surf1 Surf2	Tolerance on element X tilt
ETY	TETY	组件倾斜 Y	Surf1 Surf2	Tolerance on element Y tilt
ETZ	TETZ	组件倾斜 Z	Surf1 Surf2	Tolerance on element Z tilt

自定义公差

自定义公差是系统中需要定义坐标断点面，然后指定此面的偏心倾斜公差，如表 11-7所示。

表 11-7

操作数	兼容操作数	含义	参数	NOTE
UDX	TUDX	自定偏心 X	Surf	Tolerance on user defined X decenter
UDY	TUDY	自定偏心 Y	Surf	Tolerance on user defined Y decenter
UTX	TUTX	自定倾斜 X	Surf	Tolerance on user defined X tilt
UTY	TUTY	自定倾斜 Y	Surf	Tolerance on user defined Y tilt
UTZ	TUTZ	自定倾斜 Z	Surf	Tolerance on user defined Z tilt

11.2 敏感度分析

在公差数据设置完成后，就可以进行公差的敏感度分析。敏感度分析的作用是在已知生产能力或公差数据的前提下进行公差分析并预测生产后的效果，进而评估设计的镜片是否适合生产。

公差分析和设计阶段的评价标准可以是一致的，也可以存在不同，而选择其他标准作为参考。

CAXCAD 支持的公差评价类型如表 11-8所示：

表 11-8

公差标准类型	含义
RMS Spot Radius	RMS 点列图
RMS Spot X	X 方向 RMS 点列图
RMS Spot Y	Y 方向 RMS 点列图
RMS Wavefront	RMS 波前差
RMS Angular Radius	RMS 角度半径
RMS Angular X	RMS X 方向角度半径
RMS Angular Y	RMS Y 方向角度半径
Merit Function	评价函数
User Script	用户脚本指令
Geo. MTF Average	平均几何 MTF
Geo. MTF Tan	子午几何 MTF
Geo. MTF Sag	弧矢几何 MTF
Diff. MTF Average	平均衍射 MTF

续表

公差标准类型	含义
Diff. MTF Tan	子午衍射 MTF
Diff. MTF Sag	弧矢衍射 MTF

除了常用的 RMS 点列图和 MTF 外，评价函数 Merit Function 可以作为一个万能的评价标准，因为任何评价函数操作数都可以加入评价标准，从而进行公差分析。

11.2.1　敏感度公差实例

针对双高斯镜头，以点列图为标准进行常规制造公差预测，如图 11-5 所示。在公差分析过程中，表面数据中的所有求解和变量都会被自动删除。

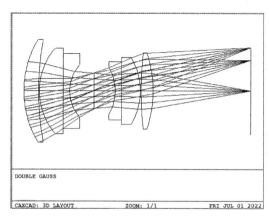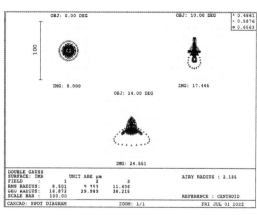

图 11-5

利用默认的评价函数建立公差数据，如图 11-6 所示：

图 11-6

表面制造公差：

曲率半径公差 Radius：±3 光圈；

中心厚度公差 Thickness：±0.02 mm；

表面不规则度 S+A Irreg：±0.3 光圈；

X 方向表面偏心 Decenter X：±0.02 mm；

Y 方向表面偏心 Decenter Y：±0.02 mm；

X 方向倾斜 Tilt X：±0.02 mm；

Y 方向倾斜 Tilt Y：±0.02 mm。

组件装配公差：

X 方向表面偏心 Decenter X：±0.02 mm；

Y 方向表面偏心 Decenter Y：±0.02 mm；

X 方向倾斜 Tilt X：±0.02°；

Y 方向倾斜 Tilt Y：±0.02°。

点击确定后，默认的公差数据会自动插入到公差数据编辑器中（图 11 - 7）：

	TDE	Type				Nominal	Min	Max
1	COMP	COMP	11	0	–	57.314538	-2.000000	2.000000
2	TWAV	TWAV	–	–	–	–	0.632800	–
3	TFRN	TFRN	1	–	–	0.018466	-3.000000	3.000000
4	TFRN	TFRN	2	–	–	0.006556	-3.000000	3.000000
5	TFRN	TFRN	3	–	–	0.027816	-3.000000	3.000000
6	TFRN	TFRN	4	–	–	0.000000	-3.000000	3.000000
7	TFRN	TFRN	5	–	–	0.044904	-3.000000	3.000000
8	TFRN	TFRN	7	–	–	-0.038933	-3.000000	3.000000
9	TFRN	TFRN	8	–	–	0.000000	-3.000000	3.000000
10	TFRN	TFRN	9	–	–	-0.027041	-3.000000	3.000000
11	TFRN	TFRN	10	–	–	0.005091	-3.000000	3.000000
12	TFRN	TFRN	11	–	–	-0.014893	-3.000000	3.000000
13	TTHI	TTHI	1	2	–	8.746658	-0.020000	0.020000
14	TTHI	TTHI	2	5	–	0.500000	-0.020000	0.020000
15	TTHI	TTHI	3	5	–	14.000000	-0.020000	0.020000
16	TTHI	TTHI	4	5	–	3.776966	-0.020000	0.020000
17	TTHI	TTHI	5	6	–	14.253059	-0.020000	0.020000
18	TTHI	TTHI	6	9	–	12.428129	-0.020000	0.020000
19	TTHI	TTHI	7	9	–	3.776966	-0.020000	0.020000
20	TTHI	TTHI	8	9	–	10.833929	-0.020000	0.020000
21	TTHI	TTHI	9	11	–	0.500000	-0.020000	0.020000
22	TTHI	TTHI	10	11	–	6.858175	-0.020000	0.020000
23	TSDX	TSDX	1	–	–	0.000000	-0.020000	0.020000
24	TSDX	TSDX	2	–	–	0.000000	-0.020000	0.020000
25	TSDX	TSDX	3	–	–	0.000000	-0.020000	0.020000
26	TSDX	TSDX	4	–	–	0.000000	-0.020000	0.020000

图 11 - 7

打开敏感度公差分析窗口，选择标注的标准为点列图 RMS Spot Radius，并且点击 Check 进行标准的数值确认。对于采样为 3，获得数值为 0.008 028 90，相当于 8.028 μm，如图 11 - 8 所示。

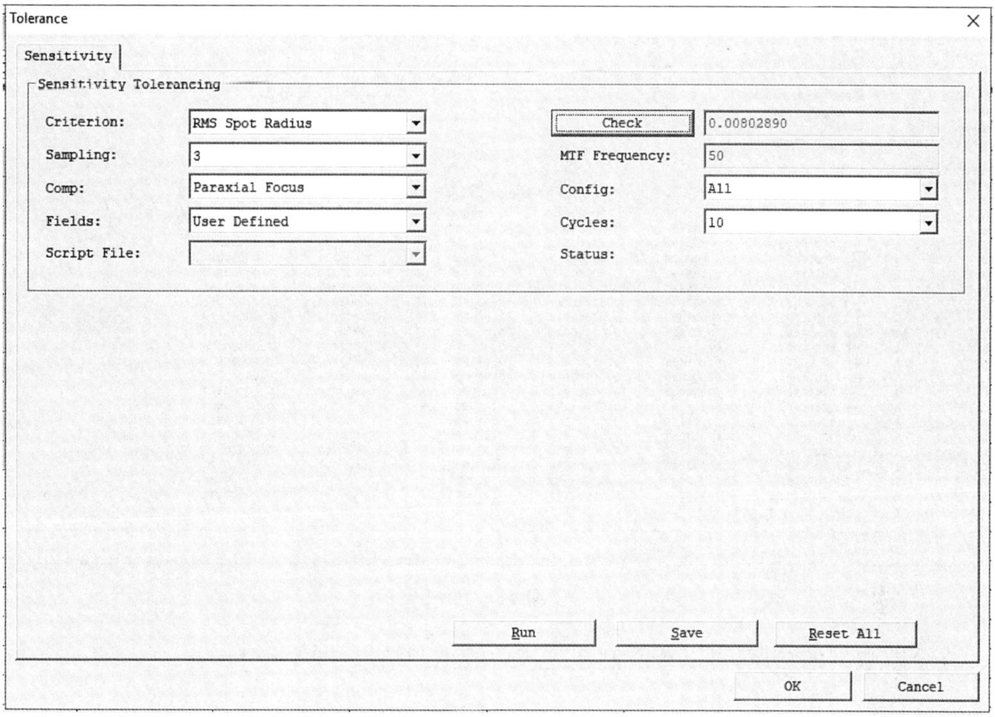

图 11 - 8

视场的设置：

这里需要注意视场(Field)的定义,针对不同的选择,评价视场选项会有所不同。

Y Fields:Y 方向设置 0,±0.7,±1 共 5 个视场点,中心视场权重为 2。

XY Fields:XY 方向设置 0,±0.7,±1 共 9 个视场点,中心视场权重为 4。

User Defined:使用当前系统设置的视场及权重。

公差的评估标准:点列图的数值来自各视场数值的平均值,选择不同的视场,数值会不同。

补偿器的设置：

这里选择使用近轴后焦距(Paraxial Focus)补偿,公差产生时像面距离会作为变量寻找焦点。

优化循环的设置：

循环次数(Cycles)用来控制在公差补偿过程中的优化循环次数,这会直接影响公差分析的效率。一般推荐设置为 5~10 之间,可以保证效率的性价比。

点击确定,开始公差分析,公差分析的进度会显示在状态栏的第一列(图 11 - 9)。

Sensitivity Analysis: 44%	EFFL: 99.5007

图 11 - 9

运行完成后,公差分析的结果会直接显示在命令窗口中,并且公差分析的类型和参数,以及每个公差的数据都会显示,如图 11 - 10 所示。

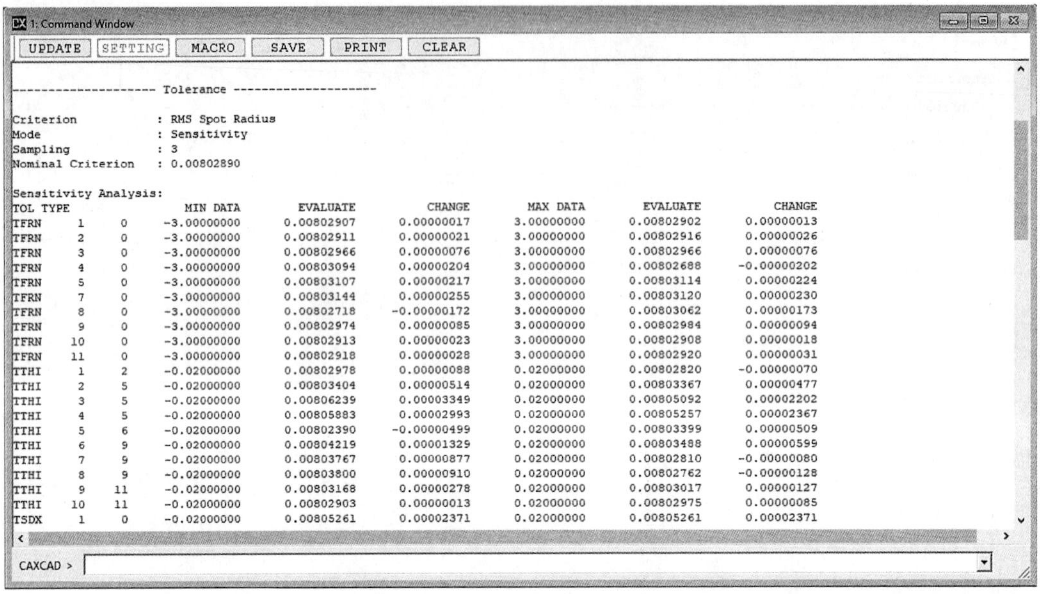

```
DX 1: Command Window                                                          ▢ ▢ ▨
 UPDATE  SETTING   MACRO    SAVE    PRINT    CLEAR
 -------------------- Tolerance --------------------

 Criterion        : RMS Spot Radius
 Mode             : Sensitivity
 Sampling         : 3
 Nominal Criterion : 0.00802890

 Sensitivity Analysis:
 TOL TYPE          MIN DATA      EVALUATE       CHANGE      MAX DATA      EVALUATE       CHANGE
 TFRN   1    0   -3.00000000   0.00802907    0.00000017   3.00000000   0.00802902    0.00000013
 TFRN   2    0   -3.00000000   0.00802911    0.00000021   3.00000000   0.00802916    0.00000026
 TFRN   3    0   -3.00000000   0.00802966    0.00000076   3.00000000   0.00802966    0.00000076
 TFRN   4    0   -3.00000000   0.00803094    0.00000204   3.00000000   0.00802688   -0.00000202
 TFRN   5    0   -3.00000000   0.00803107    0.00000217   3.00000000   0.00803114    0.00000224
 TFRN   7    0   -3.00000000   0.00803144    0.00000255   3.00000000   0.00803120    0.00000230
 TFRN   8    0   -3.00000000   0.00802718   -0.00000172   3.00000000   0.00803062    0.00000173
 TFRN   9    0   -3.00000000   0.00802974   -0.00000085   3.00000000   0.00802984    0.00000094
 TFRN  10    0   -3.00000000   0.00802913    0.00000023   3.00000000   0.00802908    0.00000018
 TFRN  11    0   -3.00000000   0.00802918    0.00000028   3.00000000   0.00802920    0.00000031
 TTHI   1    2   -0.02000000   0.00802978    0.00000088   0.02000000   0.00802820   -0.00000070
 TTHI   2    5   -0.02000000   0.00803404    0.00000514   0.02000000   0.00803367    0.00000477
 TTHI   3    5   -0.02000000   0.00806239    0.00003349   0.02000000   0.00805092    0.00002202
 TTHI   4    5   -0.02000000   0.00805883    0.00002993   0.02000000   0.00805257    0.00002367
 TTHI   5    6   -0.02000000   0.00802390   -0.00000499   0.02000000   0.00803399    0.00000509
 TTHI   6    9   -0.02000000   0.00804219    0.00001329   0.02000000   0.00803488    0.00000599
 TTHI   7    9   -0.02000000   0.00803767    0.00000877   0.02000000   0.00802810   -0.00000080
 TTHI   8    9   -0.02000000   0.00803800    0.00000910   0.02000000   0.00802762   -0.00000128
 TTHI   9   11   -0.02000000   0.00803168    0.00000278   0.02000000   0.00803017    0.00000127
 TTHI  10   11   -0.02000000   0.00802903    0.00000013   0.02000000   0.00802975    0.00000085
 TSDX   1    0   -0.02000000   0.00805261    0.00002371   0.02000000   0.00805261    0.00002371

 CAXCAD >
```

图 11 - 10

在公差数据的结尾,可以查看制造完成后的预测结果(图 11 - 11):

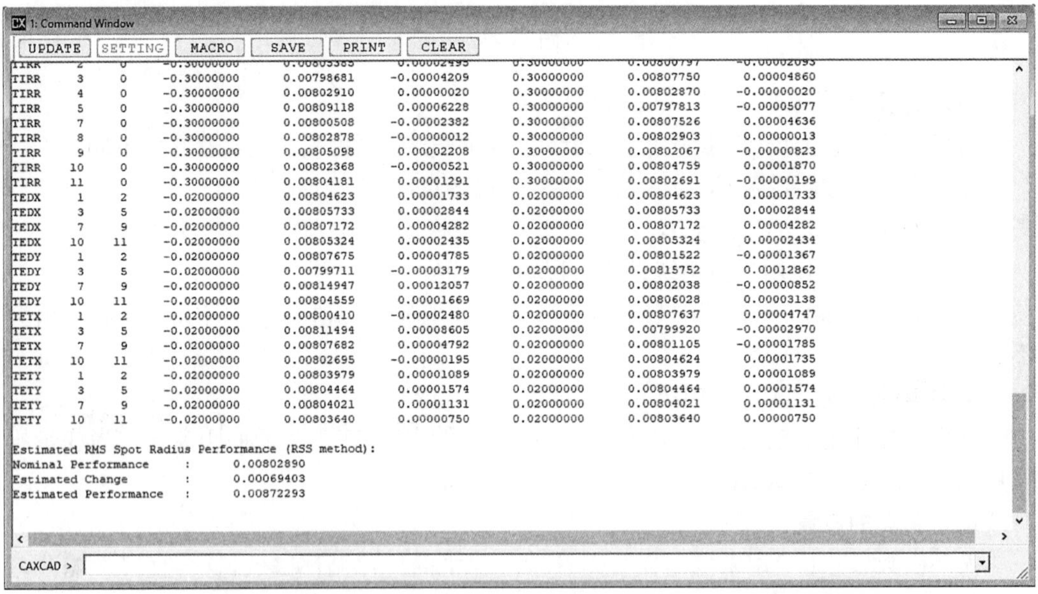

```
DX 1: Command Window                                                          ▢ ▢ ▨
 UPDATE  SETTING   MACRO    SAVE    PRINT    CLEAR
 TIRR   2    0   -0.30000000   0.00805383    0.00002493   0.30000000   0.00800797   -0.00002093
 TIRR   3    0   -0.30000000   0.00798681   -0.00004209   0.30000000   0.00807750    0.00004860
 TIRR   4    0   -0.30000000   0.00802910    0.00000020   0.30000000   0.00802870   -0.00000020
 TIRR   5    0   -0.30000000   0.00809118    0.00006228   0.30000000   0.00797813   -0.00005077
 TIRR   7    0   -0.30000000   0.00800508   -0.00002382   0.30000000   0.00807526    0.00004636
 TIRR   8    0   -0.30000000   0.00802878   -0.00000012   0.30000000   0.00802903    0.00000013
 TIRR   9    0   -0.30000000   0.00805098    0.00002208   0.30000000   0.00802067   -0.00000823
 TIRR  10    0   -0.30000000   0.00802368   -0.00000521   0.30000000   0.00804759    0.00001870
 TIRR  11    0   -0.30000000   0.00804181    0.00001291   0.30000000   0.00802691   -0.00000199
 TEDX   1    2   -0.02000000   0.00804623    0.00001733   0.02000000   0.00804623    0.00001733
 TEDX   3    5   -0.02000000   0.00805733    0.00002844   0.02000000   0.00805733    0.00002844
 TEDX   7    9   -0.02000000   0.00807172    0.00004282   0.02000000   0.00807172    0.00004282
 TEDX  10   11   -0.02000000   0.00805324    0.00002435   0.02000000   0.00805324    0.00002434
 TEDY   1    2   -0.02000000   0.00807675    0.00004785   0.02000000   0.00801522   -0.00001367
 TEDY   3    5   -0.02000000   0.00799711   -0.00003179   0.02000000   0.00815752    0.00012862
 TEDY   7    9   -0.02000000   0.00814947    0.00012057   0.02000000   0.00802038   -0.00000852
 TEDY  10   11   -0.02000000   0.00804559    0.00001669   0.02000000   0.00806028    0.00003138
 TETX   1    2   -0.02000000   0.00800410   -0.00002480   0.02000000   0.00807637    0.00004747
 TETX   3    5   -0.02000000   0.00811494    0.00008605   0.02000000   0.00799920   -0.00002970
 TETX   7    9   -0.02000000   0.00807682    0.00004792   0.02000000   0.00801105   -0.00001785
 TETX  10   11   -0.02000000   0.00802695   -0.00000195   0.02000000   0.00804624    0.00001735
 TETY   1    2   -0.02000000   0.00803979    0.00001089   0.02000000   0.00803979    0.00001089
 TETY   3    5   -0.02000000   0.00804464    0.00001574   0.02000000   0.00804464    0.00001574
 TETY   7    9   -0.02000000   0.00804021    0.00001131   0.02000000   0.00804021    0.00001131
 TETY  10   11   -0.02000000   0.00803640    0.00000750   0.02000000   0.00803640    0.00000750

 Estimated RMS Spot Radius Performance (RSS method):
 Nominal Performance    :    0.00802890
 Estimated Change       :    0.00069403
 Estimated Performance  :    0.00872293

 CAXCAD >
```

图 11 - 11

前面已经确认公差的标准值是 0.008 028 9,制造带来的改变为 0.000 694 03,预测制造后表现是 0.008 722 93。根据数值判断,这是一个相当不错的设计方案,制造完成后的几何光斑与设计值相差很小。

11.2.2　苹果手机专利镜头 SSN2 敏感度分析

光学系统设计过程对于设计者的经验要求很高,但是积累这些经验需要很长的时间。

为了能够获取更快的学习方法,检索专利就是一个非常好的方式。以苹果手机镜头 US20170299845A1 为例来展示如何去检索、仿真及分析镜头专利文件。

通过网络专利进行检索,可以快速找到如下专利(图 11 - 12):

Imaging lens system

Abstract

A compact, wide angle, low F-number lens system that may be used in small form factor cameras is described. The compact lens system has six lens elements, and provides high brightness with a low F-number and a wide field of view (FOV) in small form factor cameras. The shapes, materials, and arrangements of the lens elements in the lens system may be selected to correct aberrations, enabling the camera to capture high resolution, bright, high quality images at low F-numbers with a wide FOV. In addition, the shapes and arrangements of the lens elements in the lens system may reduce or eliminate a flare phenomenon.

Images (34)

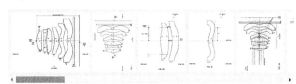

Classifications

◉ G02B13/0045 Miniaturised objectives for electronic devices, e.g. portable telephones, webcams, PDAs, small digital cameras characterised by the lens design having at least one aspherical surface having five or more lenses

View 3 more classifications

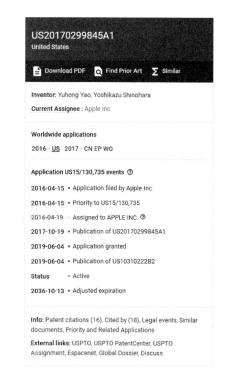

US20170299845A1
United States

📄 Download PDF　　🔍 Find Prior Art　　Σ Similar

Inventor: Yuhong Yao, Yoshikazu Shinohara

Current Assignee: Apple Inc

Worldwide applications

2016 · <u>US</u>　2017 · CN EP WO

Application US15/130,735 events ⑦

2016-04-15 · Application filed by Apple Inc

2016-04-15 · Priority to US15/130,735

2016-04-19 · Assigned to APPLE INC. ⑦

2017-10-19 · Publication of US20170299845A1

2019-06-04 · Application granted

2019-06-04 · Publication of US10310222B2

Status　· Active

2036-10-13 · Adjusted expiration

Info: Patent citations (16), Cited by (18), Legal events, Similar documents, Priority and Related Applications

External links: USPTO, USPTO PatentCenter, USPTO Assignment, Espacenet, Global Dossier, Discuss

图 11 - 12

专利文件中的 PDF 文档可以免费下载(图 11 - 13):

US 20170299845A1

(19) **United States**

(12) **Patent Application Publication**　(10) Pub. No.: **US 2017/0299845 A1**
　　　　Yao et al.　　　　　　　　　　　　　　　(43) **Pub. Date:**　　　　**Oct. 19, 2017**

(54)　**IMAGING LENS SYSTEM**

(71)　Applicant: **Apple Inc.**, Cupertino, CA (US)

(72)　Inventors: **Yuhong Yao**, San Jose, CA (US);
　　　　　　　　Yoshikazu Shinohara, Cupertino, CA (US)

(73)　Assignee: **Apple Inc.**, Cupertino, CA (US)

(21)　Appl. No.: **15/130,735**

(22)　Filed:　　**Apr. 15, 2016**

　　　　Publication Classification

(51)　**Int. Cl.**
　　　　G02B 13/00　　　(2006.01)
　　　　H04N 5/225　　　(2006.01)
　　　　G02B 9/62　　　(2006.01)

(52)　**U.S. Cl.**
　　　　CPC ....　*G02B 13/0045* (2013.01); *G02B 9/62*
　　　　　　　　　　　(2013.01); *H04N 5/2254* (2013.01)

(57)　　　　　　**ABSTRACT**

A compact, wide angle, low F-number lens system that may be used in small form factor cameras is described. The compact lens system has six lens elements, and provides high brightness with a low F-number and a wide field of view (FOV) in small form factor cameras. The shapes, materials, and arrangements of the lens elements in the lens system may be selected to correct aberrations, enabling the camera to capture high resolution, bright, high quality images at low F-numbers with a wide FOV. In addition, the shapes and arrangements of the lens elements in the lens system may reduce or eliminate a flare phenomenon.

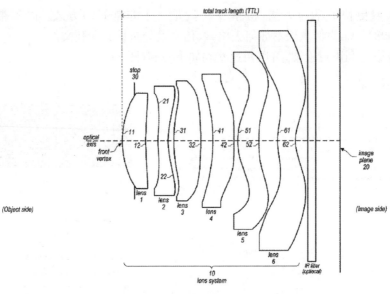

图 11-13

在光学系统的专利中,会把光学的部件和整个系统的信息全部提供出来,利用这些参数就可以在光学软件中进行建模。这款专利文件中提供了多款不同焦距、不同角度的设计文件,这里以 510 编号的镜头为例。

图 11-14 给出了系统和面型的基本参数。

TABLE 14

Element	Surface (S#)	Radius (mm)	Thickness or separaton (mm)	Refractive Index N_d	Abbe Number V_d
Lens system 510 Fno=1.8, HFOV=38.1 deg					
Object	0	Inf	Inf		
	1	Inf	0.337 5		
APe Stop	2	Inf	−0.337 5		
Lens 1	＊3	2.345 9	0.619 5	1.545	56.0
	＊4	7.228 4	0.254 1		

TABLE 14-continued

Element	Surface (S#)	Radius (mm)	Thickness or separation (mm)	Refractive Index N_d	Abbe Number V_d
Lens system 510 Fno=1.8, HFOV=38.1 deg					
Lens 2	＊5	3.797 7	0.253 1	1.640	23.5
	＊6	1.882 9	0.157 9		

Lens system 510 Fno=1.8,HFOV=38.1 deg				
Lens 3	* 7	3.555 0	0.679	1.545	56.0
	* 8	−26.846 8	0.569 1		
Lens 4	* 9	−11.042 0	0.410 4	1.545	56.0
	* 10	7.130 3	0.108 4		
Lens 5	* 11	1.465 4	0.524 5	1.545	56.0
	* 12	3.957 4	0.615 1		
Lens 6	* 13	2.052 1	0.460 1	1.545	56.0
	* 14	1.176 3	0.308 7		
Filter	15	Inf	0.210 0	1.517	64.2
	16	Inf	0.600 0		
Sensor	17	Inf	0.000 0		

图 11 - 14

图 11-15 给出了面型的高次系数：

TABLE 15A

ASPHERIC COEFFICIENTS(Lens System 510)				
	Surface(S#)			
	S3	S4	S5	S6
K	0	0	0	0
A4	−1.06226E−03	−3.61474E−02	−2.25413B−01	−2.45604E−01
A6	7.06466E−03	2.67307E−02	1.83650B−01	1.98582E−01
A8	−4.66079E−03	−2.19697E−03	−1.03653E−01	−1.35435E−01
A10	1.44582E−03	−1.70717E−02	2.26831E−02	5.49646E−02
A12	1.18841E−03	1.39853E−02	5.39126E−03	−1.12228E−02
A14	−6.83263E−04	−4.46254E−03	−4.16224E−03	5.61640E−04
A16	0.00000E+00	0.00000E+00	0.00000E+00	0.00000E+00
A18	0.00000E+00	0.00000E+00	0.00000E+00	0.00000E+00
A20	0.00000E+00	0.00000E+00	0.00000E+00	0.00000E+00

TABLE 15B

	ASPHERIC COEFFICIENTS(Lens System 510)			
	Surface(S#)			
	S7	S8	S9	S10
K	0	0	0	0
A4	−2.85389E−02	−1.13736E−02	−6.26081E−02	−3.31960E−01
A6	−2.98749E−02	5.86150E−03	8.14163E−02	2.76593E−01
A8	4.89028E−02	−1.80924E−02	−8.24328E−02	−1.74253E−01
A10	−5.38289E−02	8.78509E−03	5.30866E−02	7.62924E−02
A12	2.68919E−02	−2.77471E−03	−1.77754E−02	−1.86491E−02
A14	−4.78723E−03	5.14349E−04	2.44278E−03	2.40198E−03
A16	0.00000E+00	0.00000E+00	8.97803E−05	−2.45692E−04

TABLE 15B-continued

	ASPHERIC COEFFICIENTS(Lens System 510)			
	Surface(S#)			
	S7	S8	S9	S10
A18	0.00000E+00	0.00000E+00	−4.93506E−05	2.67785E−05
A20	0.00000E+00	0.00000E+00	0.00000E+00	0.00000E+00

TABLE 15C

	ASPHERIC COEFFICIENTS(Lens System 510)			
	Surface(S#)			
	S11	S12	S13	S14
K	−1	0	−1	−1
A4	−1.38066E−01	1.48447E−01	−2.57283E−01	−3.23139E−01
A6	8.11898E−02	−1.36567E−01	6.62976E−02	1.75111E−01
A8	−6.66585E−02	4.22347E−02	3.32949E−02	−7.37215E−02
A10	2.35452E−02	−2.09710E−03	−3.83968E−02	2.21270E−02
A12	−4.49376E−04	−2.66664E−03	1.58963E−02	−4.65544E−03
A14	−1.86238E−03	9.02182E−04	−3.54139E−03	6.72277E−04
A16	4.37935E−04	−1.33672E−04	4.46148E−04	−6.29814E−05
A18	−3.02590E−05	9.61698E−06	−2.99026E−05	3.41149E−06
A20	0.00000E+00	−2.63847E−07	8.28153E−07	−8.04407E−08

图 11‑15

图 11 - 16 提供了镜头系统参数基本信息：

TABLE 16

Optical Definitions(Lens system 510)			
f(mm)	4.4	fl/f	1.39
Fno	1.8	Zh/Za	0.94
HFOV(deg)	38.1°	TTL/ImageH	1.71
V_2	23.5	CRA	34°

图 11 - 16

根据以上提供的信息和数据，可以直接录入 CAXCAD 软件，这个文件可以直接在软件中打开(图 11 - 17)：

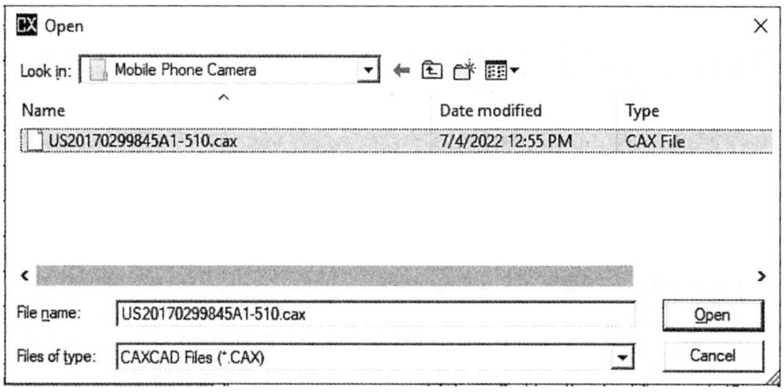

图 11 - 17

基本面型数据展示(图 11 - 18)：

LDE	SURFACE	NAME	RADIUS	THICKNESS	GLASS	APERTURE	DIAMETER	CONIC
Object 0	STANDARD		Infinity	Infinity		2.2467490	2.2467490	0.0000000
1	STANDARD		Infinity	1.0000000		0.0000000 U	0.0000000	0.0000000
2	STANDARD		Infinity	0.3375000		0.0000000 U	0.0000000	0.0000000
Stop 3	STANDARD		Infinity	-0.3375000		0.0000000 U	0.0000000	0.0000000
*4	EVENASPH		2.3459000	0.6195000	APL5015AL	1.2000000 U	1.2500000	0.0000000
*5	EVENASPH		7.2284000	0.2541000		1.2500000 U	1.2500000	0.0000000
6	EVENASPH		3.7977000	0.2531000	EP6000	1.2420041	1.3761037	0.0000000
7	EVENASPH		1.8829000	0.1579000		1.3761037	1.3761037	0.0000000
8	EVENASPH		3.5550000	0.6792000	APL5015AL	1.4085761	1.5226351	0.0000000
9	EVENASPH		-26.8468000	0.5691000		1.5226351	1.5226351	0.0000000
10	EVENASPH		-11.0420000	0.4104000	APL5015AL	1.6524408	1.7579386	0.0000000
11	EVENASPH		7.1303000	0.1084000		1.7579386	1.7579386	0.0000000
12	EVENASPH		1.4654000	0.5245000	APL5015AL	1.9398488	2.3363669	-1.0000000
13	EVENASPH		3.9574000	0.6151000		2.3363669	2.3363669	0.0000000
14	EVENASPH		2.0521000	0.4601000	APL5015AL	2.4762907	2.8914805	-1.0000000
15	EVENASPH		1.1763000	0.3087000		2.8914805	2.8914805	-1.0000000
16	STANDARD		Infinity	0.2100000	BK7	3.1472511	3.2077046	0.0000000
17	STANDARD		Infinity	0.6000000		3.2077046	3.2077046	0.0000000
Image 18	STANDARD		Infinity	–		3.4863059	3.4863059	0.0000000

图 11 - 18

图 11 - 19 为高次非球面系数，请注意 CAXCAD 的偶次非球面系数为最高 20 次，对应镜头外观如图 11 - 20 所示。

LDE	Coeff.^4	Coeff.^6	Coeff.^8	Coeff.^10	Coeff.^12	Coeff.^14	Coeff.^16	Coeff.^18	Coeff.^20
Object 0									
1									
2									
Stop 3									
*4	-0.0010623	0.0070647	-0.0046608	0.0014458	0.0011884	-0.0006833	0.0000000	0.0000000	0.0000000
*5	-0.0361474	0.0267307	-0.0021970	-0.0170717	0.0139853	-0.0044625	0.0000000	0.0000000	0.0000000
6	-0.2254130	0.1836500	-0.1036530	0.0226831	0.0053913	-0.0041622	0.0000000	0.0000000	0.0000000
7	-0.2456060	0.1985820	-0.1354350	0.0549646	-0.0112228	0.0005616	0.0000000	0.0000000	0.0000000
8	-0.0285389	-0.0298749	0.0489028	-0.0538285	0.0268919	-0.0047872	0.0000000	0.0000000	0.0000000
9	-0.0113736	0.0059615	-0.0180924	0.0087851	-0.0027747	0.0005143	0.0000000	0.0000000	0.0000000
10	-0.0426081	0.0814163	-0.0824328	0.0530866	-0.0177754	0.0024528	8.9780300E-005	-1.9350600E-005	0.0000000
11	-0.3319600	0.2768930	-0.1742530	0.0762924	-0.0186401 V	0.0024020	-0.0002487	2.6778800E-005	0.0000000
12	-0.3380660	0.0811899	-0.0666585	0.0235452	-0.0004494	-0.0018624	0.0004379	-3.0259000E-005	0.0000000
13	0.1484670	-0.1365670	0.0422947	-0.0020971	-0.0026666	0.0009022	-0.0001337	9.6169800E-006	-2.6384700E-007
14	-0.2572830	0.0662976	0.0332949	-0.0383968	0.0158563	-0.0035414	0.0004461	-2.9902600E-005	8.2815300E-007
15	-0.3231290	0.1781110	-0.0737218	0.0221270	-0.0046554	0.0006723	-6.2981400E-005	3.4114900E-006	-8.0460700E-008
16									
17									
Image 18									

图 11-19

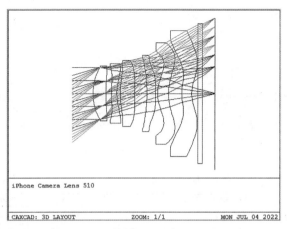

iPhone Camera Lens 510

CAXCAD: 3D LAYOUT　　　　ZOOM: 1/1　　　　MON JUL 04 2022

图 11-20

镜头一阶数据(图 11-21):

```
4: System Data

UPDATE  SETTING  SAVE  PRINT  TXT

GENERAL LENS DATA:

Surfaces          :              18
Stop              :               3
System Aperture   : Entrance Pupil Diameter = 2.444444
Glass Catalogs    : APEL P SCHOTT
Ray aiming        :             Off
Apodization       :       0 2.4444
Temperature (C).  :      20.0000000
Pressure (ATM).   :       1.0000000
Adjust Index ENV. :             Off
EFL. Focal Len.   :       4.3973715 (In Image Space)
FFL. Focal Len.   :       4.3973715
Back Focal Len.   :       0.6030271
Total Track       :       6.7701000
Image Space F/#   :       1.7989247
Para. Wrkng F/#   :       1.7989247
Working F/#       :       1.8324671
Image Space N.A.  :       0.2677924
Object Space N.A. : 1.2222222E-010
Stop Radius       :       1.2222222
Parax. Ima. Hgt.  :       3.4356031
Parax. Mag.       :       0.0000000
Entr. Pup. Dia.   :       2.4444444
Entr. Pup. Pos.   :       1.3375000
Exit Pupil Dia.   :       1.7518878
Exit Pupil Pos.   :      -3.1484872
Field Type        : Angle in Degrees
Maximum Field     :      38.0000000
Maximum Fie Angle :      38.0000000
Primary Wave      :    0.58756180 µm
Lens Units        :              MM
Angular Mag.      :       1.3953202
```

图 11-21

如图 11-22 所示,从点列图分析可以看出,光斑中心接近衍射极限,外视场并不以追求最小几何光斑为目的,而是 MTF 优化后的点列图效果。

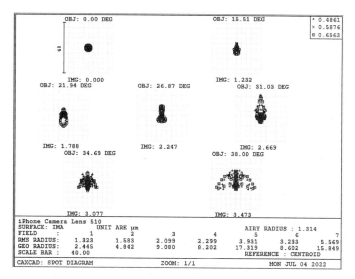

图 11-22

MTF 分辨率展示了不同视场下相当不错的对比度和分辨率,并且达到了非常好的视场平衡,如图 11-23 所示。

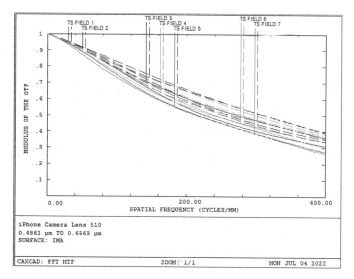

图 11-23

相对照度分析显示,边缘部分下降到最低 40% 左右,这一点可以通过图像感光的软件处理进行补偿,如图 11-24 所示。

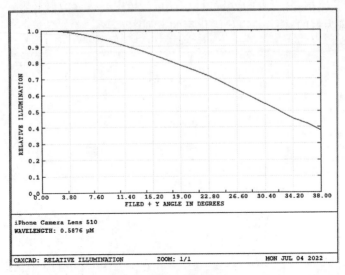

图 11 - 24

镜头建立完成后,需要对这款镜头生产制造的敏感度进行快速评估,通过评估,可以掌握镜片的敏感度排序,在制造过程中,重点关注高敏感度的镜片。

在默认的评价函数中,选中 SSN2 敏感度的高良率优化选项(图 11 - 25):

图 11 - 25

在 SSN2 列表中,更新评价函数后可以看到面 12 和面 13 的敏感度最高(图 11 - 26)。

MFE	Type	Surf	Samp					Target	Weight	Value	% Contrib
1 MF-DMFS	DMFS										
2 MF-SSN2	SSN2	1	3					0.0000000	0.0100000	0.0000000	0.0000000
3 MF-SSN2	SSN2	2	3					0.0000000	0.0100000	0.0000000	0.0000000
4 MF-SSN2	SSN2	3	3					0.0000000	0.0100000	0.0000000	0.0000000
5 MF-SSN2	SSN2	4	3					0.0000000	0.0100000	0.2893260	6.0315872
6 MF-SSN2	SSN2	5	3					0.0000000	0.0100000	0.0237050	0.0404889
7 MF-SSN2	SSN2	6	3					0.0000000	0.0100000	0.2538739	4.6440086
8 MF-SSN2	SSN2	7	3					0.0000000	0.0100000	0.0329151	0.0780634
9 MF-SSN2	SSN2	8	3					0.0000000	0.0100000	0.0158021	0.0179923
10 MF-SSN2	SSN2	9	3					0.0000000	0.0100000	0.2028059	2.9659285
11 MF-SSN2	SSN2	10	3					0.0000000	0.0100000	0.2729143	5.3667266
12 MF-SSN2	SSN2	11	3					0.0000000	0.0100000	0.1412395	1.4373722
13 MF-SSN2	SSN2	12	3					0.0000000	0.0100000	0.7237784	37.7457550
14 MF-SSN2	SSN2	13	3					0.0000000	0.0100000	0.6420347	29.7011871
15 MF-SSN2	SSN2	14	3					0.0000000	0.0100000	0.2162227	3.3686774
16 MF-SSN2	SSN2	15	3					0.0000000	0.0100000	0.3442321	8.5380671
17 MF-SSN2	SSN2	16	3					0.0000000	0.0100000	0.0000000	0.0000000
18 MF-SSN2	SSN2	17	3					0.0000000	0.0100000	0.0000000	0.0000000

图 11-26

对应面 12 和面 13 的第 5 片镜片制造敏感度最高,如图 11-27 所示,在生产过程中则需要重点关注。

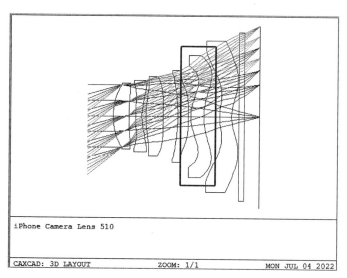

iPhone Camera Lens 510

CAXCAD: 3D LAYOUT   ZOOM: 1/1   MON JUL 04 2022

图 11-27

11.2.3 MTF 公差预测

在上一个例子中如果更换公差标准,并以 MTF 作为评价标准,可以直接预测 MTF 分辨率的表现。

如图 11-28 设置所示,更换评价标准为平均衍射 MTF,并将 MTF 频率设置为 50 lp/mm,利用 Check 确定当前 MTF 表现为 0.342 275 82。

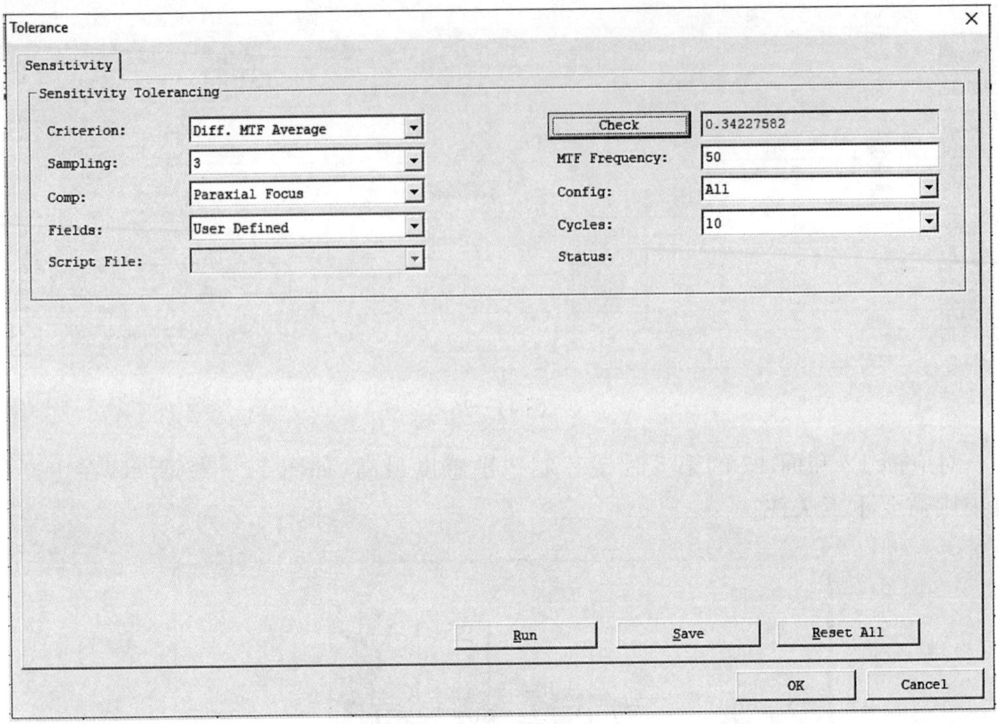

图 11 - 28

再次运行公差分析后，每个公差对 MTF 的表现如图 11 - 29 所示：

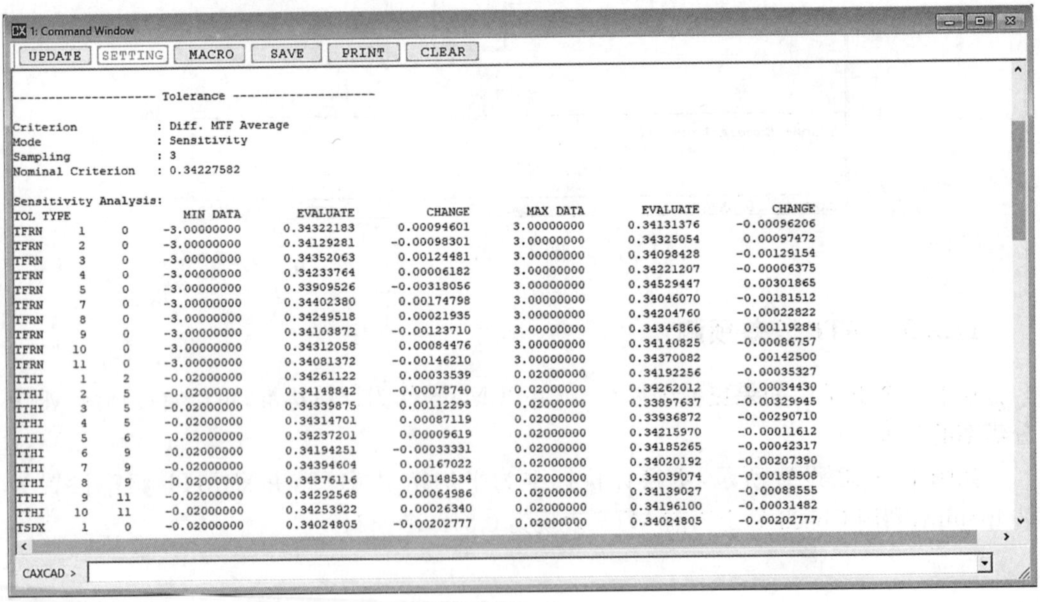

-------------------- Tolerance --------------------

Criterion : Diff. MTF Average
Mode : Sensitivity
Sampling : 3
Nominal Criterion : 0.34227582

Sensitivity Analysis:

TOL TYPE			MIN DATA	EVALUATE	CHANGE	MAX DATA	EVALUATE	CHANGE
TFRN	1	0	-3.00000000	0.34322183	0.00094601	3.00000000	0.34131376	-0.00096206
TFRN	2	0	-3.00000000	0.34129281	-0.00098301	3.00000000	0.34325054	0.00097472
TFRN	3	0	-3.00000000	0.34352063	0.00124481	3.00000000	0.34098428	-0.00129154
TFRN	4	0	-3.00000000	0.34233764	0.00006182	3.00000000	0.34221207	-0.00006375
TFRN	5	0	-3.00000000	0.33909526	-0.00318056	3.00000000	0.34529447	0.00301865
TFRN	7	0	-3.00000000	0.34402380	0.00174798	3.00000000	0.34046070	-0.00181512
TFRN	8	0	-3.00000000	0.34249518	0.00021935	3.00000000	0.34204760	-0.00022822
TFRN	9	0	-3.00000000	0.34103872	-0.00123710	3.00000000	0.34346866	0.00119284
TFRN	10	0	-3.00000000	0.34312058	0.00084476	3.00000000	0.34140825	-0.00086757
TFRN	11	0	-3.00000000	0.34081372	-0.00146210	3.00000000	0.34370082	0.00142500
TTHI	1	2	-0.02000000	0.34261122	0.00033539	0.02000000	0.34192256	-0.00035327
TTHI	2	5	-0.02000000	0.34148842	-0.00078740	0.02000000	0.34262012	0.00034430
TTHI	3	5	-0.02000000	0.34339875	0.00112293	0.02000000	0.33897637	-0.00329945
TTHI	4	5	-0.02000000	0.34314701	0.00087119	0.02000000	0.33936872	-0.00290710
TTHI	5	6	-0.02000000	0.34237201	0.00009619	0.02000000	0.34215970	-0.00011612
TTHI	6	9	-0.02000000	0.34194251	-0.00033331	0.02000000	0.34185265	-0.00042317
TTHI	7	9	-0.02000000	0.34394604	0.00167022	0.02000000	0.34020192	-0.00207390
TTHI	8	9	-0.02000000	0.34376116	0.00148534	0.02000000	0.34039074	-0.00188508
TTHI	9	11	-0.02000000	0.34292568	0.00064986	0.02000000	0.34139027	-0.00088555
TTHI	10	11	-0.02000000	0.34253922	0.00026340	0.02000000	0.34196100	-0.00031482
TSDX	1	0	-0.02000000	0.34024805	-0.00202777	0.02000000	0.34024805	-0.00202777

图 11 - 29

最终 MTF 的预测结果，将产生－0.065 688 21 的下降，而最终值为 0.276 587 61（图 11 - 30）。

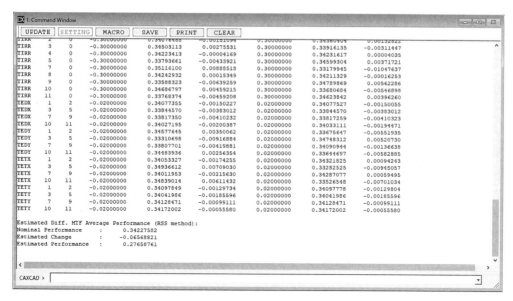

图 11-30

11.3 公差指令 User Script

CAXCAD 中已经包含了各种评价标准的公差分析，但是如果遇到用户自定义的情况，公差指令此时正好满足这种需求。在敏感度分析的列表里选择 User Script，以.CTL 结尾的公差指令，文件将会自动显示在 Script Files 列表中，通过列表选择后执行公差分析，就可以按照指令文件中的过程进行分析。

.CTL 文件存储在软件 Macro 目录的 Tolerance 文件夹内。

11.3.1 公差指令集

COMPSUR

COMPSUR surface code

表面参数补偿器，支持曲率半径、厚度和 Conic 系数。

"code" 0 表示厚度，1 表示曲率半径，2 表示 Conic 系数。

COMPPAR

COMPPAR surface number

表面参数补偿器，支持参数 PAR 0 - PAR255。

number 是参数 PAR 的编号。

COMPZOOM

COMPZOOM row zoom

多重结构参数补偿器。

row 表示 ZOOM 中的行数，zoom 表示第几个 zoom。

DELETECOMP

清除补偿器。

系统中所有的补偿器将被删除,在进行优化前需要设定新的补偿器。

LOADFILE

LOADFILE FileName

打开镜头文件。

FileName 是包括存储路径的镜头文件名称,如果没有路径,将自动加载程序根目录下的文件。

LOADMF

LOADMF FileName

加载评价函数文件。

FileName 是包括存储路径的 CMF 文件名称,如果没有路径,将自动加载当前镜头文件目录下的文件。

OPTIMIZE

OPTIMIZE n

优化命令。

直接输入 OPTIMIZE 或 n 为 0,将启用自动优化。n 大于零表示优化的迭代次数。软件状态栏上将呈现实时的优化进度和数值。

FILE

FILE FileName

保存文件。

将当前镜头保存为 CAX 文件,FileName 是文件名并支持任何语言的字符,.cax 格式会被自动添加。

文件将会自动保存在当前镜头文件目录下。

OUTPUT

OUTPUT "text" operand

输出文本。

"text"引号内是输出文本,operand 为评价函数 MF 操作数的编号,如果为 0 则返回整个 MF 值。

在公差分析执行完成后,所有的文本输出结果,将会在命令窗口显示。

SETRAND

SETRAND type int1 int 2 min max

设定表面参数为随机。

"type" 0 表示表面参数,1 表示表面参数 PAR,2 表示多重结构 ZOOM 参数。

"type"为 0,int1 表示表面编号;int2 表示参数类型,0 表示厚度,1 表示曲率半径,2 表示 Conic。

"type"为 1,int1 表示表面编号;int2 表示参数编号。

"type"为 2,int1 表示多重结构的行;int2 表示多重结构 ZOOM 的编号。

由 min 和 max 生成一个两者之间的随机数,并被赋值给指定的对象。

TEXT

TEXT text

文本输出。

在这个命令后面的文本都会被输出，可以作为输出注解的功能。

UPDATEMF

UPDATEMF

更新评价函数，以便后续输出结果。

LOADMF 和 OPTIMIZE 在执行的同时已经更新了 MF。

UPDATE

更新系统参数。

系统参数和打开的数据编辑器将会更新。

11.3.2　公差指令实例

```
//输出文字
TEXT - - - - - - - - - - - - - - - - - - - - - - - - - - - - -
TEXT CAXCAD 的公差指令程序实例 1
TEXT 2021.12.25 WEIXING ZHAO
TEXT - - - - - - - - - - - - - - - - - - - - - - - - - - - - -
TEXT


//删除补偿器
DELETECOMP
//加载评价函数
LOADMF SPOT.CMF
//设定补偿器
COMPSUR 11 0
//优化 200 个循环
OPTIMIZE 200
//保存文件
FILE TOL_01


//更新系统
UPDATE


//输出评价函数值
OUTPUT "FILE 1 Merit Function =  " 0


//输出评价函数 3 4 5 行的数值
OUTPUT "Merit Function 3 =  " 3
OUTPUT "Merit Function 4 =  " 4
OUTPUT "Merit Function 5 =  " 5
```

以上的指令完成了针对双高斯镜头像面补偿的实例,可以加载指定的评价函数并进行优化,最后显示的是输出数据结果,并自动将公差指令执行后的文件进行保存。在这个实例中,像面距离被修改为50(图11-31),运行指令后会对这个距离进行公差补偿。

LDE	SURFACE	NAME	RADIUS	THICKNESS	GLASS	APERTURE	DIAMETER
Object 0	STANDARD		Infinity	Infinity		31.360333	31.360333
1	STANDARD		54.153246 V	8.746658	SK2	29.225298	29.225298
2	STANDARD		152.521921 V	0.500000		28.140954	29.225298
3	STANDARD		35.950624 V	14.000000	SK16	24.295812	24.295812
4	STANDARD		Infinity	3.776966	F5	21.297191	24.295812
5	STANDARD		22.269925 V	14.253059		14.919353	21.297191
Stop 6	STANDARD		Infinity	12.428129		10.228835	10.228835
7	STANDARD		-25.685033 V	3.776966	F5	13.187758	16.468122
8	STANDARD		Infinity	10.833929	SK16	16.468122	18.929568
9	STANDARD		-36.980221 V	0.500000		18.929568	18.929568
10	STANDARD		196.417334 V	6.858175	SK16	21.310765	21.646258
11	STANDARD		-67.147550 V	50.000000 V		21.646258	21.646258
Image 12	STANDARD		Infinity	_		24.213487	24.213487

图 11-31

建立一个评价函数并保存为 SPOT.CMF 文件,放在文件目录或软件根目录,如图 11-32~图 11-33 所示。

MFE	Type		Wave				Target	Weight	Value	% Contri
1 MF-DMFS	DMFS									
2 MF-BLNK	BLNK									
3 MF-SPOT	SPOT	1	1	0.167855	0.290734		0.000000	0.016160	0.009098	0.660
4 MF-SPOT	SPOT	1	1	0.353553	0.612372		0.000000	0.025857	0.003782	0.182
5 MF-SPOT	SPOT	1	1	0.470983	0.815766		0.000000	0.016160	0.006968	0.387
6 MF-SPOT	SPOT	1	1	0.335711	0.000000		0.000000	0.016160	0.009098	0.660
7 MF-SPOT	SPOT	1	1	0.707107	0.000000		0.000000	0.025857	0.003782	0.182
8 MF-SPOT	SPOT	1	1	0.941965	0.000000		0.000000	0.016160	0.006968	0.387
9 MF-SPOT	SPOT	1	1	0.167855	-0.290734		0.000000	0.016160	0.009098	0.660

图 11-32

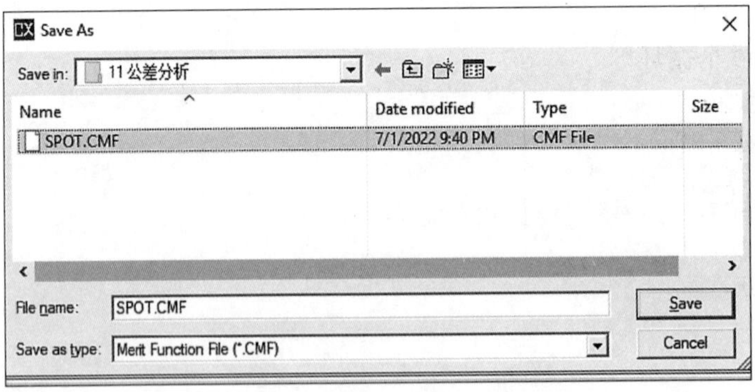

图 11-33

执行公差指令的文件,保存在目录 CAXCAD\\MACROS\\Tolerance 下,并以 CTL 为扩展名,在公差敏感度指令方式下的 Script File 列表里会自动找到并执行,如图 11-34 所示。

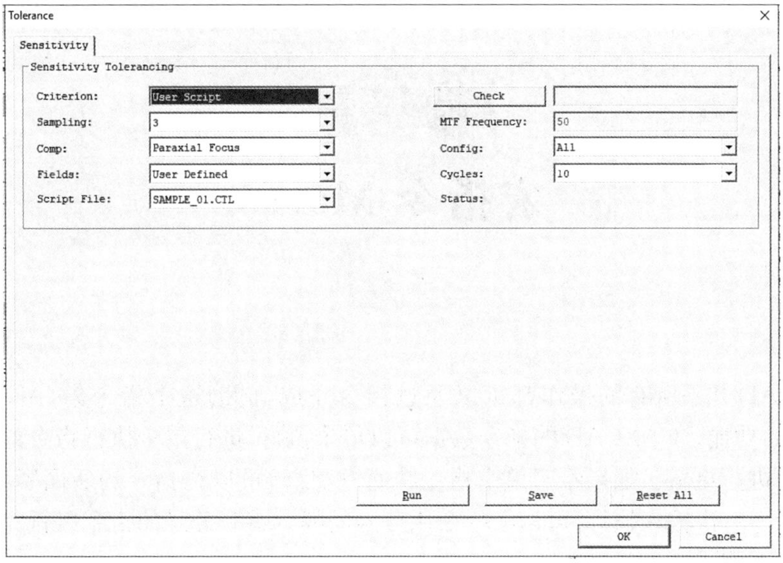

图 11 - 34

公差指令完成后,文件除了像面补偿,其他求解都会被删除,而且像距进行了补偿,如图 11 - 35 所示。

LDE	SURFACE	NAME	RADIUS	THICKNESS	GLASS	APERTURE	DIAMETER
Object 0	STANDARD		Infinity	Infinity		31.360333	31.360333
1	STANDARD		54.153246	8.746658	SK2	29.225298	29.225298
2	STANDARD		152.521921	0.500000		28.140954	29.225298
3	STANDARD		35.950624	14.000000	SK16	24.295812	24.295812
4	STANDARD		Infinity	3.776966	F5	21.297191	24.295812
5	STANDARD		22.269925	14.253059		14.919353	21.297191
Stop 6	STANDARD		Infinity	12.428129		10.228835	10.228835
7	STANDARD		-25.685033	3.776966	F5	13.187758	16.468122
8	STANDARD		Infinity	10.833929	SK16	16.468122	18.929568
9	STANDARD		-36.980221	0.500000		18.929568	18.929568
10	STANDARD		196.417334	6.858175	SK16	21.310765	21.646258
11	STANDARD		-67.147550	57.314538 V		21.646258	21.646258
Image 12	STANDARD		Infinity	-		24.570533	24.570533

图 11 - 35

命令窗口中会显示出对应的指令结果(图 11 - 36)。

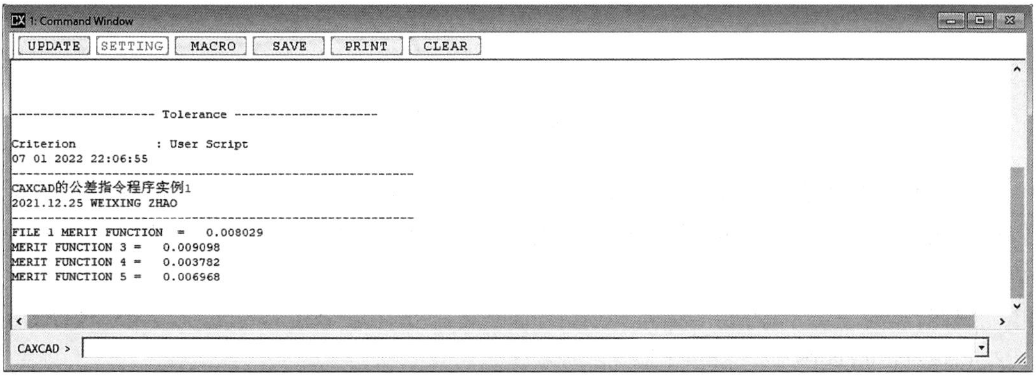

图 11 - 36

## 第 12 章

宏指令 Macro

CAXCAD 几乎所有的操作都可以通过指令完成,借助这个指令集,用户可以扩展 CAXCAD 的功能。CAXCAD 的指令数据可以单个执行,进行单个执行指令的方式,系统界面将不会进行更新。如果希望单个指令执行并更新,可以在指令的后面紧跟着一个分号。多个指令一次输入执行,可以将指令用分号间隔。带有分号的指令执行完成后,系统参数和编辑器将进行更新。

因为篇幅所限,本章只是列出 CAXCAD 典型的宏指令,给用户提供一个学习和测试宏指令的方法。

注释字符:!,♯,\\\\,//。

12.1 宏指令窗口

CAXCAD 软件打开后,宏指令窗口会同时打开,如图 12-1 所示。窗口的底部可以输入指令,按回车执行指令。可以使用快捷键 F9 打开或关闭这个窗口。

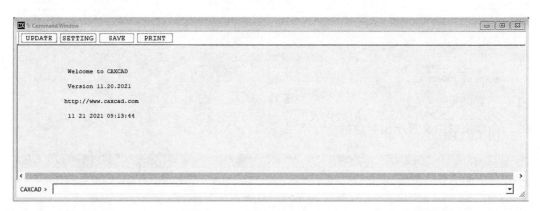

图 12-1

对于有些命令会有数据或文本输出并直接显示在窗口的文本区域,这些文本输出可以保存或清空。每个指令可以单次输入执行,多个指令也可以用分号间隔并一次输入执行。

例如,如果在设计初期需要插入 10 个面,只需要在命令窗口中输入 INSERTSUR 10;的命令即可,如图 12-2~图 12-3 所示。

CAXCAD > | INSERTSUR 10;

图 12 - 2

LDE	SURFACE	NAME	RADIUS	THICKNESS	GLASS	APERTURE	DIAMETER
Object 0	STANDARD		Infinity	Infinity		1.000000	1.000000
Stop 1	STANDARD		Infinity	0.000000		1.000000	1.000000
2	STANDARD		Infinity	0.000000		1.000000	1.000000
3	STANDARD		Infinity	0.000000		1.000000	1.000000
4	STANDARD		Infinity	0.000000		1.000000	1.000000
5	STANDARD		Infinity	0.000000		1.000000	1.000000
6	STANDARD		Infinity	0.000000		1.000000	1.000000
7	STANDARD		Infinity	0.000000		1.000000	1.000000
8	STANDARD		Infinity	0.000000		1.000000	1.000000
9	STANDARD		Infinity	0.000000		1.000000	1.000000
Image 10	STANDARD		Infinity	-		1.000000	1.000000

图 12 - 3

12.2　常用宏指令

CLS

重置命令窗口。

命令窗口的文本将被重置,这个指令也是 Windows 中 CMD 或 MS-DOS 系统的清屏命令。

DELETEMF

DELETEMF　n

删除指定行的评价函数操作数,n 表示行数。

DELETEMF　ALL　删除所有评价函数

DELETESUR

DELETESUR　n

删除指定行编号的表面,n 表示表面编号。

DELETESUR　ALL　初始化表面数据编辑器。

DELETETOL

DELETETOL　n

删除指定行的公差数据操作数,n 表示行数。

DELETETOL　ALL　删除所有公差数据

FIR

一阶光学数据。

查看一阶光学输入,显示包括焦距、入瞳和出瞳等系统参数。

INSERTMF

INSERTMF　n

插入评价函数。

在指定行位置插入评价函数,n 表示行号。

INSERTSUR

INSERTSUR　n

插入表面。

在指定位置插入表面,n 表示表面编号。

INSERTTOL

INSERTTOL　n

插入公差数据。

在指定行位置插入公差数据,n 表示行号

LOADAGF

LOADAGF　FileName

导入并转换 Zemax 的玻璃库 AGF 文件,FileName 是包括存储路径的 AGF 文件名称。

软件会自动将 AGF 转换为 GLF 文件格式,关于 GLF 格式的信息,请参考玻璃库的章节。

LOADFILE

LOADFILE　FileName

打开镜头文件。

FileName 是包括存储路径的镜头文件名称,如果没有路径,将自动加载程序根目录下的文件。

LOADMF

LOADMF　FileName

加载评价函数文件。

FileName 是包括存储路径的 CMF 文件名称,如果没有路径,将自动加载程序根目录下的文件。

LOADTD

LOADTD　FileName

加载评价函数文件。

FileName 是包括存储路径的 CTD 文件名称,如果没有路径,将自动加载程序根目录下的文件。

MFTYPE

MFTYPE　row　type

评价函数操作数类型。

设定指定行数的评价函数操作数类型,row 表示行数,type 是四个字母定义的操作数类型。

NEW

新建命令。

CAXCAD 的系统参数和编辑器数据将被清空。

OPEN

OPEN　FileName

打开镜头文件。

FileName 是包括存储路径的镜头文件名称,如果没有路径,将自动加载程序根目录下的文件。

OPTIMIZE

OPTIMIZE　n

优化命令。

直接输入 OPTIMIZE 或 n 为 0,将启用自动优化。n 大于零表示优化的迭代次数。软件状态栏上将呈现实时的优化进度和数值。

PARVAR

PARVAR　surface　number

设置表面参数变量。

支持参数 PAR0~PAR255,number 是参数 PAR 的编号。

REMOVEVAR

移除所有变量。

QUICKADJUST

QUICKADJUST　ns　code

快速调整。

可以快速优化指定的参数,使像面达到最佳的 RMS Spot Size。

ns 表示表面编号,code 表示参数类型,0 表示曲率半径,1 表示厚度,2 表示 Conic 系数,10~265 表示 PAR0~PAR255.

QUICKFOCUS (QF)

快速聚焦。

使用此命令可以快速优化像面前方的表面距离,找到最佳 RMS Spot Size 的焦点位置。

SAAS

SAAS　FileName

另存为镜头文件。

FileName 是包括存储路径的镜头文件名称,如果没有路径,将自动加载程序根目录下的文件。

SAVE

保存镜头文件。

SAVEMF

SAVEMF　FileName

保存评价函数文件。

FileName 是包括存储路径的 CMF 文件名称,如果没有路径,文件将自动保存到程序根目录。

SAVETD

SAVETD　FileName

保存公差数据文件。

FileName 是包括存储路径的 CTD 文件名称，如果没有路径，文件将自动保存到程序根目录。

SETPARDATA

SETPARDATA　ns　number　data

设定表面参数数据。

ns 表示表面编号；支持参数 PAR 0～PAR255，number 是参数 PAR 的编号；data 表示数值。

SETSURDATA

SETSURDATA　ns　code　data

设定表面数据。

ns 表示表面编号；code0 表示厚度，1 表示曲率半径，2 表示 Conic 系数；data 表示数值。

SETTOLDATA

SETTOLDATA　row　id　data

设定公差数据。

row 表示行数；code0 表示厚度，1 表示曲率半径，2 表示 Conic 系数；data 表示数值。

SETZOOMDATA

SETZOOMDATA　row　zoom　data

设定多重结构数据。

row 表示 ZOOM 中的行数；zoom 表示第几个 zoom；data 表示数值。

SURTYPE

SURTYPE　surface　type

设定表面类型。

surface 为表面编号；type 可以是以三个字母简写的表面类型，也可以是类型编号。

如设定 DLL 用户自定义表面，请参考"UDS"指令，关于更多表面类型和编号请查阅表面类型的章节。

SURVAR

SURVAR　surface　code

设置表面参数变量，支持曲率半径、厚度和 Conic 系数。

code0 表示厚度，1 表示曲率半径，2 表示 Conic 系数。

TOLTYPE

TOLTYPE　row　type

公差类型。

设定指定行数的公差类型，row 表示行数；type 是四个字母定义的公差类型。

UPDATE

更新系统参数。

系统参数和打开的数据编辑器将会更新，输入分号也可以实现相同功能。

UDS

UDS　surface　DLLFile

设定用户自定义面型。

surface 为表面编号,DLLFile 为存储在 DLL 路径 surface 文件夹内的 dll 面型文件。

ZOOMVAR

ZOOMVAR　row　zoom

多重结构参数设置为变量。

row 表示 ZOOM 中的行数;zoom 表示第几个 zoom。

12.3　CAXCAD 的文件格式

CAXCAD 具有特定的文件格式,应用于不同的操作目的。这些文件格式是 CAXCAD 所特有的,用户需要了解这些格式用途及特点(表 12-1)。

表 12-1

格式	描　　述
CAX	CAXCAD 透镜文件
GLF	玻璃库文件
CCL	宏指令文件
CMF	评价函数文件
CTD	公差数据文件
CTL	公差指令文件